확장된 표현형

THE EXTENDED PHENOTYPE

THE EXTENDED PHENOTYPE

확장된 표현형

리처드 도킨스 지음 | 홍영남·장대익·권오현 옮김

확장된 표현형

발행일
2004년 7월 30일 초판 1쇄 | 2013년 8월 20일 초판 13쇄
2016년 6월 30일 전면개정판 1쇄 | 2021년 11월 30일 전면개정판 10쇄
2022년 10월 30일 리커버판 1쇄 | 2023년 10월 20일 리커버판 3쇄

지은이 | 리처드 도킨스
옮긴이 | 홍영남 · 장대익 · 권오현
펴낸이 | 정무영, 정상준
펴낸곳 | (주)을유문화사

창립일 | 1945년 12월 1일
주소 | 서울시 마포구 서교동 469-48
전화 | 02-733-8153
FAX | 02-732-9154
홈페이지 | www.eulyoo.co.kr

ISBN 978-89-324-7479-3 03470

* 책값은 뒤표지에 있습니다.
* 잘못된 책은 구입하신 곳에서 바꾸어 드립니다.

옮긴이의 말

가장 도킨스다운 책을 다시 출간하며

세계적인 인지철학자 데닛D. Dennett은 도킨스R. Dawkins의 『이기적 유전자』 출간 30주년(2006년) 기념식장에서 다음과 같은 고백을 했다. "이 책은 내 인생을 바꾼 책입니다." 당대 최고의 철학자 중 한 사람이 자신의 학문적 인생을 바꿔 놓은 책으로 생물학자의 저서를 지목한 것은 매우 이례적인 일이었다. 데닛만이 아니다. 언어철학자로 출발하여 지금은 「생물학과 철학Biology and Philosophy」이라는 학술지의 편집장까지 맡고 있는 스티렐니K. Sterelny는, 과학철학자 갓프리 스미스P. Godfrey-Smith의 강권에 못 이겨 도킨스의 『확장된 표현형』을 읽고는 진화생물학에 푹 빠졌으며 결국에는 전공마저 생물철학으로 바꿨다고 고백한다.

도킨스의 책을 진지하게 읽어 본 인문학도라면 이런 고백과 체험이 결코 낯설게 느껴지지 않을 것이다. 그는 늘 과학적 증거들에 기반을 두어 주장을 펼치지만, 논쟁적인 인문적 함의들을 이끌어 내는 일도 결코 꺼려하지 않았다. 이런 맥락에서 도킨스의 『확장된 표현형』(1982)은 인문적 쟁점과 함의가 가장 풍부한 책이라고 할 수 있다(『만들어진 신』은 아예 전면적으로 인문적 주제들을 다루고 있지만, 거기서는 과학자보다 운동가의 면모가 더 크게 부각된 경우여서 『확장된 표현형』만큼 전문적이지 않다).

그는 지금껏 다수의 저서를 집필했는데, 그중 『이기적 유전자』(1976), 『눈먼 시계공』(1988), 그리고 이 책은 도킨스의 '삼부작'이라 불릴 정도로 대표작이다. 최고의 히트작 『이기적 유전자』는 유전자의 눈높이에서 바라보는 자연계의 모습이 과연 어떠한지를 도발적으로 그려 내었는데, 지난 40년 동안 고전의 반열에 올라 전 세계의 수많은 독자들에게 읽히고 있다. 당시 35세의 젊은 과학자가 쓴 책이 이렇게 전 세계의 베스트셀러가 될 줄은 그 누구도 상상하지 못했을 것이다. 한편 『눈먼 시계공』은 자연 선택의 힘이 얼마나 강력한지를 다윈C. Darwin보다 더 다윈스럽게 논증했다는 평가를 받는 책으로서, 다윈의 진화론이 자연계의 놀라운 정교함을 어떻게 잘 설명하는지를 배울 수 있는 탁월한 입문서다. 진화를 공부하고자 하는 분들에게 제일 먼저 추천하고 싶은 책이기도 하다.

하지만 이 두 저서는 엄밀히 말해 독창적 문제작이라기보다는 탁월한 해설서에 더 가깝다고 할 수 있다. 『이기적 유전자』가 당시 학계와 일반 대중들에게 엄청난 충격과 영향을 준 것은 사실이지만, 따지고 보면 당대 최고 진화생물학자들의 독창적 연구를 창의적으로 정리한 측면이 강했다. 대중적 빅 히트작이 나온 후 불과 5년 만에 자신만의 독창적 생각을 숙성시켜 『확장된 표현형』을 내놓은 것을 보면, 어쩌면 그도 이런 평가에 민감했었는지도 모른다. 그는 『이기적 유전자』의 기본 논리를 끝까지 밀고 나가는 방식으로 이 숙성 작업을 완성해 냈다(『이기적 유전자』의 마지막 장이 원서의 부제인 '유전자의 긴 팔'임을 상기해 보라). 여기서 그는 『이기적 유전자』를 둘러싼 오해와 논쟁에 대해 답하고, 다른 한편으로는 그 책에서 못 다한 더 도발적인 주장까지 담아내고자 했다. 그가 어딘가에서 밝혔듯이, 이 책은 그가 "전문가들을 위해서 작정하고 쓴" 가장 도킨스다운 책이라 할 수 있다. 따라서 그의 저서들 중에서 가장 전문적이기도 하다. 대체 무슨 내용을 담고 있기에 그렇다는 것일까?

세계적인 바이올리니스트 기돈 크레머가 무대 위에서 바흐의 'G선상의 아리아'를 연주하고 있다. 애절한 선율을 하나라도 놓치지 않으려는 듯 연주회장은 쥐 죽은 듯 조용하다. 그런데 어떤 방청객이 몸을 비틀고 입을 틀어쥐고 있다. 결국 참지 못한 듯 마른기침을 연신 해 댄다. 모든 시선이 그에게로 모아지고 연주회는 그것으로 끝나 버린다. 그런데 만일 그 주인공이 나라면, 그것은 지독한 악몽이리라. 누구든 한번쯤은 이런 참을 수 없는 기침 때문에 곤욕을 치른 일이 있을 것이다. 그런데 이런 질문을 해 본 적이 있는가? 왜 기침을 통제할 수 없을까? 방귀의 경우처럼 단지 생리적인 반응일 뿐일까? 혹시 몸속에 침투한 감기 바이러스가 자신의 복제본을 더 많이 퍼뜨리기 위해 숙주인 우리로 하여금 기침을 하게 만드는 것은 아닐까? 시도 때도 없이 말이다.

『이기적 유전자』에서 "인간은 유전자의 생존기계 혹은 운반자일 뿐"이라는 주장으로 우리를 당혹스럽게 했던 저자가 이 책에서는 '확장된 표현형'이라는 개념을 들고 나와 우리를 또 한 번 고민에 빠뜨렸다. 유전자가 그 자신의 복제본을 더 많이 퍼뜨리게끔 개체(운반자)를 고안했다는 주장도 혁명적 발상인데, 그는 여기서 한 발 더 나아갔기 때문이다. 즉, 그 유전자가 자신의 목적을 위해 '다른' 개체들마저도 자신의 운반자로 만들어 버릴 수 있다고 주장하는 것이다. 이건 너무 나간 것이 아닐까?

하지만 놀랍게도 이 확장된 표현형의 사례들은 적지 않다. 그중에는 기상천외한 것들도 있다. 그가 든 사례들 중에서 숙주인 게에 딱 달라붙어서 자기 자신을 단세포 상태로 변형을 시킨 다음 그 게 속에 잠입하는 조개삿갓의 경우를 보자. 기생자인 조개삿갓은 그런 후에는 게를 생화학적으로 거세하고 암컷화한 다음(만약 숙주가 수컷이라면) 숙주가 기생자인 자신의 알을 돌보는 존재가 되도록 만들어 버린다. 기생자가 자신의 유전자를 더 많이 퍼뜨리기 위해 숙주에게까지 마수를 뻗치고 있는 광경이다. 숙주의 이 어이없는 행동은 음악회의 주책없는 기침과 마찬가지로 기생자 유전자의 확장된 표현형인 셈이다.

이보다는 덜 극적이긴 하지만 친숙한 사례들도 있다. 가령, 날도래 유충은 개울의 하류에서 잡다한 잔해들로 보금자리를 만들어 자신을 보호한다. 이는 마치 대합조개의 내용물이 그 조개의 껍질에 의해 보호받는 것과 같다. 단지 그 보금자리가 날도래의 몸의 일부가 아니라는 점에서 다를 뿐이다. 날도래 유충의 집은 이런 의미에서 확장된 표현형이다. 또한 비버는 강 속에서 안전하게 이동하려고 주위의 나무를 잘라 댐을 만드는데 도킨스는 이 비버의 댐도 확장된 표현형이라고 말한다. 이런 맥락에서 거미줄, 흰개미집, 새의 둥지 같이 동물들이 만들어 낸 인공물들은 모두 자신의 유전자를 더 효율적으로 퍼뜨리기 위한 확장된 표현형이다.

사실, 우리는 개체가 집단을 위해 존재하다는 집단주의에도 거부감을 느끼지만 개체가 유전자의 통제를 받는다는 생각에도 불편함을 느낀다. 문명을 만든 건 집단도 유전자도 아닌 우리 자신, 즉 개체라고 믿기 때문이다. 하지만 도킨스의 논리를 인간에까지 적용해 보면 우리의 문화와 문명도 결국 유전자의 확장된 표현형일 수 있다. 댐이 비버 유전자의 확장된 표현형이듯 말이다. 그가 명시적으로 여기까지는 나아가지 않았다는 점이 살짝 아쉽기는 하지만, 어쨌든 그는 이 책에서 『이기적 유전자』에서 못 다한 전문적인 이야기를 통해 좀 더 분명하게 유전자의 눈높이로 내려왔다.

그동안 한국의 독자들은 이 책을 읽으며 이런 전문적 내용의 깊이를 잘 이해하는데 어려움이 많았다. 원 저자 자신이 기본적으로 대중들을 위해 쓴 글이 아니기 때문에 원 문장 자체가 그의 다른 책들만큼 유려하지 못한 면도 있었고, 번역어와 문장이 부정확하거나 매끄럽지 못한 측면도 분명히 있었다. 이에 세 명의 공역자는 지난 1년 동안 처음 단어부터 마지막 문장까지, 마치 완전히 새로운 번역을 하는 심정으로 작업을 진행했다. 아직도 미진한 부분이 없진 않겠지만, 도킨스의 가장 독특한 저서를 우리 독자들에게 다시 소개한다고 생각하니, 역자들은 약간의 두려움과 잔잔한 기대로 다소 흥분된 상태이다. 도킨스를 더 깊이 이해하려는 분들, 현대 진화생물학의 인문적 함의를 찾아보고자 하는 분들, 그리고 『이기적 유전자』의 의미를 더 확실하게 알고 싶은 분들에게 도전해 보시라고 권하고 싶다. "『확장된 표현형』을 읽지 않고 도킨스를 안다고 말하지 말라"는 말을 이해하게 될 것이다.

— 홍영남 · 장대익 · 권오현

서문

첫 장은 어느 정도 이 책이 무엇을 이루려 하고, 하지 않으려 하는지 설명하는 서문의 역할을 겸하기 마련이므로 여기서는 간단히만 말하겠다. 이 책은 교과서도, 확립된 분야를 안내하는 입문서도 아니다. 이 책은 생명의 진화와 특히 자연 선택이 기반을 둔 논리, 자연 선택이 작용하는 생명의 위계 수준을 나름대로 조망한다. 나는 동물행동학자지만 동물 행동에 몰두하는 모습이 너무 두드러져 보이지 않기를 바란다. 이 책이 목적하는 범위는 그 이상이다.

이 책이 주로 염두에 둔 독자는 내 동료들, 진화생물학자와 동물행동학자, 사회생물학자, 생태학자, 진화학에 관심 있는 철학자와 인문학자이며, 물론 같은 분야를 공부하는 대학원생과 학부생도 포함한다. 따라서 이 책이 여러 면에서 내 이전 책, 『이기적 유전자』를 잇는 후속편이긴 하지만, 독자가 진화생물학과 그 전문 용어를 잘 안다고 전제한다. 그러나 해당 영역의 전문가가 아니라고 해도 구경꾼으로서 전문서를 즐기는 일도 가능하다. 이 책의 초고를 읽고 친절하고도 정중하게 바로 그 점이 좋았다고 말한 일반 독자도 있다. 나는 이런 소감에 매우 만족했고 도움이 될까 해 용어 사전을 추가했다. 또한 책이 가능한 한 재밌게 읽히도록 썼다. 그 결과 책에 쓰인 어조가 일부 진지한 전문가를 거슬리게 할지도 모르겠다. 그러지 않기를 진심으로 바란다. 진지한 전문가야말로 더불어 말하고 싶은 첫째가는 청중이기 때문이다. 다른 취향 문제와 마찬가지로 모든 사람이 선호하는 문체란 없으며, 어떤 사람에게는 가장 흡족한 문체가 다른 사람에게는 아주 짜증스러운 경우는 흔하다.

확실히 이 책의 어조는 회유조도 사과조도 아니며, 그런 어조는 자신의 주장을 굳게 믿는 변호인이 취할 태도도 아니기에 변명은 전부 서문에 채워 넣을 것이다. 처음 몇 장은 이 책에서도 똑같이 되풀이될지 모를 이전 책에 쏟아진 비판에 답한다. 이런 작업이 불가피함을 유감스럽게 생각하고 이따금 격분한 표현이 슬며시 끼어 들어가 있다면 사과드린다. 그래도 나는 유쾌하게 화를 냈다고 생각한다. 과거의 오해를 지적하고 그런 잘못이 반복되지 않도록 미연에 방지하는 일이 필요하지만, 오해가 만연해 있다며 억울해하는 인상을 주고 싶지는 않다. 그런 오해는 몇 안 되는 사람에 그치거나, 경우에 따라서는 그저 말로 떠드는 수준에 불과했다. 어려운 문제를 어떻게 더 명료하게 표현할 수 있을까 다시금 고민하게 떠밀어 준 비판자들에게 감사한다.

이 책에 인용한 참고 문헌에 독자가 특히 좋아하고 긴요한 문헌이 빠졌다면 사과드린다. 광범위한 분야의 저작을 철저하게 섭렵하는 사람도 있지만 나는 그런 자료를 어떻게 다루어야 할지 알지 못한다. 내가 인용한 사례들은 인용할 수 있었던 예 가운데 작은 부분에 지나지 않으며 내 친구들이 쓰거나 추천해 준 글도 있다. 그 결과 편향된 모습이 보인다면 그게 맞을 것이고 이에 용서를 구한다. 하지만 대다수 사람은 이런 방식으로 조금은 편향되었다고 생각한다.

한 권의 책은 아무래도 현재 저자가 품은 관심사를 반영하며, 이런 관심사는 그 저자가 쓴 가장 최근 논문의 주제였을 공산이 크다. 그 같은 논문이 얼마 전에 발표된 터라 새로 어구를 바꾸는 노력이 억지스러울 경우에는 주저 없이 해당 문단들을 여기저기에 거의 그대로 가져다 썼다. 4, 5, 6, 14장에 보이는 그런 문단은 이 책이 전하려는 취지에 꼭 필요한 부분이라 생략한다면 쓸데없이 문장을 바꾸는 일만큼이나 억지스러울 것이다.

1장 첫머리에 이 책은 뻔뻔한 변호문이라고 썼지만 사실 조금 부끄럽기도 하다! 윌슨(Wilson, 1975, pp. 28~29)이 과학적 진리를 탐구하는 데서 이른바 '자기변호법' 사용을 못마땅하게 여긴 일은 합당하기에 1장 일부는 그런 비난을 완화하고자 항변하는 일에 할애했다. 나는 정말로 과학이, 뛰어난 변호사가 거짓임을 알면서도 자기 입장을 고수하려고 가능한 한 최선의 논거를 꾸미는 법체계와 같은 방법을 택하지 않길 바란다. 나는 이 책이 옹호하는 생명관을 깊이 믿으며, 죽 그렇게 믿어 왔다. 어느 정도 오랫동안, 분명 내 첫 논문이 공표된 이래로 말이다. 그 논문에서는 적응을 "동물이 소유한 유전자의 생존……"을 유리하게 하는 것이라고 규정했다(Dawkins, 1968). 이런 믿음, 즉 적응을 '무엇이 얻는 이득'으로 논의한다면, 그 무엇은 유전자라는 믿음은 이전 책이 지닌 핵심 가정이다. 이 책은 그보다 더 멀리 나아간다. 다소 극적으로 표현하자면 이 책은 이기적 유전자를 개체라는 개념적 감옥에서 해방시키려 한다. 유전자가 발하는 표현형 효과는 자신을 다음 세대로 전달하는 지렛대와 같은 도구이며 이러한 도구는 유전자가 자리한 몸 밖으로, 심지어 다른 개체의 신경계 깊숙이까지 '확장'될 수 있다. 내가 옹호하려는 주장은 사실에 기초한 입장이 아니라 사실을 보는 어떤 방법이므로 독자는 통상적인 의미의 '증거'를 기대하지 말기를 경고해 둔다. 이 책을 하나의 변호문이라고 선언한 이유는 독자를 실망시키고 싶지 않아서, 그녀를 거짓말로 기만하고 시간을 허비하게 만들고 싶지 않아서다.

마지막 문장에 시도한 언어 실험 덕분에 글 전체에 걸쳐 임의로 인칭대명사를 여성형으로 바꾸도록 컴퓨터에 입력할 배짱이 있으면 어땠을까 하는 소망이 떠오른다. 이는 우리 언어가 남성형으로 편향되었다는 근래의 인식에 감화되었기 때문만은 아니다. 나는 글을 쓸 때마다 마음속에 상상의 독자를 떠올리며(각양각색인 상상의 독자는 수없이 이어지는 퇴고 과정에서 같은 구절을 검사하고 '여과'한다) 적어도 상상의 독자 절반은, 내 친구들 절반과 마찬가지로 여성이다. 안타깝게도 여전히 영어에서는 중성의 의미를 뜻할 자리에 예기치 않은 여성형 대명사가 나타나면 성별을 막론하고 대부분 독자의 주의를 심각하게 흩뜨린다. 앞 문단에서 행한 실험이 이를 실증한다. 그렇기에 불만스럽지만 이 책에서는 표준적 관습을 따랐다.

내게 글쓰기는 사회적 행위나 마찬가지라 때로는 자신도 모르게 토론, 논쟁, 정신적 지원으로 함께 해준 많은 친구에게 감사한다. 그들의 이름을 모두 밝히고 고마움을 표현하기는 어렵지만 말이다. 메리언 스탬프 도킨스는 각각의 초고를 읽고 책 전체에 예리하고 명석한 비평을 해 주었을 뿐만 아니라, 내가 자신감을 잃었을 때 믿음을 갖고 작업을 계속하게 독려해 주었다. 앨런 그라펜과 마크 리들리는 공적으로는 대학원 제자지만 실제로는 여러 가지 면에서 나의 조언자이며 이 책에 광대한 영향을 끼친 까다로운 이론적 영역을 설명해 주었다. 맨 처음 초고에는 이들의 이름이 거의 매 쪽 등장해서 책 심사 위원이 감사하는 말을 서문에다 몰아넣으라고 불평한 것도 그럴 만했다. 캐시 케네디는 친한 친구와 신랄한 비평가 역할을 겸했다. 그녀가 이런 독특한 위치에서 조언해 줘서 특히 비판에 답하려는 초반 몇 장에 큰 도움이 되었다. 해당 장에서 택한 어조를 마음에 들어 하지 않을까 겁나지만 뭔가 개선되었다면 전적으로 그녀 덕분이고 이에 대단히 감사한다.

나는 초고 전체를 존 메이너드 스미스, 데이비드 C. 스미스, 존 크렙스, 폴 하비, 릭 샤노브에게 비평받는 영광을 누렸고, 최종 원고도 그들에게 모두 신세 졌다. 언제나 그러지는 못했지만 거의 모든 경우에 그들이 준 조언을 따르려 했다. 다른 사람들도 친절하게 자신의 전공 분야와 관련된 장을 비평해 주었다. 마이클 한셀은 조작물, 폴린 로런스는 기생생물, 에그버트 리는 적합도에 관한 장을, 앤서니 할람은 단속 평형설, W. 포드 두리틀은 이기적 DNA, 다이앤 드 스티븐은 식물학에 관한 절을 비평해 주었다. 이 책은 옥스퍼드에서 끝마쳤지만, 옥스퍼드대학교 뉴 칼리지 학장과 평의원들이 베푼 관대한 배려로 안식년을 떠나 게인즈빌에 자리한 플로리다대학교에 머물면서 집필을 시작했다. 작업하기에 알맞은 분위기를 만들어 준 여러 플로리다 친구들, 특히 준비 단계인 초고에 유익한 비평을 해 준 제인 브록만과 많은 양의 타자를 쳐 준 도나 길리스에게 감사한다. 또한 책을 쓰면서 기쁘게도 파나마에 있는 스미소니언연구소에서 객원연구원으로 열대생물학을

접한 일도 도움이 되었다. 마지막으로 이전에는 옥스퍼드대학교 출판부에, 현재는 W. H. 프리먼사에서 일하는 마이클 로저스에게 다시 한 번 감사한다. 로저스는 자신이 맡은 책을 진정으로 믿고 끊임없이 지지하는 '*K*-선택'적 편집자다.

1981년 6월 옥스퍼드에서

리처드 도킨스

옥스퍼드 문고판에 붙이는 메모

나는 과학자나 저자 대부분은 그 밖의 다른 건 읽지 않아도 좋으니 부디 이것만은 읽어 주길 바란다고 말할 작품이 하나는 있다고 생각한다. 내게 그 대상은 『확장된 표현형』이다. 특히 마지막 네 개 장은 '혁신'이라는 이름에 값할 만하다. 나머지 부분은 혁신을 전개하기에 필요한 몇 가지 문제를 해결하는 데 진력한다. 2장과 3장은 이제 널리 받아들이는 진화를 보는 '이기적 유전자' 관점에 쏟아진 비판에 답한다. 중간 장들은 '유전자의 눈 관점gene's-eye view'을 받아들인, 생물학을 논구하는 철학자들 사이에서 현재 성행하는 '선택받는 단위' 논쟁을 다룬다. 여기서 행한 '복제자와 운반자' 구별이 무엇보다 유용할 것이다. 나는 이런 작업을 통해 논쟁을 완전히 끝내고자 했다!

확장된 표현형을 제대로 논하려면 마지막에 배치하는 게 최선이라고 생각했다. 그럼에도 이런 방침에는 약점이 있다. 초반 장들은 분명 일반적인 '선택받는 단위'라는 주제에 관심을 집중하게 하나, 확장된 표현형이라는 더 독특한 개념에는 멀어지게 한다. 이런 이유로 이번 판에서는 원래 부제였던 '선택받는 단위로서의 유전자'를 버리고, 힘을 방사하는 그물망의 중심으로서 유전자라는 개념을 포착하는 '유전자의 긴 팔'이라는 부제로 대체했다. 그 외 가벼운 교정 사항을 제하고 더 추가한 건 없다.

1989년 5월 옥스퍼드에서

리처드 도킨스

일러두기

· 인명 등의 외래어 표기는 국립국어원의 외래어 표기법을 따랐다.

· 본문의 각주는 모두 역주이다.

· 학명인 경우 이탤릭체로 표기했으며, 원서에서 이탤릭체로 강조한 부분은 고딕체로 바꾸었다.

차례

1장

Necker Cubes and Buffaloes

네커 정육면체와 아메리카들소

이 책은 뻔뻔한 변호문이다. 나는 동식물을 바라보고, 그들이 왜 그렇게 행동하는지 묻는 나름대로의 특정한 방식을 논증하고자 한다. 여기서 옹호하려는 방식은 새로운 이론도, 검증하거나 반증 가능한 가설도, 새로운 예측을 내놓아 이로써 판단 가능한 어떤 모형도 아니다. 내 방식이 이들 중 하나라면 윌슨의 말마따나(Wilson, 1975, p. 28) 부당하고 비난받아 마땅한 '자기변호법'에 그치리라. 그러나 이중 어떤 것도 아니다. 나는 어떤 관점, 친숙한 사실과 관념을 바라보고 이에 새로운 질문을 던지는 방식을 옹호하려 한다. 따라서 단어가 품은 관습적 의미대로 설득력 있는 새로운 이론을 기대한 독자는 "그래서 뭐 어떻다는 거야?"라며 실망스러운 기분을 느끼리라. 하지만 나는 어떤 사실 명제의 진리를 이해시키려 하지 않는다. 반대로 독자에게 생물학적 사실을 보는 하나의 방식을 제시하고자 한다.

네커 정육면체◆라는 유명한 착시가 있다. 네커 정육면체는 뇌가 3차원의 정육면체로 인지하는 선으로 이루어진다. 한데 두 가지 방향으로 정육면체를 보는 것이 가능하며 양쪽 방향은 종이에 그려진 2차원 상像에 동등하게 공존한다. 우리는 대개 두 방향 중 하나를 먼저 본다. 하지만 몇 초 동안 들여다보면 정육면체는 마음속에서 '확 뒤집혀' 다른 방향으로 보인다. 다시 몇 초 지나면 심상은 또 한 번 뒤집히고 우리가 그림을 보는 한 계속해서 번갈아 나타난다. 말하려는 요점은 정육면체를 지각하는 두 방향 중 어느 하나만이 맞거나 '진짜'가 아니라는 사실이다. 두 방향 모두 똑같이 맞다. 마찬가지로 내가 옹호하려는 생명관, 이름하여 확장된 표현형이 정통적인 관점보다 실제로 더 옳은 것은 아니다. 다만 확장된 표현형은 다른 관점으로서 어떤 면에서는 더욱 심원한 통찰을 준다고 생각한다. 그러나 내 주장을 입증할 실험이 가능할지는 확실치 않다.

◆ 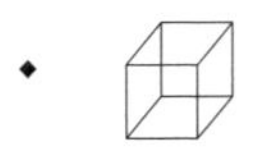 **네커 정육면체의 모양은 왼쪽과 같다.**

내가 탐구하려는 현상, 공진화, 군비 경쟁, 기생생물이 행하는 숙주 조종, 생물이 행하는 무생물계 조작, 비용은 최소화하고 이익은 극대화하는 경제적 '전략'은 모두 잘 알려진 사례이며 이미 깊이 연구해 온 주제다. 그렇다면 왜 바쁜 독자를 귀찮게 하는가? 여기서 스티븐 굴드(Stephen Gould, 1977a)가 아주 두꺼운 책을 시작하며 내민 귀엽고도 재치 있는 간청을 따라 그저 이렇게 말하고 싶다. "꼭 한번 읽어 보세요." 읽고 나면 왜 독자를 귀찮게 할 가치가 있는지 알게 되리라. 그러나 불행히도 나는 굴드만 한 자신감을 내보일 근거는 없다. 다만 동물 행동을 연구하는 한 명의 평범한 생물학자로서 '확장된 표현형'이라고 이름한 관점으로 동물과 동물의 행동을 다르게 보고, 생명을 더 잘 이해하게 되었다고 말하고 싶다. 확장된 표현형은 그 자체로는 검증 가능한 가설이 아닐지 모르나, 동식물을 보는 방식을 바꿈으로써 전에는 꿈꾸지도 못했던 검증 가능한 가설을 고안하게 도울 수 있다.

하나의 행동 유형을 하나의 해부학적 기관처럼 다루어도 된다는 로렌츠(Lorenz, 1937)의 발견은 으레 뜻하는 발견이 아니다. 이를 지지하는 어떤 실험 결과도 제시되지 않았고, 단지 흔한 사실을 새롭게 보는 방식에 불과했으며, 오늘날 우리에겐 너무나 당연해서 도저히 '발견'이라고 생각하기 힘들다. 그럼에도 이는 현대 동물행동학을 지배하는 특징이다(Tinbergen, 1963). 마찬가지로 다시 톰슨(D'Arcy Thompson, 1917)이 쓴 책의 「형태 변화에 관해……」라는 유명한 장은 어떤 가설을 내놓거나 시험하는 내용이 아닌데도 중요한 연구라 널리 인정받는다. 어떤 동물이 지닌 형태를 수학적으로 변환해 이와 흡사한 다른 형태로 바꿀 수 있다는 주장은 그런 형태 변화가 간단하지는 않더라도 너무나 당연한 사실이다. 실제로 다시 톰슨이 구체적으로 보여 준 여러 사례에 과학은 특정 가설을 반증하면서만 나아간다고 주장하는 깐깐한 사람들은 "그래서 뭐 어떻다는 거야?"라고 반응했다. 우리가 다시 톰슨의 글을 읽고 전에는 몰랐으나 이제는 알게 된 것이 무엇인지 자문한다면, 그 답은 별것이 없으리라. 그러나 우리 상상력은 자극을 받았다. 우리는 다시 돌아가 새로운 방식으로 동물을 바라보며 이론적인 문제들을, 즉 발생학과 계통발생을, 그리고 그 둘의 상호관계를 새로운 방식으로 탐구할 것이다. 물론 나는 지금 하려는 보잘것없는 작업을 위대한 생물학자의 걸작에 견줄 만큼 주제넘지는 않다. 단지 어떤 이론을 다루는 책이 시험 가능한 가설을 제안하지는 못해도 우리가 보는 방식을 바꾸려 한다면, 그 책을 읽을 가치가 **있음**을 설명하려고 이 예를 들었다.

위대한 생물학자 또 한 사람은 언젠가 현실을 이해하려면 가능성을 깊이 생각해야만 한다며 다음과 같이 충고했다. "유성생식에 관심을 가진 실천적 생물학자 그 누구도 셋이나 그 이상의 성을 보유한 유기체가 겪는 세세한 결과를 연구하지 않았다. 하지만 왜 성은 항상 두 개뿐인가를 이해하고자 한다면 이것 말고 달리 무엇을 더 하겠는가?"(Fisher, 1930a, p. ix.) 윌리엄스(Williams, 1975)와 메이너드 스미스(Maynard Smith, 1978a), 그 외 여러 사람은 지구에서 가장 흔하고 보편적 특성 중 하나인 성이라는 현상을 의문 없이 받아들여서는 안 된다고 가르쳤다. 사실 성의 존재는 무성생식의 가능성을 상상하고 이와 비교해 보면 정말 놀라운 사건이다. 가설적 가능성으로 무성생식을 상상하는 일은 어렵지 않다. 일부 동식물에서 실제로 존재하기 때문이다. 그러나 우리 상상력이 미치지 못한 그 밖의 다른 사례가 있을까? 피셔가 말한 세 개의 성처럼, 가능 세계 어딘가에 존재할지도 모르지만 단순히 이를 마음속에 그려 볼 상상력이 부족하다는 이유로 미처 깨닫지 못한 생명에 관한 중요한 사실이 있을까? 답은 "그렇다"이다.

현실 세계를 더 잘 이해하려고 상상의 세계에서 노니는 일을 '사고실험' 기법이라고 한다. 철학자는 사고실험을 자주 사용한다. 예를 들어 『심리철학』(Glover 편저, 1976)이라는 논문집에서는 여러 저자가 한 사람의 뇌를 다른 사람의 머리에 이식하는 외과 수술을 상상하면서 이 사고실험으로 '개인의 정체성'이 무엇을 뜻하는지 설명하려 한다. 때로 철학자의 사고실험은 순전히 공상에 불과하고 전혀 있을 법하지도 않지만, 사고실험을 하는 목적에 비춰 보면 문제 될 게 없다. 정도의 차이는 있겠지만 사고실험이 현실 세계의 사실, 가령 뇌 분리 실험으로 알아낸 사실에 영향을 받을 때도 있다.

이번에는 진화생물학으로 또 다른 사고실험을 해 보자. 학부생 시절에 나는 '척삭동물의 기원'과 유연관계가 먼 계통 발생을 주제로 사변에만 의존하는 보고서를 써야 했는데, 나를 가르친 교수님 한 분은 원리상 어떤 동물이라도 다른 동물로 진화할 수 있다고 말하며 이런 사변을 중히 여김으로써 내 신념을 송두리째 뒤흔들어 놓았다. 선택압이 알맞은 순서로 정확히 일어나기만 한다면 곤충까지도 포유류로 진화가 가능한 것이다. 그때는 나도 대다수 동물학자처럼 이런 생각이 터무니없다고 묵살했다. 물론 지금도 선택압이 꼭 맞는 순서로 연속해서 일어나리라고 믿지 않는다. 그 교수님도 나와 같을 것이다. 그러나 원리적으로 생각하는 한 이런 단순한 사고실험에는 반박할 거리가 별로 없다. 우리는 그저 곤충, 가령 사슴벌레를 포유류, 가령 사슴으로 이끄는 연속하는 일련의 작은 단계를 입증하면 된다. 즉, 사슴벌레로 시작해 형제처럼 각 구성원이 먼젓번의 구성원을 닮은 연속하는 가상의 동물을 배열해 붉은 사슴으로 끝나는 순서를 만드는 것이다.

이를 입증하기는 쉽다. 모든 사람이 알듯이 아주 먼 옛날이긴 해도 사슴벌레와 사슴이 공통 조상에서 유래한다는 사실을 받아들이면 말이다. 설사 사슴벌레에서 사슴으로 가는 연속하는 단계가 없을지라도 공통 조상에 이르기까지 사슴벌레 조상을 추적한 다음, 그곳에서 사슴에 이르는 다른 가지로 내려가기만 하면 최소한 하나의 단계는 얻게 된다.

이렇게 우리는 사슴벌레와 사슴을 연결하는 순차적 궤적을, 그리고 암암리에 어떤 현대 동물로부터 다른 현대 동물로 이어지는 비슷한 궤적이 있음을 입증했다. 따라서 원리상 인위적으로 어떤 계통이 이런 궤적 중 하나를 따라가게 모는 일련의 선택압이 가능하다. 이런 맥락에서 지금까지의 논의는 다시 톰슨이 형태 변화를 다룰 때 언급한 "어떤 동물이 지닌 형태를 수학적으로 변환해 이와 흡사한 다른 형태로 바꿀 수 있다는 주장은, 그런 형태 변화가 간단하지는 않더라도 너무나 당연한 사실이다"라는 말을 입증한 재빠른 사고실험이었다. 이 책에서는 사고실험 기법을 자주 사용할 것이다. 독자에게 이를 미리 경고해 둔다. 과학자는 이런 식의 추론에 현실성이 없다며 언짢아할 때가 있기 때문이다. 사고실험은 현실적이지는 않다. 그러나 현실을 보는 우리 생각을 명확히 정돈케 한다.

꼭 그렇지 않을 수도 있지만, 성과 더불어 우리가 당연하게 여기는 이 세계의 생명이 지닌 특성은, 생물이란 유기체organism라고 불리는 분리된 덩어리로 이루어졌다는 점이다. 특히 생물을 기능적으로 설명하는 데 관심을 가진 생물학자는 대개 연구하기에 적절한 단위를 개체individual organism라고 가정한다. 이때 '다툼'은 보통 유기체 간의 다툼을 의미하며, 각각은 자신의 개별 '적합도fitness'를 증진하려고 노력한다. 물론 우리는 세포나 유전자 같은 더 작은 단위나 개체군, 사회, 생태계 같은 더 큰 단위들도 알지만, 분절된 행위 단위인 개체야말로 동물학자들, 특히 동물 행동이 품은 적응적 중요성을 알려는 동물학자의 마음을 강력히 사로잡는 대상이다. 이 책의 목표는 그런 지배력을 깨는 것이다. 나는 기능을 논의하는 중심 단위로서 개체에서 벗어나 강조점을 옮기고 싶다. 최소한 우리가 생명을 분리된 개체의 모임으로 보는 것을 얼마나 당연하게 여겼는지 깨닫게 하고 싶다.

내가 옹호하려는 논제는 다음과 같다. 적응을 무엇이 '얻는 이득'으로 말하는 것은 합당하나, 그 무엇이 꼭 개체라고는 볼 수 없다. 그 무엇은 내가 능동적인, 생식 계열 복제자라고 부르는 더 작은 단위다. 가장 중요한 종류의 복제자는 '유전자' 또는 '유전하는 작은 단편'이다. 물론 복제자는 직접적으로가 아니라 우회적으로 선택된다. 복제자는 자신이 내는 표현형 효과로 판가름 난다. 연구 목적상 이런 표현형 효과가 개체와 같은 분리된 '운반자'에 함께 묶여 있다고 생각하는 것이 편리하다고 해도 근본적으로는 불필요하다. 오히려 복제자는 자신이 자리한 개체에 미치는 효과뿐 아니라 세계 전체에 효과를 발휘하는, **확장된** 표현형 효과를 낸다고 생각해야 한다.

다시 네커 정육면체 유비로 돌아오면, 내가 일깨우려는 마음의 반전은 다음과 같이 규정할 수 있다. 우리는 생명을 생각할 때 상호 작용하는 개체의 모임을 보는 일에서 시작한다. 우리는 개체가 더 작은 단위를 포함하며, 개체는 결국 더 큰 구성단위의 일부라는 사실도 안다. 그러나 줄곧 유기체 전체에만 시선을 고정한다. 그러다 갑자기 그 상이 뒤집힌다. 개체는 여전히 그곳에, 꼼짝하지 않고 있지만 투명해진 것처럼 보인다. 우리는 그 속에서 복제하는 DNA 단편과 이런 유전적 단편이 제각기 자신의 조작 기술을 겨루는 무대로서 더 넓은 세계를 본다. 유전자는 자기 복제를 돕도록 세계를 조작하고 주무른다. 유전자는 유기체라고 부르는 거대한 다세포 덩어리를 만들어 그렇게 하기로 '결정'했지만 그렇게 하지 않을 수도 있었다. 근본적으로, 지금 일어나는 일은 복제하는 분자가 세계에 미치는 표현형 효과로 자기 생존을 확보하는 것이다. 이러한 표현형 효과가 개체라는 단위에 싸여서 나타난 것은 우연일 뿐이다.

지금 우리는 유기체를 희한한 현상으로 보지 않는다. 우리는 어떤 생물학적 일반 현상을 보고 "그 현상이 갖는 생존 가치는 무엇인가?"라고 묻는 데 익숙하다. 그러나 "유기체라 부르는 분리된 단위에 생명을 꾸려 얻는 생존 가치는 무엇인가?"라고 묻지는 않는다. 대신 이를 생명에 주어진 특성으로 받아들인다. 이미 말했듯이, 유기체는 자동적으로 다른 요소가 갖는 생존 가치, 즉 "이 행동 유형은 이를 행하는 개체에게 어떤 방식으로 이익을 주는가, 이 형태 구조는 이를 지닌 개체에게 어떤 방식으로 이익을 주는가?"라는 질문을 받는 대상이 된다.

유기체는 누군가에 혹은 무언가에, 아니면 그 밖의 대상에 이익을 주는 게 아니라 자기 자신의 포괄 적합도inclusive fitness에 유익한 방식으로 행동한다(Hamilton, 1964a, b)라는 주장이 현대 동물행동학의 '중심 정리central theorem'(Barash, 1977) 같은 것이 되었다. 우리는 왼쪽 뒷다리의 행동이 어떤 방식으로 왼쪽 뒷다리에 이익을 주는지 묻지 않는다. 요즘은 유기체 집단이 나타내는 행동이나 생태계 구조가 집단이나 생태계에 어떻게 이익을 주는지 묻는 일도 없다. 우리는 집단이나 생태계를 서로 전쟁 중이거나 거북하게 동거하는 유기체의 모임으로 여기면서 다리나 콩팥, 세포를 하나의 유기체에서 서로 협동하는 구성 요소로 생각한다. 나는 이렇게 개체에 관심이 집중된 행태에 반대하려는 것은 아니다. 단지 우리가 당연하게 받아들이는 사실에서 주의를 돌리고 싶다. 유성생식도 그 자체로 설명이 필요한 현상임을 알았듯이, 개체 또한 당연하게 생각하지 말고 그 자체로 설명이 필요한 현상으로 탐구해야 할 것이다.

이 시점에서 진절머리 나고 주제에서도 벗어나지만 생물학의 역사에서 일어난 어떤 불상사를 말해야겠다. 앞서 말한 널리 퍼진 정설, 즉 자신의 번식 성공을 최대화하려 애쓰는 개체라는 중심 원리는 이른바 '이기적 유기체' 패러다임으로, 다윈의 패러다임이었으며 오늘날에도 역시 지배적이다. 따라서 이기적 유기체 패러다임은 노력한 만큼의 권력을 누려 이제는 혁명의 시기가 무르익었다거나 최소한 이 책이 하려는 것과 같은 우상 파괴적 찌르기 공격에 견딜 만한 견고한 요새를 구축했다고 생각할지도 모른다. 하지만 불행히도 자기 이익을 추구하는 행위자로서 유기체보다 더 작은 단위를 다루려는 유혹은 좀처럼 없었지만, 더 큰 단위에는 그 반대였다. 이것이 내가 말한 역사적 불상사다. 윌리엄스(Williams, 1966)와 기셀린(Ghiselin, 1974a), 그리고 여러 사람이 잘 기록했듯이, 다윈이 자신의 개체 중심적 입장에서 후퇴한 것으로 보이는 놀라운 시기 이후 몇 년 동안 부지불식간에 집단 선택론이 어물어물 들어왔다. 해밀턴(Hamilton, 1975a)은 다음과 같이 썼다. "……생물학의 거의 전 분야가 다윈이 신중하게 시도했던, 혹은 전혀 하지 않았던 방향으로 우르르 몰려들었다." 뒤늦게 해밀턴이 제안한 독창적 이론(Dawkins, 1979b)이 떠오르면서 이런 몰림 현상이 멈추고 반전된 지도 얼마 되지 않았다. 우리는 후속 부대인 신집단 선택론자가 가한 정교하고도 제 몸을 바치는 교활한 비난에 맞서 고통스럽게 투쟁한 후에야 마침내 다윈이 만든 토대, '이기적 유기체'라 이름한, 그 현대적 형태로는 포괄 적합도라는 개념으로 잘 알려진 입장을 되찾았다. 그런데도 여기서 나는 어렵게 얻은 그 요새를, 아직 그 요새가 완전히 정비되기도 전에 포기하려는 것처럼 보일지도 모른다. 무엇 때문에? 홱 뒤집히는 네커 정육면체 때문에? 확장된 표현형이라는 형이상학적 키메라 때문에?

아니다. 그동안의 성취를 단념하는 일은 내 의도와 거리가 멀다. 이기적 유기체 패러다임은 해밀턴(Hamilton, 1977)이 "종이 얻는 이득을 위한 적응이라는 낡고 죽어 가는 패러다임"이라고 부른 생각보다 월등히 나으며 '확장된 표현형'이 집단 수준에서 일어나는 적응과 어떤 식으로든 연결되었다고 받아들인다면 오해다. 이기적 유기체와 확장된 표현형을 가진 이기적 유전자는 네커 정육면체를 보는 두 가지 시점과 같다. 독자로서는 제대로 된 정육면체를 보는 일부터 시작하지 않으면 내가 도와주려는 개념적 뒤집힘을 경험하지 못할 것이다. 이 책은 어떤 형태든 '집단이 얻는 이익' 관점이 아니라 현재 유행하는 이기적 유기체 관점을 이미 받아들인 사람을 겨냥한다.

이기적 유기체 관점이 꼭 틀렸다고 말하는 건 아니다. 좀 강하게 주장하자면 이기적 유기체 관점은 문제를 잘못된 방식으로 본다고 생각한다. 나는 언젠가 어느 저명한 케임브리지의 동물행동학자가 역시 저명한 오스트리아의 동물행동학자에게 다음과 같이 말하는 내용을 우연히 엿들었다(그들은 행동 발달을 주제로 토론 중이었다). "자네도 알겠지만, 우리는 서로 같은 의견이라오. 다만 자네가 잘못 **말할** 뿐이지." 너그러운 '개체 선택론자'여, 집단 선택론자에 비한다면야 우리는 정말 서로 같은 의견이나 다름없다. 다만 그대가 잘못 **볼** 뿐!

보너(Bonner, 1958)는 단세포 유기체를 논하면서 이렇게 말했다. "……이런 유기체에서 핵 내 유전자는 어떤 특별한 쓰임이 있을까? 핵 내 유전자는 어떤 선택 과정으로 생겨났을까?" 이는 내가 생명에다 물어야 한다고 생각하는 창의적이고도 본질을 포착하는 질문의 좋은 예다. 그러나 이 책의 논제를 받아들인다면 이런 특별한 질문은 거꾸로 뒤집혀야 한다. 즉, 핵 내 유전자가 **유기체**에게 어떤 쓸모가 있는지 묻는 대신에, 왜 **유전자**는 세포핵 속에 그리고 유기체 속에 함께 모이기를 택했는지 물어야 한다. 같은 책 첫머리에서 보너는 다음과 같이 말한다. "나는 이 강의에서 전혀 새로운 무엇을 제시하지 않는다. 그러나 나는 참신한 관점에서 낡은 사실이 더 깊은 의미를 획득하길 바라며 친숙하고 잘 알려진 사물을 거꾸로도 보고 뒤집어도 봐야 한다고 굳게 믿는 사람이다. 이는 추상화를 아래위로 뒤바꾸어 보는 일과 같다. 그런다고 그림의 의미가 갑자기 분명해지지는 않겠지만, 숨어 있던 구성상의 어떤 구조가 스스로 드러날지도 모른다."(p. 1) 네커 정육면체를 유비하는 문단을 쓰고 나서 우연히 이 문장을 보고 대단히 존경하는 저자가 같은 견해를 표명해 기뻤다.

나의 네커 정육면체와 보너의 추상화가 유비로서 지닌 문제는 그것이 너무 유약하고 소심해 보인다는 점이다. 네커 정육면체라는 유비는 이 책에서 바라는 **최소한**의 바람을 표현한다. 다시 말해 확장된 표현형이라는 도구를 사용해 스스로를 보존하는 유전적 복제자 관점에서 생명을 보는 방식이 자신의 포괄 적합도를 최대화하는 이기적 유기체 관점에서 보는 것만큼이나 만족스럽다고 꽤 자신한다. 많은 경우 생명을 보는 이 두 가지 방식은 사실상 동등하다. 이제 보겠지만, '개체는 자신의 포괄 적합도를 최대화한다'는 식으로 정의하는 '포괄 적합도'는 '유전적 복제자는 자신의 생존을 최대화한다'라고도 정의한다. 따라서 생물학자는 두 가지 방식을 모두 시험해 보고 그중에서 선호하는 것을 택해야 한다. 그러나 이는 최소한의 바람이라고 말했다. 뒤에 논의할 현상인 '감수분열 부등 meiotic drive'은 정육면체의 두 번째 면인 이기적 유전자 관점으로는 명확히 설명되지만, 우리 마음이 첫 번째 면인 이기적 유기체 관점에 확고히 고정되어 있다면 전혀 이해되지 않는 현상이다. 나는 최소한의 바람에서 가장 무모한 몽상으로 옮겨 가면서 생물학의 전 분야, 동물의 의사소통 연구, 동물이 만드는 조작물, 기생과 공생, 군집생태학, 유기체 사이와 유기체 내에서 이루어지는 모든 상호 작용을 궁극적으로 확장된 표현형이라는 신조 아래 새로운 방식으로 조명할 것이다. 변호가 으레 그렇듯, 가능한 한 가장 강한 주장을 펼칠 것이며, 이는 조심스러운 최소한의 기대보다는 더 무모한 바람을 지지하겠다는 뜻이다.

이런 거창한 희망이 마침내 실현된다면, 아마 네커 정육면체보다 더 대담한 유비가 허용되리라. 콜린 턴불(Colin Turnbull, 1961)은 피그미족 친구, 켕게Kenge를 생전 처음 숲 밖으로 데리고 나와 함께 산에 올라 평원을 내려다보았다. 켕게는 "저 멀리, 몇 킬로미터 떨어진 곳에서 풀을 뜯는" 아메리카들소 몇 마리를 보았다. "켕게는 몸을 돌려 내게 물었다. '저건 무슨 벌레인가요?' ……처음에 나는 그 말을 이해하지 못하다가 숲에서는 시야가 매우 제한되어 크기를 가늠할 때 거리를 따지는 자동적 과정이 크게 필요하지 않다는 사실을 깨달았다. 여기서 켕게는 겉보기에 끝없이 펼쳐진 낯선 초원을 처음 만났고, 비교 기준이 될 만한 나무 한 그루 없었다. (……) 내가 켕게에게 그 벌레는 들소라고 말하자 그는 폭소하며 그런 바보 같은 거짓말은 하지 말라고 말했다……." (pp. 227~228)

이 책은 전체적으로 변호문이지만, 그렇다고 의심에 찬 배심원을 앞에 두고 불쑥 결론으로 뛰어 버리면 형편없는 변호가 되고 만다. 따라서 네커 정육면체의 두 번째 면은 책 끝에 다다를 때까지 그 형태가 명확히 드러나지 않을 것이다. 초반 장들은 토대를 다지는 자리로 오해가 부르는 어떤 해로움을 사전에 방지하고, 다양한 방법으로 네커 정육면체의 첫 번째 면을 분석하며, 이기적 유기체 패러다임이 실제로 틀린 것은 아니지만 어째서 어려움을 초래하는지 중점적으로 설명하고자 한다.

솔직히 말해 앞 장 일부분은 회고적이며 방어적이기까지 하다. 이전 책(Dawkins, 1976a)에 쏟아진 반응으로 볼 때 이 책도 평판이 좋지 못한 두 개의 '주의', 즉 '유전적 결정론'과 '적응주의'를 선전한다는 쓸데없는 두려움을 야기할 것 같다. 나 스스로도 저자가 미리 약간의 친절한 설명으로 독자가 우려하는 문제를 쉽게 예방할 수 있으면서 매 쪽마다 "그렇기는 하지만……"이라고 투덜거리게 하는 책에 짜증 난다는 사실을 인정한다. 2장과 3장에서는 시작부터 "그렇기는 하지만……"을 부르는 적어도 두 가지 주요 근원을 제거하려 했다.

4장은 이기적 유기체에 반대하는 주장의 포문을 열고 네커 정육면체의 두 번째 측면을 넌지시 비춘다. 5장은 자연 선택이 작동하는 근본 단위로서 '복제자'를 논한다. 6장은 이기적 유기체로 돌아가 유전하는 작은 단편을 제외하고는 이기적 유기체도, 다른 어떤 유력한 후보도 참된 복제자로서 불릴 자격이 없음을 보인다. 반대로 이기적 유기체는 복제자를 돕는 '운반자'로 생각해야 한다. 7장은 본론에서 잠깐 벗어나 연구방법론을 논한다. 8장은 이기적 유기체를 반박하는 몇 가지 까다로운 변칙을 제시하고 9장은 앞 장의 주제를 잇는다. 10장은 '개체 적합도'를 정의하는 여러 개념을 논하고 그 개념들이 뒤죽박죽이며 없어도 무방하리라고 결론 내린다.

11, 12, 13장은 이 책의 핵심이다. 이 장에서는 점진적으로 확장된 표현형이라는 개념 자체, 네커 정육면체의 두 번째 면을 전개한다. 마지막으로 14장에서는 다시 새로운 호기심을 가지고 개체로 되돌아가 생명의 위계에서 왜 개체가 결국 그처럼 눈에 띄는 수준에 있는지 질문한다.

2장

Genetic Determinism and Gene Selectionism

유전적 결정론과 유전자 선택론

아돌프 히틀러가 사망한 후에도 오랫동안 히틀러는 남아메리카나 덴마크에서 건강하게 살아 있다는 소문이 끊이지 않았으며, 수년간 히틀러를 증오하는 사람마저 그가 죽었다는 사실을 마지못해 인정하는 사례가 놀랍도록 많았다(Trevor-Roper, 1972). 제1차 세계 대전 중에는 아무래도 눈이 주는 생생함이 또렷했는지 10만의 러시아 군대가 '군화에 있는 눈이 녹지도 않은 채' 스코틀랜드에 상륙하는 것을 봤다는 풍문이 널리 퍼졌다(Taylor, 1963). 오늘날에도 집주인에게 십 몇 억에 달하는 전기 요금 청구서를 끊임없이 발송하는 컴퓨터(Evans, 1979)나 부자이면서도 정부 보조금을 받는 공영주택에 살며 값비싼 차를 두 대나 가진 부정 복지 수급자에 대한 신화는 진부할 정도로 흔하다. 그런 이야기가 불쾌한데도, 아마도 조금 별나지만 불쾌하다는 바로 그 사실 **때문에** 적극적으로 믿고 전달하게 만드는 어떤 거짓말과 절반의 진실이 있다.

컴퓨터나 전자 '칩'이 그 같은 신화 만들기에 제 몫 이상으로 가담하는 데는 컴퓨터 기술이 말 그대로 눈 깜짝할 사이에 발전하기 때문일 것이다. 나는 '칩'이 '트랙터를 운전'할 뿐만 아니라 '여성을 임신'시킬 정도까지 인간이 수행하는 기능을 빼앗아 간다고, 믿을 만한 정보통에게 들었다는 노인도 보았다. 이제 보겠지만, 유전자는 어쩌면 컴퓨터보다 더 심각한 신화가 흘러나오는 원천이다. 이 두 가지 강력한 신화, 유전자 신화와 컴퓨터 신화를 결합한 결과를 상상해 보라! 의도하지 않았지만 내 이전 책을 읽은 몇몇 독자의 마음속에 그런 불길한 결합이 일어나 우스꽝스러운 오해가 생겼다. 다행히도 그런 오해가 널리 퍼지지는 않았지만 또다시 반복되지 않게 예방하는 일은 중요하다. 그것이 바로 이 장의 목적이다. 나는 유전적 결정론이라는 신화를 까발리고, 유전적 결정론이라는 불쾌하고 오해받기 쉬운 용어를 사용할 필요가 있는지 설명할 것이다.

윌슨의 책, 『인간 본성에 대하여』(1978)를 읽은 어느 서평자는 이렇게 썼다. "……비록 리처드 도킨스(『이기적 유전자』……)만큼은 도발적이지 않지만, 윌슨은 '수컷의 바람기'를 일으키는 성 연관 유전자를 제안하는 데 그에게 인간 남성은 일부다처를, 여성은 지조를 추구하는 유전적 경향을 가진 존재다(여성들이여, 외도하는 남편을 탓하지 마라. 이는 그들의 잘못이 아니라 유전적으로 프로그램된 행동일 뿐). 유전적 결정론은 시시각각 뒷문으로 스며들고 있다."(Rose, 1978) 이 서평자는, 자신이 비판하는 저자가 인간 남성이 부정을 저지르더라도 탓할 수 없는, 치료 불가능한 바람둥이로 만드는 유전자의 존재를 믿고 있다고 뚜렷히 내비친다. 독자는 그런 저자가 '본성이냐 양육이냐'를 두고 다투는 논쟁의 주역이며 더불어 남성 우월주의 성향을 띤 철저한 유전론자라는 인상을 받는다.

사실 '바람둥이 수컷'을 논의하는 내 이전 책의 원래 문단은 인간을 다루는 게 아니었다. 거기서는 불특정 동물(새를 염두에 두었으나, 무엇이든 상관없다)을 대상으로 한 간단한 수학 모형을 검토했을 뿐이다. 이는 분명 유전자를 다루는 모형이 아니었고, 설사 그렇다고 하더라도 성 연관 유전자가 아니라 성 한정 유전자를 다루는 모형이었을 것이다! 해당 모형은 메이너드 스미스(Maynard Smith, 1974)가 고안한 방식의 '전략'을 다루었으며, '바람둥이' 전략은 수컷이 택하는 **유일한** 행동 방편이 아니라 두 가지 가능한 대안 중 하나로 가정한 것이다. 다른 하나는 '충실' 전략이다. 아주 단순한 이 모형은 자연 선택이 어떤 조건에서 바람둥이 전략을, 어떤 조건에서 충실 전략을 선호하는지 보여 주는 것을 목적으로 한다. 모형에는 수컷에게 충실함보다 바람둥이 전략이 나타나기 쉽다는 어떤 가정도 없었다. 실상 내가 발표한 논문에서 특정 모의실험을 수행하자 양 전략이 혼합된 수컷 개체군에서 충실 전략이 다소 우세하다는 결과를 얻었다(Dawkins, 1976a, p. 165. 하지만 Schuster & Sigmund, 1981 참조). 로즈의 글에는 단지 한 가지 오해가 아니라 다양한 오해가 섞여 있다. 거기에는 일부러 오해하려는 간절한 바람이 있다. 그런 열망은 러시아 군인이 신은 눈 덮인 군화나 남성의 역할을 빼앗고 트랙터 운전사의 직업을 가로채려 진군하는 작고 검은 마이크로칩이라는 소문이 품은 성질을 드러낸다. 그것은 어떤 강력한 신화, 이 경우에는 위대한 유전자 신화가 나타날 징후다.

여자는 남편이 외도하는 짓을 나무라서는 안 된다고 로즈가 덧붙여 말한 가벼운 농담은 유전자 신화가 무엇인지를 전형적으로 보여 준다. 바로 '유전적 결정론'이라는 신화다. 분명히 로즈에게 유전적 결정론은 되돌릴 수 없는 불가피성이라는 온전한 철학적 의미를 띤 결정론이다. 로즈는 X를 '위한' 유전자가 있다면 X는 반드시 발현됨을 뜻한다고 생각한다. '유전적 결정론'을 비판하는 또 다른 논자, 굴드(Gould, 1978, p. 238)는 이렇게 말했다. "우리가 누구인지 이미 프로그램되어 있다면 그런 형질들에서 벗어나기는 불가능하다. 우리는 기껏해야 해당 형질을 다른 방향으로 이끌 수 있을 뿐이지 의지나 교육, 문화를 이용해서 바꿀 수는 없다."

결정론적 관점이 지닌 타당성과 이 관점이 자기 행동을 떠맡는 개인의 도덕적 책임에 미치는 영향 각각을 두고 지난 수 세기 동안 철학자와 신학자는 논쟁해 왔고, 분명 앞으로도 수 세기 동안 논쟁이 계속될 것이다. 나는 로즈와 굴드가 우리가 하는 모든 행동이 물리적, 물질적 기반 위에서 이루어진다고 믿는다는 점에서 결정론자라고 생각한다. 나도 그렇다. 또한 우리 셋 모두 인간의 신경계가 너무 복잡해서 실생활에서는 결정론에 개의치 않고 마치 자유의지가 있는 듯 행동하리라는 점에 동의할 거라고도 생각한다. 뉴런은 본래 비결정적인 물리적 사건을 더욱 확대하는 요소일지도 모른다. 단지 내가 지적하고 싶은 점은 결정론 문제에서 어떤 견해를 취하든 '유전적'이라는 단어를 끼워 넣는다고 해서 바뀌는 건 없을 거라는 사실이다. 철저한 결정론자는 모든 행동이 과거에 일어난 물리적 원인으로 미리 결정되었다고 믿으면서 자신이 저지른 성적 부정에 책임지지 않아도 된다고 믿을 수도, 믿지 않을 수도 있다. 그러나 어떻든 간에 물리적 원인 중 일부가 **유전적**인지 아닌지 여부가 대체 어떤 차이를 불러온단 말인가? 어째서 유전적 결정 요인이 '환경적' 결정 요인보다 더 불가피하거나 책임을 면제하는 이유라고 생각하는가?

유전자는 환경적 원인에 비해 초결정적 원인이라는 믿음은 이상할 정도로 끈질기게 지속되는 신화이며 실제로 감정적 고통을 주기도 한다. 나는 이런 사실을 막연하게나마 알았으나 1978년 미국과학진흥협회 American Association for the Advancement of Science(AAAS)가 개최한 한 학회의 질문 시간을 겪고 절실히 깨달았다. 어떤 젊은 여성이 저명한 '사회생물학자'인 강연자에게 인간 심리에 유전적 성차가 실재한다는 증거가 있는지 물었다. 나는 질문에 담긴 감정에 너무나 놀라 강연자의 답변을 제대로 듣지 못했다. 그녀는 강연자의 답변을 매우 중시하는 듯 보였고 곧 눈물을 터뜨릴 것만 같았다. 나는 잠시 정말로 순진하게 당황해하다가 불현듯 좋은 설명이 떠올랐다. 분명 그 저명한 사회생물학자가 아니라, 무언가가 또는 누군가가 그녀에게 유전적 결정이란 영원한 것이라고 잘못 생각하게 했다고 말이다. 그녀는 진지하게 질문에 따르는 답이 "그렇다"라면, 그 답이 맞는다면, 여성으로서 자기 삶은 육아와 부엌일처럼 대개 여성이 한다고 생각하는 일에 매인 운명이 될 거라 믿었다. 그러나 우리 대부분과 달리 그녀가 칼뱅주의적 의미의 강한 결정론자라면 인과 요인이 유전적이든 '환경적'이든 모두 똑같이 언짢게 여겨야 한다.

무언가가 무언가를 결정한다는 말은 도대체 어떤 의미일까? 정당한 이유가 있겠지만 철학자는 인과 개념을 괜히 복잡하게 다루는 반면, 현장 생물학자가 보는 인과는 오히려 단순한 통계적 개념이다. 우리는 결코 조작적으로는 관찰한 특정 사건 C가 특정 결과 R를 야기했다고 입증할 수 없다. 해당 과정이 일어날 가능성이 매우 높더라도 말이다. 실제로 생물학자가 평소에 하는 일은, R 부류의 사건은 C 부류의 사건에 신뢰할 만하게 뒤따른다는 사실을 **통계적으로** 확립하는 것이다. 그래서 생물학자들은 두 부류의 사건이 짝지어 나타난 사례를 다수 확보하려 한다. 하나로는 충분치 않다.

사건 R이 비교적 일정한 시간 간격을 두고 사건 C에 신뢰할 만하게 뒤따르는 경향이 있다고 관찰해도 이는 그저 사건 C가 사건 R의 원인이라는 작업가설을 제공하는 데 불과하다. 사건 C가 그저 관찰자에게 발견되었다기보다 **실험자**가 산출해 냈고, 그럼에도 여전히 사건 R이 뒤따를 경우에만 통계적 방법에 내재한 한계 내에서 해당 가설은 입증된다. 이는 반드시 R이 C에 뒤따라야 한다거나 C가 R에 선행해야 한다는 뜻은 아니다('흡연해도 폐암에 걸리지 않는다. 비흡연자이면서도 폐암으로 사망한 사람, 골초이면서도 90세에 아직 정정한 사람이 있다'라는 논증을 누가 그냥 받아들이겠는가?). 우리는 통계적 방법을 지정된 통계적 신뢰 수준에서 우리가 얻은 결과에 정말로 인과관계가 있는지 평가하는 데 도움을 주도록 설계한다.

그렇다면 Y 염색체를 소유한 사람이 가령 음악적 재능이나 뜨개질 취미를 갖는 데 인과적 영향을 받는 게 사실이라면 여기에 어떤 의미가 있는가? 이는 특정 인구 집단과 특정 환경에서 한 개인의 성이라는 정보를 아는 관찰자가 그렇지 못한 관찰자보다 그가 나타낼 음악적 재능을 통계적으로 더 정확하게 예측 가능함을 뜻한다. 이때 '통계적으로'라는 말을 강조하고 '다른 모든 조건이 동등할 때'라는 조건도 추가해야겠다. 관찰자는 그 사람이 받은 교육 수준이나 양육 배경이 담긴 정보를 추가로 얻으면 성에 기반을 둔 처음 예측을 수정하거나 뒤집을 수도 있다. 여성이 남성보다 통계적으로 좀 더 뜨개질을 좋아할 가능성이 높더라도 이는 모든 여성이 혹은 여성 대다수가 뜨개질을 좋아한다는 뜻은 아니다.

이런 관점은 또한 여성이 뜨개질을 좋아하는 이유는 사회가 그렇게 양육해서라는 관점과 완전히 양립한다. 사회가 제도적으로 음경이 없는 아이들은 뜨개질하고 인형과 놀게, 음경이 있는 아이들은 장난감 총과 장난감 병정을 갖고 놀게 훈련한다면, 그 결과로 나타나는 남녀의 선호 차는 엄밀히 말해 유전적으로 결정된 차이다! 남녀 차이는 음경이 있느냐 없느냐에 따르는 사회적 관습을 매개로 결정되지만 이는 또한 성염색체로 결정된다(일반적인 환경에서, 그리고 성전환 수술이나 호르몬 요법이라는 절묘한 대안이 없을 때).

양육 관점에 따르면, 실험적으로 남자아이 집단은 인형과 놀게 하고 여자아이 집단은 총을 갖고 놀게 했을 때, 분명 정상적 선호가 뒤집히리라고 쉽게 예상할 수 있다. 실제로 해 보면 흥미로울 것 같은데, 여자아이는 **여전히** 인형을 선호하고 남자아이는 총을 선호하는 결과가 나올지도 모르기 때문이다. 만일 그렇다면 **특별한** 환경 조작을 가해도 끈질기게 버티는 유전적 차이를 볼 수 있다. 그러나 모든 유전적 원인은 어떤 종류의 환경 맥락에서 작용하기 마련이다. 유전적 성차가 성 편향된 교육 제도를 매개로 나타난다고 해도 이는 여전히 유전적 차이다. 유전적 성차가 교육 제도를 조작해 어지럽히지 못하는 다른 무언가를 매개로 나타난다고 해도 원리상 교육에 민감한 이전 경우와 비교해 더도 덜도 아닌 유전적 차이다. 물론 그런 매개 요인을 **어지럽힌** 다른 환경 조작을 발견할 수도 있다.

인간이 지닌 심리적 자질은 심리학자가 측정할 수 있는 거의 전 차원에 걸쳐 제각각이다. 실제로는 어렵지만(Kempthorne, 1978) 원리상 이런 변이를 나이, 키, 교육 수준, 다양한 방식으로 분류되는 교육 유형, 형제자매의 수, 태어난 순서, 어머니의 눈 색깔, 아버지의 말굽 제작 기술, 당연히 성염색체까지 포함한 인과 요소로 나누어 살펴볼 수 있다. 또한 이 요인들 사이에서 일어나는 이원적, 다원적 상호 작용도 검토할 수 있다. 현재 논의에서 중요한 점은 설명하고자 하는 변이에는 서로 복잡한 방식으로 상호 작용하는, 수많은 원인이 있다는 사실이다. 유전적 변이는 개체군에 나타나는 표현형 변이의 상당 부분을 일으키는 주요 원인이지만 그 변이가 내는 효과는 다른 원인이 작용해 무시, 변경, 강화, 역전될 수 있다. 유전자는 다른 유전자와 환경이 내는 효과를 변경할 수 있다. 환경과 관련된 사건도 내외적으로 유전자와 환경과 관련된 다른 사건이 내는 효과를 변경할 수 있다.

사람들은 인간이 발달하는 과정에 미치는 '환경' 효과가 변경 가능하다고 별 어려움 없이 받아들이는 듯하다. 어떤 아이가 형편없는 수학 교육을 받아서 부진한 실력을 보이면 다음 해 추가로 좋은 교육을 받아

벌충할 수 있다고 말이다. 그러나 아이의 수학 실력이 부족한 것이 유전적 원인이라고 하면 거의 절망에 빠진다. 유전자에 수학 실력이 '쓰여 있다'면 수학 실력은 '결정'되어 바꿀 방도가 없다. 아이에게 수학을 가르치려는 생각마저 포기할지도 모른다. 이는 점성술만큼이나 해로운 헛소리다. 유전적 원인과 환경적 원인은 원리상 서로 차이가 없다. 두 원인은 바꾸기 힘든 영향도, 바꾸기 쉬운 영향도 준다. 보통은 바꾸기 힘든 영향도 적합한 행위자에게 작용한다면 쉽게 바뀌기도 한다. 중요한 점은 유전적 영향이 환경적 영향보다 더 되돌리기 불가능하다고 생각할 어떤 일반적인 이유도 없다는 사실이다.

도대체 유전자가 무엇을 했기에 불길하고 저항할 수 없는 유령이라는 평판을 얻게 되었을까? 왜 유아 교육이나 견진성사에는 비슷한 두려움이 없을까? 왜 유전자를 그 효과 면에서 텔레비전, 수녀, 책보다 훨씬 더 고정되고 불가피한 것으로 생각할까? 여성들이여, 당신의 남편이 외도한다고 해서 탓하지 마시라. 이는 그들의 잘못이 아니라 단지 포르노 소설을 읽고 흥분되었기 때문이다! 예수회 수도사가 했다고 알려진 호언장담, "태어나 7년만 제게 아이를 맡겨 보십시오. 그러면 사람으로 만들어 드리지요"에는 어떤 진실이 담겨 있을지도 모른다. 교육이나 다른 문화적 영향도 어떤 상황에서는 유전자나 운명을 관장하는 '별'을 보며 대중이 갖는 생각처럼 바꾸지도, 되돌리지도 못하는 요인일 수 있다.

유전자가 결정론적 유령이 된 이유 중 일부는 획득 형질의 유전이라는 친숙한 주장이 초래한 혼란에 있다고 생각한다. 금세기 이전에는 개체가 일생 동안 겪은 경험과 다른 획득 형질이 어떻게든 유전 물질에 각인되어 자녀에게로 전달된다고 널리 믿었다. 생식질의 연속성이라는 바이스만Weismann의 신조는 그런 믿음을 폐지하고 대체했으며, 그 분자적 대응 개념인 '중심 원리central dogma'는 현대생물학이 성취한 위대한 업적 중 하나다. 정통 바이스만주의Weismannism가 갖는 의미를 깊이 믿는다면, 유전자는 정말로 저항 불가능한 불변하는 존재로 보일 것이다. 유전자는 세대를 거듭해 내려가면서 자신이 점유하는 필멸하는 몸이 나타내는 형태나 행동에 영향을 미치나, 드물게 비특이적으로 돌연변이를 유발하는 효과를 제외하면 몸이 겪는 경험이나 환경에 결코 영향받지 않는다고 말이다. 내 몸속 유전자는 네 분의 조부모에게서 유래해 부모를 통해 직접 내게 전해졌다. 그리고 부모가 성취하고, 획득하고, 배우고, 경험한 어떤 것도 이렇게 내려온 유전자에 아무런 효과를 미치지 못했다. 이런 사실을 다소 불길하게 느낄 수도 있다. 그러나 세대를 따라 내려가는 유전자가 불변하고 고정되어 보여도 유전자가 거쳐 가는 몸에 발휘하는 표현형 효과의 본성은 절대로 불변하고 고정된 성질이 아니다. 내가 보유한 어떤 유전자 G가 동형접합이라면 돌연변이를 제외하고 내 모든 자녀에게 유전자 G가 전달되는 일은 피할 수 없다. 바꾸지 못하는 것은 여기까지다. 나든 내 자녀든 통상 유전자 G와 연결된 표현형 효과는 우리가 어떻게 자랐는지, 무엇을 먹고 어떤 교육을 받았는지, 우리가 보유한 다른 유전자는 무엇인지에 크게 좌우된다. 유전자는 이 세상에 자기 사본 만들기와 표현형에 주는 영향이라는 두 가지 효과를 내는데, 첫 번째는 돌연변이라는 드문 가능성을 제하면 고정되어 있고, 두 번째는 대단히 유연하게 변할 수 있다. 그렇기에 진화와 발생 사이를 혼동하는 잘못은 유전적 결정론이라는 신화에 부분적으로는 책임이 있다고 생각한다.

그러나 이미 이 장의 서두에서 언급한, 문제를 복잡하게 하는 또 하나의 신화가 있다. 바로 현대인의 마음속에 유전자 신화만큼이나 깊이 자리 잡은 컴퓨터 신화다. 앞서 인용한 구절 모두 '프로그램되다'라는 단어를 포함한다는 점에 주목해 보라. 로즈는 문란한 남자는 유전적으로 **프로그램**되었기 때문에 죄가 없다고 빈정댔다. 굴드는 우리가 누구인지 **프로그램**되었다면 그런 형질은 바꾸지 못한다고 말했다. 보통 프로그램되다라는 말을 맹목적인 경직성, 자유로운 행동의 반대 항으로 사용하는 것은 사실이다. 사람들은 컴퓨터와 '로봇'을 설령 나올 결과가 불합리하더라도 문자 그대로 명령을 수행하는 끔찍한 고집불통으로 생각한다. 그렇지 않다면 왜 컴퓨터가 모든 사람의 친구의 친구의 사촌의 지인에게 그 유명한 십 몇 억짜리 전기 요금 청구서를 끊임없이 보내겠는가? 나는 위대한 유전자 신화뿐만 아니라 위대한 컴퓨터 신화도 깜빡 잊고 말았다. 이를 알았다면 유전자가 "덜거덕거리며 걸어가는 거대한 로봇 속에……" 떼 지어 있다든가, 인간을 "유전자라 알려진 이기적 분자를 보존하려고 맹목적으로 프로그램된 생존 기계이자 로봇 운반자"(Dawkins, 1976a)라고 묘사하는 문장을 쓸 때 좀 더 조심했을 것이다. 이런 문장은 과격한 유전적 결정론의 예로 득의만면하게 인용되고, 2차 문헌 심지어는 3차 문헌에서도 재인용되었다(예를 들어 'Nabi', 1981). 로봇공학의 용어를 사용한 일에 사과하려는 건 아니다. 나는 전혀 망설임 없이 그런 용어를 다시 사용할 작정이다. 그러나 이제는 좀 더 설명이 필요하다고 느낀다.

13년간 자연 선택을 가르쳐 온 경험으로 자연 선택을 '이기적 유전자의 생존 기계'로 이해하는 방식에는 특정 오해를 초래할 소지가 있다는 큰 문제를 알게 되었다. 자기 생존을 최대한 보장하려면 어떻게 해야 하는지 계산하는 지능을 가진 유전자라는 은유(Hamilton, 1972)는 강력하고 명쾌하다. 그러나 이런 설명은 도가 지나쳐 가상의 유전자가 자신의 '전략'을 짜는 데 인지적 지혜와 선견지명을 발휘한다고 착각하기 쉽다. 혈연 선택에 생기는 열두 가지 오해 중 적어도 세 가지(Dawkins, 1979a)는 직접적으로 이 기초적 오류에서 기인한다. 생물학자가 아닌 사람들이 몇 번이고 내게 유전자에 선견지명을 부여해 어떤 형태의 집단 선택을 정당화하려고 애썼다. "유전자가 바라는 장기적 이익은 종의 영속을 필요로 하므로 단기적으로는 개체의 번식 성공을 희생하더라도 종의 절멸을 막는 적응이 있어야 하는 게 아닌가?" 내가 자동제어나 로봇공학의 용어를 사용하고 유전적 프로그램을 가리켜 '맹목적'이라는 단어를 붙인 것은 이런 오류를 미연에 방지하려는 시도였다. 물론 맹목적 존재는 유전자이지 유전자가 프로그램하는 동물이 아니다. 인간이 만든 컴퓨터처럼 신경계는 지능과 선견지명을 나타내기에 충분할 정도로 복잡할 수 있다.

시먼스(Symons, 1979)는 컴퓨터 신화를 다음과 같이 명확하게 정리했다.

> 나는 '로봇'이나 '맹목적'이라는 단어를 사용해 진화론이 결정론을 뒷받침한다는 도킨스의 생각이 전혀 근거 없는 것임을 지적하려고 한다. (……) 로봇은 마음이 없는 자동인형이다. 어쩌면 **일부** 동물은 로봇일지도 모른다(우리는 이를 알 길이 없다). 하지만 도킨스가 가리키는 대상은 일부 동물이 아니라 모든 동물이고, 이 경우 특히 인간을 지칭한다. 이제 스테빙Stebbing의 말로써 달리 표현하면, '로봇'은 '생각하는 존재'와 반대되며 이는 기계적으로 행동하는 것처럼 보이는 사람을 가리키려고 상징적으로 사용할 수 있다. 그러나 살아 있는 모든 존재는 로봇이라는 말을 타당하게 하는, '로봇'이라는 단어에 의미를 부여하는 공통적인 언어 사용 사례는 없다. (p. 41)

시먼스가 다시 표현한 스테빙이 주장한 요점은 X 아닌 것이 없다면 X는 쓸모없는 말이라는 논리다. 모든 존재가 로봇이라면 로봇이라는 단어는 어떤 유용한 뜻도 없다고 말이다. 하지만 로봇이라는 단어는 다른 의미를 띠기도 하며 뻣뻣한 고정성은 내가 염두에 두었던 의미가 아니다. 로봇은 프로그램된 기계이고, 무엇을 프로그램하는 데서 중요한 점은 프로그램이 행동 수행 그 자체와는 별개로 그보다 앞서 이루어진다는 사실이다. 컴퓨터는 제곱근을 계산하거나 체스를 두는 행동을 수행하도록 프로그램된다. 체스를 두는 컴퓨터와 이를 프로그램한 사람 간의 관계는 불명확해서 오해하기 쉽다. 사람들은 프로그램 제작자가 게임의 진행 상황을 주시하면서 컴퓨터에 한 수 한 수 명령을 내린다고 생각할지 모른다. 그러나 사실 프로그램 작성은 게임이 시작되기 전에 완료되었다. 제작자는 우연한 사태를 예상해 아주 복잡한 조건부 명령을 만들지만 일단 게임이 시작되면 손을 떼야 한다. 제작자는 게임이 진행되는 동안 어떤 추가 도움도 주지 못한다. 추가 도움을 준다면 제작자는 프로그램 작성이 아니라 행동 수행을 하는 것이므로 게임에 참여할 수 없게 된다. 시먼스가 비판한 이전 책에서 나는 유전자가 행동을 수행하는 데 개입한다는 의미로 직접 행동을 통제하지 않는다는 점을 설명하려고 체스를 두는 컴퓨터 유비를 폭넓게 사용했다. 유전자는 오로지 행동을 수행하기에 **앞서** 기계를 프로그램한다는 뜻에서만 행동을 통제한다. 이것이 내가 일깨우려는 로봇이라는 단어의 의미였지, 무심한 고정성은 아니었다.

무심한 고정성이라는 의미는 자동제어의 정점이 선박기관을 제어하는 철제봉과 캠◆ 계통이었던 시대에는 정당화될 수도 있었다. 키플링Kipling은 『맥앤드루 찬가*McAndrew's Hymn*』라는 시집에서 다음과 같이 썼다.

> 이음매 연결 장치에서 기계축 유도 장치에 이르기까지 나는 그대의 손길을 보네, 오 신이여—
> 저 연결봉의 큰 보폭에는 예정된 운명이 있나니.
> 장 칼뱅 또한 같은 것을 주조했을지어다—

그러나 이는 1893년 증기기관이 전성기를 구가할 때였다. 지금 우리는 전자공학의 황금기에 진입했다. 기계가 뻣뻣한 고정성이라는 의미를 띠었다 해도, 물론 그런 의미가 있었다고 인정하지만, 이제는 그런 성질을 떨쳐 낼 때가 되었다. 컴퓨터 프로그램은 이제 국제 마스터▪ 수준으로 체스를 두며(Levy, 1978), 정확하면서도 무한히 복잡한 문법의 영어로 대화하고 추론하며(Winograd, 1972), 수학적 정리들에 관한 우아하고 미

◆ 회전운동이나 왕복운동을 하는 특수한 홈이 있는 장치
▪ 체스에서 국제 그랜드 마스터 다음가는 고수

적으로 만족스러운 새로운 증명을 창조하며(Hofstadter, 1979), 음악을 작곡하고 병을 진단한다. 게다가 이 분야의 발전 속도가 쇠락하리라는 어떤 징조도 없다(Evans, 1979). 인공 지능이라는 고급 프로그램 제작 분야는 활발히, 자신만만하게 앞으로 나아가는 중이다(Boden, 1977). 인공 지능을 연구하는 사람 중에서 컴퓨터 프로그램이 앞으로 10년 이내에 세계 최고의 체스 그랜드 마스터를 이기지 못한다는 쪽에 내기를 걸 만한 이는 몇 명 없으리라. 대중의 마음속에서 저능하고 고정된, 뻣뻣한 몸짓의 좀비와 동의어였던 '로봇'은 언젠가는 유연하고 민첩한 지능을 가진 존재의 대명사가 될 것이다.

안타깝게도 나는 앞에 인용한 구절에서 다소 경솔하게 행동했다. 그 구절을 쓸 당시 인공 지능 프로그램을 제작하는 기술의 현 상태를 다루는, 눈이 번쩍 뜨이고 경탄스러운 학회에서 막 돌아온 터라, 열정에 지나쳐 정말 순진하게도 대중에게 로봇이 융통성 없는 멍청이로 보인다는 사실을 잊었다. 또한 『이기적 유전자』 독일어판 표지에서 유전자라는 단어에서 풀려 나온 실 끝에 매달려 흔들리는 사람 인형 그림을, 프랑스어판에서는 중산모를 쓴 젊은 남자가 등에 태엽장치를 단 그림을 나도 모르게 사용한 사실에 사과해야 한다고 느낀다. 나는 내가 말하려 하지 **않은** 것이 무엇인지 예증하는 두 표지를 소장 중이다.

따라서 시먼스에 대한 답변은, 그가 보기에 내가 말했다고 생각한 주장을 겨냥한 비판은 물론 옳지만 실제로 나는 그와 같은 말을 하지 않았다는 것이다(Ridley, 1980a). 처음 오해가 생긴 데는 내 책임도 일부 있지만, 이제는 통속적인 용어 사용에서 유래하는 선입견을 던져 버리고 ("……대다수 사람은 컴퓨터를 조금도 이해하지 못한다."—Weizenbaum, 1976, p. 9) 실제로 로봇공학과 컴퓨터 지능을 다루는 대단히 흥미로운 여러 문헌(예를 들어 Boden, 1977; Evans, 1979; Hofstadter, 1979)을 읽자고 강력히 촉구할 뿐이다.

물론 이번에도 철학자들은 인공 지능 방식으로 작동하게 프로그램된 컴퓨터가 지닌 궁극적 결정성을 두고 논쟁할지 모른다. 그러나 우리가 그런 철학적 수준에까지 들어간다면 많은 사람이 같은 논거들을 인간 지능에까지 적용할 것이다(Turing, 1950). 그들은 물을 것이다. "뇌란 컴퓨터가 아닌가? 교육이란 프로그램 제작의 한 형태가 아닌가?" 어떤 의미로 뇌를 프로그램된 인공 두뇌학적 기계라 여기지 **않고** 인간 뇌, 감정, 감각, 외관상의 자유의지를 초자연적이지 않게 설명하기란 매우 어렵다. 천문학자 프레드 호일 경(Sir Fred Hoyle, 1964)은 신경계에 관해 진화론자라면 누구나 곱씹어 봐야 할 점을 매우 생생하게 다음과 같이 표현했다.

> 나는 [진화를] 되돌아보며 화학이 조금씩 전자공학에 자리를 내주던 방식을 경탄스러울 정도로 인상 깊게 생각했다. 최초의 생명체가 가진 특징을 전부 화학적으로 설명하는 것은 합당하다. 식물에서 전기화학적 과정이 중요하다고는 해도 자료 처리라는 의미로 조직화된 전자공학은 식물계에 들어오지도 작동하지도 못한다. 그러나 어떤 생명체가 여기저기로 움직인다면 곧 초보적인 전자공학이 중요해지기 시작한다. (……) 원시적인 동물이 처음으로 소유한 전자공학적 장치는 기본적으로는 유도장치로 논리상 음파 탐지기나 전파 탐지기와 유사하다. 더 발달한 동물로 넘어가면 전자공학적 장치는 단지 방향 안내만이 아니라 음식을 탐지하는 데도 사용된다…….
>
> 이 상황은 다른 미사일을 가로막고 파괴하는 임무를 띤 유도 미사일과 비슷하다. 오늘날 우리 세계에서 공격하고 방어하는 방법이 더욱더 정교해진 것처럼 동물의 경우도 마찬가지다. 정교함이 증가할수록 점점 더 우수한 전자공학 장치가 필요해진다. 자연에서 일어난 일은 현대 군대에 이용하려는 목적으로 전자공학이 발달한 일과 매우 닮았다. (……) 치열한 투쟁이 벌어지는 정글에서 살지 않았다면 우리는 지적 능력을 소유하지도, 우주의 구조를 탐구하지도, 베토벤의 교향곡을 감상하지도

> 못했을 거라 생각하니 정신이 번쩍 든다. (……) 이런 관점에서 본다면 이따금 묻는, '컴퓨터는 생각할 수 있는가?'라는 질문은 조금 얄궂다. 물론 여기서 말하는 컴퓨터는 우리가 무기물로 만든 사물을 뜻한다. 그런 질문을 하는 사람은 도대체 자신이 무엇이라고 생각하는 걸까? 우리 또한 그저 컴퓨터에 불과하다. 다만 아직 만드는 법을 모르는 엄청나게 복잡한 존재일 뿐. 인간이 만든 컴퓨터 산업은 아직 20~30년밖에 되지 않았지만 우리 자신은 수억 년에 걸쳐 작동한 진화의 산물임을 기억하자. (pp. 24~26)

이런 결론에 동의하지 않는 사람도 있겠지만, 이를 대체할 유일한 대안은 종교밖에 없지 않나 생각한다. 다시 유전자와 이 장의 주요 논점으로 돌아오면, 그 논쟁의 결과가 어떻든 결정론 대 자유의지의 문제는 환경적 결정 요인 대신 **유전자**를 인과적 행위자로서 고려하느냐 그렇지 않느냐 여부에 어떤 식으로도 영향받지 않을 것이다.

그러나 아니 땐 굴뚝에 연기 날까라는 말도 이해는 간다. 기능적 동물행동학자나 '사회생물학자'가 유전적 결정론이라는 오명을 뒤집어쓸 만한 언급을 했음에 틀림없다. 더구나 모든 게 오해라면 거기에는 어떤 좋은 설명이 있어야 한다. 설사 그 오해가 불경한 동맹을 맺은 유전자 신화와 컴퓨터 신화만큼 강력한 문화적 신화로 인해 부추겨질지언정, 그렇게 널리 퍼진 오해가 아무 이유 없이 생기지는 않기 때문이다. 내 의견을 말하자면, 그 이유를 알 것 같다. 이는 흥미로운 이유라 이 장 나머지의 논점으로 삼겠다. 오해는 전혀 다른 주제, 즉 자연 선택을 말하는 방식에서 비롯된다. 유전자 선택론은 진화를 말하는 한 가지 방식이지만 발생을 말하는 관점인 유전적 결정론으로 오해받는다. 나 같은 사람은 줄곧 이것을 '위한' 또는 저것을 '위한' 유전자를 가정해 유전자와 '유전적으로 프로그램된' 행동에 집착하는 듯한 인상을 준다. 이를 유전자가 가진 칼뱅적 결정성이라는, 한자리에 못 박혀 쉼 없이 까닥거리는 디즈니랜드 인형같이

'프로그램된' 행동이라는 대중적 신화와 결부해 생각해 보자. 그러면 우리가 유전적 결정론자라고 비난받는 것이 그리 놀랄 만한 일일까?

그렇다면 왜 기능적 동물행동학자는 그렇게 자주 유전자를 언급하는 것일까? 왜냐하면 우리가 자연 선택에 관심을 가지며, 자연 선택은 유전자의 생존에서 나타나는 차이이기 때문이다. 우리가 자연 선택을 통한 어떤 행동 유형의 진화 **가능성**을 논하고자 한다면 그 행동 유형을 수행하려는 경향이나 능력과 관련된 유전적 변이를 가정해야 한다. 이는 특정 행동 유형을 위한 유전적 변이가 반드시 **있다**는 뜻은 아니다. 다만 행동 유형을 다윈 적응으로 다루려면 과거에 유전적 변이가 있어야 했다는 뜻이다. 물론 해당 행동 유형은 다윈 적응이 아닐지도 모르며, 이런 경우에는 위와 같은 주장을 할 수 없다.

덧붙여 말하자면, 나는 '자연 선택으로 생겨난 적응'과 동의어로서 '다윈 적응'이라는 용어 사용을 옹호하려고 한다. 이는 최근 굴드와 르원틴(Gould & Lewontin, 1979)이 다윈의 고유한 사상이 가진 '다원적' 성격을 강조해 지지를 받았기 때문이다. 다윈이 특히 생애 말년에 지금 보면 틀린 비판에 쫓겨 '다원론'에 어느 정도 양보한 것은 사실이다. 그 결과 다윈은 자연 선택이 진화를 추진하는 유일하게 중요한 힘이라고 보지 않게 되었다. 역사가 R. M. 영(R. M. Young, 1971)은 다음과 같이 냉소적으로 말했다. "……여섯 번째 판에 이르러서 그 책 제목은 틀린 것이 되었고 '자연 선택과 다른 모든 종류의 수단을 통한 종의 기원'이라고 불러야 했다." 따라서 '다윈 진화'를 '자연 선택을 통한 진화'와 동의어로 사용하는 방식은 부적절하다. 그러나 다윈 **적응**은 다른 문제다. 적응은 자연 선택을 제외하고 무작위적 부동random drift이나 우리가 아는 현실의 다른 어떤 진화적 힘으로도 발생할 수 없다. 다윈의 다원론이 언뜻 보아 원리상 적응에 이르는 다른 한 가지 추진력을 허용하는 듯 보이지만, 그 추진력은 다윈이 아니라 라마르크라는 이름과 밀접하다. '다윈 적응'은 자연 선택으로 생기는 적응 이외에 다른 의미를 지니지 않기에 나는 이 뜻으로 다윈 적응을 사용하고자 한다. 이 책의 다른 몇 군데에서(예를 들어 3장과 6장) 진화 일반과 특정한 적응적 진화를 구분함으로써 논쟁으로 보이던 문제가 사실은 논쟁이 아니었음을 설명할 것이다. 예를 들어 중립 돌연변이의 고착은 진화로 간주할 수 있지만 이는 적응적 진화는 아니다. 유전자 치환에 관심을 가진 분자유전학자나 거시적 경향에 관심을 가진 고생물학자가 적응에 관심을 가진 생태학자와 논쟁을 벌이면, 그들은 단지 각자 진화가 의미하는 다른 측면을 강조하기 때문에 서로 동문서답하는 중임을 알게 될 것이다.

"복종, 외국인 혐오, 공격성을 위한 유전자는 단순히 그런 이론이 필요하다는 이유로 인간에게 가정될 뿐이지 그런 유전자가 존재한다는 어떤 증거가 있어서가 아니다."(Lewontin, 1979b) 이는 E. O. 윌슨에 대한 공정한 비판이지만 치명적 비판은 아니다. 불행한 결과를 불러올지도 모를 정치적 파급력을 제한다면 외국인 혐오나 그 밖의 다른 형질이 가질 법한 다윈적 생존 가치를 조심스럽게 추정해 보는 일에 문제 될 건 없다. 하지만 아무리 조심스러워도 그런 형질에 있는 변이를 위한 유전적 기초를 가정하지 않는다면 어떤 형질의 생존 가치는 추정조차 할 수 없다. 물론 외국인 혐오에는 유전적 변이가 없을지도 모르며 당연히 다윈 적응이 아닐 수도 있지만, 이를 위한 유전적 기초를 가정하지 않는다면 외국인 혐오가 다윈 적응일 가능성을 논하는 일은 불가능하다. 르원틴 자신도 누구보다 이 점을 잘 표현했다. "자연 선택으로 어떤 형질이 진화하려면 개체군 내에 그런 형질을 위한 유전적 변이가 필요하다."(Lewontin, 1979b) 그리고 어떤 형질 X를 '위한 개체군 내의 유전적 변이'는 간단히 'X를 위한 유전자'라고 말할 때 의미하는 바와 같다.

외국인 혐오는 논란이 많으므로, 어느 누구든 다윈 적응이라 해도 공포를 느끼지 않을 행동 유형으로 논의해 보자. 개미귀신의 구덩이 파기는 명백히 먹이를 잡기 위한 적응이다. 개미귀신은 우주 괴물 같은 외양과 행동을 가진 풀잠자리목 곤충의 애벌레다. 개미귀신은 개미와 걸어 다니는 작은 곤충을 빠뜨리려고 부드러운 모래에 구덩이를 파고 '가만히 기다리는' 포식자다. 구덩이는 측면 경사가 매우 가파른 완전한 원뿔형에 가까워 먹이가 일단 떨어지면 다시는 올라갈 수 없다. 개미귀신은 구덩이 밑바닥에 있는 모래 아래 숨어 뭔가가 떨어지면 공포 영화에나 나올 법한 턱을 보이며 달려든다.

구덩이 파기는 복잡한 행동 유형이다. 이는 시간과 에너지를 소모하고 적응이라 인정받는 데 필요한 가장 엄격한 기준을 만족한다(Williams, 1966; Curio, 1973). 그렇다면 구덩이 파기는 분명 자연 선택으로 진화했다. 이런 일이 어떻게 일어났을까? 내가 끌어내려는 교훈을 위해 세부 사항은 신경 쓰지 않겠다. 아마 구덩이를 파지 않고 단순히 모래 표면 밑에 숨어 먹이가 우연히 지나가기를 기다리는 조상 개미귀신이 있었을 것이다. 실제로 어떤 종에서는 여전히 이런 방법을 사용한다. 이후 자연 선택은 모래에 얕은 웅덩이를 파는 행동을 선호했을 것이다. 그런 웅덩이가 약간이나마 먹이가 도망가는 것을 방해하기 때문이다. 수많은 세대에 걸쳐 조금씩 그 행동은 얕은 웅덩이를 더 깊고 넓게 파도록 변화했다. 이는 먹이가 도망가는 것을 막을 뿐만 아니라 우선 먹이가 빠지는 포획 면적을 증가시켰다. 그 후 구덩이를 파는 행동은 다시 변화해 이제 구덩이는 먹이가 기어오르지 못하게 곱고 미끄러운 모래로 안을 덧댄, 경사가 가파른 원뿔이 되었다.

앞 문단에서 논란거리가 될 만한 건 없다. 이는 우리가 직접 볼 수 없는 역사적 사건에 관한 적법한 추측으로서 그럴듯하다고 생각한다. 이를 논란의 여지가 없는 역사적 추측으로 받아들이는 한 가지 이유는 유전자를 들여오지 않았기 때문이리라. 그러나 말하려는 요점은 진화 과정의 매 단계에서 행동을 야기하는 유전적 변이가 없었다면 그와 같은 역사나 그와 비슷한 어떤 역사도 사실일 수 없다는 것이다. 개미귀신의 구덩이 파기는 선택할 수 있는 수천 가지 사례 중 하나에 불과하다. 자연 선택이 작용하는 유전적 변이가 없다면 진화적 변화는 일어나지 않는다.

그리하여 다윈 적응이 있다면 관련된 형질을 위한 유전적 변이도 있어야만 한다는 결론이 따라 나온다.

개미귀신의 구덩이 파기 행동을 유전학적으로 연구한 사람은 없다(J. Lucas, 사적 대화). 우리가 원하는 것이 그런 행동 유형에 한때 유전적 변이가 있었다고 만족하는 게 전부라면 그런 연구는 할 필요가 없다. 그저 그 행동이 다윈 적응이라고 확신하는 것으로 충분하다(만일 구덩이 파기가 적응이라고 확신하지 않는다면 확신하는 다른 사례로 대체하면 그만이다).

나는 **한때** 유전적 변이가 존재했다고 말했다. 이는 지금 개미귀신을 유전학적으로 연구해 봤자 어떤 유전적 변이도 발견하지 못할 가능성이 높기 때문이다. 보통 어떤 형질을 선호하는 강한 선택이 있다면 그 형질이 진화하도록 선택이 작용하는 처음의 변이는 소진된다. 이는 강한 선택을 받는 형질은 유전율heritability이 낮은 경향을 띤다는 익숙한 '역설'(주의 깊게 생각하면 정말로 역설인 현상은 아니다)이다◆(Falconer, 1960). "……자연 선택을 통한 진화는 이를 추동하는 유전적 분산을 제거한다."(Lewontin, 1979b) 기능적 가설은 흔히 개체군 내에 거의 보편적으로 존재해 현재 유전적 변이가 없는 눈과 같은 표현형 형질을 고려한다. 적응이라는 진화적 산물을 추측하거나 모형을 세우려 하는 경우, 우리는 응당 적절한 유전적 변이가 있었던 시기를 말한다. 이런 논의에서는 암묵적이든 명시적이든 제기된 적응을 '위한' 유전자를 가정해야 한다.

누군가는 'X에 있는 변이에 끼친 유전적 기여'를 'X를 위한 유전자나 유전자들'과 동등하게 다루려는 방식에 망설일지도 모른다. 그러나 이는 유전학에서 사용하는 관례이며 자세히 들여다보면 불가피한 일이

◆ 유전율은 어떤 형질이 유전되느냐가 아니라 개체군 내 표현형 형질에 나타나는 변이가 유전적 요인에 얼마나 많은 영향을 받느냐는 개체 간의 유전적 차이를 뜻한다. 다시 말해, 개체 간의 형질 차이를 초래하는 원인 중 유전적 요인이 차지하는 비율을 뜻한다. 따라서 팔을 두 개 갖는 데 강한 선택이 일어나 개체군 내 모든 개체가 팔 두 개를 가지면 유전율은 0이 된다.

다. 하나의 유전자가 하나의 단백질 사슬을 직접 생산한다는 분자 수준의 관점을 제외하면, 유전학자는 결코 그런 식으로 표현형 단위를 다루지 않는다. 오히려 유전학자는 언제나 **차이**를 다룬다. 유전학자가 초파리 *Drosophila*의 붉은 눈을 '위한' 유전자를 말할 때 붉은 색소 분자를 합성하는 주형으로 작용하는 시스트론cistron을 말하는 게 아니다. 유전학자는 암묵적으로 이렇게 말한다. 개체군 내에는 눈 색깔에 변이가 있다. 다른 모든 조건이 동등하면 이 유전자를 가진 초파리는 그렇지 않은 초파리보다 붉은 눈을 나타낼 가능성이 더 높다. 이것이 지금까지 붉은 눈을 '위한' 유전자가 의미하는 전부다. 이는 행동이 아니라 형태학적 사례에 해당하지만 행동에도 똑같이 적용된다. 행동 X를 '위한' 유전자는 그런 행동을 산출하는 경향을 띤 모든 형태적, 심리적 상태를 '위한' 유전자다.

이런 사실은 단일 좌위 모형◆을 사용하는 일은 단지 개념상의 편리이며 단일 좌위 모형은 일반 집단유전학■ 모형에서 참인 것과 똑같이 적응 가설에서도 참이라는 논점과 연결된다. 적응 가설에서 단일 유전자 방식을 사용할 때는 다수 유전자 모형의 반대로서 단일 유전자 모형의 정당성을 주장하는 게 아니다. 통상은 비非유전자 모형, 예를 들어 '종이 얻는 이익' 모형의 반대로서 **유전자** 모형의 정당성을 주장한다. 사람들을 종이 얻는 이득 관점이 아니라 **조금이라도** 유전적 관점에서 생각하도록 설득하는 일은 어렵기 때문에 시작부터 다수 좌위의 복잡성을 다루어 상황을 한층 더 힘겹게 만들 이유는 없다. 물론 로이드(Lloyd, 1979)가 OGAMone gene analysis model(한 유전자 분석 모형)이라 부른 것은 유전적 정확성 면에서 완벽한 모형은 아니다. **당연히** 결국 우리는 다수 좌위의 복잡성과 마주쳐야 한다. 그러나 OGAM은 적응을 추론하는 방법으로서 완전히 유전자를

◆ 유전자가 자리하는 한 좌위에 어떤 대립 유전자가 놓이느냐에 따라 표현형 발현이 달라진다는 모형

■ 개체군 내 유전적 구성과 유전적 변이를 연구하는 학문. 집단유전학은 자연 선택이 일어나는 유전적 기초를 밝힘으로써 다윈의 자연 선택론과 멘델유전학이 결합된 현대적 종합이 태동하는 데 기여했다.

제거한 것보다는 훨씬 낫다. 그리고 이것만이 현재 말하려는 요점이다.

마찬가지로, 우리는 자신이 관심을 가진 어떤 적응을 '위한 유전자'가 존재한다는 '주장'을 입증하라고 공격적으로 도전받고 있음을 발견하게 된다. 그러나 이런 도전이 진짜 도전이 되려면 신다윈주의의 '현대적 종합'과 집단유전학 전체를 겨냥해야 한다. 유전자 관점에서 기능적 가설을 말하는 일은 결코 유전자에 관해 강한 주장을 하는 것이 아니다. 이는 때로 명시적이기보다는 함축적이지만, 단지 현대적 종합에 밀접한 어떤 가정을 명확히 표현하는 것이다.

실제로 소수의 연구자는 신다윈주의의 현대적 종합 전체에 도전장을 던지고 신다윈주의자가 되지 않겠다고 주장했다. 굿윈(Goodwin, 1979)은 데보라 찰스워스Deborah Charlesworth 등과 벌인 지면 논쟁에서 다음과 같이 말했다. "……신다윈주의는 일관성이 없다. (……) 신다윈주의는 유전자형에서 표현형이 생성되는 방법을 설명하지 않는다. 이 점에서 그 이론에는 결함이 있다." 물론 발생이 대단히 복잡하다는 점에서 굿윈은 매우 옳은 지적을 했고, 우리는 아직도 표현형이 어떻게 생성되는지 잘 모른다. 그러나 표현형이 발생한다는 **사실**, 유전자가 표현형 변이에 상당히 기여한다는 **사실**은 반박의 여지가 없으며, 그런 사실은 신다윈주의를 일관적이게 하기에 충분하다. 굿윈은 호지킨Hodgkin과 헉슬리Huxley가 신경 충동nerve impulse이 어떻게 촉발되는지 알아내기 전에는 우리에게 신경 충동이 행동을 통제한다고 믿을 권리가 없었다고 말할지도 모른다. **물론** 표현형이 어떻게 만들어지는지 알면 좋겠지만 발생학자가 이를 밝히려고 애쓰는 동안 우리는 배아 발생을 블랙박스로 놓고 알려진 유전학적 사실을 이용해 신다윈주의자의 역할을 해나갈 권리가 있다. 여기에 조금이라도 일관적이라고 불릴 만한 경쟁 이론은 없다.

유전학자는 언제나 표현형 **차이**에 관심을 가지기에 무한히 복잡한 표현형 효과를 내는 유전자나 매우 복잡한 발생 조건에서만 표현형 효과를 내는 유전자를 가정하는 일을 두려워할 필요가 없다. 최근에 나는 존

메이너드 스미스 교수와 함께 학생들 앞에서 '사회생물학'의 급진적 비판자 두 사람과 공개 토론을 했다. 토론 중에 우리는 'X를 위한' 유전자를 말하는 것이, X가 복잡하고 학습된 행동 유형이더라도 전혀 이상한 주장이 아님을 밝히려고 노력했다. 메이너드 스미스는 가상의 예로 '신발 끈 매는 기술을 위한 유전자'를 내놓았다. 이 과격한 유전적 결정론 덕분에 대혼란이 일어났다! 최악의 의혹이 명백한 사실로 확인되었다는 수군거림이 회장의 공기를 가득 채웠다. 들뜨고 회의에 찬 고함이 신발 끈 매는 기술을 위한 유전자 같은 것을 가정하는 방식이 얼마나 **온건한** 주장인지 차분하고 인내심 있게 설명하는 말을 묻어 버렸다. 이 점을, 더 과격하게 들리지만 정말로 무해한 사고실험을 빌려 설명해 보자(Dawkins, 1981).

읽기는 굉장히 복잡하며 학습으로 익히는 기술이다. 그러나 이런 사실이 그 자체로 읽기 위한 유전자가 존재할 가능성을 의심할 만한 이유가 되는 것은 아니다. 읽기 위한 유전자를 규명하는 데는 읽지 못하게 하는 유전자, 예컨대 특정 난독증의 원인이 되는 뇌 병변을 유발하는 유전자가 필요하다. 이러한 난독증 환자는 읽지 못한다는 것을 제외하고는 모든 면에서 정상이며 똑똑할 수도 있다. 이런 유형의 난독증이 멘델 법칙의 방식으로 유전된다고 해서 특별히 놀라는 유전학자는 없으리라. 이 경우 유전자는 오직 정상 교육이 이루어진 환경에서만 그 효과를 미칠 것이 분명하다. 선사 시대의 환경에서 난독증을 위한 유전자는 자각 가능한 어떤 효과도 없었거나 다른 효과를 냈을지 모르며, 동굴에 살았던 원시 유전학자에게는 동물의 발자국을 알아보지 못하는 유전자로 알려졌을지도 모른다. 우리 시대의 교육 환경에서 그 유전자는 난독증을 '위한' 유전자로 올바르게 불릴 것이다. 난독증이야말로 그 유전자가 내는 가장 두드러진 결과이기 때문이다. 이와 유사하게 눈을 완전히 멀게 하는 유전자도 읽지 못하게 하겠지만 이는 실질적으로 읽지 못하게 하는 유전자로 볼 수는 없다. 단지 읽지 못하게 막는 것이 눈을 멀게 하는 유전자의 가장 명백하고 치명적인 표현형 효과가 아니기 때문이다.

특정 난독증을 위한 유전자로 돌아가자. 유전학 용어의 통상적 관습으로는 개체군의 나머지가 두 배로 가진, 같은 좌위에 자리한 야생형 유전자◆는 읽기 '위한 유전자'라고 부를 수 있다. 이에 반대한다면 멘델의 완두콩에서 큰 키를 위한 유전자를 말하는 방식도 반대해야 한다. 두 경우에서 용어를 사용하는 논리는 동일하기 때문이다. 두 경우 모두 관심을 두는 특징은 **차이**이며, 그 차이는 어떤 정해진 환경에서만 모습을 드러낸다. 한 유전자의 차이처럼 아주 단순한 요인이 읽는 법을 배우거나 얼마나 신발 끈을 잘 매는지 여부를 결정하는 복잡한 효과를 낼 수 있는 이유는 기본적으로 다음과 같다. 주어진 세계의 상태가 아무리 복잡하다고 해도 한 세계와 다른 세계의 **차이**는 극도로 단순한 무언가로 발생할 수 있다.

나는 개미귀신으로 일반적 요점을 제시했다. 이외에도 다윈 적응이거나 다윈 적응이라 알려진 사례를 어느 것이나 사용할 수 있다. 한층 강조하고자 한 가지 사례를 더 들겠다. 틴베르헌 등의 연구자들(Tinbergen *et al.*, 1962)은 붉은부리갈매기*Larus ridibundus*의 알껍데기 제거라는 독특한 행동 유형이 지닌 적응적 중요성을 조사했다. 새끼가 부화한 직후에 부모 새는 부리로 빈 알껍데기를 집어 둥지 근처에 갖다 버린다. 틴베르헌과 동료들은 그런 행동 유형이 지닌 생존 가치를 입증하는 가능한 여러 가설을 고려했다. 예를 들어 그들은 빈 알껍데기가 해로운 박테리아의 번식처가 되거나 날카로운 껍데기 가장자리가 새끼를 다치게 할지 모른다고 제안했다. 그러나 그들은 빈 알껍데기가 새끼나 알을 노리는 까마귀와 다른 포식자를 유혹하는 눈에 잘 띄는 시각 표지라는 가설을 지지하는 증거를 발견했다. 그들은 기발한 실험을 했는데, 인공 둥지에 빈 알껍데기를 놓고 그 반대와 비교한 결과, 실제로 빈 알껍데기와 같이 있는 알이 그렇지 않은 알보다 까마귀에게 더 많은 공격을 받았다. 그들은 자연 선택

◆ 야생 집단에 가장 많이 나타나는 유전자

이 부모 갈매기에서 알껍데기 제거 행동을 선호했다고 결론 내렸다. 알껍데기를 제거하지 않았던 부모 갈매기는 더 적은 자녀를 길렀을 것이기 때문이다.

개미귀신이 하는 구덩이 파기와 마찬가지로 붉은부리갈매기가 보이는 알껍데기 제거 행동을 유전학적으로 연구한 사람은 없다. 빈 알껍데기를 제거하는 경향에 있는 변이가 유전된다는 직접적인 증거는 없다. 하지만 그런 유전적 변이가 있거나 과거에 그랬다는 가정은 틴베르헌이 제시한 가설을 지탱하는 기반이다. 유전자라는 단어 없이 일반적으로 표현된 틴베르헌 가설은 딱히 논쟁거리가 없다. 그러나 가설은 반박된 다른 모든 기능적 가설과 마찬가지로 옛날 옛적에 알껍데기를 제거하는 유전적 경향이 있는 갈매기와 알껍데기를 제거하는 유전적 경향이 없거나 약한 갈매기가 있었다는 기초 가정에 의존한다. 이에 따라 알껍데기를 제거하는 유전자는 존재할 수밖에 없다.

여기서 경고의 말을 해야겠다. 실제로 현존 갈매기를 대상으로 알껍데기 제거 행동을 유전학적으로 연구했다고 하자. 그 행동 유형을 급격히 변경하는, 아마 그 행동을 완전히 없애 버리는 단순한 멘델 돌연변이를 발견하는 게 행동유전학자가 품은 꿈일 것이다. 앞에서 한 논증에 따라 이런 돌연변이는 알껍데기를 제거하지 못하게 하기 '위한' 유전자이며 정의상 그 유전자의 야생형 대립 유전자는 알껍데기 제거를 위한 유전자라고 불러야 한다. 그러나 여기서 경고한다. 이 알껍데기 제거를 '위한' 특정 유전자 좌위가 적응이 진화하는 동안 자연 선택이 작동한 유일한 좌위였다는 말은 절대로 아니다. 정반대로 알껍데기 제거와 같은 복잡한 행동 유형은 각각 서로 상호 작용해 작은 효과를 내는 다수 좌위를 선택해 구축된다고 보는 편이 훨씬 더 그럴듯하다. 일단 복잡한 행동이 구축되면 이를 파괴하는 효과를 내는 중대한 돌연변이 하나가 발생한다고 상상하기는 쉽다. 유전학자는 연구에 쓸 수 있는 유전적 변이는 반드시 활용해야 한다. 또한 유전학자는 자연 선택이 진화적 변화를 일으키는 데 있어서 유사한 유전적 변이에 작용해야만 한다고 믿는다. 그러나 한 적응에서 지금 보이는 변이를 통제하는 좌위가 처음에 그 적응을 구축할 때 선택이 작용했던 좌위와 동일하다고 믿을 만한 이유는 없다.

단일 유전자가 복잡한 행동을 통제하는 가장 유명한 사례인, 로센불러(Rothenbuhler, 1964)가 연구한 위생 행동을 하는 벌을 고찰해 보자. 이 예로 아주 복잡한 행동 차이가 어떻게 단일 유전자 차이로 생기는지 잘 볼 수 있다. 브라운Brown 계통의 꿀벌이 보이는 위생 행동에는 신경근육계 전체가 관련된다. 그러나 브라운 계통의 꿀벌은 위생 행동을 하는 반면에 반 스코이Van Scoy 계통의 꿀벌이 그러지 않는 이유는 로센불러 모형에 따르면 겨우 두 좌위 차이에서 생긴다. 한 좌위는 병든 애벌레가 있는 봉방의 덮개를 벗기는 행동을 결정하고 다른 좌위는 덮개를 벗긴 후에 병든 애벌레를 제거하는 행동을 결정한다. 따라서 각각의 대립 유전자와 비교해 두 가지 유전자 선택, 즉 덮개 벗기기 행동을 선호하는 자연 선택과 제거 행동을 선호하는 자연 선택을 상상할 수 있다. 그러나 내가 말하려는 요점은 그런 일이 일어났을지라도, 진화적으로는 크게 흥미롭지 않을 수 있다는 사실이다. 현재 있는 덮개 벗기기 유전자나 제거 유전자는 진화적으로 그 행동을 하게끔 몰고 간 원래 자연 선택 과정과 관련이 없을지도 모른다.

로센불러는 반 스코이 계통인 꿀벌까지도 이따금 위생 행동을 하는 모습을 관찰했다. 다만 브라운 계통의 꿀벌보다는 발생 빈도가 훨씬 낮았을 뿐이다. 따라서 브라운과 반 스코이 계통의 벌에게는 모두 위생 행동을 했던 조상이 있고 신경계에는 덮개 벗기기와 제거 행동을 일으키는 기제도 있을 것이다. 단지 반 스코이 계통의 벌에는 기제가 작동하는 일을 방해하는 유전자가 있을 따름이다. 더 먼 과거로 올라간다면 위생 행동 자체가 없을뿐더러 위생 행동을 하는 조상도 없었던 현재 모든 벌의 조상을 만나게 될 것이다. 여기에는 무無에서 덮개 벗기기와 제거 행동을 구축한 진화적 전진이 있었으며 진화적 전진에는 현재 브라운과 반

스코이 계통에 고정된 수많은 유전자 선택이 수반되었다. 따라서 브라운 계통의 덮개 벗기기와 제거 유전자를 정말로 덮개 벗기기와 제거를 위한 유전자라 부르는 것이 옳다 해도, 그 유전자에는 해당 행동이 수행되는 일을 막는 효과를 내는 대립 유전자가 있기에 그렇게 정의된다. 이런 대립 유전자가 발현하는 양식은 그다지 대단하지 않을 정도로만 파괴적일 것이다. 이들은 단지 신경 기제에 있는 중요 연결고리를 끊을지도 모른다. 여기서 뇌 절제 실험으로부터 어떤 결론을 내릴 때 빠지기 쉬운 위험을 생생하게 보여 준 그레고리(Gregory, 1961)가 했던 말이 생각난다. "……서로 멀리 떨어져 있는 여러 저항기 중 어떤 것을 제거하더라도 라디오에서는 잡음이 날 수 있다. 하지만 그렇다고 잡음이 저항기들과 직접 연관되어 있다고, 정말로 직접적인 인과관계가 있다고 말할 수는 없다. 특히 저항기가 하는 기능이 정상 회로에서 잡음을 억제하는 일이라고 말해서는 안 된다. 신경생리학자는 비슷한 상황에 직면했을 때 '억제 영역'을 가정했다."

이런 고려 사항은 조심할 이유는 되어도 자연 선택의 유전 이론 전체를 부정할 이유는 될 수 없다! 오늘날 유전학자는 과거에 선택이 작용해 처음으로 흥미로운 적응의 진화를 일으켰던 특정 좌위를 연구하는 일이 금지되어도 신경 쓰지 마라. 유전학자가 통상 진화적으로 중요해서가 아니라 편리하다는 이유로 어떤 좌위를 연구할 수밖에 없다면 애석하지 않은가. 복잡하고 흥미로운 적응을 진화적으로 구축하는 일은 유전자를 그 대립 유전자로 대체하는 과정으로 이루어진다는 말은 **여전히** 사실이다.

이런 주장은 문제를 넓은 시각으로 보게 해 오늘날 성행하는 논쟁을 해결하는 데 약간이나마 기여할 수 있다. 현재 인간이 지닌 정신 능력에 상당한 유전적 변이가 있느냐를 두고 아주 열정적으로 논쟁이 벌어지는 중이다. 우리 가운데 누군가는 유전적으로 다른 사람보다 더 똑똑할까? '똑똑하다'가 무엇을 의미하는지도 논쟁이 많으며, 마땅히 그래야 한다. 그러나 나는 똑똑하다가 무엇을 의미하든 다음의 명제는 부정할 수 없다고 생각한다. (1)우리 조상들이 지금 우리보다 덜 똑똑했던 시기가 있었다. (2)따라서 우리 조상 계통은 세대를 거치면서 더 똑똑해졌다. (3)더 똑똑해지는 일은 진화로, 즉 자연 선택으로 추동되었다. (4)선택으로 추동되든 그렇지 않든, 적어도 표현형에서 나타나는 진화적 변화의 일부는 그 밑에 있는 유전적 변화를 반영한다. 즉, 대립 유전자가 대체되었고 그 결과 세대를 거치며 평균 정신 능력이 증가했다. (5)그러므로 정의상 과거에는 인간 개체군 내에서 똑똑함을 둘러싸고 상당한 유전적 변이가 있었다. 어떤 사람은 동시대 사람과 비교해서 유전적으로 더 영리하며 상대적으로 다른 사람은 유전적으로 우둔하다.

마지막 문장에 이념적 불쾌함으로 **몸서리**칠지도 모르나 다섯 가지 명제 중에서 심각하게 미심쩍거나 논리 전개에 문제가 있는 건 없다. 이 논증은 뇌 크기에 적용되지만 영리함을 잴 때 우리가 떠올릴 수 있는 모든 행동 척도에도 동일하게 적용된다. 이 논증은 인간 지능을 1차원적 스칼라양으로 보는 단순한 견해에 의존하지 않는다. 지능이 단순한 스칼라양이 아니라는 사실은 그 자체로는 중요하지만 별 상관없다. 실제로 지능을 측정하는 어려움도 마찬가지다. 옛날 조상들이 지금 우리보다 덜 영리(어떤 기준을 사용하든 간에)했다는 명제에 동의하는 진화론자라면 앞 문단의 결론은 불가피하다. 그러나 이 모든 점에도 불구하고 오늘날 인간 개체군에서 정신 능력과 관련된 유전적 변이가 조금이라도 남았다고 말하기는 힘들다. 유전적 변이는 선택으로 인해 모두 소진되었을지 모른다. 반대로 그렇지 않을 가능성도 있으며, 인간의 정신 능력에 유전적 변이가 있을 가능성을 독단적이고 신경질적으로 반대하는 일이 어리석음을 내가 한 사고실험으로나마 알 수 있다. 내 주장이 맞든 틀리든, 오늘날의 인간 개체군에 그런 유전적 변이가 있다 해도 이에 기반을 두고 정책을 세우는 일은 불합리하며 사악하다.

그렇다면 다윈 적응의 존재는 한때 해당 적응을 만들기 위한 유전자가 존재했다는 사실을 함축한다. 이 점이 항상 명시적으로 보이지는 않는다. 어떤 행동 유형의 자연 선택을 말할 때는 언제나 두 가지 방식이 가능하다. 먼저 해당 행동 유형을 수행하는 경향이 있는 개체가 그런 경향이 덜 발달한 개체보다 더 '적합'하다고 말할 수 있다. 이는 오늘날 성행하는 표현법으로 '이기적 유기체'나 '사회생물학의 중심 정리'라는 패러다임 내에 있다. 다음으로 앞서와 똑같이, 직접적으로 해당 행동 유형을 수행하기 위한 유전자가 대립 유전자보다 더 잘 생존한다고 말할 수 있다. 다윈 적응을 논할 때 유전자를 가정하는 태도는 언제나 적법하며 이 방식이 많은 경우 분명 이롭다는 점이 이 책에서 말하려는 핵심 주장 중 하나다. 기능적 동물행동학의 언어를 '불필요하게 유전학화'한다는, 내가 들었던 비판은 오히려 다윈 선택이 무엇이냐는 실체를 직시하는 데 근본적으로 실패했음을 드러낸다.

다른 사례로 이런 실패를 예증하겠다. 나는 최근에 어떤 인류학자가 주최한 연구 토론회에 참석했다. 인류학자는 혈연 선택론의 관점으로 다양한 인간 부족 사이에서 특정한 혼인 체계(일처다부제였다)가 발생하는 정도를 이해하고자 했다. 혈연 선택 이론가는 우리가 기대하는 일처다부제가 어떤 조건하에서 나타나는지 예측하는 모형을 만들 수 있다. 요컨대 태즈메이니아산 암탉에 적용된 한 모형(Maynard Smith & Ridpath, 1972)에서는 생물학자가 일처다부제를 예측하려면 개체군 성비가 수컷으로 편향되고, 짝이 가까운 혈연이라는 조건이 필요했다. 인류학자는 자신이 연구한 일처다부제 부족이 이런 조건에서 살고 있다는 점과 그 함축상 일부일처제나 일부다처제 같은 더 정상적인 혼인 유형을 나타내는 부족은 다른 조건에서 살고 있음을 보여 주려고 했다.

인류학자가 제시한 정보가 흥미롭기는 했지만 나는 그에게 가설이 내포한 몇 가지 난점을 경고했다. 나는 혈연 선택론이 기본적으로 유전 이론이며 지역 조건에 맞추어 혈연 선택된 적응은 세대를 거치며 한 대립 유전자가 다른 대립 유전자를 대체함으로써 발생한다고 지적했다. 나는 물었다. 그 일처다부제 부족이 죽 존속해 왔다면 현재 부족이 자리한 특유의 조건이, 필요한 유전자 대체가 일어나기에 충분히 오랫동안, 충분한 세대 동안 지속되었는가? 정말로 인간의 혼인 체계에 나타나는 변이가 모두 유전적 통제를 받는다고 믿을 만한 어떤 이유가 있는가?

토론회에 참석한 많은 인류학 동료에게 지지를 받았던 그 발표자는 논의에 유전자를 끌어들이는 내 말에 반대했다. 그는 유전자가 아니라 사회적 행동 유형을 논하는 중이라고 말했다. 일부 동료는 '유전자'라는 세 음절의 단어를 언급하는 일조차 불편한 듯 보였다. 나는 발표자가 분명 유전자라는 단어를 말하지는 않았지만 논의에 '유전자를 끌어들인' 것은 바로 당신이었다고 설득하려고 했다. 이것이 내가 말하려는 요점이다. 즉, 명시적이든 아니든 간에 유전자를 들여오지 **않고는** 혈연 선택이나 다른 어떤 형태의 다윈 선택도 말할 수 없다. 부족 간 혼인 체계 차이를 설명하려고 혈연 선택을 고려한 시도만으로 내 인류학자 친구는 부지불식간에 유전자를 불러온 것이다. 그가 이런 사실을 **명시적으로** 드러내지 않은 것은 애석한 일이다. 그랬다면 자신의 혈연 선택 가설에 엄청난 어려움이 도사리고 있다는 사실을 깨달았을 것이기 때문이다. 요컨대 그가 연구한 일처다부제 부족은 일부가 유전적으로 격리되어 특유한 조건 아래 수 세기 동안 살아왔든가, 아니면 자연 선택이 어떤 복잡한 '조건부 전략'을 프로그램하는 유전자들이 보편적으로 나타나는 사태를 선호했어야 한다. 얄궂게도 일처다부제에 관한 토론회에 참석한 사람 중 논의 대상인 행동을 두고 '유전적 결정론'에서 가장 거리가 먼 의견을 제시한 사람이 나였다. 하지만 나는 혈연 선택 가설이 지닌 유전적 본성을 뚜렷이 드러내 주장했기 때문에 유독 유전자에 사로잡힌, '전형적인 유전적 결정론자'로 보였던 것이다. 이 이야기는 이 장이 전하려는 주된 취지를 잘 나타낸다. 즉, 다윈 **선택**의 근본적인 유전적 본성을 있는 그대로 직시하는 태도는 개체 **발생**을 유전적으로 해석하는 일에 병적으로 집착한다고 너무나 쉽게 오해받는다.

개체 수준에서 완곡하게 표현할 수 있다면 유전자를 명시적으로 언급하지 않으려는 편견은 생물학자들 사이에서도 흔하다. “행동 X를 수행하기 위한 유전자는 X를 수행하지 않게 하는 유전자보다 더 선호된다”라는 말은 조금 순진하고 비전문적으로 들린다. 그런 유전자가 존재한다는 어떤 증거라도 있는가? 어떻게 감히 가설상의 편리를 맞추려고 사후 정당화식의 유전자를 꾸며 내는가! “X를 실행하는 개체가 X를 실행하지 않는 개체보다 더 적합하다”라는 말이 훨씬 더 점잖게 들린다. 설령 그런 생각이 사실이 아니더라도 허용 가능한 추측이라고 인정하지 않을까. 그러나 두 문장은 의미상으로 정확히 동등하다. 뒤 문장은 앞 문장에서 분명하게 말한 것 이외에 어떤 내용도 덧붙이지 않는다. 그러나 우리가 이 동등함을 인식하고 명시적으로 적응을 ‘위한’ 유전자를 말하면 ‘유전적 결정론’이라고 비난받을 위험을 감수해야 한다. 나는 이런 위험이 오해에 불과하다는 사실을 보여 주는 데 성공했길 바란다. 자연 선택을 탐구하는 분별 있고 나무랄 데 없는 사고방식인 ‘유전자 선택론’은 발생에 대한 강력한 신념인 ‘유전적 결정론’으로 오해받은 것이다. 적응이 어떻게 생겨났는지 그 세부 사항을 명료하게 숙고하는 사람은 명시적이 아니라면 암시적이라도 유전자를 생각해야만 한다. 그 유전자가 가설적이라도 말이다. 이 책에서 보여 주겠지만 다윈적 기능 위주의 추측을 할 때 유전적 기초를 암시적이 아니라 명시적으로 드러내는 데는 그만한 이유가 있다. 이는 추론에서 생기는 특정 오류에 빠질 위험을 피하는 좋은 방법이다(Lloyd, 1979). 이렇게 함으로써 우리는 전적으로 잘못된 이유로, 유전자와 함께 당대 언론이 유전자에 있다고 착각하는 그 모든 신화적 편견에 집착하는 듯한 인상을 줄지도 모른다. 그러나 고정되고 정해진 선로를 따라가는 개체 발생이라는 의미의 결정론은 우리 생각과 수천 킬로미터나 떨어져 있다. 물론 개별 사회생물학자는 유전적 결정론자일 수도, 아닐 수도 있다. 그들은 라스타파리안교도나 셰이커교도, 또는 마르크스주의자일 수도 있다. 그러나 그들이 종교에 품는 사적 의견과 마찬가지로, 유전적 결정론에 품는 사적 의견은 그들이 자연 선택을 말할 때 '행동을 위한 유전자'라는 표현을 사용한다는 사실과 아무런 관계도 없다.

이 장의 많은 부분은 생물학자가 행동 유형이 지닌 다윈적 '기능'을 탐구하길 원한다는 가정에 바탕을 두고 있다. 이는 모든 행동 유형이 반드시 다윈적 기능을 지닌다는 말은 아니다. 행위자에게 선택적으로 중립이거나 해로운 영향을 미치며, 정말 자연 선택의 산물이라고 간주하기 어려운 행동 유형도 많을 것이다. 그렇다면 이 장의 논증은 그런 행동 유형에는 적용되지 않는다. 그러나 다음과 같이 말하는 것은 적법하다. "나는 적응에 관심 있다. 나는 모든 행동 유형이 반드시 적응이라고 생각하지는 않으나 적응에 해당하는 행동 유형을 연구하고자 한다." 이와 비슷하게 무척추동물보다 척추동물을 연구하고 싶다는 선호를 표현하는 일이 모든 동물이 척추동물이라는 신념을 주입하는 건 아니다. 우리의 관심 분야가 적응 행동이라면, 여기에 관계된 유전적 기초를 가정하지 않고 관심 대상인 다윈 진화를 말할 수는 없다. 그리고 'X의 유전적 기초'를 말하는 편리한 방법으로 'X를 위한 유전자'라는 표현을 사용하는 일은 반세기 동안 집단유전학에서 이어져 내려온 관례다.

우리가 적응이라고 볼 수 있는 행동 유형 집합이 얼마나 큰가 하는 문제는 전혀 별개다. 이것이 다음 장의 주제다.

3장

Constraints on Perfection

완전화에 대한 제약

이 책은 여러 가지 방식으로 주로 기능을 다윈적으로 설명하는 것이 어떤 논리를 가지느냐에 집중한다. 내 쓰디쓴 경험이 경고하는바, 기능적 설명에 열성적으로 관심을 가진 생물학자는 모든 동물이 완벽하게 최적화되었다고 믿는 '적응주의자'라는 비난을 받기 쉽다(Lewontin, 1979a, b; Gould & Lewontin, 1979). 때로는 열정에 가득 찬 비난으로 이념적 논쟁보다 과학적 논쟁에 더 익숙한 사람들(Lewontin, 1977)을 깜짝 놀라게 하기도 한다. 적응주의는 "추가 증거도 없이 유기체가 보유한 형태, 생리, 행동의 모든 측면이 문제를 푸는 적응적인 최적의 해결책이라고 가정하는 진화 연구 접근법"으로 정의된다(Lewontin, 1979b). 이 장의 첫 초고를 쓸 때 나는 정말 그런 극단적 적응주의자가 있는지 의심을 표했지만, 얄궂게도 근래에 바로 르원틴이 다음과 같은 말을 했던 사실을 알았다. "그 점이 내가 생각하기에 모든 진화론자가 동의하는 사항인데, 즉 유기체가 자기가 사는 환경에서 하는 것보다 더 잘하기는 사실상 불가능하다는 점이다."(Lewontin, 1967) 이때부터 르원틴이 회개한 듯이 보인다고 해서 그를 적응주의자의 대변인으로 세우는 일은 어불성설일 것이다. 사실 르원틴은 굴드와 함께 최근까지도 적응주의를 가장 분명하고도 강력하게 비판한 사람 중 하나였다. 이에 나는 적응주의자의 대표로서 A. J. 케인(A. J. Cain, 1979)을 내세우려고 한다. 케인은 「동물의 완전화」라는 예리하고 우아한 논문에서 오늘날에도 여전히 옳은 견해를 표명했다.

분류학자로서 쓴 글에서 케인(Cain, 1964)은 전통적인 이분법, 즉 신뢰할 수 없는 분류 표지를 뜻하는 '기능' 형질과 신뢰할 만한 분류 표지인 '조상' 형질을 구분하는 방식을 공격했다. 케인은 사지동물이 가진 손가락과 발가락이 다섯 개인 팔다리나 양서류가 물에서 사는 단계를 거치는 것 같은 고대부터 있던 '기본 설계' 형질이, 흔히 생각하듯 불가피한 역사적 유산이 아니라 기능적으로 유용하기 때문에 존재한다고 단호하게 말한다. 두 집단 중 하나가 "어떤 식으로든 다른 하나보다 더 원시적이라면 그 원시성 자체가 성공적으로 지속된, 더 단순한 생활양식에 적응한 것임이 틀림없다. 이것이 단지 비효율성이 새겨진 흔적이라고 보기는 어렵다"(p. 57). 케인은 언뜻 보기에 리처드 오언Richard Owen에게 의외의 영향을 받아 무기능성을 너무 쉽게 인정할 참이었던 다윈을 비판하면서 이른바 사소한 형질에도 유사한 점을 지적했다. "어느 누구도 사자 새끼가 가진 줄무늬나 어린 검은지빠귀가 가진 반점이 이 동물에게 어떤 이득을 준다고 생각하지 않을 것이다……." 다윈의 이 말은 오늘날 가장 과격한 적응주의의 비판자들에게도 분명 무모하게 들릴 것이다. 사실 적응주의자들이 특정 사례에서 냉소주의자들이 틀렸음을 몇 번이나 입증했기에 역사는 적응주의자의 편으로 보인다. 케인이 셰퍼드Sheppard와 그의 학파와 함께 달팽이 케파이아 네모랄리스*Cepaea nemoralis*에서 나타나는 줄무늬 다형성을 유지하는 선택압을 연구한 유명한 작업은, 부분적으로는 "달팽이 껍데기에 줄무늬가 하나든 두 개든 그런 것은 별로 중요하지 않다고 단언해 왔다"(Cain, p. 48)라는 사실 때문에 촉발되었을 것이다. "그러나 '사소한' 형질을 기능적으로 해석하는 가장 뛰어난 사례는 노래기류 폴리크세누스*Polyxenus*를 연구한 맨턴Manton의 작업이다. 맨턴은 예전에는 '장식품'(이보다 더 쓸모없게 들리는 말이 있을까?)으로 설명하던 형질이 그야말로 동물의 삶에 중추나 다름없음을 보여 주었다."(Cain, p. 51)

하나의 작업가설이자 일종의 신념으로서 적응주의는 확실히 몇몇 걸출한 발견을 이루어 낸 영감으로 작용했다. 폰 프리슈(von Frisch, 1967)는 신망 높던 폰 헤스von Hess가 제시한 정설에 굴하지 않고 대조실험으로 물고기와 꿀벌이 색을 지각한다는 사실을 결정적으로 입증했다. 폰 프리슈는 예컨대 꽃이 띤 색이 아무 이유 없이, 아니면 그저 인간의 눈을 즐겁게 하려고 존재한다는 믿음을 거부했기에 그러한 실험을 수행할 힘을 얻었다. 물론 이런 사실이 적응주의자의 신념이 타당함을 입증하는 증거는 아니다. 각각의 문제는 공과에 따라 새롭게 다루어야 한다.

웨너(Wenner, 1971)는 폰 프리슈가 제시한 꿀벌의 몸짓 언어 가설에 의문을 제기함으로써 귀중한 공헌을 했다. J. L. 굴드(J. L. Gould,

1976)가 폰 프리슈의 이론을 훌륭하게 입증하도록 계기를 주었기 때문이다. 웨너가 적응주의자에 더 가까웠다면 굴드의 연구는 절대 이루어지지 못했겠지만, 웨너 또한 그저 태평하게 틀린 채로 있지는 않았을 것이다. 적응주의자라면 아마 웨너가 폰 프리슈의 원래 실험 설계에 내포된 빈틈을 효과적으로 들추어냈음을 인정하더라도, 린다우어(Lindauer, 1971)와 마찬가지로 도대체 왜 벌은 춤을 추는가라는 근본적인 질문으로 즉각 넘어갔으리라. 웨너는 벌이 춤춘다는 사실, 그 춤이 폰 프리슈의 주장처럼 먹이가 있는 방향과 거리가 담긴 정보를 모두 포함한다는 사실을 결코 부정하지 않았다. 웨너가 부정했던 것은 다른 벌이 그 정보를 이용한다는 사실이었다. 어떤 적응주의자는 동물이 시간을 소모하며, 특히나 복잡하고 통계적으로 있을 법하지도 않은, 아무것도 아닌 것을 위한 활동을 한다는 생각에 안주하지 않을 것이다. 그러나 적응주의는 그럴 때도 있고 아닐 때도 있다. 나는 이제야 굴드가 결정적 실험을 했다는 사실에 기뻐하며 또한 이는 전적으로 내 허물인데, 설사 내가 그런 실험을 고안할 정도로 명민해지는 불가능한 일이 일어나도 그런 성가신 일을 하기에 나는 너무 적응주의자다. 나는 그저 웨너가 틀렸다고만 **알았다**(Dawkins, 1969)!

맹목적 확신이 아니라면, 적응주의자의 사고는 생리학에서 검증 가능한 가설을 내놓게 돕는 귀중한 촉진제 역할을 해 왔다. 발로(Barlow, 1961)는 감각계에는 입력되는 정보가 중복되는 것을 막는 강력한 기능이 필요하다는 사실을 인지하자 곧 감각생리학에 관한 다양한 사실을 독특하고도 조리 있게 이해할 수 있었다. 유사한 기능적 추론은 운동계와 생물 조직 일반의 위계 체계에도 적용할 수 있다(Dawkins, 1976b; Hailman, 1977). 적응주의자의 확신만으로 생리 기제가 어떠한지 알 수는 없다. 이는 생리학적 실험이 행해져야만 가능하다. 하지만 주의 깊은 적응주의자의 추론은 가능한 수많은 생리학 가설 중에서 어떤 것이 더 유망하고 먼저 검증되어야 하는지 조언할 수 있다.

나는 적응주의가 결점 못지않게 미덕도 있음을 보이려고 노력했다. 그러나 이 장의 주된 목적은 완전화를 제약하는 요소를 나열하고 분류해 왜 적응 연구를 조심스럽게 진행해야 하는가를 설명하는 핵심 이유를 목록화하는 데 있다. 완전화를 제약하는 여섯 가지 요인을 말하기 전에 먼저 그다지 설득력 있다고 생각하지 않는 다른 세 가지 제약을 논하겠다. 첫째로 적응주의를 비판할 때 거듭 인용하는, '중립 돌연변이'를 둘러싸고 생화학 유전학자가 벌이는 현재 논쟁은 적응주의와 무관하다. 생화학적 의미에서 중립 돌연변이라는 게 있다면 이는 폴리펩티드에 생긴 어떤 구조 변화가 단백질의 효소 활성에 아무런 효과도 내지 못한다는 뜻이다. 이는 중립 돌연변이는 배 발생 과정을 변화시키지 못하며, 총체적 유기체 관점의 생물학자가 생각하는 표현형 효과를 **조금도** 내지 못할 거라는 뜻이다. 중립론을 둘러싼 생화학적 논쟁은 유전자 치환이 모두 표현형 효과를 내는가라는 흥미롭고 중요한 질문과 관련된다. 적응주의 논쟁은 이와 매우 다르다. 적응주의 논쟁은 우리가 보고 탐구하기에 충분히 큰 표현형 효과를 다룬다는 점을 **고려하면** 해당 표현형 효과를 과연 자연 선택의 산물이라고 가정해야 하는지와 관련된다. 생화학자가 말하는 '중립 돌연변이'는 중립 이상의 의미를 지닌다. 커다란 형태, 생리, 행동을 보는 우리에게 그것은 전혀 돌연변이가 아니다. 이런 정신에 입각해 메이너드 스미스(Maynard Smith, 1976b)는 다음과 같이 썼다. "나는 '진화의 속도'를 적응적 변화의 속도로 해석한다. 이런 의미에서 중립적 유전자 치환은 진화를 구성하지 않을 것이다……." 총체적 유기체 관점의 생물학자가 표현형들 사이에서 유전적으로 결정된 차이를 본다면, 자신이 이미 생화학 유전학자가 벌이는 현재 논쟁에서 말하는 의미의 중립성을 다루는 게 아님을 안다.

그럼에도 더 초기에 벌어진 논쟁에서 총체적 유기체 관점의 생물학자는 중립 형질을 다루었을지도 모른다(Fisher & Ford, 1950; Wright, 1951). 유전적 차이는 그 자체로 표현형 수준에서 나타날 수 있지만, 여전히 선택적으로 중립성을 띠기도 한다. 그러나 피셔(Fisher, 1930b)와 홀데인(Haldane, 1932a)이 한 수학적 계산은 어떤 생물학적 형질이 지닌 '명백히 사소한' 성질을 판단하는 인간의 주관성이 얼마나 믿기 어려운지 보여 준다. 예를 들어 홀데인은 전형적인 개체군에 그럴듯한 가정을 추가하면 1000분의 1 정도로 약한 선택압도 처음에는 드물었던 돌연변이를 고착시키는 데 지질학적 기준으로는 짧은 시간인 겨우 수천 세대밖에 걸리지 않음을 보여 주었다. 앞에서 말한 논쟁에서 라이트는 오해를 받았던 것 같다(아래 참조). 라이트(Wright, 1980)는 '슈얼 라이트 효과Sewall Wright effect'라 명명된 유전적 부동genetic drift을 통한 비적응적 형질의 진화라는 생각을 떠올리고는 곤혹스러워했다. "다른 사람들이 이전에 같은 생각을 전개했을 뿐만 아니라 나 스스로 처음에 순수한 무작위적 부동은 '필시 퇴화와 절멸'을 초래한다며 이를 강하게 부정했기 때문이다(Wright, 1929). 나는 겉보기에 비적응적인 분류학상에 나타나는 차이는 그저 적응적 중요성을 몰라서가 아니라 다면발현에 기인한다고 생각했다." 사실 라이트는 어떻게 부동과 선택의 미묘한 혼합이 선택 하나만 작용해 나온 산물보다 더 **우수한** 적응을 만들 수 있는지 보여 주었다.(본문 pp. 91~92 참조)

완전화를 제약한다고 말하는 두 번째 요인은 상대성장allometry과 관련된다(Huxley, 1932). "사슴에서 뿔 크기는 몸 크기에 비례해 더욱 커진다. (……) 그리하여 대형 사슴은 몸에 비례해 더 큰 뿔을 가진다. 따라서 대형 사슴의 매우 큰 뿔을 설명하는 특별한 적응적 이유는 필요하지 않다."(Lewontin, 1979b) 르원틴의 말에 일리가 있지만 나는 이를 달리 표현하고 싶다. 르원틴의 말대로라면 상대성장 상수는 신이 부여한 만고불변이라는 의미에서 변하지 않는 것이다. 그러나 어떤 시간 척도에서 상수인 것이 다른 시간 척도에서는 변수가 된다. 상대성장 상수는 배 발생의 매개변수다. 다른 매개변수처럼 상대성장 상수도 유전적 변이를 겪을 수 있고, 따라서 진화적 시간 동안 변할 수 있다(Clutton-Brock & Harvey,

1979). 르원틴의 말은 다음의 말과 비슷한 셈이다. 모든 영장류는 치아를 가진다. 이는 영장류에게 명백한 사실이다. 따라서 영장류가 가진 치아에는 특별한 적응적 이유가 필요 없다. 아마 르원틴의 말이 의미하고자 한 바는 아래와 같을 것이다.

사슴에서는 뿔의 성장이 몸 크기에 비례해 특정 상대성장 상수로 상대성장하는 발생 기제가 진화했다. 이런 상대성장적 발생 체계의 진화는 뿔이 가진 사회적 기능과는 아무 관계 없는 선택압의 영향으로 생긴 것이 거의 확실하다. 이는 발생학의 생화학적, 세포학적 세부 사항을 더 알고 나서야 이해할 수 있는 방식으로 기존 발생 과정에 잘 들어맞을 것이다. 아마 대형 사슴의 특별히 큰 뿔이 내는 행동 결과는 선택 효과를 발휘하겠지만, 이런 선택압은 내부에 감춰진 발생학적 세부 사항과 관계된 다른 선택압 때문에 그 중요성이 묻힐 가능성이 높다.

윌리엄스(Williams, 1966, p. 16)는 상대성장을 인간의 뇌 크기를 증가시킨 선택압을 추측하는 데 이용했다. 그는 선택의 주요 초점이 어린 아이들이 기본 수준에서 일찍부터 학습 능력을 획득하게 하는 데 있다고 말했다. "가능한 한 빨리 입말을 습득하게 작용한 선택은, 대뇌 발달에 미치는 상대성장 효과로서 때로 레오나르도 다빈치가 태어나는 개체군을 산출했을 것이다." 그러나 윌리엄스는 상대성장을 적응적 설명이라는 유용함에 반대하는 무기로 보지는 않았다. 윌리엄스가 특정 뇌 비대 이론보다 다음과 같이 결론 내린 수사적 질문에 더 충실했던 것이 옳았다고 느끼는 사람도 있다. "인간의 마음이 설계된 목적을 알아냄으로써 마음에 대한 이해가 크게 증진되리라고 기대하는 것이 부당한 일일까?"

상대성장을 두고 지금까지 말한 내용은 하나의 유전자가 하나 이상의 표현형 효과를 내는 다면발현의 경우에도 적용된다. 이것이 내가 제시하려는 주요 목록을 논하기에 앞서 해소하고 싶은 완전화를 제약한다고 말하는 세 번째 요인이다. 다면발현은 앞서 라이트를 인용하면서 언급했다. 여기서 혼동이 발생하는 원천은 이 논쟁에서, 이것이 정말로 진정한 논쟁이라면, 양 진영이 모두 다면발현을 서로를 공격하는 무기로 사용했다는 점에 있다. 피셔(Fisher, 1930b)는 어떤 유전자가 내는 표현형 효과 중 하나가 중립적일 가능성은 없으며, 따라서 어떤 유전자의 표현형 효과 **전부**가 중립적일 가능성은 더더욱 없다고 추론했다. 이와 달리 르원틴(Lewontin, 1979b)은 다음과 같이 말했다. "형질상의 많은 변화는 형질 자체에 미치는 직접 선택의 결과라기보다는 유전자가 내는 다면발현 작용이다. 곤충이 지닌 말피기관의 노란색은 그 자체로 자연 선택의 대상이 될 수 없다. 그 색깔은 다른 유기체가 결코 보지 못하기 때문이다. 오히려 색은 적응적일지도 모를, 붉은 눈 색소 대사의 다면발현적 결과다." 여기에 정말로 의견 불일치는 없다. 피셔는 유전적 돌연변이의 선택 효과를 말한 것이며, 르원틴은 다면발현적 형질에 미치는 선택 효과를 말한 것이다. 이는 사실상 생화학 유전학자가 사용하는 의미로 중립성을 논하면서 했던 것과 동일한 차이다.

다면발현을 보는 르원틴의 견해는 다음에서 다루려는 또 다른 문제, 르원틴이 자연의 '봉합선'이라 부른, 진화의 '표현형 단위'를 정의하는 문제와 관련된다. 때로 한 유전자가 내는 이중 효과는 원리상 분리가 불가능하다. 이는 어느 쪽에서 보느냐에 따라 에베레스트산이 두 가지 명칭을 가진 것처럼 같은 사물을 보는 서로 다른 관점이다. 생화학자는 산소를 운반하는 분자로 보는 것을 동물행동학자는 붉은 색채로 볼 수 있다. 그러나 한 돌연변이가 내는 두 가지 표현형 효과를 분리할 수 있는 더 흥미로운 종류의 다면발현도 있다. 어떤 유전자가 내는 표현형 효과(대립 유전자와 대비해)는 그 유전자만의 속성이 아니라 유전자가 작용하는 발생 맥락의 속성이기도 하다. 이는 어떤 돌연변이의 표현형 효과가 다른 돌연변이로 인해 변경되는 기회가 풍부하게 생기도록 허용해 피셔(Fisher, 1930a)의 우성 진화 이론, 메다워(Medawar, 1952)와 윌리엄스(Williams, 1957)의 노화 이론, 해밀턴(Hamilton, 1967)의 Y 염색체 불활성Y-chromosome inertness 이론 등 훌륭한 이론의 토대가 된다. 현재 맥락에서 어떤 돌연변이가 유익한 효과와 해로운 효과를 낸다면, 선택이 이 두 표현형 효과를 떼어 놓거나, 유익한 효과는 증진시키고 해로운 효과는 감소시키는 변경 유전자를 선호하지 않을 이유가 없다. 상대성장의 경우와 마찬가지로 르원틴은 유전자 작용에 너무 고정된 견해를 받아들여, 다면 발현을 유전자와 (변경 가능한) 발생 맥락 사이의 상호 작용이 아니라 마치 유전자 자체의 속성처럼 다룬다.

순진한 적응주의를 비판하는 내 견해는 이러한 사실로부터 온 것이다. 완전화를 제약하는 요인을 논하는 내 목록은 르원틴과 케인, 메이너드 스미스(Maynard Smith, 1978b), 오스터와 윌슨(Oster & Wilson, 1978), 윌리엄스(Williams, 1966), 쿠리오(Curio, 1973), 그 외 다른 사람이 제시한 목록과 공통점이 많다. 사실 비판가들이 내놓는 격렬한 논조 이상으로 더 많은 의견 일치가 있다. 나는 사례로 제시하는 것을 제외하면 특정 입장에는 관심 없다. 케인과 르원틴 모두 강조했듯이, 우리가 가진 일반적 관심사는 동물이 하는 특이한 행동이 품은 가능한 이점을 생각해 내는 재능을 시험하는 게 아니다. 우리 관심은 자연 선택론이 무엇을 기대하게끔 하느냐라는 더 일반적인 물음에 있다. 완전화를 제약하는 첫 번째 요인은 적응을 연구한 저자 대부분이 언급할 정도로 명백한 것이다.

시차時差

우리가 지금 보는 동물은 아마 시대에 뒤떨어진, 지금과는 조건이 달랐던 이전 시대에 선택된 유전자의 영향으로 구축되었을 것이다. 메이너드 스미스(Maynard Smith, 1976b)는 이 효과를 양적으로 측정하는 '시차측정도구lag load'를 만들었다. 그는 보통 하나의 알밖에 낳지 않는 부비새류gannets에 실험적으로 하나의 알을 추가했을 때 두 개의 알을 품고 기를 능력이 충분하다는 넬슨의 실증 연구를 인용한다(Maynard Smith, 1978b). 이는 명백히 한 번에 품는 최적 알 수를 연구한 랙 가설Lack hypothesis에 맞지 않는 사례로, 랙(Lack, 1966)은 즉각 '시차'를 언급하며 이러한 곤경에서 벗어났다. 랙은 매우 그럴듯하게, 부비새류가 한 번에 하나의 알을 품는 것은 먹이가 충분치 않았던 시기에 진화한 것이며 아직 새들은 변화한 조건에 맞게 진화할 시간이 지나지 않았다고 설명했다.

이처럼 난관에 봉착한 가설을 사후 정당화로 구출하는 방식은 반증 불가능성이라는 우를 범한다는 비난을 받기 쉬우나, 오히려 그런 비난이야말로 비건설적이며 허무주의나 다름없다. 우리는 다윈주의의 옹호자와 함께 반대편과 논쟁하면서 점수를 따야 하는 의회나 법정에 있는 것이 아니고 그건 반대 측도 마찬가지다. 이 책을 읽을 일이 없을 몇 안 되는 신실한 반다윈주의자를 제외하고, 결국 생명의 조직화된 복잡성을 설명하는 유일하게 유효한 이론을 어떻게 해석할지에 실질적으로 동의하는 다윈주의자인 우리는 모두 한 배를 탔다. 우리 모두 어떤 논쟁점으로 이 사실을 다루기보다 왜 부비새류는 두 개의 알을 낳을 수 있는데도 하나만 낳는지 진심으로 **알기**를 원한다. 랙이 '시차' 가설을 적용한 것은 사후 정당화일지도 모르지만 그럼에도 이는 충분히 그럴듯하며 검증 가능하다. 운이 좋다면 검증 가능한 또 다른 가능성도 있을 것이다. 다른 수가 없을 때 단순한 연구 전략으로서 '패배주의자'(Tinbergen, 1965)의 태도를 취하거나 최후의 수단인 "자연 선택이 또 엉망으로 만들었다"라는 검증 불가능한 설명을 사용하는 방식을 버려야 한다는 메이너드 스미스의 말은 분명 옳다. 르원틴(Lewontin, 1978b)도 거의 같은 말을 했다. "그리하여 어떤 의미로 생물학자는 대안 이론이 많은 사례에서 분명히 작동하더라도 특정 사례에서는 검증이 불가능하다는 이유 때문에 극단적 적응주의 프로그램을 강요받는다."

시차 효과로 돌아오자. 현대인은 통상의 진화적 기준으로는 무시해도 그만인 기간 동안 많은 동식물이 사는 환경을 급격히 변화시켰기에 아주 흔하게 시대착오적 적응이 나타날 거라고 예상할 수 있다. 고슴도치가 포식자에 대항해 몸을 공처럼 둥글게 마는 반응은 슬프게도 자동차 앞에 서라면 부적절하다.

풋내기 비평가는 자주 현대인이 하는 행동 중 겉보기에 부적응적 특징들, 입양이나 피임을 들고 나와 “이기적 유전자로 설명할 수 있으면 해 봐라”라는 식으로 도전장을 던진다. 확실히 르원틴이나 굴드, 그 외 사람이 올바르게 강조했듯이 누군가의 독창성에 기대서 ‘그저 그럴싸한 이야기’, ‘사회생물학적’ 설명을 마음대로 만들어 내는 건 가능하지만 그런 도전에 응하는 건 하찮은 일이라는 이들과 케인의 말에 동의한다. 사실 그런 도전에 대답하는 일은 해로운 결과를 낳을 가능성이 높다. 입양이나 피임은 독서, 수학, 스트레스로 유발되는 병처럼 동물이 보유한 유전자가 자연 선택된 환경과 근본적으로 다른 환경에서 생활하는 동물에서 비롯한 산물이다. 인공적인 세계에서 행동이 지닌 적응적 중요성이 무엇이냐는 질문을 제기해서는 안 된다. 더불어 어리석은 질문에는 어리석은 답이 제격이라고 해도, 이 경우에는 전혀 답하지 않거나 그 이유를 설명하지 않는 게 더 현명하다.

R. D. 알렉산더R. D. Alexander에게 들은 유용한 유비가 있다. 나방은 촛불로 뛰어들지만, 이는 나방의 포괄 적합도에 전혀 도움이 되지 않는다. 초가 발명되기 이전 세계에서 암흑 속에 빛나는 작은 광원은 광학적으로 무한대 거리에 떨어져 있는 천체이거나, 동굴이나 여타 폐쇄 공간의 탈출구였을 것이다. 후자의 경우는 즉각 광원에 다가가는 행위가 생존 가치를 높이는 것임을 시사한다. 전자의 경우도 마찬가지지만 좀 더 간접적인 의미에서 그러하다(Fraenkel & Gunn, 1940). 많은 곤충은 천체를 나침반으로 활용한다. 천체는 광학적 무한대에 있어 그곳에서 오는 광선은 평행선을 그리며, 평행선에 30도로 고정된 방향을 유지하는 곤충은 일직선으로 전진할 것이다. 그러나 광선이 무한대로부터 오지 않으면 광선은 평행선을 그리지 않으며, 방금처럼 행동하는 곤충은 광원을 향해 나선

형으로 접근하거나(예각으로 방향을 잡을 경우), 멀어지거나(둔각으로 방향을 잡을 경우), 아니면 광원 주위를 궤도를 그리며 돌게 된다(광원에 대해 90도로 방향을 잡을 경우). 따라서 이런 가설에 따르면 촛불을 향해 스스로를 제물로 바치는 곤충의 행동은 그 자체로는 생존 가치가 없지만 무한대로부터 온다고 '가정하는' 광원을 사용해 방향을 잡는 유익한 습성의 부산물이다. 해당 가정은 일견 안전해 보이나 현재는 더 이상 그렇지 않으며 곤충의 행동을 변경하는 선택이 지금도 작용하고 있을지 모른다(그러나 반드시라고는 말할 수 없다. 개선에 필요한 총비용이 예상 이익을 능가할 수도 있다. 즉, 초와 별을 구분하는 비용을 치른 나방이 그런 비싼 대가를 치르지 않고 자기희생의 위험을 감수한 나방보다 평균적으로 더 성공적이지 못할 수 있다. 4장 참조).

그러나 이제 단순한 시차 가설 자체보다 더 미묘한 문제에 이르렀다. 이는 이미 언급한 대로, 우리가 설명이 필요한 단위로서 인식하는 동물 형질이 무엇이냐는 문제다. 르원틴(Lewontin, 1979b)이 한 표현에 따르면, "진화의 동역학에서 '자연의' 봉합선이란 무엇인가? 진화에서 표현형의 위상학이란 무엇인가? 진화의 표현형 단위란 무엇인가?" 촛불의 역설은 나방이 나타내는 행동을 설명이 필요한 형질로 인식할 때만 발생한다. 우리는 "왜 나방은 촛불에 뛰어드는가?"라고 물었기 때문에 당혹스러웠다. 우리가 행동을 다르게 보아 "왜 나방은 광선에 고정된 각도를 유지하는가(광선이 평행이 아닐 경우 부산물로서 광원에 나선으로 움직이게 만드는 습성)?"라고 물었다면 그렇게 당혹스럽지 않았을 것이다.

더 심각한 사례로 인간 남성의 동성애를 생각해 보자. 겉보기에 이성보다 동성과의 성적 관계를 선호하는 남자가 소수지만 정말 존재한다면, 이는 소박한 다윈주의 이론을 위협하는 문제가 될 것이다. 고맙게도 어느 저자가 내게 보내 준, 동성애자들 사이에서만 배포되는 다소 두서없는 소책자의 제목이 문제를 요약한다. "도대체 왜 '게이'가 존재할까? 왜 진화는 수백만 년 전에 '동성애'를 제거하지 않았을까?" 저자는 이 문제가 대단히 중요해서 다윈적 생명관 전체를 심각하게 훼손한다고 생각한다. 트리버스(Trivers, 1974)와 윌슨(Wilson, 1975, 1978), 특히 와인리치(Weinrich, 1976)는 동성애가 역사상 한 시점에서 친척들을 더 잘 돌보려고 개인 번식을 포기하는, 불임 일벌레와 동일한 기능을 했을지도 모른다고 추측하는 여러 가설을 고려했다. 나는 이런 생각이 특별히 그럴듯하다고 여기지 않으며(Ridley & Dawkins, 1981) '교활한 수컷' 가설sneaky male hypothesis과 별다르지 않다고 본다. 교활한 수컷 가설에 따르면 동성애는 암컷과 짝짓기할 기회를 얻으려는 '수컷의 대체 전략'을 나타낸다. 지배층 수컷이 다수 암컷을 거느리는 사회에서는 동성애를 한다고 알려진 수컷이 이성애자 수컷에 비해 지배 수컷에게 용인될 가능성이 더 높다. 다른 경우라면 피지배층이었을 수컷은 그 덕분에 암컷과 몰래 교미할 기회를 얻었을 것이다.

그러나 나는 '교활한 수컷' 가설을 그럴듯한 가능성이 아니라 이런 종류의 설명을 꾸며 내는 것이 얼마나 쉽고 결론이 나지 않는가를 극적으로 보여 주는 한 가지 사례로서 제시한다(르원틴은 1979b에서 외견상 동성애로 보이는 초파리 행동을 논하면서 이와 똑같은 교훈적 방식을 사용했다). 내가 말하려는 요점은 전혀 다르고 훨씬 더 중요하다. 다시 말하지만 요점은 우리가 설명하고자 하는 표현형 형질을 어떻게 보느냐에 있다.

물론 동성애는 동성애와 이성애 개체가 보유한 유전적 구성에 차이가 있을 때만 다윈적 문제가 된다. 이를 뒷받침하는 증거에는 논란이 있지만(Weinrich, 1976) 논의를 위해 차이가 있다고 가정하자. 그럼 곧바로 질문이 생긴다. 유전적 구성에 차이가 있다는 말, 다시 말해 동성애를 '위한' 유전자(또는 유전자들)가 있다는 말은 무엇을 **의미**할까? 환경을 유전체genome에 있는 모든 유전자가 포함된 것으로 이해한다면, 어떤 유전자가 내는 표현형 '효과'는 환경 영향이 주는 맥락이 명시되었을 때만 의미를 갖는 개념이라는 사실은 유전학에만 한정되지 않는 논리이며 기초이자 자명한 이치이다. 환경 X에서 A를 '위한' 유전자가 환경 Y에서는 B를

'위한' 유전자일 수도 있다. 주어진 유전자가 절대적으로, 맥락에서 자유로운 표현형 효과를 낸다는 말은 아무런 의미도 없다.

오늘날의 환경에서 동성애 표현형을 산출하는 유전자가 있다는 말은 또 다른 환경, 가령 홍적세 조상이 살았던 환경에서도 동일한 표현형 효과를 냈다는 뜻이 아니다. 현대 환경에서 동성애를 위한 유전자는 홍적세에서는 전혀 다른 무언가를 위한 유전자일지도 모른다. 그렇기에 여기서 특별한 종류의 '시차 효과'가 나타날 가능성이 있다. 우리가 설명하려는 표현형이 이전 환경에서는 존재하지 않았을 수도 있다. 그때 해당 유전자가 있었어도 말이다. 이 절의 시작에서 논의한 통상의 시차 효과는 선택압의 변화가 발현되는 환경 변화와 관련 있다. 그리하여 환경 변화라는, 우리가 설명하려고 시도하는 표현형 형질의 본성을 변화시킬 수 있는 더욱 미묘한 요소를 함께 고려해야 한다.

역사적 제약

제트 엔진이 프로펠러 엔진을 대체한 것은 여러 목적상 제트 엔진이 더 우수했기 때문이다. 제트 엔진을 맨 처음 설계한 사람은 아무것도 없는 제도판에서 시작했다. 설계자가 기존 프로펠러 엔진에서 암나사는 암나사로, 수나사는 수나사로, 대갈못은 대갈못 식으로 한 번에 하나씩 부품을 교체하면서 최초의 제트 엔진을 '진화'시키도록 제약받았다면 무엇을 만들어 낼지 상상해 보라. 이렇게 조립한 제트 엔진은 정말 기묘한 기계 장치가 될 것이며, 이런 진화적 방식으로 설계한 비행기가 지상에서 날아오를 거라고 상상하기도 힘들다. 게다가 해당 생물학적 유비를 완성하려면 또 다른 제약을 추가해야 한다. 즉, 최종 산물이 날 수 있어야 할 뿐만 아니라, 매 중간 단계 산물도 날 수 있어야 하며, 각각의 중간 산물은 그 이전의 것보다 우수해야 한다. 이런 점을 생각하면 동물이 완벽하기는커녕 제대로 작동하는지조차 의심스럽다.

동물이 가진 히스 로빈슨Heath Robinson◆(또는 루브 골드버그Rube Goldberg▪ — Gould, 1978) 형질을 보여 주는 사례는 이전 문단을 통해 기대할 수 있는 것만큼 우스꽝스럽지는 않다. 각별히 좋아하는 사례는 J. D. 커리J. D. Currey 교수가 알려 준 되돌이후두신경recurrent laryngeal nerve이다. 포유류, 특히 기린에서는 뇌에서 후두로 가는 최단 거리가 대동맥 뒤편을 거쳐 가는 경로가 전혀 아님에도 바로 그곳이 되돌이후두신경이 취하는 길이다. 아마 포유류의 먼 조상에서 이 신경 기관의 처음과 끝을 잇는 직선이 대동맥 뒤편에 뻗어 있던 시기가 있었을 것이다. 시간이 흘러 차차 목이 길어지기 시작하자 신경도 대동맥 뒤편에 뻗은 우회로를 길게 늘였지만, 각 단계에서 우회로를 늘이는 한계비용은 그렇게 높지 않았다. 중대한 돌연변이가 생기면 신경이 지나는 경로를 완전히 바꿀 수도 있으나 이는 초기 발생 과정에 엄청난 대격변이 생기는 비용을 치렀을 때나 가능하다. 예지적이며 신과 같은 설계자는 데본기에 기린이 생길 것을 간파하고 처음 배아 단계부터 신경이 다른 경로를 취하도록 만들 수 있겠지만 자연 선택에는 예지력이 없다. 시드니 브레너Sydney Brenner가 말했듯이, 자연 선택이 단순히 "백악기에 유용할지도 모른다"라는 이유로 캄브리아기에 나타난 어떤 쓸모없는 돌연변이를 선호할 거라고 바랄 수는 없다.

가자미와 같은 넙치류의 괴상하게 비틀어져 머리 한 면에 두 눈이 몰린 피카소풍 얼굴은 완전화를 제약하는 역사적 요인을 보여 주는 또 하나의 인상적 사례다. 이 물고기의 진화 역사는 해부학적 구조에 명확히 쓰여 있어 종교 근본주의자의 코앞에 들이댈 좋은 증거이기도 하다. 척추

◆ 영국의 만화가로, 간단한 목적을 수행하는 우스꽝스럽게 복잡한 기계를 그린 것으로 유명하다.

▪ 미국의 만화가로, 히스 로빈슨과 마찬가지로 간단한 임무를 수행하는 복잡한 기계장치를 연작으로 그렸다.

동물 눈의 망막이 역방향으로 배치된 특이한 사실도 동일한 사례다. 빛을 감지하는 '광세포photocell'가 망막 뒤편에 있기 때문에 빛이 그곳에 도달하기까지 연결회로를 통과하면서 어쩔 수 없이 약간의 빛이 유실된다. 아마 두족류cephalopod◆에서처럼 망막이 '올바른 방향으로' 배치된 눈을 만든 매우 긴 돌연변이 연쇄를 추적할 수 있을 것이며, 따지고 보면 이 방식을 따르는 게 조금 더 효율적이리라. 그러나 발생 과정을 대대적으로 바꾸는 비용이 너무 커서 선택은 그런 중간 단계보다 그럭저럭 땜질해 어쨌든 잘 작동하는 단계를 더 선호한다. 피텐드리히(Pittendrigh, 1958)는 적응적 조직화를 다음과 같이 옳게 평가했다. "그것은 이를테면 기회가 왔을 때 써먹을 수 있는 것을 사용한 임시변통의 짜깁기이며 자연 선택은 일이 다 벌어진 뒤에야 작동하지 앞을 내다보지는 못한다."(또한 '땜질'을 논하는 Jacob, 1977 참조)

'적응지형도adaptive landscape'■라는 슈얼 라이트(Sewall Wright, 1932)가 사용한 은유는 국지적 최적 상태local optima를 선호하는 선택이 궁극적으로는 더 우수한 전체적 최적 상태global optima로 가는 진화를 방해한다는 위와 동일한 발상을 나타낸다. 라이트는 계통을 국지적 최적 상태에서 벗어나게 하는 데서 유전적 부동genetic drift 역할을 강조하는 약간의 오해를 범해(Wright, 1980) 사람들이 '이것이야말로' 최적의 해결책이라고 생각하는 것에 더 가깝다는 인상을 얻었다. 이는 부동을 '적응의 대안'으로 원용하는 르원틴(Lewontin, 1979b)과 흥미로운 차이를 보인다. 다면발현의 경우와 마찬가지로 여기에도 역설은 없다. 르원틴은 "현실의 개체군은 유한하기 때문에 유전적 빈도에 무작위적 변화가 생기고, 따라서 특정한 확률로 더 낮은 번식 적합도를 가진 유전적 조합이 개체군 내

◆ 연체동물문 두족강에 속하는 동물로 오징어, 낙지, 꼴뚜기 등이 있다.

■ 유전형과 적합도의 관계를 시각화한 등고선 같은 그래프로서 여러 개의 봉우리(peak)와 골짜기(valley)로 구성된다. 봉우리는 주변의 여러 유전형들 중에서 적합도가 최고인 지점이다. 라이트는 이 지형도를 2차원 평면에서 그렸으나 최근 연구자들은 3차원 입체로 표시한다.

에 고착될 것이다"라고 말한 점에서 옳다. 그러나 다른 한편으로 국지적 최적 상태가 설계가 완벽해지는 일을 제한하는 한, 부동이 어떤 탈출구를 제공하는 경향을 띠는 것도 사실이다(Lande, 1976). 그리하여 얄궂지만 자연 선택이 지닌 **약점**이 이론상 계통을 최상의 설계에 이르게 하는 가능성을 **증가**시킬 수 있다! 순수한 자연 선택에는 선견지명이 없어 그 자체는 어떤 의미에서 **반**反완전화 기제이며, 라이트의 지형도에서 낮은 언덕의 정상으로 나아가는 모양과 같다. 강한 선택에다 선택이 완화되고 부동이 일어나는 시기가 섞여 혼합된 모양이 골짜기를 건너 높은 고지에 이르는 방식일 것이다. 분명 '적응주의'가 논쟁에서 점수를 따야 하는 문제라면 양 진영은 양쪽 어느 방법으로든 이길 여지가 있다!

나는 여기 어딘가에 역사적 제약을 다루는 이 절에 있는 진짜 역설을 위한 해결책이 있다고 느낀다. 제트 엔진 유비는 동물이 태곳적 재료를 짜깁기해 만든 기괴한 유물이 달린 불안정한 존재, 임시변통으로 즉석에서 탄생한 우스꽝스러운 괴물이 되어야 한다고 말한다. 이런 합당한 예측을, 사냥하는 치타의 경이로운 우아함, 칼새가 가진 공기역학적 아름다움, 잎벌레가 위장을 위해 세부 양식을 갈고닦는 꼼꼼함과 어떻게 조화시킬 것인가? 더욱 놀라운 일은 공통의 문제를 두고 서로 다른 수렴적 해결책이 미세한 부분에서도 일치하는 현상으로, 예를 들어 오스트레일리아, 남아메리카, 구세계로 방산한 포유류 사이에는 유사점이 다수 존재한다. 케인(Cain, 1964)이 말했듯이, "다윈과 다른 이들 덕분에 수렴은 오늘날까지 절대로 우리를 기만하지 않을 현상으로 생각했다". 그러나 케인은 계속해서 유능한 분류학자가 쉽게 속아 온 사례를 보여 준다. 지금까지 단계통monophyletic이나 다름없다고 간주해 온 분류군이 이제는 점점 더 다계통polyphyletic에서 기원했다고 추정된다.

어떤 사례와 그에 반하는 사례의 인용은 그저 게으른 사실 나열에 불과하다. 우리에게는 진화적 맥락에서 국지적, 전체적 최적 상태의 관계를 보는 건설적 연구가 필요하다. 자연 선택 자체를 이해하는 방식은 하디(Hardy, 1954)의 말마따나 "특수화에서 탈출하기"를 연구함으로써 보충해야 한다. 하디 자신은 유형성숙neoteny을 특수화에서 탈출하기 사례로 제시하지만, 이 장에서는 라이트를 따라 유전적 부동 역할을 강조했다.

여기서 나비에 나타나는 뮐러형 의태Müllerian mimicry◆가 유용한 사례 연구가 될 것이다. 터너(Turner, 1977)는 다음과 같이 말한다. "아메리카 열대우림에 서식하는 긴 날개를 가진 나비(이토미이드 류, 헬리코니드 류, 다나이드 류, 피어리드 류, 페리코피드 류) 간에는 여섯 개의 독특한 경고 무늬가 있으며 경고하는 색을 띤 종은 모두 이런 의태 '고리'■ 중 하나에 속하나, 고리 자체는 아메리카 열대지방 대부분에 걸쳐 같은 서식지에 공존하면서도 매우 뚜렷한 차이를 보인다. (……) 두 무늬 사이의 차이가 한 번의 돌연변이로 뛰어넘기에 너무 커지면 수렴은 실질적으로 불가능하며 의태 고리는 무기한 공존한다." 이는 '역사적 제약'의 완전한 유전적 세부 사항을 이해하게 도와줄 유일한 사례일지도 모른다. 또한 이 사례는 '골짜기 횡단'의 유전적 세부 사항을 연구하는 데도 귀중한 기회일 것이다. 이 경우 그런 연구는 한 유형의 나비를 한 의태 고리 범위에서 분리하고 궁극적으로 다른 의태 고리로 '끌어당겨' '포섭'하는 방식이 무엇이냐로 이루어질 것이다. 터너는 이런 경우를 설명하려고 부동을 사용하지는 않았지만 다음처럼 넌지시 암시한다. "남유럽에서 아마타 페게아*Amata phegea*는…… 알락나방과科, 매미목 등이 띠는 뮐러형 의태 고리로부터 지게네아 에피알테스*Zygenea ephialtes*를…… 포섭했지만 북유럽에서는 아직 아마타 페게아종의 의태 고리 범위 밖에 속한다……."

더 일반적 이론 수준에서 르원틴(Lewontin, 1978)은 이렇게 말했

◆ 독이 있거나 맛이 없는 서로 다른 종이 색깔, 무늬 등을 서로 모방해 비슷한 형태를 띠는 현상. 따라서 나비를 잡아먹는 새들은 오직 한 종류의 형태만을 피하지만 결과적으로 여러 종의 나비가 보호받게 된다.

■ 서로 다른 종 사이에서 모방이 이루어지는 동일한 경고색 무늬

다. “자연 선택의 힘이 일정하게 유지되는 경우에도 흔히 대체 가능한 유전적 구성의 안정된 평형 상태가 여럿 존재할 수 있다. 한 개체군이 유전적 구성 공간에서 이런 적응적 봉우리 중 어느 곳에 도달할지는 전적으로 선택 과정 초기에 발생하는 우연한 사건에 좌우된다. (……) 예를 들어 인도 코뿔소는 뿔이 하나이고 아프리카 코뿔소는 두 개다. 뿔은 포식자에게 대항하는 방어 적응이지만 뿔 한 개는 아프리카 평원이라는 조건에 적응한 뿔 두 개와 달리 특별히 인도라는 조건에 적응한 것은 아니다. 두 종은 두 가지 조금 다른 발생 체계에서 시작해 같은 선택적 힘에 약간 다른 방식으로 반응했던 것이다.” 코뿔소 뿔은 사소하지 않다며 기능적 중요성을 말하는 르원틴답지 않은 ‘적응주의자’의 실수를 덧붙여야겠으나, 이런 지적은 기본적으로 정당하다. 뿔이 정말로 포식자에 대항하는 적응**이라면** 어떻게 뿔 한 개는 아시아 포식자에 맞서는 데 더 유용하고 뿔 두 개는 아프리카 포식자에 맞서는 데 더 유용할 수 있는지 상상하기 어렵다. 다음 가능성이 훨씬 높아 보인다. 코뿔소의 뿔이 동종 간 싸움이나 위협을 위한 적응이라면 한 대륙에서는 뿔 한 개를 가진 코뿔소가 불리하고 다른 대륙에서는 뿔 두 개를 가진 코뿔소가 손해를 보는 상황이 일어날 수 있다. 게임의 내용이 위협일 때는(또는 피셔가 오래전에 알려 주었듯이 성적 유혹일 때는) 다수파의 양식이 어떻든 그저 다수파의 양식을 따르는 게 유리하다. 위협 행동의 세부나 이와 연관된 기관은 임의적일 수 있지만 확립된 관습에서 이탈하는 돌연변이 개체에게는 재앙이 따르기 마련이다(Maynard Smith & Parker, 1976).

이용 가능한 유전적 변이

잠재적 선택압이 아무리 강해도 이것이 작용할 유전적 변이가 없다면 진화는 일어나지 않는다. "따라서 일부 척추동물에게 팔, 다리와 함께 날개까지 있었다면 이로웠을지 모르지만 아마 이용 가능한 유전적 변이가 없었기에 이 세 번째 부속물 쌍은 진화하지 못했을 것이다."(Lewontin, 1979b) 이런 의견에 합리적으로 반대할 수도 있다. 돼지에게 날개가 없는 이유는 그저 선택이 날개의 진화를 선호하지 않아서일지도 모른다. 분명히 말하지만, 인간 중심적 상식에 기반을 두어 자주 사용하지 않더라도 어떤 동물에게나 한 쌍의 날개가 쓸모 있을 거라고 추정할 때는 신중해야 한다. 그렇기에 어떤 계통에서 날개가 자라지 않는 이유는 분명 이용 가능한 돌연변이가 없어서다. 암컷 개미는 여왕으로 양육되면 날개가 자라나지만 일개미로 키워지면 그 능력이 표출되지 않는다. 더욱 경탄스러운 사실은 많은 종에서 여왕개미들은 혼인 비행할 때 단 한 번만 날개를 사용하며, 그러고 나서는 땅속에서 생활하는 나머지 삶에 대비해 날개 뿌리를 물고 뜯어 버리는 극단적 조치를 취한다. 날개는 이득과 함께 비용도 초래한다는 점이 명백하다.

찰스 다윈이 품은 지성의 예민함을 가장 인상 깊게 보여 주는 사례는 해양 섬의 곤충에게서 나타나는 날개가 없는 성질과 날개를 소유하는 비용에 관한 논의다. 현재 목적에서 관련 요점은 날개를 가진 곤충은 바람에 바다로 날려갈 위험이 있다는 사실이며, 다윈(Darwin, 1859, p. 177)은 이로써 많은 섬 곤충의 날개가 축소되었다고 제안했다. 그러나 다윈은 또한 일부 섬의 곤충은 날개가 없어지기는커녕 유난히 큰 날개를 보유하는 현상에도 주목했다.

> 이런 사실은 자연 선택의 작용과 아주 잘 부합한다. 새로운 곤충이 처음으로 섬에 당도했을 때 날개를 키우거나 줄이는 자연 선택의 경향은 아주 많은 수의 개체가 바람에 성공적으로 대처하는지 아니면 그런 시도를 포기하고 거의 또는 전혀 날지 않는지 여부에 좌우될 것이기 때문이다. 해안 가까이에서 난파한 배의 선원처럼 수영

을 잘하는 이는 더 멀리 헤엄치는 게 좋지만 수영을 잘 못하는 이는 헤엄치는 대신 난파선을 붙드는 편이 더 좋은 것과 마찬가지다.

"반증 불가능이다! 동어반복이다! 그저 그럴싸한 이야기다!"라며 항의하는 합창 소리가 들리는 듯하지만, 이 이상으로 논리 정연한 진화적 추정은 찾기 어려우리라.

돼지에게 날개가 발생할 수 있었느냐는 문제로 돌아오자. 적응에 관심을 가진 생물학자는 돌연변이를 통한 유전적 변이의 이용 가능성 문제를 무시하지 못한다는 점에서, 르원틴은 분명 옳게 말했다. 메이너드 스미스(Maynard Smith, 1978a)처럼 우리 대다수는, 메이너드 스미스나 르원틴처럼 유전학을 전문적으로 알지는 못해도 "적절한 종류의 유전적 변이는 늘 존재한다"라고 가정하는 경향이 있는 게 사실이다. 메이너드 스미스가 제시한 근거는 이렇다. "드문 예외를 제외하면, 유기체의 종류나 선택하는 형질이 무엇이든 인위 선택은 항상 효과가 있다." 메이너드 스미스(Maynard Smith, 1978b)가 전적으로 인정한, 최적화 이론에 필요한 유전적 변이를 대개 결여한 듯한 악명 높은 사례는 피셔(Fisher, 1930a)의 성비 이론◆이다. 소 육종가는 우유와 고기 양의 증가, 몸 크기의 대형화나 소형화, 뿔이 없는 소, 여러 질병에 맞선 저항성, 투우가 드러내는 사나움 등의 특징을 지닌 소를 별 어려움 없이 교배했다. 만일 소가 수송아지보다 유독 암송아지를 더 출산한다면 낙농산업에 막대한 이익을 줄 것은 명백하다. 그러나 이를 목표로 한 모든 시도는 이상하게도 실패했다. 이는 겉보기에 필요한 유전적 변이가 존재하지 않기 때문으로 보인다. 이런 사실에 심히 놀라워하고 정말로 걱정하는 태도는 나 자신의 생

◆ 왜 많은 종에서 암컷과 수컷의 성비가 1:1인지 설명하는 이론. 한쪽의 성비가 많아지면 적은 쪽의 성이 유리하기 때문에 개체군에는 다시 적은 쪽 성이 많아져 성비는 1:1에 이르러서야 평형을 유지한다. 이를 빈도 의존 선택이라고 하며, 메이너드 스미스의 용어로 1:1 성비는 진화적으로 안정된 전략, ESS이다.

물학적 직관이 얼마나 잘못되었는가를 판단하는 잣대가 될 수 있다. 나는 이 사례가 예외적인 경우라고 생각하고 싶지만 이용 가능한 유전적 변이의 한계라는 문제에 더욱 주의를 기울여야 한다는 르원틴의 말은 확실히 옳다. 이런 관점에서는 인위 선택에 순응하거나 저항하는 아주 다양한 형질의 사례를 수집하는 것이 엄청나게 중요할 것이다.

한편 자신 있게 말할 수 있는 상식적 사실도 있다. 첫째는 동물이 우리가 합당하다고 생각하는 어떤 적응을 갖지 못하는 이유를 설명하려고 이용 가능한 유전적 변이가 없다는 사실을 드는 건 옳지만, 이 논증을 반대로 적용하기는 더 어렵다는 점이다. 예를 들어 우리는 정말 돼지가 날개를 가지면 더 좋았을 거라고 생각하며 날개가 없는 이유는 돼지의 조상에서 필요한 돌연변이가 발생하지 않아서라고 말할 수 있다. 그러나 복잡한 기관이나 복잡하면서 시간을 소모하는 행동 유형을 띤 동물을 보면, 이는 틀림없이 자연 선택으로 구축되었다고 생각할 만한 강한 근거를 쥐는 셈이다. 앞서 말한 벌의 춤이나 새의 '개미질anting'◆, 대벌레의 '몸 흔들기rocking'▪, 갈매기의 알껍데기 제거 행동 같은 습성은 분명 시간과 에너지를 소모하며 복잡하다. 이런 습성에 반드시 다윈적 생존 가치가 있다고 가정하는 작업가설은 아주 강력하다. 그 생존 가치가 무엇인지 밝히는 연구가 가능함이 입증된 사례도 있다(Tinbergen, 1963).

두 번째 상식적 관점은 '이용 가능한 돌연변이 없음'이라는 가설은 다른 맥락에서 근연종이나 같은 종이, 스스로 필요한 변이를 생산할 수 있다면 그 효력을 일부 잃는다는 사실이다. 나는 아래에서 나나니벌 아모필리아 캄페스트리스*Ammophila campestris*종에서 나타나는 능력을 통해, 근연종인 스펙스 이크네우모네우스*Sphex ichneumoneus*에서는 비슷한 능

◆ 일부 종의 새에서 나타나는, 개미를 깃털 속으로 들어가게 하거나 개미를 부리로 물어 몸에 문지르는 행동. 개미가 분비하는 개미산으로 외부 기생충을 막는 위생 행동으로 알려져 있다.

▪ 대벌레류는 반복적으로 좌우로 몸을 흔들어 나뭇가지나 잎사귀가 바람에 흔들리는 모양을 흉내 낸다.

력이 결여된 이유를 설명한 사례를 언급할 것이다. 어떤 종 내에서는 같은 논증의 좀 더 미묘한 판본을 적용할 수 있다. 예를 들어 메이너드 스미스(Maynard Smith, 1977과 Daly, 1977 참조)는 왜 포유류 수컷은 젖을 분비하지 않을까?라는 유쾌한 질문으로 논문을 끝맺는데, 이때 메이너드 스미스가 어째서 포유류 수컷이 그래야 한다고 생각하는지 상세하게 파헤칠 필요는 없다. 그가 틀렸거나, 그의 모형이 잘못 설계되었을 수도 있다. 그리고 이 질문에 맞는 진짜 답은 포유류 수컷에게는 젖을 분비하는 것이 이득이 되지 않기 때문일지도 모른다. 여기서 요점은 이 질문이 "왜 돼지에게는 날개가 없을까?"와 조금 다른 종류의 질문이라는 것이다. 우리는 포유류 수컷에게 젖 분비에 필요한 유전자가 있음을 안다. 포유류 암컷이 가진 유전자는 모두 수컷 조상을 거쳐 내려왔으며 수컷 후손에게도 계승되기 때문이다. 실제로 유전적으로 수컷인 포유류라도 호르몬을 맞으면 암컷처럼 젖을 분비할 수 있다. 이는 포유류 수컷이 젖 분비를 하지 않는 이유가 그저 돌연변이적으로 말해 "그런 일을 생각"해 본 적이 없어서라는 주장이 설득력 없음을 보여 준다(실제로 호르몬 투여량을 점점 줄이면서 이에 높은 수준으로 반응하는 개체를 선택해 자발적으로 젖을 분비하는 수컷 품종을 만드는 게 가능하다고 본다. 이는 볼드윈/워딩턴 효과 Baldwin/Waddington Effect를 실제로 적용하는 흥미로운 사례다).

세 번째 상식적 관점은 가정한 변이는 급격한 질적 혁신보다 이미 존재하는 변이를 단순히 양적으로 확장해 발생한다고 보는 방식이 더 그럴듯하다는 사실이다. 날개가 자라날 기초가 생긴 돌연변이 돼지를 가정하는 것은 그럴듯하지 않지만, 현존하는 돼지보다 더 동그랗게 말린 꼬리를 가진 돌연변이 돼지를 가정하는 것은 그럴듯하다. 이런 사실은 다른 곳에서 더 자세히 설명했다(Dawkins, 1980).

어느 경우든, 돌연변이성의 정도가 다를 때 미치는 진화적 영향이 무엇이냐는 질문에는 좀 더 조심스러운 접근이 필요하다. 어떤 선택압에 반응하는 이용 가능한 유전적 변이가 있는지 없는지를 전부 아니면 전무라는 식으로 묻는 건 옳지 않다. 르원틴(Lewontin, 1979)이 옳게 말했듯이, "적응적 진화의 질적 가능성은 이용 가능한 유전적 변이에 구속되어 있을 뿐만 아니라 서로 다른 형질의 상대적 진화 속도도 각 형질을 위한 유전적 분산에 비례한다". 이런 견해는 앞 절에서 다룬 역사적 제약이라는 개념과 결합될 때 중요한 사고방식 하나를 연다. 이 점을 상상의 사례를 들어 설명해 보자.

새는 깃털로 된 날개로 날고, 박쥐는 피부막으로 된 날개로 난다. 어느 쪽이든 '우수하다'면 왜 양쪽이 날개를 같은 방식으로 만들지 않는 것일까? 확고한 적응론자는 분명 새에게는 깃털이 더 낫고 박쥐에게는 피막이 더 낫다고 말할 것이다. 극단적 반적응주의자는 실제로는 새든 박쥐든 피막보다는 깃털이 더 나을 테지만 박쥐에게는 적절한 돌연변이가 발생하는 행운이 없었다고 말하리라. 그러나 여기에는 양극단보다 더 설득력 있는 중간 입장이 존재한다. 시간이 충분이 주어진다면 박쥐 조상도 깃털이 자라나는 데 필요한 일련의 돌연변이가 일어났을 거라는 적응주의자의 주장을 인정해 보자. 가장 중요한 문장은 '충분한 시간이 주어진다면'이다. 우리는 돌연변이를 통한 변이가 가능한지 여부를 전부 아니면 전무로 구분하려는 게 아니라, 단지 어떤 돌연변이는 다른 돌연변이보다 양적으로 더 일어나기 쉽다는 명백한 사실을 말하는 것이다. 이 경우 포유류의 조상은 원시적 깃털을 가진 돌연변이 개체와 원시적 피막을 가진 돌연변이 개체 둘 다 낳았을지도 모른다. 그러나 처음으로 깃털을 가진 돌연변이 개체(이들은 소규모로 중간 단계를 거쳤을 것이다)는 피막을 가진 돌연변이 개체에 비해서 너무 늦게 나타났고, 벌써 오래전에 출현했던 피막 날개가 그런대로 효과적으로 작동하는 날개로 진화했다.

지금까지 말한 내용의 일반적 요점은 적응지형도 논의와 비슷하다. 앞에서는 계통이 국지적 최적 상태의 손아귀로부터 벗어나지 못하게 막는 선택을 다루었다. 여기서는 계통이 두 가지 대안적 진화 경로에 직면했는데, 하나는 깃털로 된 날개이고, 다른 하나는 피막으로 된 날개다. 깃털 설계는 전체적으로 최적 상태이면서 현재는 국지적으로 최적 상태이기도 하다. 다시 말해, 이 계통은 슈얼 라이트의 지형도에서 정확히 깃털형 봉우리에 이르는 비탈 아래 자리하고 있을 것이다. 필요한 돌연변이를 이용할 수 있다면 쉽게 언덕을 오를 수 있다. 결국 이 상상의 이야기에 따르면, 깃털 돌연변이는 생길 수 있으나 너무 늦게 일어났다. 이 점이 중요하다. 피막 돌연변이는 그전에 발생해, 돌아오기엔 계통이 이미 피막형 적응 언덕의 비탈을 너무 많이 올라갔다. 강이 최대한 저항이 적은 내리막길로 흘러 바다로 가는 가장 직접적인 길과 멀리 떨어진 경로를 굽이쳐 가듯이, 계통도 현재 상황에서 이용 가능한 변이에 작용하는 선택 효과에 따라 진화할 것이다. 일단 계통이 정해진 방향으로 진화하기 시작하면 그 자체가 이전에는 이용 가능했던 선택지를 차단하고, 전체적 최적 상태로 가는 길도 봉쇄한다. 요점은 이용 가능한 변이가 없다는 조건은 완전화를 제약하는 중요한 요인으로 작용하는 데 절대적이지 않아도 된다는 사실이다. 그저 극적인 질적 효과에 양적으로 제동을 걸어 주기만 하면 된다. 그래서 나는 굴드와 캘러웨이(Gould & Calloway, 1980)가 형태적 가변성을 수학적으로 다루는 페르메이Vermeij의 흥미로운 논문을 인용해 "어떤 형태는 다양한 방식으로 비틀어지고 구부러지고 변형될 수 있지만 그렇게 할 수 없는 형태도 있다"라고 말할 때 전적으로 동의한다. 그러나 나는 "할 수 없다"라는 표현을 부드럽게 고쳐서 절대적 장벽이 아니라 양적 제한이라 말하고 싶다.

맥클리어리(McCleery, 1978)는 맥파랜드McFarland학파의 최적행동 이론을 쉽게 이해하도록 설명하면서 최적화를 대체하는 대안으로서 H. A. 사이먼H. A. Simon의 '만족화satisficing' 개념을 언급한다. 최적화 체계가 무엇인가를 최대화하는 방식과 관련된다면 만족 체계는 무엇을 만족스러울 정도로만 그럭저럭 하는 방식이다. 이 경우 만족스러울 정도로 하는 것은 생존하기에 충분한 정도를 의미한다. 한데 매클리리는 이런 '충분adequacy' 개념이 실험 작업을 많이 생산하지 못했다고 불평하는 데 안주한다. 나는 진화 이론이 우리에게 선험적으로 좀 더 부정적으로 생각할 권리를 주었다고 생각한다. 살아 있는 존재는 그저 생존하기에 알맞은 능력으로는 선택되지 않는다. 생명은 다른 생명과 경쟁하며 생존한다. 만족 개념은 모든 생명이 피할 수 없는 경쟁 요소를 완전히 배제한다는 문제가 있다. 고어 비달Gore Vidal의 말을 빌리면 "성공하는 것만으로는 충분치 않다. 다른 이들이 망해야 한다".

다른 한편으로 '최적화'라는 단어도 부적절하다. 이는 기술자가 전체적 의미에서 최선의 설계라고 인식하는 것을 목표로 제시하기 때문이다. 최적화에는 이 장의 주제인 완전화를 제약하는 요인을 간과하는 경향이 있다. 여러 면에서 '개량화meliorizing'라는 단어가 최적화와 만족화 사이에 놓인 합리적 타협점이다. **최적**은 최선을 의미하며 **개량**은 더 나음을 의미한다. 우리가 역사적 제약, 라이트의 적응지형도, 바로 앞에 가장 저항이 적은 길을 따라 흐르는 강을 논한 것의 요점은 자연 선택은 현재 이용할 수 있는 대안 중에서 가장 나은 것을 선호한다는 사실과 관련 있다. 자연에는 잠깐 불리하더라도 궁극적으로 계통을 전체적 우수성으로 인도하는 일련의 돌연변이를 준비하는 선견지명이 없다. 자연은 나중에 등장하는 더 이로운 우수한 돌연변이를 이용하려고 지금 당장 쓸 수 있는 약간 이로운 돌연변이를 외면하지 못한다. 강처럼 자연 선택은 바로 흐를 수 있는 가장 저항이 적은 계통으로 내려가는 길을 맹목적으로 개량한다. 그 결과 탄생하는 동물은 상상할 수 있는 가장 완벽한 설계물도, 근근이 살아가기에 충분한 설계물도 아니다. 그 동물은 역사적 변화가 연속된 산물이며 그들 각각은 기껏해야 그때 어쩌다 생긴 대안 중 **더 나은** 것을 나타낼 뿐이다.

비용과 재료에 따른 제약

"무엇이 가능한가라는 문제에 어떤 제약도 없다면, 최상의 표현형은 불멸하고 무적이며 무한히 알을 낳는 것 등이리라."(Maynard Smith, 1978b) "기술자는 백지 제도판을 놓고 새를 위해 '이상적' 날개를 설계할 수 있지만 자신이 어떤 제약 조건 아래에서 작업해야 하는지 알고자 할 것이다. 깃털이나 뼈만 사용해야 할까, 골격을 티타늄 합금으로 설계해도 좋을까, 날개에 얼마만큼의 비용을 쓸 수 있을까, 가용할 수 있는 투자액 중에서 얼마를 알 생산에 배당해야 할까?"(Dawkins & Brockmann, 1980) 현실에서 기술자는 대개 "이 다리는 10톤의 하중을 견딜 것. (……) 이 비행기 날개는 예상되는 최악의 난기류 조건에서 세 배에 해당하는 압력을 견딜 것. 지금 작업을 시작해 가능한 한 싸게 완성할 것"과 같은 최소 성능이 적힌 기준 사항을 전달받는다. 최고의 설계는 가장 적은 비용으로 기준 사항을 만족하는('최소한도로 만족하는') 것이다. 지정한 기준 성능보다 '더 나은' 설계는 기준보다 더 비쌀 가능성이 있기에 퇴짜 놓을 것이다.

특정한 기준 사항은 임의적 작업 규칙이다. 예상되는 최악 조건의 세 배라는 안전 한계에 어떤 마법이 있는 건 아니다. 군용기는 민간기보다 더 위험한 상황을 견딜 수 있게 안전 한계를 설계할 것이다. 실제로 기술자가 받는 최적화와 관련한 지시 사항은 사람의 안전에 따르는 비용 평가, 속도, 편의성, 대기오염 등에까지 이른다. 각 항목에 내리는 가격은 판단의 문제이며 흔히 논쟁거리가 된다.

동식물을 진화적으로 설계하는 일에는 그 쇼를 보는 인간 관객을 제외하면 판단도, 논쟁도 끼어들 여지가 없다. 그러나 어떤 의미로 자연선택에는 분명 그런 판단과 동등한 것이 존재한다. 다른 동물을 잡아먹는 데 따르는 위험은 굶어 죽는 위험, 다른 암컷과 추가로 짝짓기하는 이익과 비교해 평가될 것이다. 새는 힘찬 날갯짓을 위해 가슴 근육을 키우는 자원을 알을 낳는 데 쓸 수도 있었다. 또한 커진 뇌는 과거와 현재의 환경 특성에 따라 행동을 미세하게 조율할 수 있게 했으나 머리가 커진 대가로 몸의 앞부분은 더 무거워졌고, 결과적으로 공기역학적 안정을 위해 더 길어진 꼬리가 필요해졌으며, 결과적으로 또……. 날개를 가진 진딧물은 같은 종에 속한 날개가 없는 진딧물보다 새끼를 더 적게 낳는다(J. S. Kennedy, 사적 대화). 이렇게 모든 진화적 적응에는 비용이 든다는 사실, 비용은 다른 일을 할 기회를 상실하는 것으로 측정된다는 사실은 "공짜 점심은 없다"라는 오래된 경제적 지혜만큼이나 분명한 사실이다.

물론 날개 근육을 키우고, 구애하고, 포식자를 감시하는 등에 드는 비용을 '생식샘◆ 등가물gonad equivalents' 같은 공통의 통화currency로 평가하는 생물학적 환전을 위한 수학적 작업은 매우 복잡하리라. 기술자는 임의로 성능의 최소 역치를 설정해 작업함으로써 계산을 단순화할 수 있지만 생물학자는 그런 사치를 부리지 못한다. 우리는 이런 문제를 낱낱이 해결하려고 노력했던 소수의 생물학자에게 공감과 존경을 보내야 할 것이다(예를 들어 Oster & Wilson, 1978; McFarland & Houston, 1981).

다른 한편, 수학적 계산이 만만치 않은 일이라 해도 가장 중요한 요점을 이끌어 내는 데 수학은 필요치 않다. 즉, 비용과 교환 관계를 부정하는 생물학적 최적화의 어떤 견해도 실패할 운명이라는 사실 말이다. 적응주의자가 동물의 몸이나 행동의 한 측면, 가령 날개의 공기역학적 성능을 보면서 날개가 달성하는 효율은 동물 전체 구조 어딘가에 미칠 대가를 지불한 뒤에야 비로소 얻을 수 있다는 사실을 잊었다면 비판받아 마땅하다. 너무나 많은 사람이 실제로 비용의 중요성을 부정하지 않으면서도 생물학적 기능을 논할 때 이 점을 언급하는 걸 잊거나 생각조차 못할 때가 있다. 아마 이런 부주의가 적응주의를 겨냥한 비판을 유발했을 것이다. 앞 절에서 적응적 조직화는 "임시변통의 짜깁기"라는 피텐드리히의 말을 인용했다. 우리는 또한 적응적 조직화가 얽히고설킨 타협의

◆ 난자와 정자 같은 배우자를 만드는 기관. 수컷의 생식샘은 대개 고환이며, 암컷은 난소다.

산물임을 잊지 말아야 한다(Tinbergen, 1965).

원리상 어떤 동물이 주어진 제약 조건에서 무엇인가를 최대화한다고 **가정**하고 이런 제약이 무엇인지 밝히려는 시도는 귀중한 발견법적heuristic 절차다. 이런 방법은 맥파랜드와 동료들이 '역최적성reverse optimality'이라 부른 접근법(예를 들어 McCleery, 1978)을 약간 축소한 판본이다. 이를 예증하는 사례 연구로서 내가 잘 아는 작업 일부를 논의하겠다.

도킨스와 브록만(Dawkins & Brockmann, 1980)은 브록만이 연구한 나나니벌*Sphex ichneumoneus*이 순진한 경제학자가 부적응이라고 비판할 만한 방식으로 행동한다는 점을 발견했다. 나나니벌 개체는 미래에 얼마나 많은 이득을 얻을 수 있느냐보다는 지금까지 얼마나 투자했느냐에 따라 자원의 가치를 평가하는 '콩코드의 오류'를 범하는 것으로 보인다. 아주 간략히 말하면 증거는 다음과 같다. 홀로 생활하는 암컷은 애벌레 먹이로 여치류 곤충을 침으로 찔러 마비시킨 뒤 굴을 파 묻어 두는 방식으로 먹이를 공급한다(7장 참조). 가끔 두 마리 암컷이 같은 굴에 먹이를 넣으면 굴을 두고 서로 싸움을 벌인다. 싸움은 패자가 그 자리에서 달아나고 남은 승자가 굴과 두 마리 벌이 잡아 온 먹이 전부를 차지할 때까지 계속된다. 우리는 굴의 '실제 가치'를 그곳에 포함된 먹이 수로 측정했다. 각각의 말벌이 굴에 한 '사전 투자'는 혼자일 때 굴에 집어넣은 먹이 수로 측정했다. 증거는 각각의 나나니벌이 굴의 '진정한 가치'보다는 자신의 사전 투자에 비례하는 시간만큼 싸운다는 점을 보여 준다.

이런 전략은 인간 심리에 호소하는 면이 매우 크다. 우리도 얻는 데 많은 노력이 들어간 소유물을 지키려고 완강하게 투쟁하곤 한다. 콩코드의 오류라는 이름은 다음과 같은 사실에서 유래했다. 미래의 전망을 냉정히 경제적으로 판단했을 때 콩코드 여객기의 개발을 포기하라는 권고를 받았음에도, 반쯤 완성된 계획을 계속 끌고 가도록 지지하는 논증은 회고적이었다. "우리는 이미 여기에 많은 시간을 허비했기에 이제 와서 손 뗄

수는 없다.” 길고 긴 전쟁을 이끈 유명한 논증도 같은 오류의 또 다른 이름이다. “우리 아이들의 죽음을 헛되게 해서는 안 된다”라는 오류 말이다.

브록만 박사와 내가 나나니벌이 이런 방식으로 행동한다는 사실을 처음 깨달았을 때, 고백하건대 조금 당황했다. 이는 아마 동료들을 설득하는 데 들인 나 자신의 과거 투자(Dawkins & Carlisle, 1976; Dawkins, 1976a) 때문이었을 것이다. 즉, 콩코드의 오류가 심리적으로 흥미로운 면이 있긴 해도 실제로는 오류일 뿐이라고 말했기 때문이다! 그러나 곧 우리는 비용 제약이라는 문제를 좀 더 진지하게 생각하기 시작했다. **주어진 특정 제약 조건에서** 부적응적 행동으로 보이는 모습을 실은 최적 행동이라고 해석하는 게 더 낫지 않을까? 그렇다면 문제는 다음과 같다. 해당 조건에서 나나니벌이 하는 콩코드적 행동이 최선일 수 있는 그런 제약이 있을까?

사실 이 질문은 단순 최적성을 다루는 메이너드 스미스(Maynard Smith, 1974)의 진화적 안정성(7장 ‘ESS’ 참조) 개념으로 대체할 필요가 있기에 생각보다 더 복잡하다. 그러나 역최적성 접근이 발견법적으로 가치 있다는 원칙은 여전하다. 어떤 동물의 행동이 제약 X에서 작동하는 최적화 체계를 통해 나온다는 사실을 보여 줄 수 있다면, 아마 이런 접근법을 동물의 실제 행동 밑에 있는 제약이 무엇인지 아는 데 사용할 수 있을 것이다.

현재 사례에서 관련된 제약은 감각능력 중 하나로 보인다. 여러 이유로 나나니벌이 굴속 먹이가 몇 개인지 세지는 못하나, 사냥에 들인 자기 노력의 어떤 측면을 잴 수 있다면 두 싸움꾼이 소유한 정보는 비대칭이다. 자기가 잡아 온 먹이 수를 b라고 한다면, 각자는 굴에 적어도 b만큼의 먹이가 있음을 ‘안다’. 벌은 굴속에 진짜 먹이 수가 b보다 많다고 ‘추정’할 수도 있지만 얼마나 많이 있는지는 모른다. 이런 조건에서 그라펜(Grafen, 근간)은 예상한 ESS가 비숍과 캐닝스(Bishop & Cannings, 1978)가 처음 계산한 소위 ‘일반화된 지구전’에서 나오는 값과 거의 같다는 사실을 보여 주었다. 수학적 세부 사항은 제쳐 놓자. 현재 논의에서 중요한 점은 확장된 지구전 모형에서 예상하는 행동은 나나니벌이 실제로 나타내는 콩코드적 행동과 매우 유사하다는 사실이다.

동물이 최적으로 행동한다는 일반적 가설을 시험하는 데 관심 있다면 이런 종류의 사후적 합리화가 의심스러울 것이다. 가설의 세부 사항을 사후적으로 변경해 사실에 부합하는 형태를 골라낸다고 말이다. 이런 비판에 맞서 메이너드 스미스(Maynard Smith, 1978b)가 한 답변은 매우 적절하다. "……어떤 모형을 시험할 때 우리는 자연이 최적으로 행동한다는 일반 명제가 **아니라**, 제약, 최적화 기준, 유전성에 관한 구체적 가설을 시험하는 중이다." 현재 이 경우에도 우리는 자연이 제약 내에서 최적화한다는 일반 가정을 세우고 이러한 제약이 무엇인지 설명하는 특정한 모형을 시험 중이다.

나나니벌의 감각체계는 굴속의 내용물을 평가하는 능력이 없다는 특정 제약은 같은 나나니벌 개체군에서 얻은 독립적인 증거와도 일치한다(Brockmann, Grafen & Dawkins, 1979; Brockmann & Dawkins, 1979). 이 무능력이 언제나 불가피하게 묶인 제한조건이라고 볼 이유는 없다. 나나니벌에게 굴속 내용물을 평가할 능력이 진화할 수도 있다. 물론 비용을 지불하고 말이다. 근연종 나나니벌인 아모필리아 캄페스트리스*Ammophilia campestris*는 매일 자신의 둥지 내용물을 평가한다고 오래전부터 알려졌다(Baerends, 1941). 한 번에 하나의 굴에만 먹이를 넣고, 알을 낳으면 흙과 나뭇잎으로 굴을 덮어 애벌레 스스로 먹이를 먹게 하는 스펙스종과 달리 아모필리아 캄페스트리스는 동시에 여러 굴을 보살피는 연속적 먹이 공급자다. 암컷은 각각 분리된 굴에서 자라는 애벌레 두세 마리를 동시에 돌본다. 애벌레들의 연령은 서로 달라 필요한 먹이양도 다르다. 매일 아침마다 암컷은 특별한 '순회 점검'으로 각 굴에 있는 현재 내용물을 평가한다. 베어렌즈Baerends는 실험을 통해 굴속 내용물을 바꾸었을 때 암컷이 아침 순회 시간에 무엇이 들어 있느냐에 따라 각 굴마다 그날의 먹이 공급량을 조정한다는 사실을 보여 주었다. 설사 암컷이 온종일 먹이를 공급하는 중이어도 하루 중 다른 시간에 굴에 남은 내용물은 암컷의 행동에 아무런 영향도 주지 못했다. 따라서 암컷은 자신의 평가 능력이 마치 비싸고, 동력을 소비하는 장치인 양 아침 순회 후 나머지 시간에는 그 기능을 끄고 아껴 쓰는 듯 보인다. 이런 유비가 공상적일지 몰라도 확실히 평가 능력은 그것이 무엇이든, 설사 소비한 시간으로만 이루어지더라도(G. P. Baerends, 사적 대화) 총 유지 관리 비용을 초래한다고 생각한다.

스펙스 이크네우모네우스는 연속적 먹이 공급자가 아니고 한 번에 하나의 굴만 돌보기 때문에 아모필리아종만큼 평가 능력을 필요로 하지 않을 것이다. 굴속의 먹이 양을 세지 않는 덕에 스펙스 이크네우모네우스는 아모필리아종처럼 주의 깊게 배급량을 따지는 능력에 드는 유지 관리 비용을 아낄 수 있을뿐더러 필수 신경과 감각 장치를 만드는 초기 생산 비용까지 절약할 수 있다. 굴속의 내용물을 평가하는 능력이 조금이라도 이득을 줄 수는 있으나 이는 굴 하나를 두고 다른 벌과 투쟁하는 비교적 드문 경우일 때만 그렇다. 비용이 이득을 초과했기에 선택은 평가 장치의 진화를 선호하지 않았을 것이다. 나는 이 가설이 필요한 돌연변이가 일어나지 않았다는 대안 가설보다 더 건설적이고 흥미롭다고 생각한다. 물론 후자가 옳을 가능성도 인정해야 하지만 이는 최후의 수단으로 남겨 두고 싶다.

다른 수준에서 일어난 선택에 기인한 한 수준의 불완전화

이 책이 다루는 주요 주제 중 하나는 자연 선택이 작용하는 수준 문제다.

선택이 집단 수준에서 작용할 때 보는 적응의 종류는, 개체 수준에서 작용할 때 보는 적응과 매우 다를 것이다. 개체 선택론자가 적응이라고 간주하는 형질을 집단 선택론자는 불완전화로 간주할 수도 있다. 이런 점이 내가 굴드와 르원틴(Gould & Lewontin, 1979)이 현대 적응주의를 소박한 완전주의, 즉 홀데인이 볼테르 소설에 등장하는 팡글로스Pangloss 박사◆라 이름 붙인 그런 완전주의와 동일시한 것이 불공정하다고 본 핵심 이유다. 완전화를 제약하는 다양한 요인을 감안하지 않는다면 적응주의자는 유기체가 지닌 모든 측면을 "문제를 푸는 적응적인 최적 해결책", "유기체가 자기가 사는 환경에서 하는 것보다 더 잘하기는 사실상 불가능하다"라고 믿을지도 모른다. 그러나 같은 적응주의자가 '최적'이라든가 '더 나은'이라는 말에 허용하는 의미를 두고 극히 까다롭게 굴 수도 있다. 사실 팡글로스 같은 적응적 설명은 많다. 예컨대 현대 적응주의자가 완전히 배제하는 집단 선택론자의 설명이 대부분 그렇다.

팡글로스주의자에게 어떤 것이 '유익하다'(누구에게 또는 무엇에 유익한지는 흔히 명시되지 않는다)는 논증은 어떤 것이 존재하는 충분한 설명이다. 그러나 신다윈주의 적응주의자는 적응이라고 추정하는 것의 진화를 이끈 선택 과정이 품은 정확한 본성을 알아야 한다고 주장한다. 특히 신다윈주의 적응주의자는 자연 선택이 작용했다고 보는 수준을 다룰 때는 엄밀한 표현을 사용해야 한다고 주장한다. 팡글로스주의자는 일대일의 성비를 보고 그것이 선善이라 이해한다. 이런 성비는 개체군에 필요한 자원의 낭비를 최소화하는 게 아닌가? 신다윈주의 적응주의자는 자식의 성비를 한쪽으로 치우치도록 부모에게 작용하는 유전자의 운명을 상세히 고려해 개체군에 맞는 진화적으로 안정된 상태를 계산한다(Fisher,

◆ 볼테르의 소설 『캉디드』에 등장하는 인물로, 세계는 늘 가능한 최선의 상태로 이루어진다고 믿는 낙천주의를 표상한다. 홀데인은 나쁜 과학적 논증을 보여 주는 정리 중 하나를 '팡글로스 정리'라고 명명했다. 굴드와 르원틴은 「산마르코 대성당의 스팬드럴과 팡글로스 패러다임」이라는 1979년 논문에서 동물이 지닌 수많은 형질을 적응이라고 해석하는 과도한 적응주의를 팡글로스에 비유해 비판했다.

1930a). 팡글로스주의자는 소수의 수컷이 암컷 무리를 거느리고, 나머지는 개체군이 보유한 식량 자원 절반을 소비하면서도 번식에 전혀 기여하지 않는 독신자 무리로 빈둥대는 일부다처종에서 1:1의 성비가 나타나는 것에 당혹스러워한다. 신다윈주의 적응주의자는 이 문제를 수월하게 해결한다. 이런 체계는 개체군 관점에서는 끔찍한 낭비일지 모르나, 문제가 되는 형질에 영향을 미치는 유전자 관점에서는 이보다 더 나은 돌연변이도 없다. 요점은 신다윈주의 적응주의는 모든 존재가 최선이라는 두루뭉술하고 맹목적인 믿음이 아니라는 것이다. 신다윈주의 적응주의는 팡글로스주의자에게 쉽게 떠오르는 적응적 설명을 기각한다.

몇 년 전 한 동료는 종교 근본주의자로 자랐으며 진화를 믿지 않는, 어떤 전도유망한 대학원생이 적응을 연구하고 싶다며 낸 지원서를 받았다. 학생은 적응을 믿기는 했지만 신이 설계했고, 무엇에게 이익을 주려고 설계했다고 생각했다……. 아, 그런데 바로 그 무엇이 문제였다! 그 학생이 적응을 자연 선택이 만들었다고 믿든, 신이 만들었다고 믿든 별문제가 되지 않는다고 볼 수도 있다. 적응은 자연 선택이든, 자비심 깊은 설계든 '유익한' 것이기에 근본주의자 학생도 적응이 어떻게 유익한지 자세한 방법을 밝히는 데 종사할 수 있는 것 아닌가? 이런 논증이 틀렸다는 게 내가 말하고 싶은 요점이다. 생명의 위계에서 어떤 존재자에게 유익한 것은 다른 존재자에게는 해로운데, 창조론은 한 존재자의 안녕이 다른 존재자보다 우선할 수 있다는 가정을 용납하지 않기 때문이다. 지나가는 말로 덧붙이면, 근본주의자 학생은 일부러 포식자에게는 먹이를 잡는 훌륭한 적응을, 피식자에게는 포식자를 좌절시키는 훌륭한 적응을 주느라 애쓴 신에 놀라 주저할지도 모른다. 아마 신은 스포츠를 즐기는 구경꾼이 아닐까. 다시 요점으로 돌아오자. 신이 적응을 만들었다면 적응은 동물 개체(동물의 생존 또는 같은 뜻은 아니지만 동물의 포괄 적합도), 종, 인류와 같은 다른 어떤 종(종교 근본주의자가 보통 하는 생각), '자연의 균형', 아니면 오직 신만이 아는 헤아리기 어려운 어떤 목적에 이득을 주려고 설계했을 것이다. 그러나 이들은 흔히 서로 양립 불가능한 대안이다. 적응이 누구의 이익을 주려고 설계되었느냐는 정말로 중요한 **문제**다. 암컷 무리를 거느리는 포유류 성비와 같은 사실은 어떤 가설에서는 설명이 불가능하지만 다른 가설에서는 쉽게 설명이 가능하다. 자연 선택의 유전 이론을 적절히 이해하는 준거틀 내에서 연구하는 적응주의자는 팡글로스주의자가 받아들이는 가능한 기능 가설 중에서 극히 한정된 부분에만 동의한다.

이 책이 전하려는 주요한 교훈은 여러 목적상 자연 선택이 작용하는 수준은 개체도, 집단이나 그 이상의 단위도 아니며, 유전자 또는 유전하는 작은 단편으로 생각하는 방식이 더 낫다는 것이다. 이런 어려운 주제는 나중 장에서 논의하겠다. 현재는 유전자 수준에서 일어나는 선택이 개체 수준에서는 겉보기에 불완전화를 초래할 수 있다는 점에 주목하는 일로 충분하다. 이 문제는 8장에서 '감수분열 부등'과 이와 관련된 현상으로 논하겠지만 고전적 예는 이형접합자 이익heterozygous advantage이다. 유전자는 동형접합일 때 해로운 효과를 내도 이형접합 시 발휘하는 유익한 효과 덕에 선택될 수 있다. 그 결과 개체군 내에서 예측 가능한 비율의 개체가 결함을 갖고 태어난다. 전반적 요점은 이렇다. 유성 개체군에서 개체가 보유한 유전체는 개체군에 있는 유전자가 다소 무작위로 뒤섞여 나온 산물이다. 유전자는 대립 유전자와 비교해 자신이 분포한 개체의 몸 전부, 개체군 전체, 수많은 세대에 걸쳐 평균화된 표현형 효과 덕분에 선택된다. 어떤 유전자가 내는 효과는 대개 자신과 몸을 공유하는 다른 유전자에 좌우된다. 이형접합자 이익은 단지 이런 사실을 예증하는 특별한 사례 중 하나일 뿐이다. 특정한 비율로 나쁜 몸이 나오는 것은 좋은 유전자를 위한 선택이 초래하는 거의 불가피한 결과인 듯 보인다. 여기서 좋다는 말은 통계적 표본으로서 다른 유전자와 바꿔 넣은 몸에 어떤 유전자가 내는 평균 효과를 말한다.

이는 우리가 멘델식 뒤섞임을 정해진, 불가피한 것으로 생각하는 한 필연적이다. 윌리엄스(Williams, 1979)는 성비를 적응적으로 미세하게 조정하는 현상을 뒷받침하는 증거를 찾지 못해 실망하며 다음과 같은 통찰력 있는 지적을 했다.

> 성은 그저 부모가 통제하기에 적응적인 듯한 자식이 가진 여러 형질 중 하나에 지나지 않는다. 예를 들어 낫형적혈구빈혈증sickle-cell anaemia에 걸린 인간 개체군에서 이형접합 여성은 대립 유전자 *A*를 가진 자기 난자를 대립 유전자 *a*를 가진 정자와만 수정하는 게 이익일 것이고, 그 반대도 마찬가지이며, 또한 동형접합인 모든 배아는 유산하는 게 좋을 것이다. 그러나 그녀가 또 다른 이형접합자와 짝짓기를 했다면 멘델적 제비뽑기에 복종하는 수밖에 없다. 이것이 자녀의 적합도를 현저하게 반으로 떨어뜨리는 것을 의미한다고 해도 말이다. (……) 진화에서 정말 근본적 질문은 각 유전자를, 설사 같은 세포의 다른 좌위에 있더라도 궁극적으로는 다른 모든 유전자와 투쟁하는 존재로 간주해야만 대답할 수 있는지도 모른다. 정말 타당한 자연 선택 이론은 근본상 이기적 복제자, 유전자, 독특한 변이형으로 치우치게 축적할 수 있는 다른 모든 존재자에 기반을 두어야 한다.

바로 그렇다!

환경의 예측 불가능성이나 '악의'에 기인한 실수

동물이 환경 조건에 아무리 잘 적응하더라도 이런 조건은 통계적 평균으로 간주해야만 한다. 상상 가능한 우연한 사건의 모든 세부 사항에 부응하는 일은 대개 불가능해 어떤 동물이든 흔히 '실수'를 저지르는 경우가 있고 이런 실수는 필시 치명적일 수 있다. 이는 앞에서 논의한 시차 문제와는 다르다. 시차 문제는 환경이 품은 통계적 속성의 비정상성에서 일어난다. 오늘날의 평균 조건이 해당 동물의 조상이 겪은 평균 조건과 다른 것이다. 지금 논의하려는 사안은 더 불가피하다. 현대 동물은 조상 동물과 동일한 **평균** 조건에서 살지도 모르나 그 동물 각각이 직면하는 순간순간의 세세한 사건들은 그날그날 다르며 가능한 한 정확한 예측을 하기에도 너무나 복잡하다.

그런 실수는 특히 행동에서 나타난다. 동물이 가진 더 정적인 속성, 가령 해부학적 구조는 분명 장기간에 걸친 평균 조건에 적응했다. 개체는 크든지 작든지 어느 한쪽이며, 필요에 따라 분 단위로 크기를 바꾸지는 못한다. 급격한 근육 운동 같은 행동은 동물이 보유한 적응적 목록의 한 부분으로, 특히 빠른 속도 조절과 관련된다. 동물은 환경의 우발 사건에 신속히 발맞추어 여기로, 저기로, 나무 위로, 땅 밑으로 움직일 수 있다. 그런 **가능한** 우발 사건의 수가 상세하게 정의된다면, 가능한 체스의 말 위치 수처럼 사실상 무한할 것이다. 체스를 두는 컴퓨터(그리고 체스를 두는 사람)가 처리할 수 있는 만큼의 일반적 유형으로 체스 말 위치를 분류하는 법을 배우듯이, 적응주의자가 바랄 수 있는 최선은 동물이 감당할 수 있는 만큼의 일반적 우발 사건 유형에 적절한 방식으로 행동하게끔 프로그램되는 것이다. 실제 우발 사건은 이런 일반적 유형에 근사적으로만 맞을 것이다. 따라서 실수는 발생하기 마련이다.

현재 우리가 나무 위에서 보는 동물은 먼 수상성樹上性 조상 계열에서 유래할 것이다. 조상이 살며 자연 선택을 겪은 나무는 오늘날의 나무와 거의 같으리라. 과거에 작동했던, "너무 가는 가지에는 가지 마라"와 같은 행동을 규정한 일반 규칙은 여전히 유효하다. 그러나 어떤 나무든 세부적으로는 다른 나무와 다를 수밖에 없다. 조금 다른 곳에 달린 잎, 가지가 부러지는 강도는 지름에 비추어 대략적으로만 예측 가능하다는 점 등. 아무리 강한 적응주의적 신념을 가진다고 해도, 우리는 동물이 통계적 평균에 따르는 최적 행위자라고 생각할 수 있을 뿐 절대로 모든 세부 사항에 완벽히 대비한 예언자라고 볼 수는 없다.

지금까지는 환경을 통계적으로 복잡해서 예측하기 힘든 요인으로 생각했지, 동물의 관점에서 적극적으로 악의를 가진 존재로 고려하지는 않았다. 분명 나뭇가지는 원숭이가 지나갈 때 일부러 적의를 품고 부러지지는 않는다. 그러나 '나뭇가지'가 비단뱀이 위장한 거라면 원숭이가 저지른 최후의 실수는 우연이 아니라 어떤 의미로는 의도적으로 고안된 것이다. 원숭이가 사는 환경 일부는 무생물이거나 적어도 원숭이라는 존재에 무관심하며 원숭이가 저지른 실수는 통계적 예측 불가능성 탓일 수 있다. 그러나 원숭이 환경의 다른 일부는 원숭이를 대가로 이득을 보도록 적응한 생물로 이루어져 있다. 원숭이 환경의 이 부분을 악의적이라고 부를 수 있다.

악의적 환경이 주는 영향 그 자체는 무관심한 환경과 같은 이유로 예측하기 힘들지만 악의적 환경에는 추가 위험이 따른다. 즉, 희생자가 '실수'를 저지르게 한다. 자기 둥지에서 뻐꾸기 새끼를 키우는 개똥지빠귀의 실수는 어떤 의미에서는 부적응적인 큰 실책이리라. 이는 환경의 비악의적 부분이 품은 통계적 예측 불가능성으로 일어나는 단발성의, 짐작하기 힘든 사건이 아니다. 오히려 반복해서 일어나는 실책으로서 많은 세대에 걸쳐 개똥지빠귀에게 피해를 입히며, 심지어 한 개통지빠귀 일생에서 여러 번 일어나기도 한다. 이런 종류의 사례, 진화적 시간 동안 자신이 추구하는 최선의 이익에 반하도록 조종된 유기체가 보이는 맹종은 언제나 놀랍다. 왜 선택은 뻐꾸기의 속임수에 당하는 개똥지빠귀의 취약성을 제거하지 않는 것일까? 이런 문제는 내가 언젠가 생물학의 새로운 하위 분야가 다루는 임무가 되리라고 믿는 분야 중 하나다. 바로 조종, 군비 경쟁, 확장된 표현형이다. 조종과 군비 경쟁은 다음 장의 주제로, 어떤 점에선 이 장 마지막 절에서 다룬 논제를 확대한 것으로 봐도 좋다.

4장

Arms Races and Manipulation

군비 경쟁과 조종

이 책의 목적은 개체가 자신의 포괄 적합도를 최대화하는 방식으로, 다시 말해 개체 속에 있는 유전자 사본의 생존을 최대화하는 방식으로 행동한다고 보는 게 유용하다는 '중심 정리'에 의문을 제기하는 것이다. 이전 장의 끝에서 중심 정리를 위배하는 사례 하나를 제시했다. 유기체는 자신이 아니라 다른 유기체의 이익을 주려고 끊임없이 일할 수도 있다. 즉, 그들은 '조종'될 수 있다.

동물이 흔히 다른 동물에게 그 다른 동물이 추구하는 이익에 반하는 행동을 하게 한다는 사실은 물론 잘 알려져 있다. 분명 아귀가 먹이를 잡을 때마다, 양어미가 뻐꾸기를 키울 때마다 이런 일은 늘 일어난다. 이 장에서는 두 사례를 모두 살펴볼 것이다. 그러나 또한 항상 묻혔던 두 가지 점을 강조하고자 한다. 첫째, 우리는 조종자가 일시적으로 조종에 성공해도 조작되는 계통에서 대항 적응이 발생하는 건 그저 진화적 시간 문제에 불과하다고 당연하게 가정한다. 다시 말해 단지 완전화를 제약하는 '시차' 때문에 조종이 작동한다고 가정하는 경향이 있다. 반대로 이 장에서는 조종자가 지속적으로, 진화적으로 무한한 시간 동안 조종에 성공한다고 기대할 만한 조건이 있음을 지적하려 한다. 이를 '군비 경쟁'이라는 문구로 논의하겠다.

둘째, 지난 10여 년간 우리 대부분은 종 내 조종, 특히 가족 내에서 착취적 조종이 일어날 가능성에는 그리 주목하지 않았다. 이런 결핍은 표면상의 이유로 집단 선택론을 거부한 뒤에도 생물학자 마음속 깊이 숨은 집단 선택론적 직관의 찌꺼기 때문이라고 본다. 나는 우리가 사회적 관계를 생각하는 방식에 작은 혁명이 일어났다고 생각한다. 자애로운 상호 협동이라는 모호하지만 '고귀한'(Lloyd, 1979) 관념은 냉혹한, 무자비한, 기회주의적인 상호 착취의 가능성으로 대치되었다(예를 들어 Hamilton, 1964a, b, 1970, 1971a; Williams, 1966; Trivers, 1972; Ghiselin, 1974a; Alexander, 1974). 이 혁명은 대중적으로 '사회생물학'이라는 이름과 연결되는데, 이는 다소 얄궂다. 전에 언급했듯이 해당 이름으로 출판된 윌슨의 위대한 책, 『사회생물학: 새로운 종합*Sociobiology: the New Synthesis*』(1975)은 많은 면에서 혁명 전의 입장을 표현했기 때문이다. 윌슨의 책은 새로운 종합이 아니라 낡고 박애적인 구체제의 최후이자 최대 종합이었다.

이렇게 변화한 관점을 최근에 나온 한 논문을 인용해 예증해 보자. 곤충에서 나타나는 성적으로 비열한 술수를 연구한 로이드(Lloyd, 1979)는 다음과 같이 유쾌하게 논평했다.

> 수컷에게는 조급함을, 암컷에게는 수줍음을 일으키는 선택으로 성**간** 경쟁이 일어난다. 수컷은 암컷이 행사하려는 짝 고르기를 회피하도록 선택될 것이고 그러면 암컷은 속지 않으려, 고르기 권리가 뒤집히지 않으려 자신의 선정권을 유지하도록 선택될 것이다. 수컷이 진짜 최음제를 사용해 암컷을 정복하고 유혹해도[로이드는 논문의 다른 곳에서 이를 입증하는 증거를 보여 준다], 암컷은 진화적 시간 동안에 조만간 이로부터 탈출할 것이다. 그리고 정자가 암컷 몸에 들어간 뒤에도 암컷은 이를 조종할 것이다. 즉, 암컷은 추가로 수컷을 지켜보고 나서, 정자를 저장하고, 이동하고(소실小室에서 소실로), 이용하고, 먹고, 분해할 것이다. 암컷은 보험으로 짝짓기할 수컷의 정자를 받아들여 저장한 뒤 까다롭게 굴 수도 있다. (……) 암컷이 정자를 조종하는 일은 가능하다(예를 들어 벌목Hymenoptera◆의 성 결정). 암컷이 가진 번식기관의 형태는 보통 이런 맥락에서 진화했을 주머니, 판막, 관으로 이루어진다. 사실 보고된 정자 전쟁 일부는 실제로 정자 조종의 사례인 경우도 있다. (……) 암컷이 정액을 내부에서 조작해 어느 정도까지 수컷의 이익을 침해하느냐를 고려해 보면, 수컷에게는 무엇보다 정자를 위해 쓰도록 암컷에서 진화

◆ **벌과 개미가 속한 동물 분류. 막시류라고도 한다.**

한(정자를 위해 '의도된') 장소에 정자를 넣고자 작은 따개, 가위, 지렛대, 주사기가 진화할 거라 상상해도 이상하지 않다. 이를 하나로 모으면 정말로 스위스 군용 칼이다!

이런 무정하고, 먹고 먹히는 치열한 경쟁을 묘사하는 언어가 몇 년 전엔 생물학자에게 쉽게 와 닿지 않았지만, 지금은 교과서에도 광범위하게 쓰여 기쁘게 생각한다(예를 들어 Alcock, 1979).

위와 같은 비열한 술수는 흔히 한 개체가 근육을 움직여 다른 개체를 괴롭히는 직접 행동을 수반하나, 이 장의 주제인 조종은 더 간접적이며 미묘하다. 어떤 개체는 다른 개체의 실행기effectors◆를 다른 개체가 바라는 최선의 이익에 반하게, 조종자의 이익에 유리하게 작용하게끔 유도한다. 알렉산더(Alexander, 1974)는 이런 조종의 중요성을 처음으로 강조한 사람이다. 알렉산더는 사회성 곤충에서 일꾼 행동의 진화에 작용하는 여왕 지배 개념을 일반화해 '부모 조종'이라는 폭넓은 이론으로 만들었다(또한 Ghiselin, 1974a 참조). 알렉산더는 부모는 자식에게 명령하는 위치에 있으므로, 설사 자식 자신의 유전적 적합도와 충돌하더라도 부모의 유전적 적합도라는 이득에 복무하게끔 자식을 강제할 수 있다고 말했다. 웨스트-에버하드(West-Eberhard, 1975)는 알렉산더의 뒤를 이어 부모 조종을 혈연 선택과 호혜적 이타주의를 제하고, 개체 '이타주의'가 진화할 수 있는 세 가지 일반적 방법 중 하나로 제시해 중요한 지위를 부여했다. 리들리와 나도 같은 주장을 하지만 이를 **부모** 조종만으로 한정하지는 않았다(Ridley & Dawkins, 1981).

리들리와 내가 한 논증은 다음과 같다. 생물학자는 이타주의자가 자신을 희생해 다른 개체를 이롭게 할 때 그 행동을 이타적이라고 정의한

◆ **동물이 외부 세계에서 능동적으로 활동하는 데 필요한 기관. 예를 들어 근육기관, 분비기관, 발광기관 등이 있다.**

다. 이에 이득과 희생을 어떻게 정의하느냐는 문제가 생긴다. 이를 개체 생존이라는 관점에서 정의한다면 이타 행동은 아주 흔해서 부모의 양육도 포함된다. 이를 개체의 번식 성공이라는 관점에서 정의한다면 부모 양육은 더 이상 이타주의가 아니지만 신다윈주의 이론이 예측하는 자식 외 다른 혈연을 돕는 이타 행동은 이타주의에 포함된다. 이를 개체의 포괄 적합도라는 관점에서 정의한다면 부모 양육도, 다른 혈연을 돕는 일도 이타주의라고 보기 어려우며 사실 이 이론을 단순화한 판본은 이타주의가 실제로는 존재하지 않는다고 본다. 이타주의를 논해야 한다면 나는 부모 양육을 이타주의에 포함하는 첫 번째 정의를 선호하지만, 세 가지 정의 모두 정당화가 가능하다. 그러나 여기서 말하려는 요점은 어느 정의를 선호하든, '이타주의자'가 수혜자에게 무언가를 증여하게끔 강제, 즉 조종된다는 말은 어느 정의에나 들어맞는다는 사실이다. 그리하여 정의(셋 중 아무거나)에 따르면 양부모가 뻐꾸기 새끼를 키우는 행동을 이타적 행위로 보지 않을 도리가 없다. 아마 이런 사실은 새로운 정의가 필요하다는 뜻일지도 모르지만, 이는 전혀 다른 문제다. 크렙스와 나는 이 논증을 논리적 결론으로까지 밀고 나가 모든 동물의 의사소통을 신호 발신자가 신호 수신자를 조종하는 과정으로 해석한다(Dawkins & Krebs, 1978).

조종은 사실상 이 책이 상세히 설명하는 생명관의 중심축인데, 내가 알렉산더의 부모 조종 개념을 비판한 사람 중 하나(Dawkins, 1976a, pp. 145~148; Blick, 1977; Parker & Macnair, 1978; Krebs & Davies, 1978; Stamps & Metcalf, 1980)이며, 나중에는 그 비판을 두고 비판받았다는 사실은 조금 얄궂다(Sherman, 1978; Harpending, 1979; Daly, 1980). 이런 옹호자가 있음에도 알렉산더(Alexander, 1980, pp. 38~39) 자신은 비판자들이 옳다고 인정했다.

조금 명확한 설명이 필요한 건 분명하다. 나도, 이후의 어떤 비판자도 선택이 자식을 조종하는 데 성공한 부모를 그렇지 못한 부모보다 선호하리란 점을 의심하지 않았다. 부모가 자식과의 "군비 경쟁에서 승리한다"는 점도 의심하지 않았다. 우리 모두 반대했던 점은 그저 모든 자녀가 부모가 되기를 갈망한다는 이유로 부모가 자녀에 대해 타고난 이점을 누린다는 논리였다. 이는 모든 부모가 한때는 자녀였다는 이유로 자녀가 부모에 대해 타고난 이점을 누린다는 논리와 마찬가지로 사실이 아니다.

알렉산더는 자녀에게서 나타나는 이기적 경향, **부모 이익**에 반하게끔 행동하는 경향은 퍼져 나갈 수 없다고 말했다. 자녀가 장성했을 때 또한 갖게 될 자기 자녀에게, 부모 이익에 반하게 행동하는 이기성이 유전되어 자신의 번식 성공을 손상시키기 때문이다. 알렉산더가 품은 이런 생각은 "모든 부모-자식 간 상호 작용은 두 개체 중 하나, 즉 부모에게 이익을 주려고 진화했다. 이를 통해 자신의 번식 성공이 증진되지 않는다면 어떤 유기체도 부모의 양육 행동이나 부모 양육을 확장하도록 진화할 수 없다"(Alexander, 1974, p. 340)라는 확신에서 비롯한다. 따라서 알렉산더는 확고하게 이기적 유기체라는 패러다임 내에서 사고하며, 동물이 자신의 포괄 적합도를 증진하려고 행동한다는 중심 정리를 옹호하고, 이 점이 자식이 부모 이익에 반하는 행동을 할 가능성을 방지한다고 이해했다. 그러나 내가 알렉산더에게 배우려는 교훈은 조종 그 자체가 지닌 핵심적 중요성이며, 내가 보기에 조종은 중심 정리를 **위배**한다.

나는 동물이 다른 동물에게 강력한 영향력을 행사하며, 흔히 어떤 동물이 하는 행동은 자기가 아니라 **다른** 동물의 포괄 적합도를 증진하려 작동한다고 해석하는 게 유용하다고 생각한다. 뒤에서 우리는 포괄 적합도라는 개념을 사용하는 일이 불필요하고 조종 원리가 확장된 표현형이라는 우산 아래 포함된다는 사실을 볼 것이다. 그러나 이 장 나머지 부분에서는 개체 수준에서 조종을 논의하는 방식이 편리하다.

여기서는 내가 J. R. 크렙스와 공동으로 쓴 조종으로서 본 동물 신호를 다루는 논문(Dawkins & Krebs, 1978)과 어쩔 수 없이 중복되는 부분이 있다. 논의를 시작하기 전에, 하인드(Hinde, 1981)가 이 논문을 호되게 비판해 준 일에 감사한다. 비판 중 일부는 여기서 인용하려는 이 논문

부분에 영향을 주지는 않았지만 하인드(Hinde, 1981)가 비판한 또 다른 연구자 카릴(Caryl, 1982)이 이에 답변했다. 하인드는 우리가 더 좋은 이름이 없어서 고전 동물행동학자라 이름 붙인 틴베르헌(Tinbergen, 1964)과 그를 위시한 동료들이 쓴, 겉보기에 집단 선택론적인 진술을 인용하는 방식은 불공정하다고 질타했다. 나는 이런 역사적 비판에 동감한다. 우리가 틴베르헌에게서 인용한 '종이 얻는 이익'이라는 문구는 틴베르헌이 쓴 것이 맞긴 하나 당시 틴베르헌이 품었던 생각을 대표하지는 않았다(예를 들어 Tinbergen, 1965). 아마도 틴베르헌이 훨씬 초기에 했던 다음과 같은 진술을 인용하는 것이 더 공정하리라. "……호르몬이나 신경계의 기능이 신호 발신뿐 아니라 응답 기관의 구체적 반응성까지 포함하듯이, 해발 체계◆에는 송신자가 신호를 발신하는 구체적 경향성과 더불어 응답 개체가 특정 해발인■에 답하는 구체적 반응성을 포함한다. 해발 체계는 개체를 초개체라는 위계 단위에 묶어 자연 선택을 받는 더 높은 단위가 되게 한다."(Tinbergen, 1954) 1960년대 초에는 틴베르헌과 그의 동료들이 전면적 집단 선택론에 강하게 반대했다고 해도, 나는 여전히 우리 대부분이 동물 신호를 '상호 이익'이라는 모호한 관점으로 파악한다고 생각한다. 즉, 신호가 정말 '종이 얻는 이득을 위한'(틴베르헌의 입장을 대표하지 못하는 인용) 것이 아니라면, 신호는 '모든 발신자와 수신자의 상호 이익을 위한' 것이라고 말이다. 의례적 신호의 진화는 상호 진화로 간주한다. 요컨대 한편에서 신호를 발신하는 힘이 증대하면 다른 편에서는 신호를 수신하는 민감성이 증가한다는 식이다.

오늘날에는 수신자 민감성이 증가하면 신호 강도는 증가할 필요가 없고, 오히려 신호를 뚜렷하거나 크게 만들 때 뒤따르는 비용 덕분에 강도는 감소할 가능성이 더 높다고 인식한다. 이를 에이드리언 볼트 경

◆ 동물이 지닌 어떤 특성(자세, 동작, 냄새, 색깔 등)이 일으키는 자극과 반응의 연쇄적 체계
■ 동물이 지닌 어떤 특성이 동종에 속한 다른 개체의 특정한 반응을 유발하는 자극

Sir Adrian Boult◆ 원리라고 부를 수 있다. 언젠가 리허설에서 에이드리언 경이 비올라 연주자에게 더 크게 연주하라고 주문했다. 그러자 비올라 수석이 항의했다. "방금 지휘봉으로 점점 약하게 연주하라고 하지 않으셨습니까?" 이에 지휘자가 응수했다. "나는 점점 약하게 하고 여러분은 점점 크게 하라는 뜻입니다." 동물 신호가 정말로 상호 이익을 위한 요소라면 신호는 무언가 음모를 꾸미는 속삭임 같은 수준으로 줄어드는 경향이 있을 것이다. 실제로 이런 일이 자주 일어나서 신호는 우리가 알아차리기에 너무 엷게 변했을 수도 있다. 반대로 신호 강도가 세대를 거쳐 증가한다면 이는 수신자 쪽에서 신호를 받아들이는 데 저항하는 일이 증가했음을 시사한다(Williams, 1966).

이전에 언급했듯이, 동물은 반드시 조종에 수동적으로 따르지 않아 진화적 '군비 경쟁'이 일어날 수 있다. 군비 경쟁은 크렙스와 내가 두 번째로 공조한 논문의 주제였다(Dawkins & Krebs, 1979). 물론 이 장에서 제시하는 주장이 우리가 최초는 아니며, 다만 공동 논문 두 편에서 인용하는 방식이 더 편리할 뿐이다. 크렙스 박사의 허락을 받아 참고 문헌 인용과 인용 표시 반복으로 흐름이 끊기는 일 없이 논의를 전개하겠다.

동물에게는 흔히 자신을 둘러싼 세계에 존재하는 대상을 조작할 필요가 있다. 비둘기는 둥지에 잔가지를 나른다. 오징어는 먹이를 찾으려고 바다 밑에 모래를 날려 버린다. 비버는 나무를 넘어뜨리고 댐을 지어서 자기가 사는 굴 주위 몇 킬로미터 지형 전체를 조작한다. 동물이 조작하려는 대상이 무생물일 때, 또는 스스로 움직이지 않는 대상일 때는 완력을 사용해 옮겨야만 한다. 쇠똥구리는 똥 덩어리를 힘으로만 밀어 움직인다. 그러나 때로는 동물이 움직여 이익을 얻는 '대상'이 살아 있는 다른 동물인 경우도 있다. 그 대상은 근육과 팔다리를 가지며, 신경계와 감각기관으로 통제된다. 이런 '대상'을 완력으로 움직이는 일이 여전히 가능할

◆ 영국의 지휘자

지언정, 흔히 더 교묘한 수단을 사용해 더 경제적인 방식으로 목적을 이룰 수도 있다. 해당 대상이 가진 내적 명령 체계, 즉 감각기관, 신경계, 근육을 침범하고 파괴하는 것이다. 귀뚜라미 수컷은 땅 위에서 힘으로 암컷을 때려눕혀 굴속으로 끌고 가지 않는다. 수컷은 가만히 울고, 그러면 암컷은 스스로 수컷에게 다가온다. 수컷 관점에서 보면 이러한 **의사소통**은 에너지 면에서 강제로 암컷을 데려오는 방식보다 더 효율적이다.

곧바로 질문이 떠오른다. 왜 암컷은 수컷의 유인에 따르는 걸까? 암컷은 자기 근육과 팔다리를 통제하고 있으므로, 자신의 유전적 이익과 관련되지 않는다면 왜 수컷에게 접근하는 걸까? 명백히 조종이라는 말은 희생자가 본의 아닌 행동을 할 때만 적절한 게 아닌가? 분명히 수컷 귀뚜라미는 그저 여기에 암컷과 동종인 수컷이 기꺼이 암컷을 맞을 준비가 되었다는, 암컷에게 유용한 정보를 알리는 것뿐 아닌가? 암컷이 이런 정보를 받으면, 수컷은 암컷이 다가올지를 암컷이 원하는 대로 또는 자연 선택이 암컷을 프로그램한 대로 맡겨 두는 것 아닌가?

수컷과 암컷이 동일한 이해관계에 있다면 문제가 없겠지만 앞 문단의 전제를 검토해 보자. 암컷이 "자기 근육과 팔다리를 통제한다"라고 주장할 수 있는 근거는 무엇일까? 이 말은 우리가 탐구하려는 문제를 이미 사실이라고 가정하는 게 아닐까? 조종 가설을 제기함으로써 우리는 결과적으로 암컷은 자신의 근육과 팔다리를 통제하지 **못하고**, 수컷은 통제 가능하다고 말하는 중이다. 물론 이 사례를 뒤집어 암컷이 수컷을 통제한다고 볼 수도 있다. 여기서 말하는 요점은 성적 특성과 특별히 관련은 없다. 나는 자신의 근육은 없으면서 곤충의 근육을 꽃가루를 운반하는 실행기관으로 사용하며 근육의 연료로 꿀을 공급하는 식물의 예를 들 수도 있었다(Heinrich, 1979). 일반적 요점은 어떤 유기체의 팔다리는 다른 유기체의 유전적 적합도를 증진하도록 조종될 수 있다는 사실이다. 이런 진술은 이 책 뒷부분에 나오는 확장된 표현형이라는 개념을 알 때까지는 설득력 있게 다가오지 않을 것이다. 이 장에서는 아직 이기적 유기체라는 패러다임 안에서 사고한다. 우리가 이기적 유기체 패러다임을 넓히기 시작해 가장자리에서부터 기분 나쁘게 삐걱거리는 소리가 나지만 말이다.

귀뚜라미 수컷과 암컷을 사용한 예는 썩 좋은 선택이 아니었는지도 모른다. 앞에서 말했듯이, 우리 대부분이 성적 관계를 투쟁으로 보는 사고방식에 익숙해진 것이 겨우 최근 일이기 때문이다. 우리 대부분은 아직 "선택은 두 성에게 반대로 작용할 수 있다. 대개 주어진 유형의 만남에서 수컷은 짝짓기하는 것이 유리하고, 암컷은 하지 않는 것이 유리하다"(Parker, 1979; West-Eberhard, 1979 참조)라는 사실을 머릿속에 새기지 않았다. 나는 이 문제로 다시 돌아올 것인데, 일단 지금은 조종을 예증하는 더 냉혹한 사례 하나를 살펴보자. 자연에서 어떤 투쟁에도 뒤지지 않을 만큼 잔인하고 무자비한 것이 포식자와 피식자 사이에서 벌어지는 투쟁이다. 포식자가 먹이를 잡는 데 사용하는 기술은 다양하다. 포식자는 먹이를 뒤쫓아 먹이를 앞지르거나, 지칠 때까지 따라다니거나, 측면을 찌르려고 시도한다. 포식자는 한곳에 자리 잡고 매복했다가 먹이를 습격하거나 궁지에 몰 수도 있다. 또는 아귀나 '요부' 반딧불이처럼(Lloyd, 1975, 1981) 먹이 스스로 파멸하도록 신경계를 조종할 수도 있다. 아귀는 바다 밑바닥에 가만히 앉아 머리끝에서 툭 튀어나온 긴 막대를 제외하면 몰라볼 정도로 위장한다. 긴 막대 끝에는 '가짜 미끼'가 달렸는데, 가짜 미끼는 벌레같이 구미가 당기는 먹이를 닮은 유연한 조직으로 만들어졌다. 아귀의 먹이인 작은 물고기는 자기 먹이를 닮은 가짜 미끼에 이끌린다. 작은 물고기가 가짜 미끼에 다가서면 아귀는 물고기가 입 근처로 오게 '우롱하다가' 갑자기 턱을 벌려 밀려오는 물과 함께 먹이를 집어삼킨다. 아귀는 적극적으로 먹이를 쫓는 육중한 몸과 꼬리 근육 대신에, 시각으로 먹이의 신경계를 자극하려고 긴 막대를 통제하는 작고 경제적인 근육을 사용한다. 결국 아귀가 먹이와의 거리를 좁히려고 사용하는 수단은 먹이 자신의 근육이다. 크렙스와 나는 비공식적으로 동물이 하는 '의사소통'을 어떤 동물이 다른 동물의 근력을 이용하는 수단으로 규정했다.

이는 조종과 거의 동일하다.

여기서 이전과 똑같은 질문이 떠오른다. 왜 조종의 희생자는 이를 용인하는 걸까? 왜 피식자는 그야말로 죽음의 입으로 돌진하는가? 왜냐하면 피식자는 정말로 먹이를 먹으려 달려든다고 '생각하기' 때문이다. 좀 더 정식으로 말하면, 자연 선택은 피식자의 조상이 꿈틀대는 작은 대상에 접근하는 경향을 띠도록 작용했다. 꿈틀대는 작은 대상은 보통 벌레이기 때문이다. 그 대상이 언제나 벌레는 아니고 가끔은 아귀의 가짜 미끼여서 피식자 물고기가 조심스럽게 행동하거나 식별력을 예리하게 하는 어떤 선택이 작용할 수도 있다. 가짜 미끼가 벌레를 잘 흉내 낸다면, 우리는 피식자가 식별력을 키운 것에 맞서 아귀 조상에게 가짜 미끼를 개선하게 하는 선택이 작용했다고 추측할 수 있다. 현재 피식자는 가까 미끼에 걸려들며 아귀는 잘 생존해 있다. 따라서 조종은 성공적으로 진행 중이다.

한 계통이 가진 적응에서 경쟁하는 상대 계통의 점진적 대항 개선에 맞선 진화적 반응으로서 점진적 개선이 나타날 때는 언제나 군비 경쟁이라는 은유를 사용하는 것이 편리하다. 이때 서로 '경쟁' 중인 당사자가 누구인지 깨닫는 일은 중요하다. 당사자는 개체가 아니라 계통이다. 분명 공격하고 방어하는 자는 개체이며, 죽이고 죽임에 저항하는 자도 개체다. 그러나 군비 경쟁은 진화적 시간 척도에서 일어나며 개체는 진화하지 않는다. 진화하는 대상은 계통이며 다른 계통이 촉발하는 선택압에 맞선 반응으로 점진적 개선의 경향을 띠는 대상도 계통이다.

한 계통에서 다른 계통의 행동을 조종하는 적응이 진화한다면 다시 후자의 계통에서도 대항 적응이 진화한다. 우리가 어떤 계통이 '승리'하느냐, 어떤 계통이 타고난 이점을 소유하느냐를 좌우하는 일반 규칙에 관심 있다는 점은 명백하다. 알렉산더가 자식에 대해 부모가 지녔다고 생각한 요소가 그런 타고난 이점이었다. 이미 말했듯이 알렉산더가 말한 주요 이론적 논증이 지금은 선호되지 않는다는 점을 제외하면, 그는 부모가 자식에 대해 지닌 다양한 실천적 이점 또한 그럴듯하게 제시했다. "……

부모는 자식보다 크고 강하며, 따라서 자신의 의지를 강요하기에 더 나은 위치에 있다."(Alexander, 1974) 이는 사실이나 우리는 이전 문단의 교훈, 군비 경쟁은 진화적 시간에서 일어난다는 점을 잊어서는 안 된다. 어느 한 세대에서 부모가 지닌 근육은 자식보다 더 강하며 근육을 통제하는 자는 누구라도 우위를 점할 것이 틀림없다. 그러나 문제가 되는 질문은 **누가** 부모의 근육을 통제하는가이다. 트리버스(Trivers, 1974)가 말했듯이, "자식은 자기 어머니를 멋대로 땅바닥에 내팽개치지 못한다. 유모에게도 마찬가지다⋯⋯ 자식은 물리적 전술보다는 심리적 전술을 이용할 것이다".

크렙스와 나는 동물 신호가 인간이 광고에서 하는 방식과 꽤나 똑같은 심리적 전략을 사용한다고 제안했다. 광고란 올바르거나 잘못된 정보를 주는 게 아니라 **설득하는** 것이다. 광고주는 인간의 심리, 희망, 공포, 숨겨진 동기를 밝힌 지식을 활용하고 소비자 행동을 효과적으로 조종할 수 있도록 광고를 설계한다. 상업 광고주가 사용하는 심층 심리학 기술을 까발린 패커드(Packard, 1957)의 책은 동물행동학자에게는 매혹적인 읽을거리다. 한 슈퍼마켓 지배인은 이렇게 말했다. "사람들은 상품이 대량으로 쌓인 모양을 좋아하지요. 선반에 네 개 있어야 할 통조림이 세 개밖에 없다면, 그런 상품은 팔리지 않습니다." 이는 새에서 나타나는 레크lek◆ 번식과 뚜렷한 유사성을 보이는데, 설사 두 경우에 이런 효과를 내는 생리적 기제가 다르다고 밝혀져도 그 가치는 사라지지 않는다. 슈퍼마켓에서 주부들이 눈을 깜박이는 비율을 촬영한 숨은 카메라는 밝은 색깔의 상품이 대량으로 있을 때, 경우에 따라서는 가벼운 최면 상태를 일으키기도 한다는 점을 보여 주었다.

◆ 레크는 스웨덴어로 놀이(leka)를 뜻하는데, 해마다 짝짓기 시기가 되면 수컷들이 모여 방문하는 암컷들에게 자신의 매력을 광고하는 장소이자, 그런 번식 형태를 지칭하는 말이다. 암컷은 환심을 사려 노래하고 춤추는 수컷들을 매우 신중하게 심사한다. 멧닭, 극락조, 목도리도요를 비롯한 20여 종의 새와 포유류, 어류, 곤충에서도 나타난다.

K. 넬슨K. Nelson은 언젠가 학회에서 '새의 노래는 음악인가? 아니면 언어인가? 아니면 도대체 무엇인가?'라는 제목으로 강연을 했다. 아마 새의 노래는 최면술을 통한 설득이거나 마약 주입과 더 비슷할 것이다. 시인 존 키츠는 나이팅게일◆의 노래를 듣고 나른한 무감각 상태를 느꼈다. "……독을 마신 것처럼 나는 취했다." 신경계에 이보다 더 강력한 효과를 내는 또 다른 나이팅게일이 있지 않을까? 신경계가 정상 감각기관을 통해 들어오는 마약 비슷한 효과에 취약하다면 자연 선택이 이런 가능성을 이용할 거라고, 시각적·후각적·청각적 '마약'을 개발하는 일을 선호하리라고 예상할 수 있지 않을까?

복잡한 신경계를 가진 동물을 보고 그 동물의 행동을 조종하려는 신경생리학자는 동물 뇌의 예민한 지점에 전극을 삽입하고 전기 자극을 주거나, 특정 부위에 병변을 만들 수 있다. 12장에서 소위 뇌벌레라는 사례 하나를 보여 줄 테지만, 동물은 보통 다른 동물의 뇌 속에 직접 들어가지는 못한다. 그러나 눈이나 귀 또한 신경계로 가는 입구라 적절하게 사용하면 직접적인 전기 자극과 동일한 효과를 낼 수 있는 빛이나 소리 형태를 이용할 수 있다. 그레이 월터(Grey Walter, 1953)는 인간의 뇌파(EEG) 주기 진동수에 섬광을 동조시키자 생겨난 위력을 생생하게 보여 준다. 한 사례에서 어떤 남자는 옆에 있는 사람의 목을 졸라 죽이고 싶은 '억누르기 힘든' 충동을 느꼈다.

만약 우리에게 공상과학영화를 만드는데 '청각적 마약'이 어떻게 들리는지 상상해 보라고 한다면, 뭐라고 말할 것인가? 아프리카 큰북이 내는 쉴 새 없는 리듬, 달빛을 들을 수 있다면 바로 이럴 거라고 말한 나무귀뚜라미*Oecanthus*가 내는 으스스한 떨림소리(Bennet-Clark, 1971에서 인용), 아니면 나이팅게일이 내는 노랫소리? 나는 세 가지 모두 괜찮은 후보라고 생각하며, 세 가지 모두 어떤 의미에서는 같은 목적에서 설계되

◆ 울음소리가 아름다운 밤울새속의 새, 밤꾀꼬리라고도 불린다.

었다고 생각한다. 즉, 신경생리학자가 전극으로 신경계를 조종하는 방식과 원리상 같은 방법으로 누군가가 다른 이의 신경계를 조종한다는 말이다. 물론 동물이 내는 소리가 인간의 신경계에 강력한 영향을 미친다면 이는 우연일 것이다. 논의 중인 가설에 따르면, 선택은 반드시 인간의 신경계는 아닌, 신경계 일부를 조종하게끔 동물 소리를 형성했다. 돼지개구리*Rana grylio*의 코울음소리는 나이팅게일이 키츠에게, 종달새가 셸리◆에게 영향을 준 것처럼 다른 돼지개구리에게 영향을 줄 수 있다. 나는 나이팅게일이 더 좋은 예라고 생각한다. 인간의 신경계는 나이팅게일의 노래를 듣고 깊은 감동을 느끼지만, 돼지개구리가 내는 콧소리에는 대개 웃음을 터뜨릴 것이기 때문이다.

또 다른 저명한 가수, 카나리아를 생각해 보자. 카나리아가 보이는 번식 행동의 생리에 관해서는 많은 사실이 알려져 있다(Hinde & Steel, 1978). 생리학자가 카나리아 암컷을 번식 가능한 상태로 만들어 기능하는 난소의 크기를 늘리고, 둥지를 짓게 하고, 그 외 다른 번식 행동 유형을 유발하고 싶다면 여러 가지 방법을 취할 수 있다. 생리학자는 암컷에게 생식샘 자극 호르몬이나 발정 호르몬을 주입할 수 있다. 또한 생리학자는 전기로 만든 빛으로 암컷이 겪는 낮의 길이를 길게 할 수 있다. 아니면 우리 관점에서 대단히 흥미롭게도, 암컷에게 수컷이 노래 부르는 소리를 녹음해 들려줄 수도 있다. 녹음한 소리는 카나리아 노래여야 한다. 앵무새 노래는 카나리아에게 영향을 줄 수 없다. 앵무새 노래가 앵무새 암컷에게 비슷한 효과를 내더라도 말이다.

이제 카나리아 수컷이 암컷을 번식 상태로 만들고 싶다고 하자. **수컷**은 무엇을 할 수 있을까? 수컷은 호르몬을 주입하는 주사기가 없다. 수컷은 암컷이 사는 환경에 인공적인 빛을 켤 수도 없다. 당연히 수컷이 하는 행동은 노래 부르기다. 수컷의 음성이 띤 특정한 유형은 암컷의 귀를

◆ 영국의 낭만주의 시인으로 「종달새에게」라는 시를 썼다.

통해 머리로 들어가 신경 충동으로 변환되고, 암컷의 뇌하수체를 은밀히 꿰뚫는다. 수컷은 생식샘 자극 호르몬을 합성하고 주입하지 못하지만 암컷의 뇌하수체가 호르몬을 합성하도록 만든다. 수컷은 신경 충동으로 암컷의 뇌하수체를 자극하는 것이다. 신경 충동은 암컷의 신경세포에서 발생하기 때문에 '수컷'의 신경 충동이 아니다. 그러나 다른 의미로 충동은 수컷의 것이다. 암컷의 뇌하수체에 신경이 작동하도록 교묘히 추동한 요인은 수컷이 내는 독특한 음성이기 때문이다. 생리학자가 암컷의 가슴근육에 생식샘 자극 호르몬을, 뇌 속에 전류를 주입한다면, 카나리아 수컷은 암컷의 귀에 노래를 퍼부으며 효과는 동일하다. 슐라이트(Schleidt, 1973)는 수신자의 생리에 영향을 미치는 신호가 발하는 이런 '음조' 효과의 다른 사례를 논의한다.

일부 독자에게는 "암컷의 뇌하수체를 은밀히 꿰뚫는다"라는 말이 너무 터무니없게 들릴지도 모르겠다. 확실히 이 말은, 중요한 질문을 이미 사실이라고 가정한다. 암컷도 수컷 못지않게 거래에서 이익을 볼 수 있다는 점은 명백하며, 이 경우 '은밀히', '조종'이라는 단어는 부적절하다. 혹은 어떤 은밀한 조종이 있다면 이는 암컷이 수컷에게 하는지도 모른다. 암컷은 번식 상태로 들어가기 전에 짝짓기 상대의 진을 빼놓는 노래를 부르게 '강요'함으로써 배우자로서 가장 원기왕성한 짝을 고르는지도 모른다. 이런 식의 사고가 대형 고양잇과에서 보이는 엄청난 빈도의 교미 횟수를 잘 설명할 수 있다고 생각한다(Eaton, 1978). 샬러(Schaller, 1972)는 수사자 표본을 55시간에 걸쳐 추적했는데, 그 시간 동안 수컷은 157번 교미하고 평균 교미 간격은 21분이었다고 한다. 고양잇과에서 배란은 교미를 통해 유도된다. 수사자가 보여 주는 경이로운 교미 횟수는 고삐 풀린 군비 경쟁의 산물이라고 보는 게 그럴듯하며, 이 경우 암컷은 배란 전에 점점 더 많은 교미를 요구하고, 수컷은 계속해서 정력이 증가하도록 선택된다. 사자의 정력은 공작의 꼬리와 행동상 등가물로 볼 수 있다. 이 가설의 한 판본은 암컷이 수컷 사이의 분열을 초래하는 싸움이 생기는 일을 줄이는 수단으로 교미가 지닌 가치를 평가절하한다는 버트럼(Bertram, 1978)의 가설과 양립 가능하다.

자식이 부모에게 쓸 수 있는 심리적 조종 전략을 논하는 트리버스의 주장을 더 인용해 보자.

> 자식은 대개 자신의 실제 욕구가 무엇인지 부모보다 더 잘 알기 때문에 선택은 자기 상태를 부모에게 알리려고 자식이 보내는 신호에 주의를 기울이는 부모를 선호할 것이다…… 그러나 일단 이런 체계가 진화하면 자식은 이를 다른 상황에서도 이용할 수 있다. 자식은 배가 고플 때뿐만 아니라 그저 부모가 주기로 결정한 것 이상의 음식을 원할 때도 울 수 있다. (……) 물론 그렇다면 선택은 부모에게 두 가지 신호 사용법을 식별하는 능력이 생기는 것을 선호하겠지만 자식이 여전히 더 교묘한 흉내 내기와 속임수를 쓰는 일은 늘 가능하다. (Trivers, 1974)

우리는 다시 군비 경쟁으로 생기는 중요한 질문에 도달했다. 군비 경쟁에서 어느 편이 '승리'한다고 말할 수 있는 어떤 일반화가 가능한가?

우선 한쪽이나 다른 쪽이 '승리'한다는 말에는 어떤 **의미**가 있는가? '패배자'는 결국 절멸하고 마는가? 때로는 이런 일이 일어날 수도 있다. 로이드와 다이바스(Lloyd & Dybas, 1966)는 주기성 매미로 기묘한 가능성 하나를 제시했다(Simon, 1979에서는 최근의 동향을 재밌게 설명한다). 주기성 매미는 마기키카다속*Magicicada*에 속하는 세 가지 종으로 구성된다. 세 종 모두 두 가지 변종이 있는데, 하나는 17년형 변종이고, 다른 하나는 13년형 변종이다. 각 개체는 땅 밑에서 유충으로 섭식하면서 17년(또는 13년)을 지낸 후 우화해 성충으로 몇 주간 번식 활동을 한 뒤 죽는다. 특정 지역에서는 생활 주기가 모두 일치해, 그 결과 각 지역은 17년마다(또는 13년) 매미가 대량 발생하는 일을 겪는다. 이런 특징은 아마 장차 마주칠 포식자나 기생자를 대량 발생 기간에는 수적으로 압도하고, 대량 발생 사이 기간에는 굶주리게 하는 기능적 의미가 있을 것이다. 따라서 생활 주기를 동기화한 개체가 맞닥뜨릴 위험은 동기화를 깨고, 가령 1년 먼저 바깥에 나오는 개체가 맞닥뜨릴 위험보다 더 작다. 그러나 동기화가 주는 이점을 인정한다 해도 매미는 왜 17년(13년)보다 더 짧은 생활 주기를 정해 번식까지 걸리는 불행할 정도로 긴 기간을 단축시키지 않는 걸까? 로이드와 다이바스는 긴 생활 주기가 지금은 절멸한 포식자(또는 기생자)와 '시간을 놓고 벌인 진화적 경쟁'의 산물이라고 제안했다. "이 가설상의 기생자는 주기성 매미 초기 조상과 생활 주기가 거의 동기화되며 기간도 거의 동일(그러나 항상 조금 더 짧은)했을 것이다. 이론에 따르면, 매미는 결국 기생자의 추격을 따돌려 특수화된 이 가련한 짐승은 절멸했다."(Simon, 1979) 로이드와 다이바스는 더 나아가 군비 경쟁은 결국 생활 주기를 소수년(13년과 17년)으로 지속되게 할 것이라 제안하는 재치를 보여 주었다. 그렇지 않으면 조금 더 짧은 생활 주기를 도는 포식자가 두 번째나 세 번째 주기마다 매미를 따라잡을 수 있기 때문이다!◆

매미 기생자 사례처럼 군비 경쟁에서 '패자'가 실제로 꼭 절멸하는 건 아니다. '승자'가 희귀한 종이어서 '패자' 종의 개체가 떠안는 위험이 비교적 무시할 만한 수준일 수도 있다. 승자는 단지 승자가 가진 적응에 패자가 효과적으로 대응하지 못했다는 의미에서만 승리하는 것이다. 이는 승자 계통의 개체에게 좋은 일이지만, 패자 계통의 개체에게도 그리 나쁜 일은 아니다. 결국 패자 계통도 동시에 다른 계통에 맞서 경쟁을, 그

◆ **매미가 택한 생활 주기가 소수이면 포식자 생활 주기와의 최소공배수가 짝수일 때보다 더 증가하므로 매미 생활 주기를 따라잡기가 매우 힘들어진다. 예를 들어 포식자 생활 주기가 5년이고 매미 생활 주기가 17년이면, 최소공배수는 5×17=85년이다. 게다가 13년, 17년 두 종이 있다면 최소공배수는 더더욱 증가한다. 당연히 포식자가 맞출 수 있는 생활 주기에는 한계가 있다.**

것도 아주 성공적으로 하는 중인지 모르기 때문이다.

이 '희소 경쟁자 효과rare-enemy effect'는 군비 경쟁하는 양편에 작용하는 선택압의 불균형을 보여 주는 중요한 사례다. 크렙스와 나는 형식화한 모형은 없지만, '목숨/저녁밥 원리life/dinner principle'라는 제목 아래 이 같은 불균형 하나를 정성적으로 고찰했다. 목숨/저녁밥 원리라는 이름은 이솝 우화에서 따왔는데, 그 우화는 M. 슬래트킨M. Slatkin 덕분에 알았다. "토끼는 여우보다 빨리 달린다. 왜냐하면 토끼는 자기 목숨을 지키려 뛰고, 여우는 자기 밥을 먹으려 뛰기 때문이다." 이 이야기로 말하려는 일반적 요점은 군비 경쟁에서 어느 한쪽의 동물은 다른 쪽의 동물보다 패배했을 때 더 심한 불이익을 받는다는 사실이다. 따라서 토끼를 천천히 뛰게 하는 돌연변이가 토끼의 유전자 풀에서 생존하리라 기대하는 기간보다, 여우를 토끼보다 더 천천히 뛰게 하는 돌연변이가 여우의 유전자 풀에서 더 오래 생존할 것이다. 여우는 토끼에게 져도 번식할 수 있다. 하지만 여우에게 지면 어떤 토끼도 번식하지 못한다. 따라서 여우는 토끼와 달리 빨리 달리는 적응에 쓰이는 자원을 다른 적응에 쓰도록 전환할 수 있다. 그러므로 토끼는 달리기 속도에 관한 한 군비 경쟁에서 '이기는' 것처럼 보인다. 이렇게 선택압의 강도에서 나타나는 불균형이 진짜 요점이다.

가장 단순한 불균형은 희소 경쟁자 효과라고 부른 현상에서 일어날 것이다. 희소 경쟁자 효과에서 군비 경쟁하는 한쪽은 다른 쪽의 개체에게 비교적 무시할 만한 영향을 줄 정도로 개체 수가 귀하다. 이를 다시 한 번 아귀 사례로 논의해 보자. 더불어 아귀 사례는 먹이('토끼')가 포식자('여우')에게 '승리'해야 할 필연적 이유가 없음을 보여 주는 추가 장점도 있다. 아귀가 상당히 드물어서 개개의 피식자가 아귀에게 잡아먹히는 게 무서운 일이긴 해도, 이런 사건이 불특정 개체에게 일어날 위험은 그리 크지 않다고 하자. 어떤 적응이라도 무언가 비용이 들게 마련이다. 작은 물고기가 아귀의 가짜 미끼와 진짜 벌레를 구분하려면 정교한 시각 처리 장치가 필요하다. 이 장치를 만드는 데는 자원이 소모되며, 이 자원은 장치를 만들지 않았다면, 가령 생식샘(3장 참조)에 투자할 수도 있었다. 또한 장치를 사용하는 데는 시간이 들며, 이 시간은 암컷에게 구애하거나, 영역을 방어하거나, 자신이 진짜 벌레라고 판단한 먹이를 쫓는 데 쓸 수도 있었다. 마지막으로, 벌레를 닮은 대상에 다가가기를 조심스러워하는 물고기는 잡아먹히는 위험을 줄일 수는 있어도 굶어 죽을 위험 또한 증대된다. 이는 가짜 미끼**일지도 몰라** 정말 온전한 많은 벌레를 피하기 때문이다. 어떤 피식자 동물 일부가 철저히 무모하게 행동하기를 선호하는, 비용과 이익 사이의 균형점이 존재할 수도 있다. **항상** 꿈틀꿈틀대는 작은 대상을 잡으려 들고 그 결과에 개의치 않는 개체는 아귀의 가짜 미끼와 진짜 벌레를 식별하는 비용을 치르는 개체보다 평균적으로 더 번영할 수도 있다. 윌리엄 제임스William James는 1910년에 이와 거의 같은 요지의 말을 했다. "낚싯바늘에 꿰인 벌레보다 그렇지 않은 벌레가 더 많은 법이다. 따라서 대개 자연은 물고기에게 고한다. 벌레마다 물어뜯어 기회를 잡으라고."(Staddon, 1981에서 인용)

이제 아귀 관점에서 살펴보자. 아귀 또한 군비 경쟁에서 상대를 앞지르려는 장치에 자원을 소비할 필요가 있다. 역시나 가짜 미끼를 만드는 자원은 생식샘에 투자할 수도 있었다. 참을성 있게 가만히 먹이를 기다리며 흘린 시간을 적극적으로 짝을 찾는 데 쓸 수도 있었다. 그러나 아귀가 생존하느냐는 가짜 미끼가 성공하느냐에 절대적으로 의존한다. 가짜 미끼가 허술한 아귀는 굶어 죽을 것이다. 가짜 미끼를 식별하는 장치를 잘 갖추지 못한 피식자 물고기라도 그런 아귀에게 먹힐 위험은 미미할 것이며, 식별 장치를 만들고 사용하는 비용을 절약해서 생길 위험을 상쇄하고도 남을 것이다.

이 사례에서 아귀는 피식자에 맞서 군비 경쟁에서 승리하는데, 이는 단지 아귀가 희소해 군비 경쟁하는 아귀 쪽이 다른 쪽의 개체에게 비교적 무시할 만한 정도의 위협이기 때문이다. 그런데 이는 선택이 포식자를 희소하게 하거나, 피식자에게 경미한 위협이 되도록 선호할 거라는 의미는 **아니다**! 아귀 개체군에서 선택은 가장 유능한 사냥꾼과 가장 생식력이 좋아 종의 희소성을 줄이도록 공헌하는 자를 선호할 것이다. 그러나 아귀 계통은 그저 어떤 이유로 희소하다는 사실, 어떤 노력에도 소용없이 희소하다는 사실에 따르는 부수적 결과로서, 군비 경쟁에서 피식자에 맞서 '계속 승리'하는 것일 수 있다.

게다가 여기에는 다양한 이유로 빈도 의존 효과가 관여할 가능성이 높다(Slatkin & Maynard Smith, 1979). 예를 들어 군비 경쟁의 한쪽에서 아귀 같은 개체가 점점 희소해짐에 따라 다른 쪽의 개체가 받는 위협은 계속 약해질 것이다. 따라서 다른 쪽에 있는 개체는 귀중한 자원을 이 특정한 군비 경쟁과 관련된 적응에서 다른 곳으로 옮기게 선택된다. 현재 사례에서 피식자 물고기는 아귀에 대항하는 적응에서 생식샘이나 아마 위에서 말한 무모함이 모든 개체에게 나타나는 정도로까지 자원을 전용하게 선택된다. 이는 아귀 개체의 생존을 더 용이하게 하고, 따라서 아귀 개체 수는 더 많아진다. 그러면 아귀는 피식자 물고기에게 심각한 위협이 되어 피식자는 자원을 다시 아귀에 대항하는 적응에 투입한다. 이런 논증이 으레 그렇듯이, 양편의 군비 경쟁이 계속 왔다 갔다 한다고 생각할 필요는 없다. 대신에 진화적으로 안정된 종착점, 즉 환경 변화가 관련 비용과 이익을 바꿀 때까지는 안정적인 종착점이 있을 것이다.

실제 현장에서 발생하는 비용과 이익에 관해 많은 지식을 얻기 전까지 특정한 군비 경쟁의 결과를 예측하기 어렵다는 점은 명백하나 현재 논의에서는 별문제가 되지 않는다. 특정 군비 경쟁에서 한쪽의 개체가 다른 쪽의 개체보다 잃을 게 더 많을 수도 있다는 점만 납득하면 충분하다. 토끼는 목숨을 잃지만, 여우는 그저 먹이를 얻을 뿐이다. 무능한 아귀는 죽는다. 아귀를 피하는 일에 무능한 피식자 물고기는 그저 죽음의 위험을 무릅쓸 뿐이며, 비용을 절약함으로써 결과적으로 아귀를 잘 피하는 '유능한' 물고기보다 더 번영할 수 있다.

조종을 논하면서 제기된 질문에 답하려면 이런 불균형이 일반적으로 그럴듯하다는 사실을 받아들여야만 한다. 우리는 어떤 유기체가 다른 유기체의 신경계를 잘 조종해 근력을 이용한다면, 선택은 조종을 선호하리라는 점에 동의했다. 그러나 우리는 선택이 조종에 저항하는 일 또한 선호할 수 있다는 생각에 잠시 발걸음을 멈추었다. 그렇다면 자연에서 정말 실질적인 조종이 일어난다고 기대해도 될까? 목숨/저녁밥 원리나 희소 경쟁자 효과와 같은 그 밖의 원리들이 하나의 답을 준다. 각각의 조종하는 자가 조종에 실패해서 잃는 것이, 각각의 조종당하는 자가 조종에 저항하는 데 실패해서 잃는 것보다 더 크다면 자연에서 성공적인 조종이 일어날 수 있으며 동물이 다른 동물에 있는 유전자를 위해 힘쓰는 모습을 볼 수 있다.

가장 비근한 예가 탁란이다. 예를 들어 개개비 어미 새는 넓은 포획 구역으로부터 좁은 깔때기 같은 둥지에 방대한 양의 먹이를 쓸어 온다. 그 둥지에 스스로를 밀어 넣고 먹이 공급을 가로채고자 필요한 적응이 진화한 생물이 영위하는 생활 방식이 있다. 바로 뻐꾸기와 그 외 다른 탁란 새가 하는 행동이다. 그러나 개개비는 불평을 모르는, 공짜 음식이 가득 찬 보고가 아니다. 개개비는 감각기관, 근육, 뇌를 갖춘 능동적이고 복잡한 기계다. 탁란은 숙주 둥지에 자기 몸을 들이미는 행동으로만 끝나지 않는다. 탁란은 또한 숙주의 신경계라는 요새에 잠입하고, 숙주의 감각기관이라는 입국 항을 통해 그곳을 드나든다. 뻐꾸기는 숙주의 양육 기제에 잠긴 자물쇠를 풀고 이를 뒤집어엎으려 열쇠 자극key stimuli◆을 사용한다.

탁란이 주는 이점은 너무나 분명해서, 오늘날 우리는 1965년에 해밀턴과 오리언스(Hamilton & Orians, 1965)가 탁란이 정상 양육 행동의

◆ 동물에게 특정 반응을 유발하는 해발인에서 원인이 되는 핵심 자극. 예를 들어 큰가시고기 수컷은 번식기가 되면 배가 붉은빛을 띠는데 배가 붉은 다른 수컷이 접근하면 공격 행동이 일어난다. 이 경우 열쇠 자극은 붉은빛을 띤 배 전체가 아니라 붉은색 자체다.

'퇴행적 몰락'에서 생겼다는 이론에 반대하면서 자연 선택이 탁란을 선호했다는 주장을 방어해야 했다는 점을 알면 놀라리라. 해밀턴과 오리언스는 탁란이 발생할 수 있는 진화적 기원, 탁란 진화에 선행했던 전적응preadaptation,◆ 탁란 진화와 함께 수반된 적응을 설명하는 탁월한 논의를 제공했다.

이런 적응 중 하나가 알 의태다. 적어도 뻐꾸기의 어떤 '씨족gentes'에서 볼 수 있는 완벽한 알 의태는 양부모에게 침입자를 식별하는 혜안이 있었을 가능성을 나타낸다. 다만 이는 왜 뻐꾸기 숙주가 뻐꾸기 새끼를 알아차리는 데 그토록 형편없느냐라는 수수께끼를 강조한다. 해밀턴과 오리언스는 이 문제를 생생히 표현했다. "어린 갈색머리찌르레기와 유럽뻐꾸기는 다 자라면 양부모보다 더 크다. 아주 작은 휘파람새[학명으로는 정확히 어떤 종을 가리키는지 불분명하다]가 입을 떡 벌린 기생자에게 먹이를 주려고 뻐꾸기 머리 꼭대기에 올라서려는 우스꽝스러운 광경을 생각해 보라. 왜 휘파람새는 뻐꾸기 새끼가 다 자라기 전에, 특히 인간 관찰자도 명확히 구분 가능한 그런 때에 뻐꾸기 새끼를 버리는 적응적 조치를 취하지 않는 걸까?" 부모가 자신이 키우는 새끼보다 크기가 더 작으면, 아무리 시력이 원시적이더라도 정상 양육 과정에 심각한 문제가 생겼음을 충분히 알아차릴 수 있다. 하지만 동시에 알 의태라는 존재는 숙주가 예민한 시력으로 꼼꼼하게 알을 식별할 수 있음을 시사한다. 어떻게 이런 역설을 설명할까(Zahavi, 1979)?"

수수께끼를 푸는 데 도움이 될 한 가지 사실은 새끼 단계의 뻐꾸기보다 알 단계의 뻐꾸기를 식별하도록 작용하는 선택압이 틀림없이 더 강하다는 점이다. 단순히 알 단계가 더 이르다는 이유로 말이다. 뻐꾸기 알을 탐지하면 앞으로 있을 번식 주기를 온전하게 수행 가능하다는 이득이

◆ 기존에 특정 기능을 했던 형질이 이후 전혀 다른 기능을 하는 경우를 말한다. 예를 들어 곤충의 날개는 원래 체온 유지에 쓰였으나 이제는 비행하는 데 쓰인다.

생긴다. 성장이 거의 끝난 뻐꾸기를 탐지해 얻는 이득은 겨우 며칠 절약하는 것뿐이다. 어쨌든 다시 번식하기에는 너무 늦었다. 쿠쿨루스 카노루스종*Cuculus canorus*◆의 경우 또 하나 고려해야 할 상황(Lack, 1968)은 숙주 자신의 새끼는 뻐꾸기 새끼가 둥지 밖으로 내쫓아 보통 두 새끼를 동시에 비교하기가 어렵다는 점이다. 비교를 위한 본보기가 실제로 있을 때 식별이 더 쉽다는 사실은 당연하다.

여러 저자는 이런저런 형태로 '초정상 자극supernormal stimulus'이라는 개념을 도입했다. 랙(Lack, 1968, p. 88)은 다음과 같이 말한다. "어린 뻐꾸기가 입을 크게 벌리고 시끄럽게 재촉하며 울어 대는 모양은 분명 참새목에 속한 부모 새가 새끼에게 먹이를 주는 반응을 일으키는 자극이 과장된 형태로 진화한 결과다. 그래서 다양한 숙주 종이 양육하는, 날 수 있을 만큼 성장한 어린 쿠쿨루스 카노루스를 먹이는 참새목에 속한 부모 새를 기록한 자료가 그렇게나 많은 것이다. 이는 인간이 구애하려고 쓰는 립스틱처럼 '초자극'을 이용한 성공적인 착취를 보여 준다." 빅클러(Wickler, 1968)도 양부모가 마치 '중독된' 듯이 행동해 뻐꾸기 새끼를 '양부모를 타락시키는 악'이라고 묘사한 하인로트Heinroth를 인용하며 비슷한 주장을 한다. 현재로서는 여러 비판자들이 이런 종류의 제안에 수긍하지 않을 것이다. 이는 즉시 대답만큼이나 큰 질문을 촉발하기 때문이다. 왜 선택은 숙주 종에서 '초정상 자극'에 중독되는 '경향'을 제거하지 않는 걸까?

물론 여기서도 다시 군비 경쟁이라는 개념이 들어온다. 인간이 명백히 자기 자신을 파괴하는 행동을 할 때, 예를 들어 지속적으로 독극물을 섭취할 때, 이런 행동을 적어도 두 가지 방식으로 설명할 수 있다. 먼저 그는 자기가 먹는 물질이 진짜 영양제와 꼭 닮아서 독극물인지 모를 수 있다. 이는 숙주 새가 뻐꾸기가 만든 알 의태에 속는 경우와 같다. 아니면

◆ 우리가 쉽게 볼 수 있는 일반적인 뻐꾸기종의 학명

그는 신경계에 직접 미치는 독극물의 어떤 파괴적 영향 때문에 스스로 제어가 안 되는 상태일 수 있다. 이는 약이 자신을 망치는 걸 알면서도 신경계를 지배당해 절제가 안 되는 헤로인 중독의 경우와 같다. 앞에서 뻐꾸기 새끼의 립스틱 같은 입 벌리기는 초정상 자극이며, 양부모는 겉보기에 초정상 자극에 '중독된' 듯하다고 말했다. 숙주가 뻐꾸기 새끼가 획책하는 초정상 조종력에 저항하지 못하는 일은 아무리 저항하는 행동이 이익이 된다 해도, 주사 한 대를 억제하지 못하는 마약중독자, 감금자의 명령을 어기지 못하는 세뇌된 죄수와 같지 않을까? 아마 뻐꾸기는 알 단계에서는 모방적 속임수에, 새끼 단계 말에는 숙주 신경계를 실질적으로 조종하는 일에 적응적 중점을 둘 것이다.

어떤 신경계라도 제대로 다루기만 하면 전복 가능하다. 숙주 신경계에서 뻐꾸기 새끼가 시도하는 조종에 저항하는 진화적 적응이 일어나면 곧 뻐꾸기는 대항 적응을 만든다. 뻐꾸기에게 작용하는 선택은 숙주가 새로이 진화한 심리적 갑옷으로 무장했더라도 어딘가에 틈이 있다면 뭐든지 찾아낸다. 숙주 새는 심리적 조종에 능란하게 저항할지도 모르나 뻐꾸기는 그보다 훨씬 더 조종을 잘하게 될 것이다. 우리가 가정해야 할 사실은, 목숨/저녁밥 원리나 희소 경쟁자 효과에서 제시된 것처럼 어떤 이유로 뻐꾸기가 군비 경쟁에서 승리한다는 점이다. 뻐꾸기는 둥지에서 숙주를 성공적으로 조종**해야 하고**, 못하면 죽을 게 확실하다. 개개의 양부모는 조종에 저항하면 얼마간 이익을 얻겠지만 특정 뻐꾸기를 저지하는 데 실패했어도 여전히 다음 해 번식에 성공할 기회가 남아 있다. 게다가 뻐꾸기는 충분히 희소해 양부모 역할을 하는 종 중에서 어느 개체가 기생당할 위험은 낮을 것이다. 반대로 개개의 뻐꾸기가 기생하는 데 따르는 '위험'은 군비 경쟁하는 어느 쪽이 흔하든 드물든 상관없이 100퍼센트다. 뻐꾸기는 단 한 마리도 빠짐없이 성공적으로 숙주를 속여 온 조상 계통의 후손이다. 숙주는 많은 수가 아마 일생에서 뻐꾸기를 만나 본 적도 없거나, 뻐꾸기에게 기생당해도 성공적으로 번식했던 조상 계통의 후손이다.

군비 경쟁 개념은 숙주가 보이는 부적응적 행동을, 신경계가 내포한 한계로 불명확하게 넘기지 않고 기능적으로 해명해 고전적인 초정상 자극 설명을 완전하게 만든다.

어떤 면에서는 조종자로서 뻐꾸기를 다루는 논의가 불만족스러울 수도 있다. 결국 뻐꾸기는 숙주의 정상 양육 행동을 다른 방향으로 돌리는 데 지나지 않는다. 뻐꾸기가 숙주의 행동 목록 중에서 어떤 형태로든 이전에 존재하지 않았던, 전혀 새로운 행동 유형을 구축하는 일에 성공한 것은 아니다. 어떤 사람은 더 극단적인 종류의 조종을 보여 주는 사례가 있다면 마약, 최면, 뇌 전기 자극을 사용한 유비가 한층 설득력을 발휘한다고 생각할 수도 있다. 가능한 사례는 또 다른 탁란 새인 갈색머리찌르레기Molothrus ater에서 나타나는 '깃털 고르기 유인preening invitation' 행동이다(Rothstein, 1980). 한 개체가 다른 개체의 깃털을 골라 주는 상호 깃털 고르기allopreening는 다양한 종의 새에서 흔히 보이는 행동이다. 따라서 찌르레기가 다른 몇몇 종의 새에게 자기 깃털을 다듬게 한다고 해서 그리 놀랄 일은 아니다. 다시금, 이는 찌르레기가 상호 깃털 고르기를 유발하는 정상 자극을 초정상적으로 과장해 단순히 종 내에서 행해지는 상호 깃털 고르기를 전환한 결과로 볼 수 있다. 상당히 놀라운 **사실은** 찌르레기가 종 내에서 일어나는 상호 깃털 고르기에 참여해 본 적이 없는 종에게 깃털을 다듬게 한다는 점이다.

마약 유비는 화학적 수단을 사용해 강제로 숙주 포괄 적합도에 심각한 손상을 입히는 곤충판 '뻐꾸기'에게 특히 잘 맞는다. 일부 개미 종은 일개미를 낳지 않는다. 여왕개미는 다른 종 둥지에 침입해 숙주 여왕개미를 제거하고, 숙주 일개미를 자기가 낳은 번식 개체를 돌보게 부린다. 숙주 여왕개미를 제거하는 방법은 다양하다. 이름에서 그 방법이 암시되는 보트리오미르멕스 레기키두스*Bothriomyrmex regicidus*◆와 보트리오

◆ 라틴어로 국왕 살해를 의미한다.

미르멕스 데카피탄스*Bothriomyrmex decapitans*◆ 같은 종에서 기생자 여왕개미는 숙주 여왕개미 등에 올라탄 다음, 윌슨(Wilson, 1971, p. 363)의 즐거움에 찬 묘사에 따르면, "여왕개미는 특출 나게 전문화한 단 하나의 행동을 시작한다. 즉, 희생자의 목을 천천히 잘라 버린다".

모노모리움 산트스키이*Monomorium santschii*는 좀 더 교묘한 방법으로 동일한 결과를 얻는다. 이 개미 종이 기생하는 숙주 일개미는 강력한 근육으로 휘두르는 무기와 신경이 부착된 근육을 보유한다. 기생자 여왕개미가 수많은 숙주 일개미의 턱을 통제하는 신경계를 지배할 수 있다면 왜 자신의 턱을 사용하겠는가? 기생자 여왕개미가 어떻게 이를 달성하는지는 잘 모르나 여왕개미는 숙주 일개미를 통제한다. 숙주 일개미는 자기 어머니를 살해하고 강도를 맞아들인다. 기생자 여왕개미가 분비하는 화학 물질이 바로 그 무기인 듯하며, 이 경우 해당 물질을 페로몬이라고 분류할 수 있겠지만 어마어마하게 강력한 마약으로 생각하는 방식이 더 이해하기 쉬울 것이다. 이런 해석에 따라 윌슨(Wilson, 1971, p. 413)은 다음과 같이 유사 공생물질symphylic substance이라는 요소를 언급한다. "유사 공생물질은 기본적인 영양 물질을 넘어서거나 숙주가 본래 분비하는 페로몬과 유사하다. 여러 연구자는 유사 공생물질이 마취 효과를 낸다고 주장했다." 윌슨 역시 '마취'라는 단어를 사용하면서 일개미가 그런 물질에 취해 잠깐 동안 방향감각을 잃고 발 내딛기를 주저한 사례를 인용한다.

세뇌나 마약중독을 겪어 보지 않은 사람은 이런 강박에 끌려다니는 사람을 이해하기 어렵다. 이와 똑같이 순진해 빠진 방식으로 우리는 터무니없이 큰 뻐꾸기에게 먹이를 바치는 숙주 새나, 유전적 성공을 위해 세상에서 유일한 존재를 살해하는 분별력 없는 일개미를 이해하지 못한다. 그러나 이런 주관적 감상은, 인간이 성취한 상대적으로 조잡한 약리적 지

◆ **라틴어로 참수를 의미한다.**

식이 관련된 경우라고 해도 오해이기 쉽다. 이 문제에 작용하는 자연 선택을 보며, 누가 주제넘게 정신을 지배하는 데서 자연 선택이 해내지 못할 방법이 있다고 생각하는가? 동물이 언제나 자신의 포괄 적합도를 최대화하려 행동한다고 여겨서는 안 된다. 군비 경쟁의 패배자는 정말 이상한 방식으로 행동할 수도 있다. 패배자가 방향을 잃고 발 딛기를 주저한다면 이는 단지 시작에 불과하다.

모노모리움 산트스키이 여왕개미가 정신을 지배하는 데 성공하는 솜씨를 다시 한 번 강조해 보자. 불임인 일개미에게 어미는 일종의 유전적 금광이다. 그래서 일개미가 어미를 살해하는 일은 유전적 광기를 표출하는 행동이다. 일개미는 왜 이런 짓을 할까? 미안하지만 또다시 막연히 군비 경쟁을 이야기하는 것 말고는 다른 도리가 없다. 명민한 약리학자는 어떤 신경계라도 조종할 수 있다. 모노모리움 산트스키이에게 작용하는 자연 선택이 숙주 일개미 신경계가 품은 약점을 찾아내 그 자물쇠에 약리적 열쇠를 끼워 돌린다는 점은 예상하기 어렵지 않다. 숙주 종에서 일어나는 선택이 곧 해당 약점을 틀어막으면, 그 결과 기생자에 작용하는 선택은 약을 개선하고 그렇게 군비 경쟁은 진행된다. 모노모리움 산트스키이가 충분히 희소하다면, 일개미가 굴복한 각 숙주 군집에서 여왕 살해를 조종하는 게 파멸을 부르는 행동이더라도 군비 경쟁에서 '승리'한다는 점은 쉽게 알 수 있다. 모노모리움 산트스키이가 침입할 때 드는 한계 비용이 파멸을 부를 정도로 높아도, 모노모리움 산트스키이가 기생하는 데 생기는 전반적 위험은 매우 낮을 것이다. 각각의 모노모리움 산트스키이 개체는 숙주 일개미가 여왕개미를 살해하도록 성공적으로 조종해 왔던 조상 계통의 후손이다. 각각의 숙주 일개미는 자신의 군집이 모노모리움 산트스키이 여왕개미로부터 16킬로미터 이내에 있는 일이 거의 없었던 조상 계통의 후손이다. 모노모리움 산트스키이 여왕개미의 조종은 어쩌다 일어났고, 이에 저항하는 장치를 갖추는 '수고'에 드는 비용은 이익보다 더 클 것이다. 이런 성찰이 이르는 결론은 숙주가 군비 경쟁에서 패배하는 것은 당연하다는 사실이다.

독특한 지배 체제를 사용하는 또 다른 기생자 개미 종도 있다. 여왕개미가 숙주 둥지에 가서 알을 낳고 숙주의 노동력을 사용하지 않는 대신, 자기 둥지에 숙주의 노동력을 데려오는 것이다. 이런 종이 이른바 노예 기르는 개미다. 노예를 기르는 개미 종에도 일개미가 있으나, 일개미는 자신이 가진 에너지 일부, 때로는 전부를 노예 잡는 원정에 바친다. 일개미들은 다른 종의 둥지를 습격해서 애벌레와 번데기를 훔쳐 온다. 그 뒤 애벌레와 번데기는 노예주의 둥지에서 자라, 먹이를 구하고 알을 관리하는 등 정상적으로 일하며, 자기가 실은 노예임을 '깨닫지' 못한다. 노예를 기르는 생활 방식은 애벌레 단계에 들어가는 많은 노동력을 절약한다는 이점이 있을 것이다. 비용은 노예가 되는 번데기를 도난당한 숙주 군집에서 부담한다.

노예를 기르는 습성은 현재 관점에서 보면 흥미롭다. 이는 흔치 않은 군비 경쟁의 불균형을 드러내기 때문이다. 노예를 기르는 종과 노예가 되는 종 사이에는 군비 경쟁이 벌어질 것이다. 노예제에 대항하는 적응, 예를 들어 노예사냥의 희생양이 되는 종은 약탈자를 쫓아내려 병정개미의 턱을 비대하게 만들 수 있다. 그러나 분명 노예가 취할 수 있는 더 확실한 대책은 노예주 둥지에서 일하기를 거부하거나, 노예주의 알을 돌보지 않고 죽이는 방법 아니겠는가? 이는 확실한 대책으로 **보이지만**, 정말로 진화하는 데는 거대한 장애물이 있다. '파업하는', 노예주 둥지에서 일하기를 거부하는 적응을 생각해 보자. 노예일개미는 당연히 자신이 낯선 둥지에서 깨어났다는 사실을 인지하는 몇 가지 수단을 개발해야 하는데, 원리상 그리 어렵지는 않다. 문제는 그런 적응이 세부적으로 어떻게 전달되는지 생각할 때 발생한다.

일개미는 번식하지 못하므로, 모든 일개미가 보유한 적응은 어느 사회성 곤충 종에서나 일개미와 번식적으로 혈연인 개체가 전달해야만 한다. 이는 보통 해결 불가능한 문제는 아닌데, 일개미는 자신의 번식적 혈연을 직접 돕기 때문에 유전자는 번식 개체에 있는 자기 유전자 사본에 직접 도움을 주는 일개미 적응을 만든다. 그런데 노예일개미를 파업하게 하는 돌연변이 유전자를 생각해 보자. 노예일개미는 아주 효과적으로 노예주 둥지를 파괴해 둥지 전체를 말끔히 청소해 버릴 것이다. 그러면 무슨 일이 생길까? 그 지역은 이제 노예 기르는 개미 둥지가 하나 더 줄어 파업한 노예가 살던 둥지만이 아니라, 파업하는 유전자가 없는 둥지를 포함해 잠재적으로 희생될 가능성이 있는 **모든** 둥지가 이득을 얻을 것이다. 이와 똑같은 종류의 문제가 '심술궂은' 행동이 퍼지는 일반적 사례에서도 발생한다(Hamilton, 1970; Knowlton & Parker, 1979).

파업을 위한 유전자를 우선적으로 전달하는 유일하고도 쉬운 방법은 파업 개미가 살던 둥지, 자신들이 떠나고 번식적 혈연들이 양육되는 그 둥지만 파업으로 이득을 얻는 것이다. 노예 기르는 개미가 계속해서 으레 똑같은 둥지에 침입하면 이런 일이 생길 수 있지만, 그렇지 않으면 노예제에 저항하는 적응은 분명 노예가 되는 번데기가 자기 둥지에서 끌려가기 **전** 기간으로 한정된다. 일단 노예가 노예주개미 둥지에 도착하면 노예는 자기 번식적 혈연의 성공에 어떤 영향력도 미치지 못해 군비 경쟁에서 사실상 탈락하고 만다. 노예주개미에서는 물리적이든 화학적이든, 페로몬이든 강력한 마약이든, 얼마든지 조종을 위한 적응이 정교하게 발생할 수 있으나 노예개미에서는 그에 맞선 대응책이 진화하기 어렵다.

실제로는 노예개미에게서 대응책이 진화하기 어렵다는 바로 그 사실이 노예주개미에게서 진화한 조종 기술이 아주 정교할 가능성을 낮추는 경향이 있다. 노예개미가 진화적 의미에서 보복하지 않는다는 사실은, 노예주개미가 조종 적응을 치밀하고 섬세하게 만드는 데 값비싼 자원을 낭비할 필요가 없음을 뜻한다. 단순하고 값싼 기술도 조종을 잘해낼 것이다. 개미에서 나타나는 노예제 사례는 꽤나 특별한 경우지만, 군비 경쟁을 하는 한쪽이 완전히 패배한다고 말할 수 있다는 점에서 특히나 흥미롭다.

이와 유사한 경우를 잡종hybrid 개구리, 라나 에스쿨렌타종*Rana esculenta*을 통해 살펴보자(White, 1978). 유럽에서 흔하고, 프랑스 식당에서는 식용으로도 쓰는 이 개구리는 통상 말하는 의미의 종은 아니다. 이 '종'의 개체는 사실 다른 두 종, 라나 리디분다*Rana ridibunda*와 라나 레소나이*Rana lessonae* 사이에서 태어난 다양한 종류의 잡종이다. 라나 에스쿨렌타에는 서로 다른 두 개의 이배체diploid형과, 서로 다른 두 개의 삼배체triploid형이 있다. 편의상 이배체형 하나만 다룰 것이나, 논의는 모든 변종에 들어맞는다. 이배체형 개구리는 라나 레소나이와 공존한다. 이배체형의 핵형karyotype은 레소나이 염색체 한 벌과 리디분다 염색체 한 벌로 구성된다. 감수분열 시 이배체형은 레소나이 염색체를 버리고 순수한 리디분다 배우자gametes를 만든다. 이배체형은 레소나이 개체와 짝짓기해 다음 세대에서는 잡종 유전자형으로 복귀한다. 따라서 라나 에스쿨렌타 몸에서 벌어지는 경쟁에서 리디분다 유전자는 생식 계열 복제자germ-line replicator이고, 레소나이 유전자는 막다른 복제자dead-end replicator다. 막다른 복제자도 표현형 효과를 발휘할 수 있고, 심지어 그런 효과는 자연 선택될 수도 있다. 하지만 해당 자연 선택이 내놓는 결과는 진화와 무관하다(5장 참조). 다음 문단을 읽기 쉽게 라나 에스쿨렌타를 H로(잡종), 라나 리디분다를 G로(생식 계열), 라나 레소나이를 D로(막다른, 그러나 'D' 유전자는 H 개구리에 있을 때만 막다른 복제자다. D 유전자가 'D' 개구리에 있을 때는 정상 생식 계열 복제자다) 부르겠다.

자, D 유전자 풀에서 H와 짝짓기를 거부하도록 D 몸에 효과를 가하는 한 유전자를 생각해 보자. 선택은 이러한 유전자를 H를 용인하는 대립유전자에 비해 선호할 것이다. 후자는 다음 세대의 H 몸에서 역할이 다하고 감수분열 시 버려지기 때문이다. G 유전자는 감수분열 시 보존되므로 D 개체가 H 개체와 짝짓기를 꺼려하는 행동을 못하게 H 몸에 영향을 준다면 선택되는 경향이 있을 것이다. 따라서 H 몸에 작용하는 G 유전자와

D 몸에 작용하는 D 유전자 사이에서 군비 경쟁이 벌어진다. 각각의 몸에서 양 유전자는 모두 생식 계열 복제자다. 그런데 H 몸에 작용하는 D 유전자는 어떠한가? D 유전자는 H 몸 유전체의 정확히 절반을 구성하기 때문에, G 유전자만큼이나 H 몸 표현형에 강력한 영향을 준다. 단순하게 보아, 우리는 D 유전자가 G 유전자에 맞서 벌이는 군비 경쟁이 양편이 서로 공유하는 H 몸에까지 그 영향을 준다고 예상할 수 있다. 그러나 H 몸에서 D 유전자는 노예로 끌려온 개미와 같은 입장에 처한다. D 유전자가 H 몸에 달성하는 어떤 적응도 다음 세대로 전달되지 못하며, D 유전자가 H 개체의 발생하는 표현형이나 생존에 얼마나 영향을 주느냐와 상관없이, H 개체가 생산하는 배우자는 엄밀히 말해 G 배우자다. 노예가 될 개미가 자기 둥지에 있는 동안에는 포로 신세에 저항하게 선택될 수 있지만 일단 노예를 기르는 개미 둥지에 끌려가면 저항하게 선택될 수 없는 것처럼, 처음에 D 유전자는 D 몸에 영향을 주어 H 유전체에 통합되는 일에 저항하게 선택될 수 있으나 일단 통합되면 여전히 표현형 효과를 내더라도 더 이상 선택될 수 없다. D 유전자는 막다른 길에 섰기 때문에 군비 경쟁에서 패배한다. 동일한 논증이 잡'종' 물고기 포이킬리옵시스 모나카-오키덴탈리스*Poeciliopsis monacha-occidentalis*에도 적용된다(Maynard Smith, 1978a).

대항 적응이 진화하지 못하는 노예개미의 무능력은 트리버스와 헤어(Trivers & Hare, 1976)가 사회성 벌목에서 나타나는 성비 군비 경쟁 이론에서 처음으로 제기했다. 이는 오늘날 특정 군비 경쟁을 다루는 논의 중 가장 많이 알려진 사례로서 더 고찰해 볼 가치가 있다. 트리버스와 헤어는 피셔(Fisher, 1930a), 해밀턴(Hamilton, 1972)이 논의한 개념을 정교화하여 개미 종에서 둥지당 여왕개미 한 마리가 짝짓기하는 진화적으로 안정된 성비를 간단히 예측할 수 없는 이유를 추론했다. 여왕개미가 번식 가능한 자식(어린 여왕과 수컷)의 성을 결정하는 전권을 가진다면, 암수 번식 개체에서 경제적으로 투자가 이루어지는 안정된 성비는 1:1이다. 반대로, 번식하지 못하는 일개미가 어린 번식 개체에게 투자하는 전권을 쥔다면, 궁극적으로는 반수이배체haplodiploid라는 유전 체계 때문에 안정된 성비는 암컷에게 유리한 3:1이다.◆ 따라서 여왕개미와 일개미 사이에는 잠재적인 갈등이 도사린다. 트리버스와 헤어는 불완전하기는 하지만, 이용 가능한 자료를 검토해 3:1이라는 예측치에 잘 부합하는 평균값을 얻었다. 그리하여 트리버스와 헤어는 일개미 권력이 여왕개미 권력에 맞서 승리한다는 증거를 발견했다고 결론 내렸다. 트리버스와 헤어의 작업은 흔히 검증 불가능하다고 비판받는 종류의 가설을 실제 자료를 사용해 시험한 영민한 시도이나, 혁신적인 최초가 늘 그렇듯 결함을 발견하기도 쉽다. 알렉산더와 셔먼(Alexander & Sherman, 1977)은 트리버스와 헤어가 자료를 다룬 방식을 비판하면서 개미에게 흔히 나타나는 암컷에 편향된 성비를 설명하는 대안을 제시했다. 알렉산더와 셔먼이 한 설명('국지적 짝 경쟁')은 트리버스와 헤어의 설명과 마찬가지로 원래는 해밀

◆ 벌이나 개미 같은 벌목의 유전 체계는 매우 독특해서 암컷(여왕, 일꾼)은 염색체 두 벌을 가진 이배체이나 수컷은 한 벌을 가진 반수체다. 이를 반수이배체라고 한다. 예를 들어 보자. 여왕개미는 단 한 번의 교미 비행으로 평생 쓸 정자를 모아 둔다. 그 후 자기가 낳은 알에 정자를 주어 수정시키는데, 이때 수정한 알은 암컷이, 수정을 하지 않은 알은 수컷이 된다(벌도 마찬가지이다). 따라서 암수 각각 이배체인 인간 같은 동물에서는 자식이 부모의 유전자를 각각 50퍼센트 물려받는 반면에, 암컷인 일개미는 수컷의 유전자 100퍼센트와 여왕개미의 유전자 50퍼센트를 물려받아 여왕의 유전자와 절반씩만 다르나, 수컷은 여왕개미의 유전자 50퍼센트만 물려받는다. 이런 사실은 개미 사회의 근연도(relatedness, *r*값), 즉 각 개체가 유전자를 공유하는 비율에 흥미로운 변화를 일으킨다. 여왕개미 입장에서 암컷과 수컷 자식이 자기와 유전자를 공유하는 비율은 1/2, 즉 0.5이지만 자매 암컷끼리는 3/4, 즉 0.75이며 남매인 암컷과 수컷은 1/4, 즉 0.25이다. 결과적으로 부모와 자식, 자식 간의 근연도가 1/2, 즉 0.5인 인간과 달리 암컷 일개미는 스스로 자식을 낳아도 자기 자매와 유전적으로 더 가깝다. 그러므로 일개미의 유전자는 번식을 포기하고 여왕개미를 도와 일개미나 차세대 여왕개미를 낳게 하면 자기 유전자의 0.75를 보장하는 이득을 얻는다. 이것이 혈연 선택(kin selection)과 불임 계급이 존재하는 진사회성(eusociality)을 설명하는 기초다. 이제 트리버스와 헤어의 성비 예측을 보자. 여왕개미가 전권을 쥐고 있을 경우, 여왕개미는 두 성의 자식과 동등하게 0.5씩 관련되므로 1:1 성비가 유리하다. 그러나 일개미가 전권을 쥐고 있을 경우, 암컷과 0.75, 수컷과 0.25씩 관련되므로 암컷 성비가 0.75만큼 편향된 3:1 성비가 유리하다.

턴이 쓴 이상 성비 논문(Hamilton, 1967)에서 유래한 것이다.

이런 논쟁은 연구를 한층 더 자극하는 좋은 효과를 냈다. 특히 군비 경쟁과 조종이 일어나는 맥락을 조명하는 샤노브(Charnov, 1978)의 논문이 그렇다. 이는 진사회성eusociality의 기원과 관련 있으며 목숨/저녁밥 원리에서 가능한 한 가지 중요한 판본을 제시한다. 샤노브의 논증은 반수 이배체 유기체만이 아니라 이배체에게도 적용되므로 이배체 경우를 먼저 보자. 손아래 새끼가 부화했는데도 둥지를 떠나지 않는 손위 새끼를 키우는 어미를 생각해 보자. 손위 새끼가 둥지를 떠나 번식해야 할 시기가 다가오면, 새끼는 둥지에 남아 자기 아래 형제자매를 돌보는 선택을 할 수 있다. 이제는 잘 알듯이, 다른 모든 조건이 동등하다면 이러한 어린 새는 자기 자녀를 기르는 일과 동일한 부모에서 자란 형제자매를 기르는 일 사이에 유전적으로 무관심하다(Hamilton, 1964a, b). 그러나 어미가 손위 새끼가 내리는 결정에 어떠한 조종 능력을 행사한다고 하자. 그러면 어미는 손위 새끼가 둥지를 떠나 자기 가정을 꾸리는 방식을 '선호'하겠는가, 아니면 어미의 다음 새끼를 기르게 머무르는 방식을 '선호'하겠는가? 손위 새끼가 둥지에 머물러 어미의 다음 새끼를 기를 것이 확실하다. 어미에게 손주가 지닌 가치는 자기 자식이 지닌 가치의 절반에 불과하기 때문이다(이 논증은 이대로는 불완전하다. 어미가 자신이 낳은 **모든** 새끼를 자기 생애 전체에 걸쳐 아직은 더 비생산적인 새끼 일꾼들을 기르도록 조종한다면, 어미의 생식 계열은 쇠락하고 말 것이다. 우리는 어미가 같은 유전자형을 지닌 새끼 일부는 번식 개체로 키우고, 다른 일부는 일꾼으로 키우도록 조종한다고 가정해야 한다).

대개 조종을 선호하는 선택을 가정할 때 희생자에게는 조종에 저항하는 대항 선택이 일어난다고 의무적으로 입에 발린 소리를 한다. 샤노브의 논의가 발하는 아름다움은 어떤 대항 선택도 없다는 점이다. 이 '군비 경쟁'은 말하자면, 한쪽이 아예 시도조차 않기에 일방적 승리다. 이미 말했듯이 조종당하는 자식은 손아래 형제자매를 기르느냐, 자기 자식을 기르느냐에 무관심하다(다시금 다른 모든 조건이 동등하다고 가정한다). 따라서 자식이 부모를 역으로 조종하는 일도 **가정**할 수 있지만, 적어도 샤노브가 보여 준 간단한 예에 따르면 부모가 자식을 조종하는 일이 더 많다. 이는 알렉산더(Alexander, 1974)가 제시한 부모의 이점 목록에 추가해야 할 불균형이지만 목록에 있는 다른 어떤 이점보다 더 보편적인 설득력이 있다고 생각한다.

언뜻 보기에 샤노브의 논증은 반수이배체 동물에게는 적용되지 않는 것 같고, 그렇다면 사회성 곤충 대부분이 반수이배체이므로 안타깝다고 생각할 수 있다. 그러나 이는 오해다. 샤노브 스스로가 개체군 성비에 편향이 없다는 특별한 가정에 입각해 오해를 보여 준다. 이 경우 반수이배체 종이라도 암컷은 형제자매($r = 3/4$과 $1/4$의 평균)를 기르는 일과 자식($r = 1/2$)을 기르는 일 사이에 무관심하다. 그러나 크레이그(Craig, 1980)와 그라펜(Grafen, 근간)은 샤노브가 성비에 편향이 없다는 가정을 할 필요가 없었다는 사실을 독자적으로 보여 준다. 개체군 성비가 어떠하든, 일개미가 될 개체는 형제자매를 기르는 일과 자식을 기르는 일 사이에 **여전히** 무관심하다. 그러므로 성비가 암컷 편향적이라 가정해 보자. 또한 심지어 성비가 트리버스와 헤어가 예측한 3:1이라고 가정해 보자. 일개미는 자기 형제나 자기 자식의 두 성보다 자기 자매와 더 가깝기에, 암컷 편향적 성비라는 조건에서 자기 자식보다 자매 기르기를 더 '선호'하는 듯 보일 것이다. 따라서 일개미가 자매를 택하면 대개 가치가 큰 자매(더불어 상대적으로 가치 없는 몇 안 되는 형제)를 얻는 게 아닌가? 그러나 이런 추론은 그런 개체군에서는 수컷이 희소하기 때문에 수컷이 비교적 큰 번식 가치를 지닌다는 사실을 무시한다. 일개미는 자신과 형제인 각 개체와 그렇게 가깝지 않겠지만, 개체군 전체에 수컷이 드물다면 그러한 형제들 각각은 이에 부응해 다음 세대의 조상이 될 가능성이 높다.

수학적 계산은 샤노브가 내린 결론을 그가 생각한 것 이상으로 입증한다. 이배체와 반수이배체 종에서 개체군 성비가 어떻든 간에, 각각의 암컷이 자기 자식을 기르든, 어린 형제자매를 기르든 이론상 무관심하다. 하지만 암컷은 자기 자식이 후대에 낳은 자기 새끼를 기르느냐, 형제자매를 기르느냐에는 관심을 둔다. 암컷은 자식이 자기 새끼(암컷의 손주)에 비해 형제자매(암컷의 자식)를 기르는 일을 선호한다. 따라서 이런 상황에 조종이라는 문제가 있다면, 부모가 자식을 조종하는 일이 자식이 부모를 조종하는 일보다 더 발생하기 쉽다.

샤노브, 크레이그, 그라펜이 내린 결론은 사회성 벌목에 나타나는 성비를 연구한 트리버스와 헤어의 결론과 근본적으로 대립하는 것처럼 보인다. 성비가 어떻든 간에, 벌목 암컷이 형제자매를 기르는 일과 자식을 기르는 일 사이에 무관심하다는 진술은, 또한 암컷이 자기 둥지의 성비가 어떻든 무관심하다는 말과 동어반복으로 들린다. 그러나 그렇지 않다. 일개미가 암수 번식 개체를 정하는 투자를 통제한다는 가정에서는, 그 결과 나타나는 진화적으로 안정된 성비가 여왕개미가 통제한다는 가정에서 나타나는 진화적으로 안정된 성비와 필시 다르리라는 점은 여전히 사실이다. 이런 의미에서 일개미는 성비에 무관심하지 않다. 일개미는 여왕개미가 획책하려 '시도하는' 성비를 변경하려고 움직일 것이다.

성비를 두고 여왕개미와 일개미 사이에 벌어지는 갈등의 본성을 정밀하게 분석한 트리버스와 헤어의 작업은 조종 개념에 빛을 비춰 주는 방법으로 확장할 수 있다(예를 들어 Oster & Wilson, 1978). 다음의 설명은 그라펜(Grafen, 근간)에서 이끌어 낸 것이다. 나는 그라펜이 내린 결론을 소상하게 미리 써먹지는 못하나, 트리버스와 헤어의 분석에서는 암시적이면서 그라펜에서는 명시적으로 나타나는 하나의 원리를 강조하고 싶다. 이는 "'최선'의 성비가 성공적으로 달성되었는가?"라는 질문이 아니다. 반대로, 자연 선택이 어떤 제한 조건에서 어떤 결과를 산출했고, 그 제한 조건이 무엇인지 묻는 작업가설을 만드는 것이다(3장 참조). 현재 사례에서 우리는 진화적으로 안정된 성비는 군비 경쟁에서 실질적 권력을 가진 자에 결정적으로 의존한다는 점에서 트리버스와 헤어를 따랐지만, 권력을 배치하는 데는 그들이 본 것보다 더 광범한 가능성이 있음도 인식한다. 실상 트리버스와 헤어는 실질적 권력에 관한 두 가지 대안 가정이 내놓는 결과를 연역했다. 첫째는 여왕개미가 전권을 행사하는 가정이고, 둘째는 일개미가 전권을 행사하는 가정이다. 그러나 그 밖의 가능한 가정이 수없이 많고, 각각은 진화적으로 안정된 성비를 서로 다르게 예측한다. 실제로 트리버스와 헤어는 논문의 다른 부분에서 이런 가능성 일부, 예를 들어 일개미가 스스로 수컷인 알을 낳을 수 있다는 가정을 고찰한다.

그라펜은 벌머와 테일러(Bulmer & Taylor, 근간)처럼, 권력이 다음과 같이 **나누어졌다고** 가정할 때 생기는 결과를 탐구했다. 여왕개미는 자신이 낳은 알의 성을 결정하는 절대 권력을 가진다. 일개미는 애벌레를 기르는 절대 권력을 가진다. 따라서 일개미는 수중에 암컷인 알을 얼마나 여왕개미로 만들고, 얼마나 일개미로 만들지 결정할 수 있다. 일개미는 어느 쪽 성의 새끼라도 굶주리게 할 권력을 갖지만, 여왕개미가 낳은 알이라는 제한 조건에서 일한다. 여왕개미는 자신이 선택한 어떤 성비로든 알을 낳는, 한쪽 성의 알을 완전히 억제할 수도 있는 권력을 가진다. 그러나 일단 알을 낳으면 알은 일개미가 내리는 처분에 맡겨진다. 예를 들어 여왕개미는 어느 해에 오로지 수컷인 알만 낳는 전략(게임 이론game theory의 의미로)의 수를 낼 수 있다. 그럼 우리가 예상하는 바와 같이 일개미는 내키지 않아도 자신의 형제를 기르는 도리밖에 없다. 이 경우, 여왕개미는 '우선적으로 자매를 먹여라'와 같은 특정한 일개미 전략에 선수를 치는 것이다. 단지 여왕개미가 먼저 '수를 냈다'라는 이유로 말이다. 그러나 일개미에게는 다른 방도가 있다.

게임 이론을 사용해 그라펜은 여왕개미의 특정 전략은 다만 일개미의 특정 전략에 맞선 진화적으로 안정된 대응이며, 일개미의 특정 전략은 다만 여왕개미의 특정 전략에 맞선 진화적으로 안정된 대응임을 보여 준다. 흥미로운 질문은 이것이다. 일개미와 여왕개미의 전략에서 진화적으로 안정된 조합은 무엇인가? 이에는 하나 이상의 대답이 가능하며 주어진 일군의 매개변수에 따라 많게는 세 개나 되는 진화적으로 안정된 상태가 있다. 그라펜이 내린 독자적 결론은 내 관심 사항이 아니지만, 재밌게도 그 결론이 '반직관적'이라고 말해 두겠다. 내 관심사는 한 개체군 모형에서 진화적으로 안정된 상태는 우리가 권력에 어떤 가정을 하느냐에 좌우된다는 사실에 있다. 트리버스와 헤어는 두 가지 가능한 절대적 가정(절대적인 일개미 권력 대 절대적인 여왕개미 권력)을 대조했다. 그라펜은 한 가지 그럴듯한 권력의 **분할**(여왕은 알에, 일개미는 애벌레 양육에 권력을 쥐는 것)을 조사했다. 그러나 이미 언급했듯이, 권력을 두고 그 밖의 수많은 가정이 가능하다. 각각의 가정은 진화적으로 안정된 성비를 다르게 예측하며, 따라서 예측을 시험해 둥지 내에서 이루어지는 권력 배분에 관한 증거를 제공할 수 있다.

예를 들어 우리는 여왕개미가 알을 수정할지 말지 결정하는 바로 그 순간을 연구 초점으로 맞출 수 있다. 해당 사건은 여왕개미 몸에서 일어나기 때문에, 이런 특정 결정이 여왕개미 유전자에 이익이 되도록 선택되었다는 가정은 타당하다. 이는 타당하지만, 확장된 표현형이라는 교의가 이의를 제기하려는 종류의 가정이다. 현재로서는 그저 일개미가 자신의 유전적 이익을 위해 여왕개미의 행동을 뒤집으려고 페로몬이나 다른 수단으로 여왕개미 신경계를 조종할 가능성이 있다고 언급하겠다. 이와 유사하게, 애벌레를 키우는 데 직접 책임 있는 요인은 일개미 신경과 근육이지만, 그렇다고 해서 반드시 일개미 다리가 일개미 유전자의 이익을 위해서만 움직인다고 가정할 근거는 없다. 잘 알려져 있듯, 여왕개미에서 일개미로 엄청난 페로몬이 흘러 들어가며, 이에 여왕개미가 일개미의 행동을 강력하게 조종하리라고 상상하는 일은 쉽다. 중요한 점은 성비를 판단하는, 시험 가능한 예측을 낳는 권력에 관한 각각의 가정이며, 이것이 트리버스와 헤어에게 감사해야 할 통찰이다. 그들이 시험하고자 제시한 특정 모형은 그리 중요하지 않다.

일부 벌목에서는 수컷이 권력을 행사하는 일도 가능하다. 브록만(Brockmann, 1980)이 상세히 연구한 미장이벌*Trypoxylon politum*을 살펴보자. '단독 생활(사회적이라는 뜻과 정확히 반대되는)'하는 이 벌은 그러나 완전히 홀로 생활하지는 않는다. 다른 구멍벌과科와 마찬가지로 각각의 미장이벌 암컷은 자기 둥지를 만들고(미장이벌은 진흙으로 만든다), 둥지에 마비시킨 먹이(거미류)를 넣고, 먹이 위에 알을 낳고, 둥지를 봉쇄하고, 이런 순환을 다시 시작한다. 많은 벌목에서 암컷은 생애 초기에 일어나는 짧은 수정기 동안 평생 쓸 정자를 얻는다. 그러나 미장이벌 암컷은 성충기 내내 빈번하게 교미한다. 수컷은 암컷 둥지에 자주 붙어 있어 암컷이 둥지에 돌아올 때 교미할 기회를 놓치지 않는다. 수컷은 한 번에 몇 시간씩 둥지에 가만히 머무르다가, 둥지에 기생자가 침입하는 일도 막고, 다른 수컷이 들어오려고 하면 싸우기도 할 것이다. 벌목 수컷 대부분과 달리, 미장이벌 수컷은 현장에 있는 것이다. 따라서 잠재적으로 미장이벌 수컷은 일개미에서 가정한 방식과 동일하게, 성비에 영향을 주는 위치에 있는 것이 아닐까?

수컷이 권력을 행사한다면 어떤 결과가 생길까? 수컷은 딸에게는 자기 유전자 전부를 전달하고 자기 짝의 아들에게는 아무것도 전달하지 않기 때문에 수컷이 아들보다 딸을 선호하게 하는 유전자가 선택될 것이다. 수컷이 자기 짝의 자손이 가질 성비를 완전히 결정하는 전권을 행사한다면, 그 결과는 이상할 것이다. 수컷이 권력을 쥔 첫 세대에서는 어떤 수컷도 태어나지 않는다. 결과적으로, 다음 해에 낳은 알 전부는 수정되지 않고 수컷이 된다. 그리하여 개체군은 극심하게 진동하고 곧 멸종한다(Hamilton, 1967). 수컷이 제한된 수준으로 권력을 행사한다면 결과는 더 완만하게 뒤따를 것이고, 그 상황은 정상 이배체 유전 체계에서 '부등하는 X 염색체driving X chromosome'와 형식상 유사하다(8장 참조). 어느 경우든, 벌목 수컷은 자기가 짝이 낳는 자식의 성비에 영향을 주는 위치임을 알면 암컷이 태어나는 방향으로 힘쓸 것이다. 수컷은 짝이 수정낭에서 정자를 배출할지 말지 결정하는 데 영향을 주어 그렇게 하리라. 실제로 수컷이 어떻게 하는지는 분명하지 않지만, 꿀벌의 여왕은 수컷인 알을 낳을 때보다 암컷인 알을 낳을 때 시간이 더 걸린다고 알려져 있다. 아마 수정하는 데 추가로 시간을 사용하는 듯 보인다. 시간이 지연되면 암컷인 알을 낳을 기회가 증가하는지 알고자 알 낳는 중인 여왕벌을 방해하는 실험을 해 보면 흥미로울 것이다.

미장이벌 수컷은 우리가 조종이라고 생각할 수 있는 어떤 행동, 예를 들어 알 낳는 시간을 늘리려는 것 같은 행동을 보여 주는가? 브록만은 '감싸 안기'라는 특이한 행동 유형을 묘사한다. 이 행동은 암컷이 알을 낳기 전 마지막 몇 분 동안 교미와 번갈아 가며 나타난다. 미장이벌은 둥지에 먹이를 공급하는 단계 내내 벌이는 짧은 교미에 더해, 몇 분간 지속되는 길고 반복적인 교미를 한바탕 치른 후, 마지막으로 알을 낳고 둥지를 봉쇄한다. 암컷은 파이프오르간처럼 생긴 수직으로 된 진흙 둥지에 머리부터 들어가, 마비된 거미 무리가 박힌 둥지 천장으로 머리를 들이민다. 암컷의 복부는 둥지 밑바닥 입구를 향하고, 이 자세로 수컷은 암컷과 교미한다. 그런 다음 암컷은 머리가 둥지 밖을 향해 내려가도록 몸을 돌리고, 마치 알을 낳는 것처럼 복부에 달린 침으로 거미를 찌른다. 그동안 수컷은 약 30초간 앞다리로 암컷의 머리를 '감싸 안아', 더듬이를 붙잡고 거미에서 떨어지게 밑으로 잡아당긴다. 그러면 암컷은 몸을 돌리고 다시 교미를 시작한다. 또다시 암컷은 몸을 돌려 복부로 거미를 찌르고, 수컷도 다시 암컷의 머리를 감싸 밑으로 끌어 내린다. 이런 순환 전체를 보통 여섯 차례 반복한다. 마지막으로 특별히 긴 머리 잡기가 끝나면, 암컷은 알을 낳는다.

일단 알을 낳으면 성이 결정된다. 이미 우리는 일개미가 어미의 신경계를 조종해 자신의 유전적 이익에 맞게 수정 결정을 강제하는 가설적 가능성을 고려했다. 브록만은 미장이벌이 유사한 전복 행위를 시도하며 머리 감싸 안기와 끌어 내리는 행동은 조종 기술이 눈에 보이게 드러난 거라고 제안했다. 수컷이 더듬이를 잡고 복부로 거미를 찌르는 중인 암컷을 끌어 내리는 행동은, 난관에서 알이 수정될 기회를 증가시키려고 알 낳는 시간을 억지로 연장하는 것일까? 이런 제안이 지닌 그럴듯함은 감싸 안기를 하는 동안 알이 정확히 암컷의 몸 어디에 있느냐에 좌우된다. 아니면 W. D. 해밀턴 박사가 제안했듯이, 수컷은 다음번 교미 후까지 알 낳기를 연기하지 않으면 정말 머리를 잘라 버리겠다고 위협해 암컷에게 공갈치는 것일까? 수컷은 교미를 되풀이해 암컷의 몸속 통로를 정자로 가득 채워, 암컷이 계획적으로 수정낭에서 정자를 방출하지 않아도 알이 정자와 만날 기회를 높이는 것인지도 모른다. 이런 질문은 분명 앞으로의 연구를 위한 제안이며 브록만은 그라펜과 그 외 연구자들과 함께 후속 연구를 진행 중이다. 내가 이해하기로 예비 연구는 수컷이 실제로 성비에 힘을 행사한다는 가설을 지지하지 않는다.

이 장은 독자가 확신하는 이기적 유기체라는 중심 정리가 가진 기반을 약화시키는 과정으로 의도했다. 그 정리는 동물 개체가 자신의 포괄적합도, 자신의 유전자 사본의 이익을 추구하려 행동한다고 말한다. 이 장은 동물이 다른 개체의 유전자를 위해 자기 손해를 감수하고 열심히, 정력적으로 움직일 가능성이 높다는 사실을 보여 주었다. 조종을 통한 착취는 그저 중심 정리의 일시적 일탈, 균형을 바로잡으려 희생자 계통에 대항 선택이 작용하기 전 잠깐 생기는 막간이 아니다. 나는 목숨/저녁밥 원리와 희소 경쟁자 효과 같은 근본적 불균형을 제시했고, 이런 불균형에서 많은 군비 경쟁이 한쪽 동물이 다른 쪽 동물의 이익을 위해 영구히 일하는 안정 상태에 도달함을 본다. 동물은 손해를 보면서, 열심히, 왕성하게, 무자비하게 자기 유전적 이익에 반하는 행동을 한다. 새가 하는 '개미질'이나 혹은 다른 무엇이든, 특정 방식으로 일관되게 행동하는 어떤 종의 구성원을 보면 우리는 머리를 긁으며 그런 행동이 어떻게 해당 동물의 포괄 적합도를 증진하는지 궁금해하곤 한다. 새가 개미더러 자기 깃털 구석구석을 돌아다니게 하는 일에 어떤 이득이 있을까? 개미를 이용해 기생충을 청소하는 것일까? 아니면 도대체 무엇일까? 이 장의 결론은, 우리는 그 행동이 **누구의** 포괄 적합도에 이익을 주는지 물어야 한다는 것이다! 그것은 동물 자신일까, 아니면 뒤에 숨은 어떤 조종자일까? '개미질' 경우에는 새 자신이 얻는 이득으로 추측하는 게 합리적으로 보이지만, 최소한 그 행동이 개미의 이익을 위한 적응일지도 모른다는 샛길 하나는 마련해 두어야 할 것이다!

5장

The Active Germ-Line Replicator

능동적인 생식 계열 복제자

1957년에 벤저Benzer는 '유전자'란 더 이상 단일하고 통합된 개념으로 유지될 수 없다고 주장했다. 벤저는 유전자 개념을 다음 세 가지로 나누었다. 돌연변이 변화가 일어나는 최소 단위인 뮤톤muton, 재조합이 일어나는 최소 단위인 레콘recon, 미생물에만 직접 적용 가능한 방식으로 정의되었지만 사실상 폴리펩티드 사슬을 합성하는 단위와 동등한 시스트론cistron. 나는(Dawkins, 1978b) 여기에 네 번째로 자연 선택받는 단위인 **옵티몬**optimon을 추가했다. E. 마이어(E. Mayr, 사적 대화) 또한 똑같은 의미로 사용하는 '셀렉톤selecton'이라는 단어를 독자적으로 만들었다. 옵티몬(또는 셀렉톤)은 우리가 적응을 무언가가 '얻는 이득'이라고 말할 때 지칭하는 그 '무언가'이다. 문제는 그 무엇, 옵티몬이 과연 무엇이냐는 것이다.

'선택받는 단위'가 무엇인가라는 문제는 이따금 생물학(Wynne-Edwards, 1962; Williams, 1966; Lewontin, 1970a; Leigh, 1977; Dawkins, 1978a; Alexander & Borgia, 1978; Wright, 1980)과 철학(Hull, 1980a, b, Wimsatt, 근간) 양쪽에서 논쟁해 왔다. 언뜻 보기에 이런 논쟁은 조금 쓸데없는 신학적 논증 같아 보인다. 실제로 헐Hull은 선택 단위 문제가 명백히 '형이상학적'(그런다고 달라질 건 없지만)이라고 생각한다. 따라서 선택 단위에 관심을 갖는 이유를 정당화해야 한다. 선택 단위를 생각하는 게 왜 문제가 될까? 여러 가지 이유가 있지만 한 가지만 말하겠다. 나는 피텐드리히가 목적학teleonomy이라고 불렀던(Pittendrigh, 1958), 적응을 다루는 진지한 과학을 발전시켜야 한다는 윌리엄스(Willams, 1966)◆와 쿠리오(Curio, 1973), 그 밖의 사람들이 한 말에 동의한다. 목적학이 가진 핵심 이론 문제는 적응이 누군가에게 이익을 주려 존재한다고 할 때, 누

◆ 조지 윌리엄스는 『적응과 자연 선택』에서 피텐드리히가 생명 체계의 기능적 조직화를 명시적으로 밝혀내고자 하는 연구 분야를 '목적학'이라고 명명했으며, 이는 아리스토텔레스의 목적론(teleology)과 관련 있지만, 목적학에서는 아리스토텔레스가 말하는 최종 원인이 자연 선택의 물질적 원리로 대체된다는 중요한 차이가 있다고 말했다.

군가에 해당하는 존재자의 본성이 무엇이냐이다. 적응은 개체에 이득을 주려고, 혹은 개체가 구성원인 집단이나 종에 이득을 주려고, 아니면 개체 속에 있는 더 작은 어떤 단위에 이득을 주려고 존재하는가? 3장에서 이미 강조했듯이, 이것은 정말로 문제다. 집단을 위한 적응은 개체를 위한 적응과 아주 다르게 보일 것이다.

굴드(Gould, 1977b)는 일견 무엇이 쟁점인지 제시한다.

> 선택받는 단위와 개체를 동일시하는 것은 다윈 사상의 중심 주제다. (……) 개체는 선택 단위다. '생존 투쟁'은 개체 간의 문제다. (……) 지난 15년간 개체에 초점을 맞춘 다윈에게 도전하는 주장이 위아래에서 생겨났다. 위로는 스코틀랜드의 생물학자 V. C. 윈 에드워즈V. C. Wynne-Edwards가 적어도 사회적 행동의 진화에서는 개체가 아니라 집단이 선택 단위라고 주장해 15년 전의 정통파들을 분노케 했다. 아래로는 영국의 생물학자 리처드 도킨스가 유전자야말로 선택받는 단위이며, 개체는 단지 유전자를 담는 일시적 용기에 지나지 않는다고 주장해 근자에 나를 분노케 했다.

굴드는 생명이라는 조직을 위계 수준으로 파악하는 개념을 환기시킨다. 굴드는 스스로를 위로는 집단 선택론자가, 아래로는 유전자 선택론자가 있는 사다리의 중간 다리에 걸터앉아 있다고 생각했다. 이 장과 다음 장은 이런 종류의 분석이 틀렸음을 보일 것이다. 물론 생명 조직에는 위계가 있지만(다음 장 참조), 굴드는 이를 잘못 적용했다. 집단 선택과 개체 선택 사이에서 벌어진 전통적인 논쟁은 개체 선택과 유전자 선택 사이에서 벌어진 외견상의 논쟁과 범주가 다르다. '위'나 '아래'와 같이 다른 자리로 옮겨 가는 의미를 띠는 단어를 사용해 이 세 가지 선택을 마치 1차원적 사다리에 배열된 모양으로 생각한다면 잘못이다. 나는 집단과 개인을 두고 벌어진 널리 퍼진 논쟁은 내가 '운반자 선택'이라 부르는 개념과 관련된다는 점을 보일 것이다. 이는 자연 선택받는 단위를 다루는 생물학적 사실 논쟁으로 볼 수 있다. 반대로, '아래에서 온' 공격은 실제로 우리가 자연 선택받는 단위를 말할 때 무엇을 **의미**해야 하는가를 다루는 논의다.

이 장과 다음 장이 내리는 결론을 미리 말하자면, 자연 선택을 말하는 방법에는 두 가지가 있고 둘 모두 옳다. 둘은 같은 과정이 품은 다른 측면에 집중했을 뿐이다. 진화는 대체 가능한 **복제자**가 가진 생존력 차이가 외부로, 눈에 보이게 드러나는 것이다(Dawkins, 1978a). 유전자는 복제자다. 유기체와 유기체가 모인 집단은 최적의 복제자라고 보기 어렵다. 그들은 복제자가 타고 여행하는 **운반자**다. 복제자 선택은 한 복제자가 다른 복제자를 희생하면서 살아남는 과정이다. 운반자 선택은 한 운반자가 복제자의 생존을 보장하는 데 다른 운반자보다 더 성공적인 과정이다. 집단 선택 대 개체 선택 논쟁은 제시된 두 종류의 운반자를 다루는 논쟁이다. 유전자 선택 대 개체(또는 집단) 선택 논쟁은 우리가 선택받는 단위를 말할 때, 운반자를 의미해야 하는지 또는 복제자를 의미해야 하는지를 다루는 논쟁이다. 철학자 D. L. 헐(D. L. Hull, 1980a, b)도 거의 같은 사실을 깨달았으나, 생각 끝에 헐이 사용한 용어인 '상호 작용자interactors'와 '진화자evolvors'를 택하기보다는 내 용법을 고집하기로 했다.

나는 **복제자**를 이 우주에서 자기 사본을 만드는 존재로 정의한다. DNA 분자나 복사된 종이 한 장이 그 예다. 복제자는 두 가지 방식으로 분류할 수 있다. 복제자는 '능동적'이거나 '수동적'이며, 이 분류에도 해당되는 '생식 계열'이거나 '막다른' 복제자가 있다.

능동적 복제자는 자기 성질이 복제되는 확률에 영향을 미치는 복제자를 말한다. 예를 들어 어떤 DNA 분자는 단백질 합성을 통해 복제 전망에 영향을 미치는 표현형 효과를 낸다. 이 과정이 바로 자연 선택의 모든 것이다. **수동적 복제자**는 자기 성질이 복제되는 확률에 어떤 영향도 미치지 못하는 복제자다. 일견 복사된 종이는 수동적 복제자를 지칭하는 사례로 보이지만, 종이는 자기 성질이 복사되는 데 영향을 미치므로 능동적이라고 할 수 있다. 인간은 어떤 종이를 그 종이에 쓰인 내용 덕분에 다른 종이보다 더 잘 복사하며, 이런 사본은 또 한 번 선택의 시간이 왔을 때 상대적으로 다시 복사되기 쉽다. 진정한 수동적 복제자의 사례는 결코 전사되지 않는 어떤 DNA 구획일 것이다(그러나 9장 이기적 DNA 참조).

생식 계열 복제자(능동적이거나 수동적인)는 무한히 긴 계열로 내려가는 복제자 후손의 조상일 가능성이 있는 복제자다. 배우자에 있는 유전자는 생식 계열 복제자다. 배우자의 직계 유사분열miotic 조상인, 몸속 생식 계열 세포에 있는 유전자도 그러하고, 아메바의 일종인 아모이바 프로테우스*Amoeba proteus*가 가진 모든 유전자도 그러하고, 오겔(Orgel, 1979)이 시험관에서 배양한 RNA 분자도 그러하다. **막다른 복제자**(마찬가지로 능동적이거나 수동적인)는 후손으로 내려가는 짧은 사슬을 만드는 유한한 횟수로 복제될 수 있으나, 절대로 무한히 긴 계열로 내려가는 복제자 후손의 조상일 가능성이 없는 복제자다. 우리 몸속에 자리한 DNA 분자 대부분은 막다른 복제자다. 막다른 복제자는 유사분열 복제를 하는 수십 세대의 조상일 수는 있지만, 절대로 장기간에 걸친 조상은 되지 못한다.

어린 나이에 죽거나 번식에 실패한 어떤 개체의 생식 계열에 있는 DNA 분자는 막다른 복제자가 아니다. 이런 생식 계열은 종말을 맞이했을 뿐이며, 은유적으로 말해 불멸의 야망을 이루는 데 실패한 것이다. 이런 실패에서 나타나는 차이가 자연 선택이 의미하는 것이다. 그러나 실제로 성공하든 실패하든, 모든 생식 계열 복제자는 **잠재적으로** 불멸이다. 생식 계열 복제자는 불멸을 '열망'하지만 실제로는 실패할 위험이 있다. 반대로, 완전히 불임인 사회성 곤충의 일벌레가 보유한 DNA 분자는 정말로 막다른 복제자다. 막다른 복제자는 무한히 복제하려는 열망조차 없다. 일벌레는 운이 없어서가 아니라 설계에 따라 생식 계열을 갖지 않는다. 이런 면에서 일벌레는 독신주의자의 정자를 만드는 세포보다는 사람의 간세포와 흡사하다. 까다로운 중간 사례, 예를 들어 조건적으로 어머니가 죽으면 번식력을 갖는 '불임' 일벌레와 새로운 식물 개체를 만들지 않지만 잎을 잘라 번식 가능한 스트렙토카르푸스Streptocarpus 같은 경우도 가능하다. 그러나 이런 사례를 다 고려하면 신학적 논쟁이 되고 만다. 바늘 끝에서 **정확히** 얼마나 많은 천사가 춤출 수 있느냐는 신경 쓰지 말자.

이미 말했듯이, 능동적/수동적 구별은 생식 계열/막다른 구별에도 해당된다. 따라서 전부 네 가지 조합이 가능하다. 네 가지 중에서 특별히 관심 있는 조합은 능동적 생식 계열 복제자다. 능동적 생식 계열 복제자는 적응이 주는 이익을 얻는 '옵티몬'이라고 생각하기 때문이다. 능동적 생식 계열 복제자가 중요한 이유는, 이 우주 어디든 그들이 존재하는 곳이라면 자연 선택의 기초가 되고, 따라서 진화의 기초가 되기 때문이다. 복제자가 능동적이라면, 특정 표현형 효과를 내는 이 복제자의 변이는 다른 표현형 효과를 내는 복제자의 변이보다 더 많이 복제될 것이다. 또한 이 복제자가 생식 계열이라면, 상대적 빈도에 나타나는 이러한 변화는 장기적으로 진화적 영향력을 발휘할 수 있다. 세계는 자동적으로 능동적 표현형 효과가 자신의 성공적인 복제를 보증하는 생식 계열 복제자로 뒤덮인다. 우리가 생존을 돕는 적응이라고 보는 모습이 이런 표현형 효과다. **누구의** 생존을 보장하려 적응했느냐고 묻는다면, 근본적 답은 집단도 개체도 아니며 복제자 자신이다.

나는 이전에 성공하는 복제자가 지닌 특성을 "프랑스 대혁명을 연상하는 구호인 수명, 다산성, 충실성"으로 요약했다(Dawkins, 1978a). 헐은 이 점을 깔끔하게 설명한다(Hull, 1980b).

> 복제자는 영원할 필요가 없다. 복제자는 자기 구조를 거의 온전히 유지하는[충실성] 추가 복제자를 생산하기에[다산성] 충분히 오랜 시간 동안만 살면 된다. 적절한 수명은 후대로 내려가며 그 구조가 유지되느냐와 관련된다. 어떤 존재자가 서로 구조적으로 유사하더라도 계통적으로 연관되지 않으면 사본이 아니다. 예를 들어 금 원

자는 구조적으로 유사하지만 다른 금 원자를 낳지 않기에 서로 사본이 아니다. 반대로 어떤 큰 분자가 4기, 3기, 2기 결합으로 분리되듯이, 연속적으로 더 작은 분자로 쪼개진다고 하자. 이 연속하는 작은 분자는 계통적으로 연관되지만 사본이 아니다. 그들에게는 필요한 구조적 유사성이 없기 때문이다.

복제자는 자신의 후손('생식 계열')인 사본의 수를 증가시키는 어떤 것에서 '이득'을 얻는다고 말할 수 있다. 능동적 생식 계열 복제자가 자신이 자리한 몸의 생존으로 이득을 얻으면, 적응을 몸의 생존을 돕는 어떤 것으로 해석할 수 있다. 많은 적응이 이런 유형이다. 능동적 생식 계열 복제자가 자신이 자리한 몸 **이외** 다른 몸의 생존에서 이득을 얻으면, '이타주의'나 부모 양육 등을 보리라 기대할 수 있다. 능동적 생식 계열 복제자가 자신이 자리한 개체의 집단에서 이득을 얻으면, 위에서 말한 두 효과에 덧붙여 집단의 보전을 돕는 적응을 보리라 기대할 수 있다. 그러나 근본적으로, 모든 적응은 복제자가 생존하는 데서 나타나는 차이를 통해 존재한다. 모든 적응의 기본 수혜자는 능동적 생식 계열 복제자, 즉 옵티몬이다.

옵티몬을 설명할 때 '생식 계열'이라는 조건을 잊지 않는 게 중요하다. 이는 헐이 유비한 금 원자가 말하는 요점이다. 크렙스(Krebs, 1977)와 나(Dawkins, 1979a)는 이전에 불임인 일벌레가 **다른 일벌레**를 돌보는 모습은 그들이 유전자를 공유하기 때문이라고 말한 버래시(Barash, 1977)를 비판한 적이 있다. 최근 출판한 책(Barash, 1978; Kirk, 1980)에서 같은 실수를 두 번이나 반복하지 않았다면, 이를 다시금 왈가왈부하지 않았으리라. 일벌레는 다른 이를 돌보게 하는 유전자의 생식 계열 사본을 운반하는 **번식 가능한** 형제자매를 돌본다는 말이 더 정확하다. 일벌레가 다른 일벌레를 돌본다면, 이는 일벌레가 서로 혈연이라서가 **아니라** 다른 일벌레가 동일한 번식 개체(또한 일벌레와 혈연이다)를 위해 일하기 때문이다. 일벌레의 유전자는 능동적일지 모르나, 그 유전자는 생식 계열 복제자가 아니라 막다른 복제자다.

어떤 복제 과정도 완벽하지는 않다. 복제가 완전무결해야 한다는 말은 복제자 정의에 들어가지 않는다. 복제자 개념을 구성하는 기본 요소는 오류, 즉 '돌연변이'가 생기면 이는 다음 세대의 사본에 전달된다는 사실이다. 돌연변이는 새로운 종류의 복제자를 만들고 다음번에 돌연변이가 발생할 때까지는 '고정된 유형'이 된다. 한 장의 종이를 복사할 때, 원본에는 없었던 흠이 나타날 수 있다. 복사한 사본을 또 복사하면 흠은 두 번째 사본에 포함된다(두 번째 사본만이 가진 새로운 흠이 추가될 수도 있다). 이로써 말하려는 중요한 원리는 복제자에 생기는 일련의 오류는 축적된다는 사실이다.

이전에 나는 '유전자'라는 단어를 지금 사용하는 '유전하는 복제자'와 같은 의미로 사용했다. 유전하는 복제자는 선택받는 단위로 작용하는, 엄밀히 고정된 경계를 갖지 않는, 유전하는 단편을 지칭한다. 모든 사람이 이런 뜻에 동의하지는 않는다. 군터 스텐트(Gunther Stent, 1977)는 다음과 같이 썼다. "20세기 생물학의 위대한 승리 중 하나는 멘델 유전 요소, 즉 유전자를 특정한 단백질을 만드는 아미노산 서열을 암호화하는…… 그런 유전 물질의 단위로서…… 마침내 분명하게 확정한 일이었다." 따라서 스텐트는 내가 유전자를 "상당히 높은 빈도로 분리되고 재조합하는 것"이라고 말한 윌리엄스(Williams, 1966)의 정의를 택한 일에 격렬히 반대하며 이를 "극악무도한 용어상의 죄악"이라고 묘사했다.

분자생물학자들 사이에서 제법 최근 들어 빼앗긴 전문 용어를 소중히 보호하려는 노력은 그리 일반적이지 않다. 근래에는 대단히 위대한 학자 크릭(Crick, 1979)이 "'이기적 유전자'라는 이론을 DNA 구획 전부로 확장해야 한다"라고 썼다. 그리고 이 장의 서두에서 보았듯이, 또 한 명의 일급 분자생물학자 세이모어 벤저(Seymour Benzer, 1957)는 전통적 유전자 개념이 가진 결점을 알았으나 하나의 특별한 분자 용어로 유전자라는 단어 자체를 부여잡기보다 유용하게 쓰일 새로운 용어군, 즉 뮤톤, 레콘, 시스트론이라는 용어를 만드는 좀 더 신중한 길을 택했다. 여기에 옵티몬이라는 용어를 추가해도 좋을 것이다. 벤저는 자신이 만든 세 단위가 초창기 문헌들에 등장하는 유전자와 동등한 특성을 띤다는 점을 알았다. 한데 스텐트가 고집스럽게 시스트론이라는 용어를 숭배의 자리로 올려놓은 일은 자의적이다. 그렇게 생각하는 게 상당히 흔하긴 해도 말이다. 작고한 W. T. 키턴(W. T. Keeton, 1980)은 좀 더 균형 잡힌 견해를 제시했다. "유전학자가 계속해서 서로 다른 목적으로 서로 다른 정의를 사용하는 게 이상하게 보일 것이다. 사실 현 단계의 지식으로는, 어떤 맥락에서는 어떤 정의가 유용하고, 다른 맥락에서는 다른 정의가 유용하다. 엄격한 용어 사용법은 그저 현재의 개념과 연구 목표를 명확히 설명하는 데 방해가 될 뿐이다." 르원틴(Lewontin, 1970b)도 다음과 같이 올바르게 말했다. "멘델의 독립 법칙을 따르는 것은 오직 염색체뿐이며, 나눌 수 없는 것은 오직 뉴클레오티드의 염기뿐이다. 코돈codon과 유전자[시스트론]는 그 사이에 있으며, 감수분열 시 통합적으로도, 독립적으로도 행동하지 않는다."

그러나 용어에 신경 쓰지 말자. 단어의 의미는 중요하지만 스텐트의 경우처럼 때로 용어가 일으키는 반감을 옹호할 정도로 중요하지는 않다(내가 현대의 표준 경향에 따라 비주관적 의미로 '이기성'과 '이타주의'를 재정의하는 일에 스텐트가 가한 열정적이고 겉보기에 진심 어린 비난도 마찬가지다—유사한 비판에 답하는 Dawkins, 1981 참조). 나는 어떤 의문이 드는 곳이라면 주저 없이 '유전자'를 '유전하는 복제자'로 바꾸겠다.

극악무도한 용어상의 죄악이라는 말은 제쳐 놓고, 스텐트는 내가 사용하는 단위가 시스트론처럼 정확한 경계가 정해지지 않았다는 더 중요한 사실을 지적한다. 글쎄, 나는 "한때 시스트론은 경계가 명확한 듯 보였다"라고 말해야 할 것 같다. ΦX174 바이러스◆에 '끼워 넣어진' 시스트론과 '인트론intron'■을 둘러싼 '엑손exon'● 같은 최근의 발견은 틀림없이 단위를 엄밀히 하고 싶은 사람을 다소 불쾌하게 할 것이다. 크릭(Crick, 1979)은 이런 새로움이 지닌 가치를 잘 표현했다. "지난 2년 동안 분자유전학에서는 작은 혁명이 일어났다. 내가 1976년 9월 캘리포니아에 왔을 때는 전형적인 유전자가 여러 조각으로 쪼개질 수 있다고는 전혀 생각지 못했으며, 누가 그런 생각을 말했더라도 믿지 않았을 것이다." 크릭은 의미심장하게 유전자라는 단어에 각주를 달았다. "이 글 전체에서 의도적으로 '유전자'라는 단어를 느슨한 의미로 사용했다. 현시점에서 정확한 정의를 내리기는 아직 시기상조이기 때문이다." 내가 말하는 선택받는 단위를 유전자라고 부르든(Dawkins, 1976a), 복제자라고 부르든(Dawkins, 1978a) 결코 이를 하나로 통합하려는 야심은 없다. 용어를 정의하는 목적에 따라 단일성은 중요한 고려 사항이 아니기도 하다. 그 밖의 목적에는 단일성이 중요할 수도 있다는 점을 기꺼이 알지만 말이다.

일부러 복제자라는 단어를 일반적인 방식으로 정의했으며, 따라서 꼭 DNA를 지칭할 필요는 없다. 사실 나는 인간 문화가 전혀 다른 종류의 복제자 선택이 가능한 새로운 환경을 제공한다는 생각에 깊이 공감한다. 다음 장에서 짧게 이 문제와 함께 종의 유전자 풀은 '대진화macroevolutionary' 경향을 지배하는 대규모 선택 과정에서 복제자로서 간주할 수 있다는 주장을 살펴볼 것이다. 그러나 이 장의 나머지에서는 유전하는 단편만을 다루고, '복제자'는 '유전하는 복제자'의 축약형으로 사용하겠다.

원리상, 염색체의 어느 부분이라도 복제자라는 이름을 붙일 수 있

◆ 처음으로 유전체의 DNA 배열을 전부 해독한 박테리오파지. 11가지 단백질을 암호화하는 5,386개의 뉴클레오티드로 된 단일 가닥 DNA로 구성된다.

■ DNA에서 단백질을 만드는 아미노산을 암호화하지 않는 부분

● DNA에서 단백질을 만드는 아미노산을 암호화하는 부분

는 잠재적 후보로 생각할 수 있다. 자연 선택은 보통 복제자가 자신의 대립 복제자와 비교해 갖는 생존력 차이로 보면 무리가 없다. 오늘날 대립 복제자라는 단어는 관습적으로 시스트론을 말할 때 사용하지만, 이 장의 논의를 고려하면 이를 염색체의 어떤 부분이라고 일반화하기에 용이하다는 점도 분명하다. 우리가 5개의 시스트론이 늘어선 염색체 일부분을 본다면, 대립 복제자는 개체군 내 모든 염색체의 동일한 좌위에 존재하는 대체 가능한 5개의 시스트론 군이다. 26개 코돈이 가진 임의적 배열의 대립 복제자는 개체군 내 어딘가 존재하는 대체 가능한 26개 코돈이 가진 상동 배열이다. 염색체상에서 임의로 선정한 시작과 끝이 있는 DNA의 어떤 구획은 관련된 염색체 영역의 대립형질allelomorphic 구획과 경쟁한다고 볼 수 있다. 여기서 더 나아가 동형접합과 이형접합이라는 용어를 일반화할 수 있다. 임의로 염색체의 어떤 길이를 복제자 후보로 꼽을 때, 우리는 같은 이배체 개체에 있는 상동 염색체를 본다. 두 염색체가 복제자로 간주하는 전체 길이에서 동일하다면, 해당 개체는 동형접합인 복제자를 보유하며 그렇지 않으면 이형접합이다.

'염색체에서 임의로 선정한 부분'이라고 말할 때, 이는 정말로 임의라는 뜻이다. 내가 택한 26개 코돈이 두 시스트론 사이에 걸쳐 있어도 좋다. 그 배열은 여전히 잠재적으로 복제자 정의에 들어맞고, 여전히 대립 복제자를 가지며, 여전히 이배체 유전자형에 있는 상동 염색체의 상응하는 부분에 동형접합이거나 이형접합이라고 할 수 있다. 그리하여 이것이 우리가 말하는 복제자 후보다. 그러나 후보자는 최소한의 수명/다산성/충실성(이 세 요소 사이에는 교환 관계가 있을 것이다)을 갖출 때만이 **실제** 복제자로 볼 수 있다. 다른 모든 조건이 동등하다면, 크기가 더 큰 후보는 작은 후보보다 수명/다산성/충실성이 한층 낮을 것이다. 큰 후보는 재조합이라는 사건을 통해 파괴될 위험에 더 취약하기 때문이다. 그렇다면 염색체 일부분이 **얼마나** 크고 작아야 하나의 복제자로서 다루기 유용할까?

이는 또 다른 질문에 어떻게 답하느냐에 좌우된다. 바로 '무엇에 유용한가?'라는 질문이다. 다윈주의자에게 복제자가 흥미로운 이유는 복제자는 잠재적으로 불멸하거나, 사본의 형태로나마 매우 장생하기 때문이다. 성공적인 복제자는 세대로 측정하는 매우 긴 시간 동안 사본의 형태로 존속하며, 자기 사본을 많이 전파하는 데 성공한 복제자다. 실패한 복제자는 장생할 가능성이 있으나, 가령 자신이 자리한 잇따르는 몸을 성적으로 매력적이지 않게 만들어 생존하지 못한 복제자다. 우리는 '성공적인'과 '실패한'이라는 용어를 임의로 정의한 염색체의 어떤 부분에도 적용할 수 있다. 복제자의 성공은 대립 복제자와 상대적으로 측정하며, 개체군 내 복제자 좌위에 이형접합성이 있다면 자연 선택은 개체군 내 대립형질 복제자의 상대적 빈도를 변화시킬 것이다. 그러나 임의로 선정한 염색체 부분이 너무 길면, 현재 상태 그대로 장생할 **가능성**조차 없다. 해당 염색체 부분이 얼마나 성공적으로 생존하고 번식하는가와 상관없이, 어떤 세대에서 교차crossing-over를 통해 쪼개질 수 있기 때문이다. 극단적으로 보아 우리가 생각하는 잠재적 복제자가 염색체 전체라고 한다면, '성공한' 염색체와 실패한 염색체 사이의 차이는 아무런 의미도 없다. 어느 경우든 둘 모두 다음 세대로 가기 전에 교차를 겪어 거의 쪼개지기 때문이다. 이들의 '충실성'은 제로다.

이런 사실은 다른 방법으로도 표현할 수 있다. 임의로 정의한 염색체 길이, 즉 잠재적 복제자는 세대로 측정하는 예상 반감기를 가진다고 말할 수 있다. 두 종류의 요인이 반감기에 영향을 준다. 우선, 표현형 효과 덕으로 자신을 전파하는 데 성공한 복제자는 긴 반감기를 갖는 경향이 있다. 대립 복제자보다 더 긴 반감기를 갖는 복제자는 개체군 내에서 우세해질 것이며, 이는 자연 선택에서 보는 익숙한 과정이다. 그러나 선택압을 한쪽에 제쳐 놓고, 복제자의 길이만을 기초로 반감기와 관련된 무언가를 말할 수도 있다. 우리가 복제자로 정의하려고 택한 염색체 구획이 길면, 길이가 짧은 복제자보다 더 짧은 반감기를 갖는 경향이 있다. 단순히 그런 염색체에는 교차가 작용해 더 쉽게 쪼개진다는 이유로 말이다. 매우 긴 염색체 부분은 복제자라고 부르기에 적절하지 않다.

긴 염색체 부분은 표현형 효과 면에서 성공적이라 해도, 개체군 내에 사본이 많이 나타나지 않으리라는 점은 당연한 귀결이다. Y 염색체를 제외하면, 교차율에 따라 내가 어떤 염색체 전체를 다른 개체와 공유하는 일은 있을 법하지 않다. 나는 여러 작은 염색체 부분을 다른 사람과 공유하는 것이 분명하며, 실제로 충분히 작은 염색체 부분을 택하면 이를 공유할 가능성이 매우 높다. 그러므로 각각의 염색체 자체는 독특할 것이기에, 염색체 간의 선택을 말하는 일은 보통 유용하지 않다. 자연 선택은 복제자가 개체군 내에서 대립 복제자와 비교해 자신의 빈도를 변화시키는 과정이다. 논의 중인 복제자가 매우 커서 독특하다면, 변화하는 '빈도'를 말할 수는 없다. 우리는 잠재적으로나마 교차로 쪼개지기 전까지 많은 세대 동안 존속하기에 충분히 작은, 자연 선택으로 변화하는 '빈도'를 갖기에 충분히 작은, 임의의 염색체 부분을 선정해야만 한다. 해당 부분을 **아주** 작게 선정하는 일이 가능할까? 이 질문은 다른 방향에서 접근한 뒤 다시 돌아와 논의하겠다.

나는 복제자라고 보기에 유효한 염색체 부분의 길이가 **정확히** 얼마나 긴지 명시하지는 않을 것이다. 그런 절대적 규칙은 없고 필요하지도 않다. 이 작업은 관련한 선택압이 갖는 강도에 달려 있다. 우리는 완전하고 엄격한 정의가 아니라, "'크다'나 '늙은'을 정의하는 방식처럼 경계가 희미한 종류의 정의를 찾으려 한다." 우리가 논하는 선택압이 매우 강하다면, 즉 어떤 복제자가 그 소유자를 대립 복제자보다 훨씬 더 잘 생존하고 번식하게 한다면, 해당 복제자는 꽤 크면서도 여전히 자연 선택되는 단위로서 유효할 것이다. 반대로, 복제자라고 추정하는 부분과 대립 복제자 사이에 나타나는 생존력 차이가 무시할 만한 수준이라면, 논의 중인 복제자가 가진 생존 가치의 차이가 드러나더라도 이 복제자는 상당히 작아야 하리라. 이것이 윌리엄스(Williams, 1966, p. 25)가 다음과 같이 내린 정의의 배후에 자리한 근거다. "진화 이론에서, 유전자란 자신에게 유리하거나 불리하게 작용하는 선택 편차가 내생적인 변화율보다 몇 배 또는 훨씬 더 높은 유전 정보로 정의할 수 있다."

강한 연관 불평형linkage disequilibrium이 나타날 가능성(Clegg, 1978)은 위 논의를 약화시키지 못한다. 연관 불평형은 단순히 우리가 복제자로서 유효하게 취급할 수 있는 유전체 덩어리의 크기를 늘릴 뿐이다. 못 미덥게 보이나, 연관 불평형이 아주 강해서 개체군이 "오직 소수의 배우자형만을"(Lewontin, 1974, p. 312) 포함한다면, 유효한 복제자는 매우 큰 DNA 덩어리가 된다. 르원틴이 lc라 부른 것, 즉 '특성 길이characteristic length'('연결이 유효한 거리')가 오직 "염색체 길이의 한 단편"에 불과하다면, "각각의 유전자는 자신과 이웃한 유전자와만 함께 연관 평형linkage equilibrium◆에서 벗어나지만 본질적으로는 멀리 떨어진 다른 유전자와 독립적으로 어울린다. 특성 길이가 어떤 의미로 진화의 단위라는 말은 유전자가 그 안에서 밀접하게 서로 연관되기 때문이다. 하지만 이런 개념은 미묘하다. 특성 길이는 유전체가 별개이면서 인접한 길이 lc의 덩어리로 쪼개진다는 의미가 아니다. 모든 좌위는 그렇게 서로 연관된 부분의 중심이며, 여기에 가까이 있는 유전자와 연관해 진화한다."(Lewontin, 1974)

이와 유사하게, 슬래트킨(Slatkin, 1972)은 다음과 같이 썼다. "개체군 내에서 영속적으로 연관 불평형을 유지한다면, 더 높은 단계의 상호작용이 중요해지며 염색체가 하나의 단위로서 작동하는 경향을 띤다는 것은 분명하다. 어떤 주어진 체계에서 이런 사실이 어느 정도나 성립하느냐에 따라 선택받는 단위가 유전자인지 염색체인지, 아니면 더 정확히 말해, 유전체의 어느 부분이 합체해 작동하는지 판단하는 척도가 된다." 그리고 템플턴 등(Templeton et al., 1976)은 다음과 같이 썼다. "……선택받는 단위는 부분적으로는 선택 강도의 함수다. 즉, 선택 강도가 강할

◆ **연관 불평형은 서로 다른 좌위에 있는 대립 유전자가 함께 나타나는 통계적 경향성을 말하는데, 서로 다른 좌위에 있는 대립 유전자 사이에서 연관 불평형이 나타나지 않는 경우를 연관 평형이라고 한다.**

수록 유전체 전체가 점점 더 하나의 단위로서 뭉치는 경향이 있다." 내가 재미 삼아 이전 책을 '조금 이기적인 큰 염색체 조각과 훨씬 더 이기적인 작은 염색체 조각'으로 이름 붙일까 고심한 이유는 이런 뜻에서였다(Dawkins, 1976a, p. 35).

사람들은 흔히 시스트론 내에서 교차가 일어난다는 사실이 내 복제자 선택론을 반박하는 치명적 난점이라고 제시했다. 그 논증은 다음과 같다. 염색체는 구슬 목걸이와 같아서 교차가 언제나 구슬 사이의 목걸이 줄을 끊지 구슬 내에서는 일어나지 않는다면, 반드시 필요한 수의 시스트론이 포함된 개체군 내에서 개별 복제자를 정의하는 희망을 품을 수 있다. 그러나 교차는 구슬 사이뿐 아니라 어디에서나 일어나기에(Watson, 1976) 별개의 단위를 정의하려는 모든 희망은 사그라지고 만다.

이런 비판은 복제자 개념을 만든 의도에서 허용한 융통성을 과소평가한다. 이미 보았듯이, 우리는 분리된 단위가 아니라 정확히 동일한 길이를 가진 대체물보다 많거나 적은 불확정한 길이의 염색체 일부분을 찾으려 한다. 게다가 마크 리들리가 일깨웠듯이, 시스트론 내 교차 대부분은 어느 경우든, 그 결과에서 시스트론 간 교차와 구별되지 않는다. 시스트론이 동형접합으로 감수분열 시에 동일한 대립 시스트론과 접합했다면, 교차에서 교환되는 두 유전 물질 집합은 동일하며 교차가 일어나지 않은 경우와 같다는 사실은 명백하다. 시스트론이 한 뉴클레오티드 좌위에서 다른 이형접합이라면, 이형접합인 뉴클레오티드를 기점으로 '북쪽north'에서 생기는 어떤 시스트론 내 교차도 시스트론의 북쪽 지역northern 경계에서 생기는 교차와 구별되지 않는다. 마찬가지로 이형접합인 뉴클레오티드를 기점으로 '남쪽south'에서 생기는 어떤 시스트론 내 교차도 시스트론의 남쪽 지역southern 경계에서 생기는 교차와 구별되지 않는다. 시스트론이 두 좌위에서 다르고 그들 사이에서 교차가 일어날 경우에만, 시스트론 내 교차를 알아볼 수 있다. 여기서 말하려는 일반적 요점은 교차가 시스트론 경계와 관련해 어디에서 일어나는지는 특별히 문제 되지 않는다는 점이다. 문제는 교차가 이형접합인 뉴클레오티드와 관련해 어디에서 일어나느냐이다. 예를 들어 인접한 6개의 시스트론이 가진 배열이 번식 개체군 전체에 걸쳐 동형접합이라고 한다면, 6개의 시스트론 내 어디에서나 생긴 교차는 그 결과에서 6개 시스트론의 어느 말단에서나 생긴 교차와 정확히 동등하다.

자연 선택은 개체군 내 뉴클레오티드 좌위가 이형접합일 때만 빈도 변화를 일으킬 수 있다. 개체 간 전혀 다르지 않은, 크고 중간에 끼어드는 뉴클레오티드 배열 덩어리가 있다면, 이는 자연 선택을 받는 대상이 될 수 없다. 그들 사이에는 선택할 게 아무것도 없기 때문이다. 자연 선택은 분명히 이형접합인 뉴클레오티드에 주목한다. 물론 유전체에서 변화하지 않는 나머지 부분도 표현형을 만드는 데 어느 정도 필요하긴 하지만, 진화적으로 중요한 표현형 변화의 원인은 단일 뉴클레오티드 수준에서 일어나는 변화에 있다. 그렇다면 우리는 터무니없는 환원주의적 극단으로 치달은 것일까? 『이기적 뉴클레오티드』라는 책이라도 써야 하는 것일까? 아데닌은 30004번 좌위를 차지하려고 시토신에 맞서 무자비한 투쟁을 하는 것일까?

최소한 이는 무엇이 일어나는가를 표현하는 바람직한 방법이 아니다. 연구자에게 한 좌위에 있는 아데닌이 어떤 의미로 다른 좌위의 아데닌과 동맹을 맺고, 아데닌 조직을 이루어 협력한다고 설명하면 순전한 오해다. 퓨린과 피리미딘이 이형접합인 좌위를 놓고 서로 경쟁한다는 말에 어떤 의미가 있다면, 각 좌위에서 벌어지는 투쟁은 다른 좌위의 투쟁과 격리되어 있다는 점이다. 분자생물학자는 자기가 생각하는 중요한 목적에 따라(Chargaff가 Judson, 1979에서 인용) 유전체 전체에서 아데닌과 시토신의 수를 셀 수도 있으나, 자연 선택을 연구하는 사람에게 이는 무용한 짓이다. 아데닌과 시토신이 조금이라도 경쟁한다면, 그들은 각자의 좌위에서 따로따로 경쟁한다. 그들은 다른 좌위에 있는 자신의 완전한 복사본이 처하는 운명에는 무관심하다(또한 8장 참조).

그러나 이기적 뉴클레오티드라는 개념을 거부하고, 복제하는 더 큰 존재자를 지지하는 데는 한층 흥미로운 이유가 있다. '선택받는 단위'를 찾는 총체적 의도는 목적이라는 은유에서 주연을 맡는 적합한 배우를 발견하는 일에 있다. 우리는 적응을 보고 "이는 ……이 얻는 이득이다"라고 말하고 싶다. 이 장에서는 해당 문장을 올바른 방식으로 완성하고자 한다. '적응은 종이 얻는 이득'이라는 무비판적 가정에서 심각한 오류가 따라 나온다는 사실은 널리 인정받는다. 이 책을 통해 적응은 개체가 얻는 이득이라는 가정이, 정도가 덜하기는 하지만 또 다른 이론적 위험을 수반한다는 사실을 보여 줄 수 있기를 바란다. 적응은 무엇이 얻는 이득이라고 말해야만 하고, 올바른 그 무엇은 능동적인, 생식 계열 복제자다. 그리고 적응을 뉴클레오티드, 즉 진화적 변화와 관련된 표현형 차이를 만드는 아주 작은 복제자에게 이익이라고 말하는 것은 엄밀히 말해 틀린 건 아니나, 유용하지는 않다.

힘이라는 은유를 사용해 보자. 능동적 복제자는 대립 복제자와 비교해 세계에 표현형 효과를 가하는 유전체 덩어리로, 그 결과 대립 복제자와 상대적으로 빈도가 증가하거나 감소한다. 이런 의미에서 단일 뉴클레오티드를 힘을 가하는 단위로 말하는 방식도 확실히 의미 있다. 하지만 뉴클레오티드는 더 큰 단위에 끼워 들어갔을 때만 비로소 주어진 힘을 발휘하기에, 힘을 가해 자기 사본의 빈도를 바꾸는 존재로서 더 큰 단위를 다루는 게 훨씬 유용하다. 똑같은 논증을 유전체 전체 같은 훨씬 더 큰 단위까지도 힘을 가하는 단위로 다루는 방식을 정당화하는 데 쓸 수 있다고 생각한다. 그러나 이것이 유성 유전체sexual genome에는 적용되지 않는다.

유성 유전체 전체는 복제자 후보가 될 수 없다. 유성 유전체는 감수분열 시에 해체될 위험이 크기 때문이다. 단일 뉴클레오티드는 이런 문제를 겪지 않으나, 우리가 보았듯이 또 다른 문제를 제기한다. 단일 뉴클레오티드는 시스트론 내에서 자신을 둘러싼 다른 뉴클레오티드라는 맥락을 제외하면 표현형 효과를 내지 못한다. 아데닌이 내는 표현형 효과를 말하는 일은 무의미하다. 그러나 지정된 시스트론 내의 지정된 좌위에서 아데닌을 시토신으로 대체할 때 생기는 표현형 효과를 말하는 일은 완전히 이치에 맞다. 유전체 내 시스트론의 경우는 사정이 다르다. 뉴클레오티드와 달리 시스트론은 절대적이지는 않지만, 상대적으로 염색체 어디에 놓여 있느냐와 독립해(그러나 어떤 유전자와 유전체를 공유하느냐는 상관있다) 한결같은 표현형 효과를 낼 정도로 충분히 크다. 시스트론에서는 자신의 대립시스트론과 비교해, 다른 시스트론과 맺는 배열 순서라는 맥락이 엄청나게 중요하지는 않다. 반대로 뉴클레오티드가 내는 표현형 효과는 배열 순서라는 맥락이 전부다.

베이트슨(Bateson, 1981)은 '복제자 선택'에 느끼는 의혹을 다음처럼 표현했다.

> 승리하는 형질은 다른 형질과 **비교해** 정의하는 데 반해 유전하는 복제자는 **절대적**이고 원자론적인 용어로 보인다. 스스로에게 물어보면 무엇이 어려운지 깨달을 것이다. 도킨스가 말하는 복제자란 정확히 무엇인가? 당신은 대답하리라. "그것은 승리하고 패배하는 형질 간의 차이를 만드는 유전 물질 조각이다." 당신은 복제자란 다른 무엇과 비교해서 정의해야 한다고 말하려 했을 수 있다. 그렇다면 당신은 대답하리라. "복제자는 생존하는 형질이 발현하는 데 필요한 모든 유전자로 이루어진다." 이 경우 당신은 복잡하고 다루기 힘든 개념을 짊어지게 된다. 어느 쪽 대답이든 복제자를 진화의 원자로서 생각하는 방식이 얼마나 잘못되었는지 드러낸다.

나는 두 대답 중 다루기 힘든 두 번째를 부정한다는 점에서 베이트슨과 의견이 같다. 하지만 첫 번째는 내 입장을 정확히 표현하며, 이를 불신하는 베이트슨에 동의하지 않는다. 나는 유전하는 복제자를 대립 복제자와 관련해서 정의하나, 이것이 복제자 개념이 가진 약점은 아니다. 이 정의를 약점이라 생각한다면, 그 약점은 단지 선택받는 유전 단위라는 특정한 개념만이 아니라 집단유전학이라는 학문 전체를 위험에 빠뜨리는 약점이다. 언제나 자각하는 건 아니지만, 유전학자가 어떤 표현형 형질을 '위한' 유전자를 연구**할 때는 언제나** 두 대립 유전자의 **차이**를 언급한다는 점은 근본 사실이다. 이 점이 이 책 전체에서 반복해 등장하는 주제다.

길고 짧은 것은 대봐야 알기에, 유전자를 대립 유전자와 비교해서만 정의한다는 사실을 인정하는 한, 유전자를 선택받는 개념적 단위로 사용하는 방식이 얼마나 용이한지 보여 주겠다. 이제는 회색가지나방*Biston betularia*이 나타내는 어두운 보호색을 위한 특정한 주요 유전자는 공업 지역에서 우세한 표현형을 산출하기에 공업 지역에서 그 빈도가 증가했다는 사실을 인정한다(Kettlewell, 1973). 동시에 이 유전자는 어두운 보호색을 띠는 데 필요한 수천 가지 유전자 중 하나임을 인정할 필요가 있다. 나방에게 날개가 없다면 어두운색도 없으며, 수백 가지 유전자와 이와 동등하게 필요한 수백 가지 환경 요인이 없다면 날개도 없다. 그러나 이 모든 것은 아무래도 상관없다. 어두운색 형 변종carbonaria과 밝은색 형 변종typica이 나타내는 표현형의 **차이**는, 해당 표현형이 수천 가지 유전자가 참여하지 않으면 존재할 수 없다 해도 여전히 단 하나의 좌위 차이에서 발생할 수 있다. 그리고 이는 자연 선택의 기초가 되는 차이와 같다. 유전학자와 자연 선택 모두 차이에 관심 있다! 어떤 종의 모든 구성원이 **공통으로** 가진 특징을 구성하는 유전적 기초가 아무리 복잡하더라도, 자연 선택은 차이와 관계있다. 진화적 변화는 인식 가능한 좌위에서 일어나는 일련의 한정된 유전자 치환이다.

더 어려운 문제는 다음 장에서 다루기로 하자. 여기서는 진화를 보는 복제자 또는 '유전자의 눈' 관점을 예증하는 데 유용할 만한 논의로 잠시 주의를 돌려보고 이 장을 끝내겠다. 이런 관점은 시간을 거슬러 바라볼 때 흥미로운 측면이 드러난다. 현재 높은 빈도로 존재하는 복제자는 과거에서부터 내려온 복제자 중에서 상대적으로 성공한 하위 집합이다.

이론상 내가 지닌 어떤 복제자는 직계 조상을 통해 역으로 추적할 수 있다. 이런 조상들, 그리고 조상들이 복제자에게 제공했던 환경은 복제자가 소유한 '과거 경험'이다.

한 종에서 유전하는 상염색체 단편들이 겪은 과거 경험은 통계적으로 보아 유사하다. 경험은 해당 종의 전형적인 몸, 대략 50퍼센트는 수컷 몸에서, 나머지 50퍼센트는 암컷 몸에서, 적어도 번식 연령에 달할 때까지 가지각색의 연령 폭으로 자라는 몸이 겪는 사건의 총체ensemble다. 그리고 경험은 다른 좌위에 있는 '동료' 유전자와 무작위로 적절히 섞이는 일도 포함한다. 오늘날 존재하는 유전자는 동료 유전자와 함께한 통계적 총체와 더불어, 몸이 겪는 통계적 총체에서 생존하는 데 적합한 유전자가 되는 경향이 있다. 이제 보겠지만, 다른 유전자와 **함께** 생존하는 데 필요한 자질을 선호하는 선택은, 마찬가지로 공적응한 유전체가 나타나게 작용한 유전자를 선택했다. 13장에서는 이런 주장이 "공적응한 유전체는 진정으로 선택받는 단위다"라는 대안보다도 공적응coadaption이라는 현상을 훨씬 더 잘 이해하게 돕는 해석임을 보여 줄 것이다.

아마 유기체 속의 어떤 두 유전자도 동일한 과거를 경험하지는 않을 것이다. 그래도 연관된 한 쌍의 유전자는 거의 동일한 경험을 하고, 돌연변이를 제외한다면 Y 염색체에 있는 모든 유전자는 수많은 세대 동안 똑같은 일련의 몸을 함께 여행하기는 한다. 그러나 유전자가 겪은 과거 경험의 정확한 본성보다는 오늘날 존재하는 모든 유전자가 겪은 과거 경험이 어떠한지 일반화하는 작업이 더 흥미롭다. 예를 들어 내 조상 집합이 아무리 변화무쌍하더라도, 그들 모두 적어도 번식 연령까지 생존했으며 이성과 교접하고 자손을 낳았다는 공통점이 있다. 이와 동일한 일반화를 내 조상이 아닌 일련의 역사적 몸에는 적용할 수 없다. 현존하는 유전자에게 과거 경험을 제공했던 몸은 지금껏 존재해 왔던 모든 몸의 특정 하위 집합이다.

오늘날 존재하는 유전자는 과거에 경험한 일련의 환경을 반영한다.

여기에는 유전자가 살아온 몸이 제공했던 내적 환경과 또한 외적 환경, 사막, 산림, 해안, 포식자, 기생자, 사회적 동료 등을 포함한다. 물론 이는 라마르크주의Lamarckism같이(9장 참조) 환경이 유전자에 그 특성을 각인하기 때문이 아니라, 현존하는 유전자가 하나의 선택된 집합이며 유전자가 살아남게 일조한 자질은 유전자가 생존했던 환경 특성을 반영하기 때문이다.

유전자가 겪는 경험의 대략 50퍼센트는 수컷 몸에서, 50퍼센트는 암컷 몸에서 지낸 시간으로 이루어진다고 말했지만, 물론 이런 사실은 성염색체에 있는 유전자에는 해당하지 않는다. 포유류에서는, 어떤 Y 염색체에서도 교차가 일어나지 않는다고 가정해 Y 염색체 유전자는 오로지 수컷 몸만 경험하며, X 염색체 유전자는 암컷 몸에서 자기 역사의 3분의 2를, 수컷 몸에서 3분의 1을 보낸다. 새의 경우, Y 염색체 유전자는 암컷 몸만을 경험하는데, 특히 뻐꾸기 같은 특별한 경우에는 좀 더 말할 것이 많다. 쿠쿨루스 카노루스 암컷은 여러 '씨족'으로 나뉘어 각각의 씨족은 서로 다른 숙주 종에 기생한다(Lack, 1968). 겉보기에 각 암컷은 양부모와 둥지가 가진 특성을 학습해 성체로 자라면 같은 종에 기생하려고 돌아온다. 뻐꾸기 수컷은 짝을 고를 때 씨족을 구분하지 못하는 듯 보이며, 따라서 수컷은 씨족 간의 유전자 흐름에 쓰이는 운반자로서 행동한다. 그렇기에 뻐꾸기 암컷 유전자에는 아마 뻐꾸기 개체군 내 모든 씨족이 최근에 겪은 경험이 상염색체와 X 염색체 유전자에 있을 것이며, 상염색체와 X 염색체 유전자는 뻐꾸기 개체군이 기생하는 모든 종에 속하는 양부모가 '양육'해 왔다고 말할 수 있다. 그러나 Y 염색체는 독특하게도, 오랜 기간에 걸친 연속하는 세대를 통해 하나의 씨족과 하나의 양부모 종으로 한정된다. 개똥지빠귀 둥지에 눌러앉은 모든 유전자 중에서 하위 집합 하나, 즉 개똥지빠귀의 유전자와 뻐꾸기의 Y 염색체 유전자(그리고 개똥지빠귀에 붙은 벼룩의 유전자)는 많은 세대에 걸쳐 개똥지빠귀 둥지에 살았다. 또 다른 하위 집합, 즉 뻐꾸기의 상염색체와 X 염색체 유전자는 여러 둥지를 경험했다. 당연히 첫 번째 하위 집합은 경험 중 일부분, 긴 시간 동안 개똥지빠귀 둥지에서 겪은 경험만을 공유한다. 이 경험을 다른 측면에서 보면, 뻐꾸기의 Y 염색체 유전자는 개똥지빠귀 유전자보다 다른 뻐꾸기 유전자와 더 공통점이 많을 것이다. 그러나 둥지에 미치는 특정한 선택압이 있는 한, 뻐꾸기의 Y 염색체 유전자는 뻐꾸기의 상염색체 유전자보다 개똥지빠귀 유전자와 더 공통점이 많을 것이다. 그렇다면 뻐꾸기의 Y 염색체 유전자는 자신이 겪는 특이한 경험을 반영해 진화했다고 보는 게 자연스럽고, 반대로 뻐꾸기의 다른 유전자는 좀 더 일반적인 경험, 즉 염색체 수준에서 일어나는 일종의 유전체 내 초기 '종 분화speciation'에 해당하는 경험을 반영해 동시에 진화했다. 실제로 이런 이유에서 양부모 종의 특정 알을 흉내 내기 위한 유전자는 분명 Y 염색체에 있으며, 반대로 일반 기생 적응을 위한 유전자는 모든 염색체에 있을 거라고 가정한다.

이런 사실이 중요한 의미가 있는지 확신하지는 못하지만, 앞에서 사용한 회고적 관찰 방식으로 X 염색체에도 역시 특이한 역사가 있음을 볼 수 있다. 뻐꾸기의 암컷 상염색체에 있는 어떤 유전자는 아버지에게서도 어머니에게서도 올 수 있지만, 후자의 경우 유전자는 똑같은 숙주 종을 두 세대에 걸쳐 경험한다. 뻐꾸기 암컷 X 염색체에 있는 어떤 유전자는 아버지에게서 유래하게 마련이라, 똑같은 숙주 종을 두 세대에 걸쳐 특별히 경험할 성싶지 않다. 상염색체 유전자가 경험한 양부모 종 연쇄에 통계적으로 '연의 검정runs test'◆을 해 보면 X 염색체 유전자보다는 크고, Y 염색체 유전자보다는 훨씬 더 작은 약간의 연속 효과가 나타날 것이다.

어떤 동물에게서도, 염색체가 역위▪한 부분은 교차가 일어나지 않

◆ 연속하는 관찰값이 무작위적으로 나타난 것인지 확인하는 방법
▪ 일반 염색체와 비교해 염색체의 일부분이 180도 역전된 경우

는다는 점에서 Y 염색체와 닮았다고 볼 수 있다. 따라서 '역위 초유전자 inversion supergene'◆에서 어느 부분이 겪는 '경험'이든 초유전자의 다른 부분과 그 표현형 결과를 반복해서 포함한다. 이러한 초유전자 어딘가에 있는 서식지 선택 유전자, 가령 개체에게 건조한 미기후microclimate, 微氣候를 택하게 하는 유전자는 연속하는 세대에서 초유전자 전체에 일정한 서식지 '경험'을 제공한다. 따라서 어떤 유전자는 뻐꾸기의 Y 염색체 유전자가 변함없이 풀밭종다리새 둥지를 경험하는 것과 같은 이유로, 변함없이 건조한 서식지를 '경험'한다. 이는 풀밭종다리 씨족에 탁란하는 뻐꾸기 암컷 Y 염색체에서 풀밭종다리 알을 흉내 내는 대립 유전자를 선호하는 것과 같은 방식으로, 건조한 서식지에 적응한 대립 유전자를 선호하는 일정한 선택압을 해당 좌위에 제공한다. 이 특정한 역위 초유전자는 나머지 유전체가 해당 종이 이용 가능한 서식지 전 범위와 관련해 무작위로 혼합될지라도, 수세대에 걸쳐 건조한 서식지에서 발견될 것이다. 그러므로 염색체가 역위한 부분에 있는 다른 많은 좌위는 건조한 기후에 적응하고, 다시 유전체 내 초기 종 분화와 비슷한 일이 일어날 것이다. 이렇게 역행적으로 유전하는 복제자의 과거 '경험'을 보는 방식은 유용하다.

그렇다면 생식 계열 복제자는 실제로 현실에서 살아남거나 실패한 단위이며, 이런 차이가 자연 선택을 구성한다. 능동적 복제자는 자신의 생존 기회가 증가하는 효과를 세계에 발휘한다. 우리가 적응으로 보는 모습은 성공한 능동적 생식 계열 복제자가 세계에 내는 효과다. DNA 단편들은 능동적 생식 계열 복제자로서 적격이다. 유성생식이 벌어지는 곳에서, 단편은 자기 복제하는 속성을 유지한다 해도 크기가 너무 커서는 안 된다. 그리고 단편을 능동적이라고 유효하게 볼 수 있어도 너무 작아서는 안 된다.

◆ 초유전자는 유전적으로 밀접하게 연관되어 있고 기능적으로도 관련 있어 함께 유전되는 염색체에 인접해 있는 유전자군을 말한다. 따라서 역위 초유전자는 염색체의 초유전자 부분이 역위한 것이다.

성은 있으나 교차가 일어나지 않는다면, 각각의 염색체는 복제자이며 적응을 염색체가 얻는 이득이라고 말할 수 있다. 마찬가지로 성이 없다면, 무성 유기체의 유전체 전체를 복제자로 다룰 수 있다. 그러나 유기체 자체는 복제자가 **아니다**. 여기에는 서로 혼동해서는 안 되는 분명히 구별되는 두 가지 이유가 있다. 첫 번째 이유는 이 장에서 전개한 논증에서 따라 나오며, 오로지 유성생식과 감수분열이 있을 경우에만 적용된다. 즉, 감수분열과 성적 융합은 우리 유전체와, 우리 자신 어느 쪽도 복제자가 되지 못하게 한다. 두 번째 이유는 유성생식과 함께 무성생식에도 적용된다. 이는 다음 장에서 설명할 것인데, 유기체나 유기체가 모인 집단이 복제자가 아니라면, 도대체 무엇인가라는 논의를 통해 살펴보겠다.

6장

Organisms, Groups and Memes: Replicators or Vehicles?

유기체, 집단, 밈: 복제자인가, 운반자인가?

유성생식하는 유기체를 복제자로 볼 수 없는 이유로 감수분열 시 일어나는 단편화 효과를 주로 제시했는데, 이를 유일한 이유로 보기 쉽다. 정말 그렇다면 무성생식을 하는 개체는 참된 복제자이며, 무성생식이 벌어지는 곳에서는 적응을 '유기체가 얻는 이익'이라고 정당하게 말할 수 있다. 그러나 감수분열이 일으키는 단편화 효과가 유기체가 진정한 복제자임을 부정하는 유일한 이유는 아니다. 여기에는 더 근본적인 이유가 있고, 이는 유성생식 유기체와 더불어 무성생식 유기체에도 해당한다.

유기체를 복제자로 보는 관점, 심지어 대벌레 암컷 같은 무성생식 유기체까지도 복제자로 보는 관점은 획득 형질은 유전하지 않는다는 '중심 원리'를 위반하는 것이나 마찬가지다. 대벌레를 딸, 손녀, 증손녀 등으로 이루어지는 계열로 배치 가능하다는 점에서, 대벌레는 복제자처럼 보인다. 계열에서 각각은 이전 단계 유기체의 복제품인 것 같다. 그러나 그 사슬 어딘가에 결함이나 흠이 생긴다고 해 보자. 가령 불행히도 대벌레가 다리 하나를 잃었다고 하자. 결함은 해당 대벌레 생애에는 지속하겠지만, 사슬의 다음 고리에는 전해지지 않는다. 대벌레에는 작용하나 유전자에는 소용없는 오류는 영속하지 않는다. 이제 딸의 유전체, 손녀의 유전체, 증손녀의 유전체 등으로 이루어지는 똑같은 계열을 놓아 보자. 이 계열 어딘가에 결함이 생기면, 결함은 사슬의 다음 고리에 모두 전해질 것이다. 결함은 사슬의 다음 고리가 자리한 몸에도 모두 반영되는데, 각 세대에는 유전자로부터 몸으로 향하는 인과관계가 있기 때문이다. 그러나 몸에서 유전자로 가는 인과관계는 없다. 대벌레가 내는 표현형의 어느 부분도, 대벌레가 자리한 몸 전체도 복제자는 아니다. "유전자가 유전자 계통에 자신의 구조를 전달할 수 있듯이, 유기체도 유기체 계통에 자신의 구조를 전달할 수 있다"라는 말은 틀렸다.

이런 주장이 이미 한 말을 자꾸 반복하는 거라면 미안하지만, 주장을 명확히 설명하고 나서 베이트슨과 불필요한 의견 충돌을 초래한 일이 내 모자람 때문일까 봐 두렵다. 우리 사이에서 일어났던 충돌은 애써 해결할 만한 가치가 있다. 베이트슨(Bateson, 1978)은 발생에 관여하는 유전적 결정 요인이 충분조건이 아니라 필요조건이라는 점을 지적했다. 유전자는 어떤 특정한 행동 일부를 "프로그램할" 수 있으나 "그런 일을 하는 유일한 존재는 아니다". 베이트슨은 계속해서 말한다.

> 도킨스는 이 모든 것을 받아들이지만, 즉각 유전자에 프로그램하는 존재라는 특별한 지위를 다시 돌려줌으로써 그가 사용하는 언어가 불확실함을 드러낸다. 발생 과정에서 주변 환경의 온도가 특정한 표현형이 발현하는 데 중대한 경우를 생각해 보자. 온도가 몇 도라도 변한다면 한 생존 기계가 다른 생존 기계에 패배한다. 그렇다면 필수 유전자와 동일한 지위를 필수 온도값에도 주어야 하지 않을까? 온도값도 특정 표현형이 발현하는 데 필요하다. 온도값은 또한 한 세대에서 다음 세대로 (한계 내에서) 안정적이기도 하다. 온도값은 생존 기계가 자식을 키우는 둥지를 짓는다면 한 세대에서 다음 세대로 전달되기까지 한다. 실상 목적론적 논증이라는 도킨스 고유의 형식을 사용한다면, 새는 둥지가 또 다른 둥지를 지으려는 방법이라고 주장할 수 있다. (Bateson, 1978)

나는 베이트슨에게 답변했지만, 너무 간단하게 새 둥지를 말한 마지막 문장만 따서 다음과 같이 썼다. "둥지는 진정한 복제자가 아니다. 둥지를 지을 때 생기는 [비유전적인] '돌연변이', 예컨대 늘 쓰는 풀 대신에 솔잎이 우연히 섞인다 해도 이는 미래의 '둥지 세대'에 영속하지 않기 때문이다. 마찬가지로 단백질 분자도 전령 RNA도 복제자가 아니다."(Dawkins, 1978a) 베이트슨은 새는 유전자가 또 다른 유전자를 만드는 방법이라는 문구를 취해 '유전자'를 '둥지'로 바꿔 뒤집어 놓았다. 그러나 이런 등치는 타당하지 않다. 유전자에서 새로 가는 인과관계는 있으나 반대 방향은 없다. 변화한 유전자는 변화하지 않은 대립 유전자보다 더 잘 영속할 수 있다. 변화한 둥지는 당연히 해당 변화가 변화한 유전자 때문이 아니라면, 이와 같은 일이 일어나지 않는다. 이 경우 영속하는 존재는 유전자이지 둥지가 아니다. 새처럼 둥지도 유전자가 또 다른 유전자를 만드는 방법이다.

베이트슨은 내가 행동을 결정하는 유전적 요인에 '특별한 지위'를 부여하는 듯 보인다고 우려했다. 베이트슨은 거꾸로 발생을 결정하는 환경 요인에 반대해 유전적 요인의 중요성을 지나치게 강조하는 방식이 아니라 유기체가 애써 생산한 이득을 얻는 존재자로서 유전자를 강조하는 방식을 두려워한다. 이에 대한 답은 우리가 **발생**을 말할 때는 유전적 요인뿐만 아니라 비유전적 요인도 강조하는 게 적절하다는 사실이다. 그러나 우리가 선택받는 단위를 말할 때는 다른 강조점, 즉 복제자가 지닌 속성을 강조하는 게 필요하다. 비유전적 요인이 아니라 유전적 요인이 특별한 지위를 받을 만한 가치가 있는 이유는 단 하나다. 유전적 요인은 결함이든 뭐든 자신을 복제한다. 비유전적 요인은 그렇지 못하다.

발육 중인 새를 기르는 데 둥지 온도는 당면한 생존과 발생 방식 양 측면에서 중요하며, 따라서 성체로서 장기간 성공하는 데 중요함을 쌍수를 들어 인정해 보자. 발생의 생화학적 원천에 유전자 산물이 미치는 즉각적 효과는, 사실상 온도 변화가 미치는 효과와 유사할 것이다(Waddington, 1957). 우리는 유전자가 생산하는 효소를 작은 분젠 버너 Bunzen burners◆로 생각할 수도 있다. 즉, 생화학적 반응 속도를 선택적으로 제어함으로써 발생을 통제해, 배 발생이 일어나는 생화학적 수형도의 결정적 분기점에 선택적으로 작용한다고 말이다. 발생학자는 유전적, 환경적 요인 사이에 근본적 차이가 없다고 올바르게 이해하며, 각각은 충분조건이 아니라 필요조건이라고 역시 제대로 취급한다. 베이트슨은 발생학

◆ 독일의 화학자 분젠이 발명한 가스버너의 일종. 고무관으로 유도한 가스를 공기와 혼합해 불을 낸다. 가스와 공기의 양을 조절해 불의 세기를 바꿀 수 있다.

자의 관점을 표현했던 것이며, 그렇게 말할 수 있는 충분한 자격을 갖춘 동물행동학자다. 그러나 나는 발생학을 논하는 게 아니다. 나는 발생을 결정하는 요인을 두고 경쟁하는 주장에는 관심이 없다. 나는 진화적 시간에서 살아남는 복제자를 다루었고, 베이트슨은 둥지도, 그 안의 온도도, 둥지를 지은 새도 복제자가 아니라는 점에는 확실히 동의한다. 실험적으로 이것들 중 하나에 변화를 가하면 곧 이들이 복제자가 아님을 알 수 있다. 여기에 생긴 변화는 발생과 생존 기회 면에서 동물에게 치명적인 피해를 안길 수 있지만, **변화는 다음 세대로 전달되지 않는다**. 이제 생식 계열에 있는 유전자에 비슷한 피해(돌연변이)를 끼친다고 하자. 여기에 생긴 변화는 새가 발생하고 생존하는 데 영향을 주지 않을 수도 있지만, 다음 세대로 전달 **가능**하며 복제 가능하다.

흔히 그렇듯이, 겉보기에서 불일치는 상호 오해로 생긴다. 나는 베이트슨이 불멸하는 복제자가 가진 고유한 측면을 부정한다고 생각했다. 베이트슨은 내가 발생에서 상호 작용하는 복잡한 인과 요소의 거대한 결합이 가진 고유한 측면을 부정한다고 생각했다. 사실 우리는 각각 생물학의 두 가지 서로 다른 주요 분야, 발생 연구와 자연 선택 연구에서 중요한 고려 사항을 정당하게 강조했다.

그렇다면 유기체는 복제자가 아니며, 복제 충실도가 보잘것없는 조잡한 복제자조차 아니다(Lewontin, 1970a에도 불구하고—Dawkins, 1982 참조). 따라서 적응을 유기체의 이득이라고 말하는 방식은 바람직하지 않다. 더 큰 단위, 유기체 집단, 종, 종 군집 등은 어떤가? 이런 더 큰 집단의 일부에는 분명 "내부에서 일어나는 단편화가 복제 충실도를 파괴한다"라는 논증을 적용할 수 있다. 이 경우 단편화하는 행위자는 감수분열의 재조합 효과가 아니라, 이입과 이출, 즉 들어오고 나가면서 집단의 통합성을 파괴하는 개체다. 이전에 말했듯이, 개체는 하늘에 떠다니는 구름이나 사막에 부는 모래 바람 같은 존재다. 개체는 일시적으로 모이고 연합한다. 개체는 진화적 시간에 걸쳐 안정하지 않다. 개체군은 오래 지속할지도 모르지만, 다른 개체군과 끊임없이 섞이기 때문에 독자성을 잃고 만다. 개체군 또한 내부에서는 진화적 변화를 겪는다. 개체군은 자연 선택받는 단위로 볼 정도로 충분히 독자적이지도, 다른 개체군에 우선해 '선택될' 정도로 안정하지도 통합적이지도 않다. 그러나 이 '단편화' 논증은 유기체의 하위 집합, 유성 유기체에만 들어맞듯이, 집단 수준에서도 하위 집합에만 통한다. 이 논증은 서로 교배 가능한 집단에는 맞지만 번식적으로 격리된 집단에는 맞지 않는다.

그러면 종이 복제자로 불릴 만하게, 증식하면서 다른 종을 낳는 충분히 응집력 있는 존재자인지 검토해 보자. 이 논의는 종은 '개체'라는 기셀린(Ghiselin, 1974b)의 논리적 주장과 다르다는 사실을 언급해 둔다(또한 Hull, 1976 참조). 기셀린이 말한 의미에서는 유기체 또한 개체이며, 내가 유기체는 복제자가 아니라는 사실은 확고히 했다고 기대한다. 종은, 더 정확히 말해 번식적으로 격리된 유전자 풀은 정말 복제자라는 정의에 부합할까?

그저 불멸한다는 사실로는 복제자라는 자격을 얻기에 충분하지 않음을 기억해 두는 게 중요하다. 오랫동안 불변하는 완족류brachiopod◆ 린굴라속*Lingula*에 속하는 일련의 부모와 자식 계열은 유전자 계통과 똑같은 의미와 정도로 불멸한다. 사실은 린굴라속과 같은 '살아 있는 화석'을 예시로 택할 필요도 없을 것이다. 어떤 의미로 급속히 진화하는 계통도 지질학적 시간의 어느 시점에 절멸하거나 현존하는 존재자로서 다룰 수 있다. 자, 특정 종류의 계통이 다른 계통보다 더 절멸할 가능성이 높을 수 있으며, 절멸에 따르는 통계적 법칙을 포착할 수 있다고 하자. 예를 들어 무성생식하는 암컷 계통은 성을 유지하는 암컷 계통보다 체계적으로 다소 절멸할 가능성이 있다(Williams, 1975; Maynard Smith, 1978a). 몸 크

◆ 조개류와 유사하게 두 개의 껍데기를 갖춘 완족동물문에 속하는 동물. 개맛, 고려조개사돈 등이 있으며, 바다에서 바위나 다른 동물에 고착해 산다.

기가 급속히 커지는 방향으로(즉, 코프의 법칙Cope's Rule을 따르는 급속한 속도로) 진화한 암모나이트나 이매패류bivalve◆ 계통은 더 느리게 진화하는 계통보다 더 절멸하기 쉽다(Hallam, 1975). 리(Leigh, 1977)는 계통에 따라 절멸 차이가 나는 현상과 이것이 더 낮은 수준에서 일어나는 선택과 맺는 관계를 두고 몇 가지 탁월한 지적을 한다. "……개체군 내 선택이 종이 얻는 이익에 더 가깝게 작용하는 경우, 그러한 종이 선호된다." 선택은 "……이유야 어떻든 간에, 유전자가 주는 선택 이점이 적합도에 기여하는 일에 더 가까운 유전 체계가 진화한 종을 선호한다". 헐(Hull, 1980a, b)은 특히 계통이 지닌 논리적 지위를 명확히 하고, 이를 복제자와 상호 작용자(내가 '운반자'라고 부르는 존재자를 칭하는 헐의 용어)로부터 분명히 구별했다.

계통이 절멸하는 데서 나타나는 차이가 엄밀히 말해 선택의 한 형태라 해도, 그 자체로 점진적인 진화적 변화를 생산하기에는 충분치 않다. 계통은 '생존자'일지 모르지만, 이 사실만으로 계통을 복제자라고 볼 수는 없다. 모래알도 생존자다. 석영이나 다이아몬드로 된 단단한 입자는 백악으로 된 부드러운 입자보다 더 오래 존속할 것이다. 그러나 지금까지 모래알 간에 일어나는 단단함 선택을 진화적 전진의 기초라고 말한 사람은 없다. 모래알은 근본적으로 증식하지 않기 때문이다. 어떤 입자는 장기간 존속할 수는 있어도, 스스로 증식하거나 사본을 만들지는 못한다. 그렇다면 종이나 다른 유기체 집단은 증식하는가? 그들도 복제하는가?

알렉산더와 보르자(Alexander & Borgia, 1978)는 종이 증식하기 때문에 진정한 복제자라고 주장한다. "종은 종을 낳는다. 종은 증식한다." 증식하는 복제자로서 종, 더 정확히 말해 종의 유전자 풀을 논하기에 유용한 가장 뛰어난 사례는 '단속 평형론punctuated equilibria'이라는 고생

◆ 흔히 조개류, 부족류라 부르는 이매패강에 속하는 동물로서 굴, 대합, 홍합, 꼬막 등이 있다.

물학 개념과 관련한 '종 선택'론이다(Eldredge & Gould, 1972; Stanley, 1975 1979; Gould & Eldredge, 1977; Gould, 1977c, 1980a, b; Levinton & Simon, 1980). '종 선택'은 이 장과 밀접히 연결되기에 단속 평형론의 주요 내용을 논의하는 데 잠시 시간을 할애해야겠다. 시간을 내는 또 다른 이유는 굴드와 엘드리지가 제안한 이 이론이 일반적으로 생물학에서 매우 흥미롭기는 하지만, 실제보다 더 혁명적인 개념으로 과장해 생각해서는 안 된다는 우려가 들기 때문이다. 굴드와 엘드리지도 다른 이유에서긴 하나 이러한 위험을 안다(Gould & Eldredge, 1977, p. 117).

내 걱정은 종교 근본주의자나 버나드 쇼/쾨슬러◆ 유의 라마르크주의자같이 다윈주의를 잘 모르면서 밤낮없이 비판하는 집단의 영향력이 커지는 데서 비롯한다. 이들은 과학과 전혀 상관없는 이유로, 제대로 이해하지도 못한 채 호시탐탐 반다윈주의라는 기치를 퍼뜨릴 기회를 엿본다. 언론은 걸핏하면 이런 비전문가 집단에서 떠드는 다윈주의를 음해하는 목소리에 영합한다. 영국에서 그나마 평판이 좋은 일간신문(「가디언」, 1978년 11월 21일 자)도 논설 기사에서 언론답게 왜곡했지만, 그래도 엘드리지/굴드가 제시한 이론임을 알아볼 수 있는 견해를 다윈주의에 불리한 증거로 다루었다. 예상대로, 이 기사 때문에 독자란에는 무지한 근본주의자가 기뻐 날뛰는 반응이 올라왔고, 개중에는 유력 인사가 내비친 반응도 있었는데 이것이 대중의 불안을 자아내 '과학자'까지도 이제는 다윈주의를 미심쩍어한다는 인상을 받게 했다. 굴드 박사는 내게 「가디언」에 항의하는 편지를 보냈지만 호의적인 대답을 듣지 못했다고 말했다. 또 다른 영국 신문, 「선데이타임스」(1981년 3월 8일 자)는 '다윈에 도전하는 새로운 단서'라는 상당한 장문의 기사로 엘드리지/굴드의 이론과 다른 다윈주의 이론 사이의 차이를 선정적으로 과장했다. 영국방송협회BBC 또한

◆ **조지 버나드 쇼(George Bernard Shaw, 1856~1950)와 아서 쾨슬러(Arthur Koestler, 1905~1983)는 영국의 작가로 다윈의 진화론에 반대하고 라마르크의 진화론을 지지했으며, 그런 생각을 작품 내에서 설파했다.**

비슷한 시기에 경쟁하는 제작부가 두 가지 다른 프로그램을 만들어 여기에 한몫했다. 그 프로그램은 '진화의 문제'와 '다윈이 틀렸는가?'로 한쪽이 엘드리지를, 다른 쪽이 굴드를 들고 나온 점 외에는 별 차이가 없었다! 그런데 후자의 프로그램은 실제로 엘드리지/굴드의 이론을 논평하려고 근본주의자 몇을 발굴하기까지 했다. 놀랄 일도 아니다. 다윈주의자 내에서 겉보기에 불화처럼 보이는 모습을 멋대로 오해하는 게 근본주의자들이 즐기는 더할 나위 없는 오락거리다.

학술 정기간행물이라고 언론이 보여 준 수준과 다르지 않다. 『사이언스』(210권, pp. 883~887, 1980)는 '포화를 얻어맞는 진화론'이라는 극적인 제목 아래 대진화를 다룬 최근의 학회를 보도하면서, 역시나 '시카고에서 열린 역사에 남을 만한 학회가 현대적 종합의 지난 40여 년간 지배에 도전한다'라는 선정적인 부제를 달았다(Futuyma *et al.*, 1981에서 제기한 비판 참조). 그 학회에서 메이너드 스미스는 다음과 같이 말했다고 한다. "당신은 실제로는 아무런 대립도 없는 곳에 지적 대립이 있다고 생각해 이해를 가로막을 위험이 있다."(또한 Maynard Smith, 1981 참조) 이 모든 야단법석 앞에서 학회 부문 중 하나의 주제였던 '엘드리지와 굴드가 말하지 않은 (그리고 말한) 것'을 정확히 전달해 봤자 사태가 얼마나 명확해질지 걱정스럽다.

단속 평형론은 진화가 연속하는 매끄러운 변화, '장엄한 펼침'이 아니라, 끊겼다 이어졌다 하는 장기간의 정체 상태에서 급격히 도약함으로써 일어난다고 말한다. 이에 따라 화석 계통에서 진화적 변화가 나타나지 않는 사실은 '자료 없음'으로 치부할 게 아니라 일반적 현상으로 봐야 하며, 특히 이소적 종 분화allopatric speciation라는 현대적 종합에 포함된 개념을 진지하게 받아들인다면 예상할 수 있는 현상임이 분명하다. "이 소론의 귀결에 따르면, 새로운 화석 종은 자신의 조상이 살았던 곳에서 기원하지 않는다. 단순히 어떤 지역의 암석 단면에서 나타나는 특정 종을 연구해 계통이 점진적으로 분기하는 모습을 추적하는 일은 불가능하다."(Eldredge & Gould, 1972, p. 94) 물론 내가 유전하는 복제자 선택이라고 부르는 통상의 자연 선택을 통한 소진화도 일어나지만, 이는 대체로 종 분화 사건이라고 하는 중대한 시기에 폭발하는 듯한 짧은 활동기로 한정된다. 이런 소진화 폭발은 보통 고생물학자가 추적하기에는 너무 빠르게 끝난다. 우리가 볼 수 있는 전부는 새로운 종이 탄생하기 전과 후에 놓인 계통의 상태뿐이다. 그렇다면 화석 기록에서 나타나는 종 간의 '간극'은 때로 다윈주의자가 그랬던 것처럼 당혹스러워할 일이 아니라, 당연히 예상했어야 하는 현상이다.

고생물학상의 증거를 들여와 논쟁을 벌일 수도 있지만(Gingerich, 1976; Gould & Eldredge, 1977; Hallam, 1978), 나는 이를 판단할 수준을 갖추지 못했다. 사실 유감스럽게도 엘드리지/굴드 이론의 전모를 몰랐을 때, 고생물학이 아닌 방향으로 접근하면서 언젠가 변화에 저항하는 완충 작용을 하는 유전자 풀이라는 라이트/마이어의 발상이, 유전자 풀이 이따금 일어나는 유전적 혁명에 무너지기는 하나, 메이너드 스미스(Maynard Smith, 1974)의 '진화적으로 안정된 전략evolutionarily stable strategy(EES)'이라는 내가 열정적으로 지지하는 개념과 만족스럽게 양립한다는 사실을 알아차렸다.

> 유전자 풀은 어떤 새로운 유전자가 침입하지 못하는 것으로 정의하는, 유전자의 **진화적으로 안정된 집합**으로 변한다. 돌연변이나 재배열이나 이입으로 생기는 유전자 대부분은 자연 선택을 통해 즉시 불리해지고 진화적으로 안정된 집합은 복구된다. 때로는…… 새롭게 진화적으로 안정된 집합으로 끝나는 불안정한 과도기가 있다. (……) 한 개체군에는 한 가지 이상의 대체 가능한 안정점이 가능하며, 가끔 한 점에서 다른 점으로 돌연 뒤집힐 수 있다. 전진하는 진화란 끊임없이 위로 올라가는 게 아니라 안정된 정체기에서 안정된 정체기로 가는 따로 떨어진 일련의 단계

일지도 모른다. (Dawkins, 1976a, p. 93)

나는 또한 엘드리지와 굴드가 시간 척도에 관해 반복해서 지적한 점에도 깊은 인상을 받았다. "백만 년에 한 번 10퍼센트씩 증가하는 꾸준한 진행 과정이 무의미한 추상 개념이 아니라면 어떻게 봐야 하는가? 이렇게 변화무쌍한 세계에서 그처럼 미미한 선택압을 그렇게 오랫동안 중단 없이 줄 수 있단 말인가?"(Gould & Eldredge, 1977) "……화석 기록에서 조금이라도 점진주의를 본다는 사실은 그런 눈에 보이지 않는 변화를 관습적 방식의 자연 선택이라 생각해야 하는, 세대마다 극심하게 느린 속도로 진행하는 변화, 일시적으로 적응적 이점을 주는 변화를 뜻한다."(Gould, 1980a) 다음과 같은 유비가 가능하리라. 코르크 하나가 대서양 한쪽에서 다른 쪽으로 경로를 이탈하거나 역행하지 않고 꾸준히 간다면, 이를 멕시코 만류나 무역풍으로 설명할 수 있을 것이다. 이는 코르크 마개가 대양을 건너는 데 걸리는 시간이 적절한 기간, 가령 몇 주 혹은 몇 개월이라면 그럴듯해 보인다. 그러나 코르크 마개가 다시금 경로를 이탈하거나 역행하지 않고 꾸준하게 서서히 움직여 대양을 건너는 데 백만 년이나 걸린다면, 우리는 해류나 바람을 동원한 어떤 설명에도 만족하지 못할 것이다. 해류나 바람은 그렇게 천천히 움직이지 않는다. 아니면 해류나 바람이 그렇게 약하다면 코르크는 다른 힘 때문에 앞뒤로 이리저리 흔들리게 된다. 코르크가 극히 느린 속도로 그처럼 꾸준히 앞으로 나아간다면, 우리는 전혀 다른 설명, 관찰한 시간 척도 현상에 걸맞은 설명을 찾아야 한다.

그런데 여기에는 조금 흥미로운 역사적 얄궂음이 있다. 일찍이 다윈에 반대했던 논증 중 하나는 다윈이 말한 정도로 진화가 일어나기에는 충분한 시간이 없다는 것이었다. 당시 유효하다고 생각했던 짧은 시간에 선택압이 진화적 변화를 모두 달성할 만큼 충분히 강력하다고 상상하기는 힘들었다. 그러나 엘드리지와 굴드가 한 논증은 정확히 이와 거의 반대다. 즉 선택압이 그처럼 장기간에 걸쳐 그렇게 느린 속도로 일정한 방향의 진화를 유지할 만큼 **약하다고** 상상하기는 힘들다! 우리는 이 역사적 꼬임에서 교훈을 얻을 수 있을 것이다. 양쪽 논증 모두 다윈이 현명하게 경고했던, '상상하기 힘든'이라는 형식을 가진 추론 방법에 기댄다.

나는 엘드리지와 굴드가 말하는 시간 척도 논점이 어느 정도는 그럴듯하다고 보지만, 그들만큼 확신하지는 않는다. 내 상상력에는 한계가 있을 것이기 때문이다. 어쨌든, 정말로 점진주의 이론은 장기간에 걸친 **일정한 방향**의 진화를 가정할 필요가 없다. 코르크 마개 유비로 말하면, 바람이 너무 약**해서** 코르크 마개가 대양을 건너는 데 백만 년이나 걸린다면 어떻게 될까? 파도나 국지적으로 일어나는 해류는 실상 코르크 마개를 앞으로 보내는 것과 거의 마찬가지로 뒤로도 보낼 수 있다. 그러나 모든 힘이 가해졌을 때, 코르크 마개가 움직이는 순수한 통계적 방향은 느리면서도 수그러들지 않는 바람으로 여전히 결정 가능하다.

나는 또한 엘드리지와 굴드가 군비 경쟁이 일어날 가능성에 충분한 주의를 기울였는지 궁금하다(4장). 엘드리지와 굴드는 자신들이 공격하는 점진주의 이론을 다음과 같이 규정한다. "점진적으로 일정한 방향의 변화가 일어나는 데 필요하다고 가정한 기제는 '정향진화orthoselection'로, 보통 정향진화를 물리적 환경의 하나 혹은 그 이상의 특징에서 생기는 일정한 방향의 변화를 끊임없이 조절하는 기제로 간주한다."(Eldredge & Gould, 1972) 바람이나 해류라는 물리적 환경이 지질학적 시간 척도에서 꾸준히 같은 방향으로 압박했다면 동물 계통은 아주 빠르게 진화적 대양의 다른 쪽으로 도달해 고생물학자는 그 경로를 추적하지 못할 가능성이 정말 높을 수도 있다.

그러나 '물리적'을 '생물학적'으로 바꾸면 상황은 다르다. 한 계통에서 각각의 작은 적응적 전진이 다른 계통, 가령 포식자에서 대항 적응을 일으킨다면 느리고 방향성 있는 정향선택이 오히려 더 그럴듯해 보인다. 이는 종 내 경쟁에서도 동일하다. 예컨대 개체의 최적 크기는 **현재 개**

체군에서 나타나는 최빈값이 무엇이든, 현재 개체군의 최빈값보다 약간 더 클 수 있다. "……개체군 전체에서는 평균보다 약간 더 큰 크기를 선호하는 끊임없는 경향이 있다. 약간 더 큰 개체는 매우 소수지만, 길게 보면 대규모 개체군에서 경쟁할 때 중요한 이점을 가진다…… 따라서 이런 방식으로 규칙적으로 진화하는 개체군은 최적치가 정상 범위 변이 내에 계속 포함된다는 뜻에서 몸 크기와 관련해 언제나 잘 적응한다. 그러나 구심성 선택centripetal selection◆에서 나타나는 끊임없는 불균형은 평균값을 천천히 위쪽으로 올리는 일을 선호한다."(Simpson, 1953, p. 151) 아니면(뻔뻔하게 말하면 둘 다 좋다!), 진화적 경향이 정말로 끊겼다 이어지고 단계적이라 해도, 이는 그 자체로는 군비 경쟁 개념, 군비 경쟁하는 한쪽의 적응적 전진과 다른 쪽의 대항 사이에서 생기는 시차로 설명할 수 있다.

그러나 잠시 단속 평형론을 친숙한 현상을 다르게 보는 흥밋거리로 받아들이고, 굴드와 엘드리지(Gould & Eldredge, 1977)가 제시한 등식의 다른 측면, "단속 평형론+라이트 규칙=종 선택"을 논의해 보자. 라이트 규칙(라이트가 만든 말은 아니다)은 "종 분화 사건으로 산출된 일련의 형태는 하나의 계통군clade■ 내에서 나타나는 진화적 경향의 방향이라는 측면에서 본질상 무작위적이라는 명제다"(Gould & Eldredge, 1977). 예를 들어 일련의 근연 계통에서 더 큰 몸 크기를 향한 전반적 경향이 있더라도, 라이트 규칙은 새롭게 분기한 종에서 부모 종보다 더 크게 변하는 체계적 경향은 없다고 말한다. 이는 돌연변이가 가진 '무작위성'과 분명한 유사점이 있으며 곧장 등식의 우변으로 이끈다. 새로운 종이 주요 경향과 관련해서 조상과 무작위로 다르다면, 주요 경향 자체는 새로운 종 사이에서 일어나는 절멸 차이에서 비롯하는 게 틀림없다. 이를 스탠리(Stanley,

◆ 특정 환경 조건에서 사는 종이 그 환경에 아주 잘 적응했을 경우, 즉 짧은 시간 동안 안정된 환경에서 작동하는 자연 선택으로, 선택은 극단적으로 튀는 형질보다는 평균적 형질을 가진 개체를 선호한다. 그리하여 선택은 개체군 내에서 덜 적합한 개체의 유전자형뿐만 아니라 아주 특수화된 유전자형도 제거한다.

■ 공통 조상으로부터 진화한 유기체로 이루어진 집단

1975)의 용어로 '종 선택'이라고 한다.

굴드(Gould, 1980a)는 다음과 같이 말한다. "라이트 규칙을 시험하는 일은 대진화론과 고생물학의 중요한 임무다. 종 선택론은 그 순수한 형태에서 라이트 규칙을 시험하는 일에 좌우된다. 예를 들어 몸 크기가 증가하는 코프의 규칙을 따르는 계통, 가령 말을 생각해 보자. 라이트 규칙이 타당하며 새로운 말 종이 조상 종보다 몸 크기가 더 작거나 크게 태어나는 경우가 대개 동등하게 생긴다면, 해당 경향은 종 선택으로 강화된다. 그러나 새로운 종이 조상 종보다 특별히 더 크게 태어난다면, 종 선택은 전혀 필요하지 않다. 무작위로 일어나는 절멸이 여전히 이런 경향을 산출할 것이기 때문이다." 굴드는 여기서 위험을 자초하는 동시에 반대자에게 오컴의 면도날◆을 넘겨주고 있다! 굴드는 자신이 말하는 돌연변이 유사물(종 분화)이 향하는 방향이 **정해져 있다고** 해도, 그 경향은 여전히 종 선택으로 강화될 수 있다고 쉽게 주장할 수도 있었다(Levinton & Simon, 1980). 윌리엄스(Williams, 1966, p. 99)는 단속 평형을 다루는 문헌에 인용된 적이 없는 흥미로운 논의로서, 종 내에서 일어나는 진화의 전반적 경향과 **반대로**, 아마도 더 크게 작용하는 어떤 종 선택을 고찰한다. 윌리엄스도 말 사례와 초기 화석이 나중 화석보다 더 작은 경향을 띤다는 사실을 이용한다.

> 이런 관찰에서, 적어도 대부분 기간에 걸쳐 어림잡아 말하면, 평균보다 더 큰 몸은 각각의 말이 개체군의 다른 말과 번식 경쟁을 하는 데 이점을 주었다고 결론 내리고 싶다. 그러므로 제3기의 말-동물상을 구성했던 개체군은 평균적으로 대부분 시간 동안 더 큰 몸으로 진화했다고 추정한다. 그러나 정확히 그 반대가 참일 수도 있다.

◆ **불필요한 가정을 너무 많이 도입하지 말라는 사고 원리로, 설명력이 같은 경쟁하는 두 이론 중 가장 간단한 이론이 참일 가능성이 높다고 본다.**

제3기 어느 때나, 말 개체군 대부분은 크기가 작아지는 쪽으로 진화했을지도 모른다. 몸이 커진 경향을 설명하려면 단지 집단 선택은 몸이 커지는 쪽을 선호했다는 가정을 새로 추가하기만 하면 된다. 요컨대, 개체군 가운데 아주 소수만이 크기가 커지게 진화했지만, 바로 이 소수에서 백여 만 년 후의 개체군 대다수가 분기해 나왔다.

나는 윌리엄스로부터 인용한 문단과 내가 생각하기에 윌리엄스와 똑같다고 보는 엘드리지와 굴드가 의도하는 뜻에서, 고생물학자들이 종 선택에서 생긴다고 관찰한 코프의 규칙을 따르는 유형(그러나 Hallam, 1978 참조) 같은 주요 대진화 경향 가운데 일부는 종 선택으로 생긴다고 믿는 게 어렵지 않다고 본다. 그러나 세 사람 모두 동의할 거라고 생각하지만, 이런 사실은 개체의 자기희생을 설명하는 요인으로 집단 선택, 즉 종이 얻는 이득을 위한 적응을 받아들이는 일과 전혀 다른 문제다. 이는 또 다른 종류의 집단 선택 모형을 말하는 것이며, 그 경우 집단은 실제로는 복제자가 아니라 복제자가 이용하는 운반자다. 나는 나중에 그 두 번째 종류의 집단 선택을 살펴볼 것이다. 지금은 종 선택에 단순한 주요 경향을 이끄는 힘이 있다는 믿음은 해당 힘이 눈과 뇌 같은 복잡한 적응을 만든다는 믿음과 동일하지 않다고 주장하겠다.

고생물학에서 말하는 주요 경향들, 몸의 절대 크기나 몸 여러 부분이 나타내는 상대적 크기의 단순한 증가는 중요하고 흥미롭지만, 무엇보다 단순하다. 자연 선택은 많은 수준에서 드러나는 일반 이론이라는 엘드리지와 굴드의 믿음을 받아들이면, 어떤 특정한 양으로 진화적 변화를 이끄는 데는 어떤 최소한의 수로 선택적인 복제자 제거가 필요하다. 선택적으로 제거되는 복제자가 유전자든 종이든 간에, 단순한 진화적 변화는 그저 소수의 복제자만을 치환하도록 요구한다. 그러나 복잡한 적응이 진화하려면 다수의 복제자 치환이 필요하다. 우리가 유전자를 복제자로 생각했을 때 최소한의 대체 주기는 개체 세대 하나로서, 접합자zygote에서 접합자까지다. 이는 년이나 월, 아니면 그보다 더 작은 시간 단위로 측정된다. 가장 큰 유기체라 해도 그 주기는 수십 년에 불과하다. 반대로 우리가 종을 복제자로 생각했을 때 대체 주기는 종 분화가 생기고 나서 다음 종 분화가 생길 때까지의 간격에 해당한다. 이는 수천 년, 수만 년, 수십만 년이 될지도 모른다. 어떤 지질학적 시간에서 일어날 수 있었던, 선택적으로 종이 절멸한 수는 선택적으로 대립 유전자가 대체된 수보다 수천, 수만 배 더 작을 것이다.

다시금 이는 상상력의 한계에 지나지 않는지도 모르겠다. 그러나 종 선택이 제3기의 말 다리를 늘이는 것처럼 단순히 크기와 관련한 경향을 만드는 작용은 쉽게 이해 가지만, 이런 느린 복제자 제거 과정이 수중생활을 하는 고래에게 유용한 일련의 적응을 만든다는 주장은 이해되지 않는다. 이런 말을 하는 게 분명 불공평할 수도 있다. 고래가 가진 수중적응이 전체로서 볼 때 아무리 복잡하다 해도, 해당 적응은 몸의 서로 다른 부분에서 상대성장 상수가 갖는 다양한 크기와 부호값에 따라 일련의 단순한 크기 변화 경향으로 쪼갤 수 있는 것 아닌가? 말 다리에서 보이는 1차원적 늘어남을 종 선택으로 이해할 수 있다면, 모든 부분이 동등하게 단순한 크기 변화 경향으로 나란히 전진하며, 각각은 종 선택으로 추동되지 않겠는가? 이런 논증에는 통계적 약점이 있다. 그렇게 나란히 전진하는 경향이 10개 정도 있다고 가정하자. 이 수는 분명 고래에서 수중적응이 진화하는 과정을 연구하는 데 매우 적게 잡은 추정치다. 라이트 규칙을 10가지 경향에 모두 적용한다면, 종 분화 사건이 한 번 일어나면 각각의 10가지 경향은 전진할 가능성만큼 역행할 가능성도 있다. 한 번의 종 분화 사건에서 10가지 모두 전진할 가능성은 1/2의 10승이다. 이는 천에 하나일 확률보다 작다. 만일 나란히 진행하는 경향이 20가지 있다면 한 번의 종 분화 사건에서 20가지 전부 동시에 전진할 가능성은 백만에 하나 있을까 말까다.

물론 10개(또는 20개) 경향 전부가 한 번의 종 분화 사건에서 함께 전진하는 것은 아니더라도, 복잡한 다차원 적응을 향해 전진하는 일부는 종 선택으로 달성할 수도 있다. 어쨌든 거의 똑같은 비판점을 개체에서 일어나는 선택적 죽음에도 적용할 수 있다. 즉, 한 동물 개체가 측정 가능한 갖가지 차원에 모두 최적화한 경우는 좀처럼 없다고 말이다. 결국 논증은 다시 주기 차이로 돌아온다. 우리는 유전자 선택의 경우보다 종 선택에서 복제자 죽음 사이의 주기가 더욱더 어마어마하게 크다는 사실과, 또한 위에서 제기된 조합 문제도 고려해 정량적 판단을 내려야 할 것이다. 나는 정량적 판단을 할 자료도 수학적 능력도 없다. 적합한 귀무가설◆을 설정하는 일을 포함한 방법론에 관해 어렴풋한 느낌은 있지만 말이다. 그 방법론은 "다시 톰슨이라면 컴퓨터로 무엇을 했을까?"라는 내가 즐겨 생각하는 일반적 사고방식에 속하며, 관련된 적절한 유형의 프로그램은 이미 있다(Raup *et al.*, 1973). 추측건대, 종 선택은 복잡한 적응을 설명하는 데 대개 만족스럽지 않다고 생각한다.

종 선택론자가 사용할 수도 있는 또 다른 방식의 논증을 생각해 보자. 종 선택론자는 고래의 진화에서 10가지 주요 경향이 독립적이라는 가정에 따라 조합 계산을 하는 방법이 부당하다고 항의할 수 있다. 분명히 우리가 고려해야 하는 조합의 수는 서로 다른 경향 간의 상관성이 있다면 급감할 것이다. 여기서 상관성이 생기는 두 가지 상이한 원천을 구별하는 게 중요하다. 하나는 부수적 상관성이고, 다른 하나는 적응적 상관성이다. 부수적 상관성은 발생학의 사실들에서 생기는 본질적 결과다. 예를 들어 왼쪽 앞다리가 늘어나는 일은 오른쪽 앞다리가 늘어나는 일과 독립해 있다고 보기 힘들다. 하나를 성취하는 어떤 돌연변이는 본질상 동시에 다른 하나를 성취할 가능성이 있다. 다소 확실치는 않지만, 동일한 사실

◆ 연구자가 입증하려는 가설이 아니라 그것이 틀렸다고 주장하는 가설. 귀무가설을 기각함으로써 원래 입증하려는 가설이 참이라는 결론을 얻는다.

이 앞다리와 뒷다리가 늘어나는 일에도 부분적으로 들어맞을 것이다. 여전히 확실치는 않지만 유사한 사례가 많이 있을 것이다.

반대로, 적응적 상관성은 발생학 기제에서 직접적으로 따라 나오지 않는다. 육상 생활에서 수중 생활로 이동하는 계통은 운동계와 호흡계를 함께 변경할 필요가 있겠지만, 이들 사이에 어떤 본질적 연결이 있다고 기대할 만한 명백한 이유는 없다. 왜 보행하는 팔다리를 물갈퀴로 변형하는 경향이 산소를 내보내는 폐 효율을 증진하는 경향과 본질적 상관성이 **있어야 하는가**? 물론 이러한 두 가지 공적응한 경향이 발생학적 기제에 따르는 부수적 결과로 서로 연관될 **가능성**이 있으나, 그 상관성은 부정적이지 않은 것만큼이나 긍정적이지도 않을 수 있다. 우리는 서로 독립해 변화하는 차원을 셈하는 일에 신중해야 하지만, 다시 조합 계산으로 돌아온 것이다.

마지막으로, 종 선택론자는 한발 물러나 잘못 공적응한 변화 조합을 제거하는 평범하고 낮은 수준의 자연 선택을 적용할 수 있고, 그 결과 종 분화 사건은 오로지 종 선택이라는 체를 통과한 이미 시도되고 입증된 조합만 제공한다. 그러나 이런 '종 선택론자'는 굴드에 따르면 전혀 종 선택론자가 아니다! 굴드는 흥미로운 진화적 변화는 모두 끊겼다 이어지는 정체기에서 폭발하듯 짧은 시간에 집중해 일어날지라도, 대립 유전자 간 선택에서 나오지 종 간 선택에서는 나오지 않는다는 점을 인정했다. 굴드는 라이트 규칙의 위반을 인정했으며 이제 '라이트 규칙'을 위반하기가 불공평할 정도로 쉬워 보인다면, 이것이 내가 말한 굴드 스스로 자초한 위험이다. 라이트 자신은 규칙을 명명한 데 책임이 없다고 다시 말해 둔다.

단속 평형론에서 자라난 종 선택론은 대진화에서 나타나는 단일 차원의 양적 변화를 잘 설명할 수 있는 흥미로운 개념이다. 그러나 내가 관심 있게 보는 복잡하고 다차원적인 적응, '페일리의 시계Paley's watch'나 '극도로 완벽하고 복잡한 기관'처럼 적어도 신에 맞먹는 강력한 힘을 가진 창조자가 있어야 할 법한 적응을 설명하는 데 종 선택론을 사용한다면 꽤나 놀라운 일이다. 복제자가 대체 가능한 대립 유전자인 복제자 선택은 그런 일을 하기에 충분히 강력하나 복제자가 대체 가능한 **종**이라면, 종은 너무 느려 그런 일을 하기에 충분히 강력한지 의심스럽다. 엘드리지와 크래크래프트(Eldredge & Cracraft, 1980, p. 269)도 이 점에 동의하는 듯 보인다. "자연 선택의 개념(적합도 차이, 즉 개체군 내 개체들이 나타내는 번식 차이)은 입증된 개체군 내 현상으로 보이며 적응의 기원, 유지, 가능한 변화를 개중에 가장 잘 설명한다." 이것이 정말로 '단속 평형론자', '종 선택론자'가 흔히 견지하는 입장이라면 왜 이리 소란스러운지 이해하기 어렵다.

편의를 위해 종 선택론을 종을 복제자로 다루는 이론으로서 논의했으나, 이는 오히려 무성생식하는 유기체를 복제자로 말하는 것과 같음을 알아차린 독자도 있을 것이다. 이 장 서두에서 결합을 떠올려 보는 시험을 통해 복제자라는 이름은 엄밀히 말해, 가령 대벌레 자체가 아니라 대벌레가 가진 **유전체**로 한정할 수밖에 없음을 보았다. 이와 유사하게 종 선택 모형에서 복제자는 종이 아니라 **유전자 풀**이다. 여기에 이르러 다음과 같이 말하고 싶다. "이런 경우에, 엘드리지/굴드 모형에서도 어떤 더 큰 단위가 아니라 철저하게 유전자를 복제자로서 볼 수 있지 않을까?" 그 답은 엘드리지와 굴드의 말대로 유전자 풀이 공적응하는 단위이자, 변화에 맞서 항상적으로 완충 작용하는 게 옳다면, 대벌레 유전체와 똑같이 유전자 풀도 단일 복제자라고 다루는 게 정당하다는 것이다. 그러나 유전체는 무성생식을 할 때만 단일 복제자라는 정당성을 갖듯이, 유전자 풀도 번식적으로 격리되어 있을 때만 그런 정당성을 가진다. 보잘것없는 정당성이라도 말이다.

이 장 초반에서 유기체가 무성생식한다면 그 유전체는 복제자일 수도 있지만, 유기체는 분명히 복제자가 아님을 확고히 했다. 그리고 지금은 종과 같이 번식적으로 격리된 집단의 유전자 풀을 복제자로서 간주할 수 있음도 보았다. 우리가 이 경우에 사용한 논리를 잠시 받아들인다면, 그러한 복제자 간의 선택으로 방향 지어지는 진화를 상상할 수도 있다. 그러나 나는 이런 종류의 선택이 복잡한 적응을 설명할 수 없다고 결론 내렸다. 앞장에서 논의한 유전하는 작은 단편을 제외하면, 복제자라는 이름을 얻기에 그럴듯한 다른 후보가 있을까?

나는 이전에 복잡하면서 의사소통하는 뇌가 제공하는 환경에서만 번영하는 완전히 비유전적인 종류의 복제자를 옹호한 적이 있다. 나는 이를 '밈meme'이라 명명했다(Dawkins, 1976a). 불행히도 나는 클로크(Cloak, 1975)와 달리, 내가 제대로 이해했다면 럼스덴과 윌슨(Lumsden & Wilson, 1980)과 마찬가지로 한편으로는 복제자로서 밈 자체와 다른 한편으로는 밈이 내는 '표현형 효과' 또는 '밈 산물' 사이를 명확히 구별하지 않았다. 밈은 뇌에 사는 정보 단위로 볼 수 있다(클로크의 용어로는 'i-문화'). 밈은 일정한 구조를 지니며 정보를 저장하고자 뇌가 사용하는 물리적 매개체 어떤 것에든 실현된다. 뇌가 시냅스를 연결하는 유형으로 정보를 저장한다면, 원리상 밈은 시냅스 구조의 일정 유형으로서 현미경으로 확인 가능하다. 뇌가 정보를 '분산된' 형태로 저장한다면(Pribram, 1974), 밈을 현미경 슬라이드에 한정할 수야 없겠지만, 그래도 여전히 밈을 물리적으로 뇌에 사는 실체로 보려 한다. 이는 밈을 그 표현형 효과, 외부 세계에 내는 결과(클로크의 용어로는 'm-문화')와 구별하는 것이다.

밈이 내는 표현형 효과는 단어, 음악, 시각 이미지, 옷의 양식, 얼굴 표정이나 손짓, 우유 뚜껑을 따는 박새나 음식을 씻어 먹는 일본원숭이가 사용하는 기술 등의 형태로 나타날 수 있다. 표현형 효과는 뇌에 있는 밈이 밖으로, 눈에 보이게(또는 들을 수 있게 등) 발현된 것이다. 표현형 효과는 다른 개체가 가진 감각기관으로 지각 가능하고, 이를 수용하는 개체의 뇌에 스스로를 각인해 수용하는 뇌에 원래 밈의 사본(반드시 정확할 필요는 없다)을 새겨 넣는다. 그리하여 밈의 새로운 사본은 표현형 효과를 널리 전파할 수 있으며, 그 결과 해당 밈 자체의 더 많은 사본은 다른 뇌에서도 만들어질 수 있다.

원형적 복제자인 DNA로 돌아가 설명해 보자. 이 세계에 DNA가 내놓는 결과는 두 가지 중요한 종류로 나뉜다. 첫째, DNA는 복제효소 같은 세포 내 장치 등을 사용해 사본을 만든다. 둘째, DNA는 사본의 생존 가능성에 영향을 주는 외부 세계에 미치는 효과를 낸다. 두 가지 중 첫 번째 효과는 밈이 사본을 만들려고 개체 간 의사소통이나 모방하는 장치를 이용하는 일에 상응한다. 개체가 모방이 흔한 사회적 풍토에서 산다면, 이는 DNA를 복제하는 효소가 풍부한 세포 내 풍토에 상응한다.

그렇다면 DNA가 내는 두 번째 효과, 관습적으로 '표현형'이라 부르는 효과는 어떠한가? 밈이 내는 표현형 효과는 어떻게 복제에 성공하고 실패하는 데 기여하는가? 그 답은 유전하는 복제자 경우와 동일하다. 밈이 몸의 행동에 미치는 어떤 효과는 자신의 생존 가능성에 영향을 준다. 자신이 사는 몸을 절벽에 내달리게 하는 밈은 자신이 사는 몸을 절벽에 내달리게 하는 유전자와 같은 운명에 처한다. 그런 밈은 밈 풀에서 제거되는 경향이 있을 것이다. 그러나 몸의 생존을 증진하는 효과가 유전하는 복제자가 성공하는 일의 일부분에 불과하듯이, 밈이 자신의 보존을 보장하려고 표현형으로 할 수 있는 다른 방법도 많다. 밈이 내는 표현형 효과가 어떤 선율이라면, 이를 기억하기 쉬우면 쉬울수록 복사되기도 쉬울 것이다. 과학적 개념이라면, 세계에 존재하는 과학적 두뇌를 거쳐 그 밈이 퍼질 가능성은 이미 확립된 지식 집합에 잘 들어맞느냐에 영향받을 것이다. 정치나 종교적 사상이라면, 밈이 내는 표현형 효과 중 하나가 몸이 새롭고 낯선 사상에 극렬히 저항하게 한다면, 자신의 생존을 도모할 수 있을 것이다. 밈에는 자기만의 복제를 증진할 기회와 표현형 효과가 있으며, 밈이 이루는 성공이 유전적 성공과 어떤 식으로든 연결되어야 할 이유는 없다.

생물학적 관점에서 논의를 주고받은 동료들은 이 점이 밈 이론 전체가 지닌 약점이라고 지적했다(Greene, 1978; Alexander, 1980, p. 78; Staddon, 1981). 나는 문제라고 보지 않으나, 더 정확히 말하면, 문제라고 봐도 유전자보다 복제자로서 밈에 더 큰 약점이 있다고 생각하지 않는다. 몇 번이고, 사회생물학 동료들은 나를 변절자라고 비난했다. 내가 밈의 성공을 재는 **궁극적** 기준은 분명 다윈 '적합도'에 기여하는 데 있다는 주장에 동의하지 않을 것이기 때문이다. 동료들은 기본적으로 '좋은 밈'이 퍼지는 현상은 뇌가 이를 수용해서이며, 뇌의 수용성은 결국 (유전적) 자연 선택이 만든다고 말한다. 동물이 다른 동물을 모방한다는 바로 그 사실은 궁극적으로 다윈 적합도 관점에서 설명해야만 한다는 것이다.

그러나 유전적 의미에서 다윈 적합도라는 개념에는 아무런 마법도 없다. 최대화되는 근본 양으로서 다윈 적합도에 우선권을 주어야 할 법칙은 없는 것이다. 적합도는 그저 복제자 성공, 이 경우 유전하는 복제자의 성공을 말하는 방식일 뿐이다. 능동적인 생식 계열 복제자 정의에 부합하는 또 다른 종류의 존재자가 생긴다면, 자기 생존을 도모하고자 활동하는 새로운 복제자의 변이도 그 수가 증가하는 경향이 있을 것이다. 일관성을 맞추고자 자신의 밈을 전파하는 데 개체가 성취하는 성공을 측정하는 새로운 종류의 '개체 적합도'를 발명하는 일도 가능하다.

물론 "밈은 유전자에 철저히 의존하지만 유전자는 밈과 전혀 독립적으로 존재하고 변화할 수 있다"(Bonner, 1980)라는 말도 사실이다. 그러나 이 말이 밈 선택에서 성공을 재는 궁극적 기준이 유전자 생존이라는 뜻은 아니다. 밈이 자리한 개체의 유전자를 유리하게 하는 밈이 성공한다는 뜻도 아니다. 물론 때로 이런 일이 일어나기도 할 것이다. 자신을 운반하는 개체가 자살하도록 종용하는 밈은 심각한 불이익을 받을 게 명백하나, 반드시 치명적이라고 볼 수는 없다. 자살을 일으키는 유전자가 이따금 우회로를 통해 퍼지듯이(예를 들어 사회성 곤충의 일벌레나 부모의 희생), 자살 밈도 퍼질 수 있다. 극적이면서 유명한 순교가 깊은 사랑의 동기로써 타인의 죽음을 고취하고, 그 죽음이 다시 다른 사람의 죽음을 고

무하고, 그렇게 계속 이어지는 경우처럼 말이다(Vidal, 1955).

밈이 생존하는 상대적 성공도는 자신이 자리한 사회적, 생물학적 풍토에 결정적으로 의존하며, 이 풍토는 분명 개체군의 유전적 구성에 영향받는다. 그러나 풍토는 이미 밈 풀에 가득한 밈에도 영향받는다. 유전적 진화론자는 이미 두 대립 유전자가 이루는 상대적 성공은 다른 좌위에 있는 어느 유전자가 유전자 풀 내에서 우위를 차지하느냐에 달려 있다고 확신하며, 앞서 이런 개념은 '공진화하는 유전체'의 진화와 연결된다고 언급했다. 유전자 풀이 지닌 통계적 구조는 어떤 유전자가 대립 유전자와 비교해 성공하는 데 작용하는 풍토나 환경을 형성한다. 한 유전적 배경에서는 한 대립 유전자가 유리할 수 있다. 다른 유전적 배경에서는 다른 대립 유전자가 유리할 수 있다. 예를 들어 동물이 건조한 지역을 찾게 하는 유전자가 유전자 풀에 우세하다면, 이는 불투과성 피부를 위한 유전자를 선호하는 선택압을 형성할 것이다. 그러나 습한 지역을 찾게 하는 유전자가 유전자 풀에 우세하다면 투과하기 쉬운 피부를 위한 대립 유전자를 선호할 것이다. 요점은 분명하다. 어느 한 좌위에서 일어난 선택은 다른 좌위에서 일어나는 선택과 얽혀 있다. 어떤 계통이 특정 방향으로 진화하기 시작했다면, 많은 좌위들이 이에 보조를 맞추고, 그 결과 일어나는 양성 되먹임positive feedback◆은 외부 세계의 압력에 굴하지 않고 해당 계통을 같은 방향으로 몰고 가는 경향을 띨 것이다. 어느 한 좌위에서 대립 유전자 중 하나를 선택하는 환경이 지닌 중요한 측면은 이미 다른 좌위에서 유전자 풀을 지배하는 유전자다.

마찬가지로, 어떤 밈을 선택하는 데 중요한 측면은 이미 밈 풀을 지배하는 다른 밈이다(Wilson, 1975). 마르크스주의나 나치 밈이 이미 한 사회를 지배한다면, 어느 새로운 밈이 가질 복제 성공도는 이미 존재하는

◆ 어떤 원인으로 나타난 결과가 다시 원인으로 작용해 결과값을 증폭시키는 기제. 예를 들어 분만 시기에 분비되는 옥시토신은 자궁을 수축시키고 진통을 유발하는데, 이 진통과 수축은 옥시토신 분비를 더욱더 자극한다.

배경과 양립 가능하느냐에 영향받는다. 양의 되먹임은 밈에 기초한 진화가, 유전자에 기초한 진화가 선호하는 방향과 관계없는, 심지어 모순이기까지 한 방향으로 나아가는 추진력을 줄 것이다. 나는 문화 진화는 "그 기원과 규칙에서 유전적 진화에 빚지나, 자신만의 추진력을 보유한다"라고 말한 풀리엄과 던퍼드(Pulliam & Dunford, 1980)에 동의한다.

물론 밈에 기초한 선택 과정과 유전자에 기초한 선택 과정에는 중대한 차이가 있다(Cavalli-Sforza & Feldman, 1973, 1981). 밈은 선형의 염색체를 따라 한 줄로 늘어선 것이 아니며, 별개의 '좌위'를 차지하면서 경쟁하거나, 식별 가능한 '대립 밈'이 있는지도 분명하지 않다. 아마 밈도 유전자 경우와 마찬가지로, 엄밀히 말해 차이라는 관점에서 본 표현형 효과만을 논할 수 있을 것이다. 밈을 포함한 뇌가 산출하는 행동과 밈을 포함하지 않은 뇌가 산출하는 행동 사이의 차이를 뜻할 뿐이어도 말이다. 복제 과정은 유전자보다는 더 부정확할 것이다. 즉, 매번 복제가 일어날 때마다 특정한 '돌연변이적' 요소가 생기는데, 이는 이 장 처음에서 논한 '종 선택'에서도 마찬가지다. 밈은 부분적으로는 유전자에서 일어나지 않는 방식으로 서로 섞일 수 있다. 새로운 '돌연변이'는 진화적 경향이라는 측면에서 무작위라기보다는 '방향 지어져' 있으리라. 밈은 유전자보다 바이스만주의에서 더 자유롭다. 요컨대 밈에는 복제자에서 표현형으로 가는 인과관계만이 아니라 표현형에서 복제자로 가는 '라마르크적' 인과관계가 있을 것이다. 이런 차이는 밈 선택을 유전적 자연 선택에 빗대는 일이 무가치하거나 단연코 오해라는 점을 보여 주기에 충분하다. 나는 밈 선택이 주는 중요한 가치가 인간 문화를 이해하는 데 도움을 주기보다는 유전적 자연 선택을 보는 통찰력을 예리하게 하는 데 있다고 생각한다. 이것이 내가 주제넘게도 밈을 논의하는 유일한 이유다. 나는 문화 연구에 권위 있는 공헌을 하고자 해도 인간 문화를 논하는 문헌들을 충분히 이해하지 못했다.

밈을 유전자와 똑같이 복제자로 봐야 한다는 주장이 어떻든 간에,

이 장 첫 부분에서 개체는 복제자가 아니라는 점을 확고히 했다. 그럼에도 유기체는 엄청난 중요성을 지닌 기능 단위가 분명하기에 이제는 유기체가 하는 역할이 무엇인지 확실히 해 둘 필요가 있다. 복제자가 아니라면 유기체는 무엇인가? 그 답은 유기체는 복제자가 이용하는 공동의 **운반자**라는 것이다. 운반자는 복제자(유전자와 밈)가 타고 여행하는 존재자이며, 자신이 지닌 속성이 그 안에 탄 복제자로부터 영향받는 존재자이며, 복제자가 증식하려고 합성한 도구라 볼 수 있는 존재자다. 그러나 개체가 이러한 의미의 운반자로 볼 수 있는 유일한 존재자는 아니다. 존재자들이 이루는 위계는 더 큰 존재자에 끼워 넣어져 있고, 이론상 운반자라는 개념은 어떤 위계 수준에도 적용 가능하다.

위계 개념은 일반적으로 중요하다. 화학자는 물질이 대체로 100여 종류의 원자로 이루어지며, 전자를 통해 상호 작용한다고 생각한다. 원자는 무리를 이루어 고유한 수준에 맞는 법칙이 지배하는 거대한 집합체를 형성한다. 따라서 거대한 물질 덩어리를 생각할 때, 화학 법칙을 부정하지 않고 편의상 원자를 무시할 수 있다. 우리는 자동차가 어떻게 굴러가는지 설명할 때 원자나 반데르발스 힘van der Waal's force을 설명하는 단위로 쓰지 않고, 실린더나 점화 플러그로 말하는 방식을 선호한다. 이런 교훈은 원자나 실린더 헤드라는 두 가지 수준에만 적용되는 게 아니다. 위계는 원자 수준 아래 기초 입자에서부터 분자나 결정체를 거쳐 우리 감각기관이 육안으로 식별하는 거시적 덩어리에 이르기까지 존재한다.

살아 있는 물질은 복잡성이라는 사다리에 일련의 온전히 새로운 가로대를 도입한다. 이는 스스로 3차원 형태로 접히는 고분자, 세포 내 막과 세포소기관, 세포, 조직, 기관, 유기체, 개체군, 군집, 그리고 생태계에까지 이른다. 더 큰 단위에 끼워 넣어진 단위들이 이루는 유사한 위계는 생명체가 만든 복잡한 인공물에도 전형적으로 나타난다. 반도체 결정, 트랜지스터, 집적 회로, 컴퓨터, '소프트웨어'라는 관점에서만 이해 가능한 끼워 넣어진 단위가 그렇다. 모든 수준에서 단위는 고유한 수준에 맞는 법칙에 따라 상호 작용하며, 그 법칙은 멋대로 더 낮은 수준의 법칙으로 환원하지 못한다.

이 모든 말은 이전부터 수없이 반복했던 것이며, 진부하리만큼 명백하다. 그러나 때로는 제정신이라는 점을 입증하기 위해 진부한 말을 반복할 필요가 있다! 특히 조금 색다른 종류의 위계를 강조하고 싶은 사람이라면 말이다. 이런 강조가 위계 개념 자체에 가하는 '환원주의자'의 공격이라고 오해받을 소지가 있기 때문이다. 환원주의reductionism◆는 더러운 단어이며, '당신보다는 전체론자'라는 유의 독선이 유행처럼 번졌다. 나는 개체 몸 내부의 기제를 말할 때 이런 유행을 열심히 따랐고, 행동을 설명하는 경우 관습적인 신경생리학적 방식보다 '신경경제학' 및 '소프트웨어'적 방식을 지지해 왔다(Dawkins, 1976b). 개체 발생을 설명할 때도 비슷한 접근을 선호했다. 그러나 전체론적 설교는 숙고해야 할 문제를 쉽게 대신할 때가 있고, 선택받는 단위에 관한 논쟁이 바로 그렇다.

이 책이 옹호하는 신바이스만주의 생명관은 설명의 근본 단위로서 유전하는 복제자를 강조한다. 나는 유전하는 복제자가 기능과 목적학적 설명에서 원자 같은 역할을 한다고 생각한다. 우리가 적응을 무엇이 '이득을 얻는' 것으로 말하고자 한다면, 그 무엇은 능동적인, 생식 계열 복제자다. 이는 작은 DNA 덩어리로, 단어의 몇 가지 정의에 따르면 단일 '유전자'다. 그러나 물론 나는 화학자가 원자를 서로 별개로 작용하는 존재자로 생각하지 않는 것처럼, 유전하는 작은 단위가 고립해 작용한다고 보지 않는다. 원자처럼 유전자도 고도로 모여 있다. 유전자는 흔히 염색체를 따라 결합해 있으며, 염색체는 집단으로 핵막에 싸이고, 세포질에 봉해지고, 세포막에 둘러싸인다. 세포도 대개 단독으로 있지 않으며, 우리

◆ **복잡한 대상을 더 단순하고 기본적인 요소로 설명하려는 입장**

가 유기체라 부르는 거대한 복합체를 형성하고자 복제된다. 지금 우리는 익숙한 끼워 넣어진 위계에 연결되었으며, 여기서 더 나아갈 필요가 없다. 기능적으로 말해도 역시 유전자는 모여 있다. 유전자는 몸에 표현형 효과를 발휘하지만, 단독으로 그런 효과를 내지는 못한다. 나는 이 책에서 몇 번이고 이 점을 강조한다.

이런 논의가 환원주의처럼 들리는 이유는 내가 실제로 생존하는가 아니면 실패하는가라는 의미에서 선택받는 단위를 원자론적으로 보자고 강조하기 때문이다. 하지만 선택받는 단위가 생존을 도모하는 표현형 **수단**을 발생시키는 일에 관한 한 나는 진정한 상호 작용론자다.

> 물론 유전자가 내는 표현형 효과는 유전체에 있는 다른 많은 유전자, 또는 다른 유전자 전부라는 맥락에서 벗어나면 무의미한 것이 사실이다. 그렇지만 유기체가 아무리 복잡하고 뒤얽혀 있다 해도, 유기체가 **기능** 단위라는 사실에 동의한다 해도, 나는 여전히 유기체를 **선택받는** 단위로 보는 방식은 잘못이라고 생각한다. 유전자는 배 발생에 미치는 효과에서 원하는 대로 상호 작용하며, '섞이기'까지 할 것이다. 그러나 다음 세대로 전달되는 과정에서는 섞이지 못한다. 나는 진화에서 개체 표현형이 가진 중요성을 폄하하고 싶지 않다. 그저 개체의 역할이 무엇인지 엄밀히 구분하고자 한다. 개체는 복제자를 보전하는 아주 중요한 도구이지, 보전되는 것이 아니다. (Dawkins, 1978a, p. 69)

이 책에서 나는 '운반자'라는 단어를 하나의 통합되고 응집된 '복제자를 보전하는 도구'를 뜻하는 데 사용한다.

운반자는 이름에 걸맞게 개별화된 단위로, 복제자 무리를 수용하고 복제자를 보전하고 전파하도록 작동하는 단위다. 반복해서 말하지만 운반자는 복제자가 아니다. 복제자가 이루는 성공은 사본 형태로 살아남는 능력으로 측정한다. 운반자가 이루는 성공은 그곳에 탄 복제자를 전파하는 능력으로 측정한다. 명백히 원형적인 운반자는 개체이나, 개체만이 생명의 위계에서 그런 이름을 붙일 수 있는 유일한 수준은 아니다. 개체 수준 아래 있는 염색체나 세포도, 위에 있는 집단이나 군집도 운반자 후보로 검토할 수 있다. 어떤 수준에서든, 운반자가 파괴되면 그 속에 탄 모든 복제자도 파괴된다. 따라서 자연 선택은 어느 정도로나마 파괴에 저항하는 운반자를 만드는 복제자를 선호할 것이다. 원리상 이런 주장은 단일 유기체만이 아니라 유기체가 모인 집단에도 적용할 수 있다. 집단이 파괴되면 그곳에 사는 모든 복제자도 파괴되기 때문이다.

그러나 운반자 **생존**은 지금 하는 논의의 일부에 불과하다. 다양한 수준에서 운반자가 '번식'하게끔 작용하는 복제자는 단순히 운반자가 생존하게끔 작용하는 경쟁 복제자보다 더 잘 복제될 것이다. 유기체 수준에서 일어나는 번식은 더 이상 논의가 필요 없을 정도로 익숙하다. 집단 수준에서 일어나는 번식은 한층 어렵다. 원리상 어떤 집단이 '번식체 propagule'를 방출한다면, 가령 한 젊은 유기체 무리가 집단을 나와 새로운 집단을 건설한다면 번식한다고 말할 수도 있다. 선택이 일어날 수 있는 포개진 위계 수준이라는 개념, 내가 운반자 선택이라 부르는 이러한 개념은 윌슨(Wilson, 1975)이 집단 선택을 논하는 저서의 한 장(예를 들어 윌슨의 책에서 그림 5-1)에서 강조한 바 있다.

나는 예전에 '집단 선택'과 다른 상위 수준에서 일어나는 선택에 회의하는 이유를 설명했으며, 최근의 문헌들에도 내 마음을 바꿀 만한 논의는 없다. 그러나 이런 문제는 여기서 다루지 않는다. 여기서 중요한 점은 두 가지 구별되는 개념적 단위, 복제자와 운반자 사이의 차이를 명확히 해야 한다는 사실이다. 나는 종을 **복제자** 관점으로 보는 게 엘드리지와 굴드의 '종 선택'론을 가장 잘 이해하는 방법이라고 말했다. 그러나 보통 '집단 선택'이라 불리는 모형, 윌슨(Wilson, 1975)이 검토한 모형 전부와 웨이드(Wade, 1978)가 검토한 모형 대부분을 포함한 모형 대다수는 암암리에 집단을 운반자로 다룬다. 그곳에서 말하는 선택이 내놓는 최종 결과는 유전자 빈도의 변화, 예를 들어 '이기적 유전자'를 희생해 '이타적 유전자'가 증가하는 것이다. 따라서 선택 과정(운반자)의 결과로서 실제로 살아남는(또는 사라지는) 복제자로 간주하는 요소는 여전히 유전자다.

집단 선택 자체를 말하자면, 나는 집단 선택이 정당한 생물학적 관심보다는 이론이 가진 교묘함에 더 심취했다는 편견이 있다. 나는 원과 면적이 같은 정사각형을 작도한다는 기발한 논문들 때문에 늘 괴로워하는 일급 수학 학술지 편집자를 안다. 어떤 지적 호사가는 증명 불가능하다고 판명된 사실에 도전하고 싶어 안달한다. 아마추어 발명가는 영구운동기관에 이런 매혹을 느낀다. 하지만 집단 선택은 경우가 다르다. 집단 선택은 불가능하다고 입증되지 않았으며, 입증될 일도 없기 때문이다. 그럼에도 집단 선택이 끈질기게 낭만적 호소력을 지니는 이유 중 일부는 윈-에드워즈(Wynne-Edwards, 1962)가 집단 선택이라는 개념을 들여온 귀중한 공헌을 한 이래, 그 이론이 위압적인 맹공격을 받았다는 사실에서 유래하는 것은 아닌지 궁금하며, 이렇게 생각해도 용서해 주기 바란다. 반집단 선택론은 정론으로 확립되어 기꺼이 수용되었으며 메이너드 스미스(Maynard Smith, 1976a)가 썼듯이, "일단 정론이라는 위치에 올라가면, 비판 대상이 된다는 사실은 과학의 본성이다……". 분명 이는 건강한 일이지만 메이너드 스미스는 냉담하게 다음과 같이 말한다. "어떤 입장이 정론이라는 이유만으로, 그 입장이 틀렸다는 결론은 따라 나오지 않는다……." 최근 길핀(Gilpin, 1975), E. O. 윌슨(E. O. Wilson, 1975), 웨이드(Wade, 1978), 부어먼과 레빗(Boorman & Levitt, 1980), D. S. 윌슨(D. S. Wilson, 1980. 그러나 Grafen, 1980의 비판 참조)은 좀 더 관대하게 집단 선택론을 다룬다.

나는 다시 집단 선택 대 개체 선택 논쟁을 반복할 생각이 없다. 이 책의 주요 목적은 운반자가 개체든 집단이든, 운반자 개념 전체가 지닌 약점에 주의를 돌리는 데 있기 때문이다. 심지가 굳은 집단 선택론자까지도 개체가 훨씬 더 응집력 있고 중요한 '선택받는 단위'라는 주장에 동의하기에, 나는 집단보다는 대표적인 운반자로서 개체를 공격하는 데 집중할 것이다. 이를 통해 집단 선택에 반대하는 논증은 자연스럽게 견고해질 것이다.

내가 창안한 운반자라는 개념이 쉽게 나가떨어지는 동네북처럼 보일지도 모른다. 그러나 그렇지 않다. 나는 운반자라는 이름을 단순히 자연 선택을 연구하는 유력한 정론의 기초 개념으로서 표현하려고 사용했다. 근본적 의미에서 자연 선택은 유전자(또는 더 큰 유전하는 복제자) 생존에서 나타나는 차이로 이루어진다는 사실은 대개 인정한다. 그러나 유전자는 벌거벗지 않았으며, 몸(또는 집단 등)을 통해 작용한다. 선택받는 궁극 단위는 실상 유전하는 복제자이지만, 선택받는 근접 단위는 보통 더 큰 무엇, 보통 개체로 볼 수 있다. 따라서 마이어(Mayr, 1963)는 개체의 유전체 전체가 지닌 기능적 응집력을 입증하려고 한 장을 통째로 할애한다. 마이어가 말한 요점은 13장에서 자세히 논의하겠다. 포드(Ford, 1975, p. 185)는 "선택받는 단위는 유전자이므로, 곧 선택받는 단위는 개체다"라고 무시하듯 치부하는 '오류'를 범했다. 굴드(Gould, 1977b)는 이렇게 말했다.

> 선택은 단순히 직접 유전자를 보고 골라내는 게 아니다. 선택은 매개물로서 몸을 이용한다. 유전자는 세포 속에 숨겨진 DNA 조각이다. 선택은 몸을 세심히 본다. 선택은 더 강하고, 더 잘 보호하고, 성적 성숙이 빠르고, 용맹하게 싸우고, 보기에 더 아름다운 몸을 선호한다. (……) 선택이 더 강한 몸을 선호해 힘을 증진하는 유전자에 직접 작용한다면, 도킨스가 정당함을 입증할지도 모른다. 몸이 유전자를 표시하는 명료한 지도라면, 경쟁하는 DNA 조각은 자기 특색을 외부에 드러내고 선택은 이에 직접 작용할 수도 있다. 그러나

몸은 전혀 그런 존재가 아니다. (……) 몸은 각각의 유전자가 각각을 구성하는 부분으로 세분화할 수 없다. 수백여 유전자가 몸 부위 대부분을 구축하는 데 기여하며, 그 유전자들이 가하는 작용은 변화무쌍한 일련의 환경이 미치는 영향, 즉 배아기와 출생 후 환경, 내부와 외부 환경을 통해 방향 지어진다.

자, 위 진술이 정말 좋은 논증이라면 이는 선택받는 단위로서 유전자라는 개념에 반대하는 논증인 동시에 멘델 유전학 전체에 반대하는 논증일 것이다. 라마르크 광신자인 H. G. 캐넌은 정말로 이런 논증을 사용해 다음과 같이 숨김없이 말한다. "살아 있는 몸은 고립해 있는 무엇이 아니며, 다윈이 상상했듯이 부분들이 모인 집단도, 내가 이전에 말했던 것처럼 상자 안에 수많은 구슬이 들어간 모양도 아니다. 이것이 현대 유전학이 마주친 비극이다. 신멘델주의 가설 신봉자들은 유기체를 아주 많은 유전자가 통제하는 아주 많은 형질로 생각한다. 말하자면 신멘델주의자는 다원유전자polygene를 좋아한다. 이것이 그들이 말하는 공상적 가설의 정수다."(Cannon, 1959, p. 131)

대다수 사람은 위 진술이 멘델 유전학에 반대하는 좋은 논증이 아니며, 유전자를 선택받는 단위로 다루는 데 반대하는 좋은 논증도 아니라는 점을 인정할 것이다. 굴드와 캐넌이 저지른 실수는 유전학과 발생학을 구별하지 못했다는 데 있다. 멘델주의는 입자 유전에 관한 이론이지 입자 발생학이 아니다. 캐넌과 굴드의 논증은 입자 발생학에 반대하면서 혼합 발생학을 지지하는 데 타당한 논증이다. 나 자신도 이 책의 다른 곳에서 비슷한 논증을 펼친다(예를 들어 9장의 '전성설의 빈곤'이라 붙인 절에서 시도한 케이크 유비). 유전자는 관련된 표현형이 발생하도록 작용하는 효과에 관한 한 실제로 섞인다. 그러나 앞서 충분히 강조한 것처럼, 유전자는 세대를 내려가며 복제되고 재조합할 때는 섞이지 **않는다**. 이것이 유전학자에게 놓인 문제이며, 또한 선택받는 단위를 연구하는 사람에게 놓인 문제이기도 하다.

굴드는 계속해서 이렇게 말한다.

> 그렇게 부분은 유전자로 번역하지 못하며, 선택은 부분에 직접 작용하지조차 못한다. 선택은 유기체 전체를 받아들이느냐 거부하느냐이다. 부분의 모임은 복잡한 방식으로 상호 작용하며 이득을 주기 때문이다. 스스로 생존하는 길을 꾀하는 개별 유전자의 이미지는, 우리가 아는 발생 유전학과는 그다지 관련이 없다. 도킨스는 또 다른 은유를 필요로 할 것이다. 간부 회의를 열고, 동맹을 맺고, 협정에 참여하는 일에 경의를 표하고, 예상 가능한 주위 상황을 평가하는 유전자를. 그러나 그러한 많은 유전자를 합쳐서 환경을 매개로 작동하는 위계 사슬에 함께 묶을 때, 그 결과로 생긴 물체를 몸이라고 부른다.

여기서 굴드는 진실에 접근하고 있으나, 진실은 내가 13장에서 보여 주려는 것처럼 더 섬세하다. 요점은 앞장에서 넌지시 말했다. 간단히 말해, 유전자가 '간부회의'를 열거나 '동맹'을 맺는다고 말하는 의미는 다음과 같다. 선택은 **다른 유전자가 존재하는 조건에서** 성공하는 유전자를 선호하기 때문에, 그 결과 **유전자는 다른 유전자들이 존재하는 조건에서 성공한다**. 따라서 서로 화합하는 일련의 유전자가 유전자 풀에 나타난다. 이는 "그 결과로 생긴 물체를 몸이라고 부른다"라는 말보다 더 섬세하고 더 유용하다.

물론 유전자는 선택할 때 직접 보이지 않는다. **명백히** 유전자는 표현형 효과 덕분에 선택되며, 확실히 수백여 개의 다른 유전자와 어울려서야 표현형 효과를 **낸다**고 말할 수 있다. 그러나 이 책이 논하는 주제는 표현형 효과가 별개의 몸(또는 다른 별개의 운반자)에 깔끔하게 담겨 있다고 보는 게 최선이라고 가정하는 오류에 빠져서는 안 된다는 점이다.

확장된 표현형이라는 신조에 따라 유전자(유전하는 복제자)가 내는 표현형 효과는 세계 전체에 미친다고 보는 것이 최선이며, 유전자가 자리한 개체나 다른 어떤 운반자에게 효과가 미치는 일은 그저 부수적 사건에 불과하다.

7장

Selfish Wasp or Selfish Strategy?

이기적 벌인가, 이기적 전략인가?

이 장은 실질적인 연구 방법론을 논한다. 이론적 수준에서는 이 책의 논지를 받아들여도, 실천 면에서는 **개체**가 얻는 이점에 주목하는 방법이 현장 연구자에게 유용하기 때문에 반대하는 사람도 있을 것이다. 이론적 의미에서 반대자는 이렇게 말하리라. 자연계를 복제자들의 전쟁터로 보는 것이 옳다 해도, 실제 연구에서 우리는 개체가 지닌 다윈 적합도를 측정하고 비교해야만 한다. 나는 반드시 그렇지는 않다는 점을 보이기 위해 특정한 연구 사례를 상세히 논의하고자 한다. 개체가 거두는 성공을 비교하는 대신 '전략'(Maynard Smith, 1974)이나 '프로그램', '서브루틴 subroutine'◆의 성공도, 즉 이를 사용하는 개체 전체를 평균해 나온 성공도를 비교하는 방법이 실제로 더 유용한 경우가 흔하다. 내가 택할 수 있는 많은 연구 사례, 예를 들어 '최적 먹이 구하기' 연구(Pyke, Pulliam & Charnov, 1977; Krebs, 1978), 파커의 똥파리 연구(Parker, 1978a), 데이비스가 논평한 사례(Davies, 1982) 등등에서 순전히 내가 아주 잘 안다는 이유로 브록만의 나나니벌 연구를 논하겠다(Brockmann, Grafen & Dawkins, 1979; Brockmann & Dawkins, 1979; Dawkins & Brockmann, 1980).

나는 메이너드 스미스가 '전략'이라는 단어를 사용한 뜻과 정확히 동일한 뜻으로 '프로그램'이라는 단어를 사용한다. '전략'보다 '프로그램'을 좋아하는 이유는 적어도 두 가지 다른 방식으로 '전략'이란 단어가 상당히 오해받기 쉽다는 점을 경험으로 알기 때문이다(Dawkins, 1980). 그리고 곁다리로 말해, 『옥스퍼드영어사전』이나 표준미국용어법에 따라 프랑스에서 수입되어 19세기식 꾸밈이 보이는 'programme'보다 'program'을 좋아한다. 프로그램(또는 전략)이란 행동에 쓰이는 처방이며 컴퓨터가 자기 프로그램을 따르듯이 동물이 '따르는' 듯 보이는 개념상의 지시다. 컴퓨터 프로그램 제작자는 알골Algol이나 포트란Fortran 같은

◆ **프로그램 내에서 특별한 임무를 처리하고자 반복해서 사용하는 부분 프로그램**

프로그램 언어로 프로그램을 짜며, 그 모양은 영어의 명령문을 꽤 닮았다. 컴퓨터를 구성하는 장치는 이 유사영어 지시를 따르는 것처럼 설정한다. 장치가 작동하기 전에 (컴퓨터가) 프로그램을 더 기초적인 일련의 '기계어' 지시로 번역하는데, 이는 하드웨어에 더 가깝고 인간이 쉽게 이해하기도 어렵다. 어떤 의미로 '실제로' 따르는 지시는 유사영어 프로그램이 아니라 기계어지만, 다른 의미에서는 둘 다 따르기도 하고, 또 다른 의미에서는 둘 다 따르지 않기도 한다!

프로그램이 숨겨진 컴퓨터를 관찰하고 분석하는 사람은, 원리상 프로그램이나 이와 기능적으로 같은 무언가를 재구성하는 게 가능하다. 마지막 뒤 문장이 중요하다. 자기가 편하고자 그 사람은 특정한 언어, 즉 알골, 포트란, 순서도, 엄격한 규칙을 따르는 영어의 특정 하위 집합으로 재구성한 프로그램을 짤 것이다. 그러나 원래 프로그램이 처음에 이들 언어 중 하나로 짜였다고 해도, 그게 무엇인지 알 방법은 없다. 기계어로 직접 짰을지도 모르고, 공장에서부터 컴퓨터 장치에 '내장되어' 있었는지도 모른다. 어느 경우나 최종 결과는 같다. 컴퓨터는 제곱근을 계산하는 일같이 유용한 임무를 수행하고, 인간은 컴퓨터를 자신이 이해하기 편한 언어로 짠 일련의 명령문에 '따르는' **듯이** 유효하게 다룰 수 있다. 나는 여러 목적상 행동 기제를 이렇게 '소프트웨어로 설명'하는 방식이 신경생리학자가 선호하는 더 명확한 '하드웨어로 설명'하는 방식만큼이나 타당하고 유용하다고 생각한다.

동물을 보는 생물학자는 숨겨진 프로그램을 실행하는 컴퓨터를 보는 공학자와 어느 정도 같은 입장에 있다. 동물은 마치 프로그램, 차례로 배열한 명령문을 조직화된, 목적이 있는 방식으로 따르는 것처럼 행동한다. 동물이 따르는 프로그램은 실제로 숨겨진 것은 아니다. 프로그램을 짠 일도 없으니까. 오히려 자연 선택은 적절한 방식으로 행동하도록(그리고 행동을 바꾸는 방법을 배우도록) 연속하는 세대의 신경계를 변경하는 돌연변이를 선호함으로써, 내장된 기계어 부호 프로그램에 상응하는 것을 대충 꿰맞춘다. 여기서 적절하다는 관련 유전자가 생존하고 퍼지는 데 적절하다는 뜻이다. 어떤 프로그램도 짜 넣은 일이 없으나, 그럼에도 숨겨진 프로그램을 실행하는 컴퓨터처럼 동물이 영어같이 이해하기 쉬운 언어로 '짠' 어떤 프로그램을 '따른다'고 생각하는 방식은 편리하다. 그 뒤 우리가 할 수 있는 일 중 하나는 개체군의 신경계에서 '연산 시간' 동안 서로 '경쟁'하는 대체 가능한 프로그램이나 서브루틴을 생각하는 것이다. 컴퓨터를 사용한 유비는 세심하게 다루어야 하겠지만 앞으로 보여 줄 것처럼, 자연 선택이 대체 가능한 프로그램이나 서브루틴이 모인 풀에 직접 작용하며 개체를 이런 대안 프로그램의 임시 실행자, 전파자로 보는 방법은 유용하다. 예를 들어 메이너드 스미스(Maynard Smith, 1972, p. 19)는 동물이 벌이는 싸움을 다루는 특정 모형에서 대체 가능한 '전략(프로그램)' 5개를 가정했다.

1. 형식적 위협으로 시작하라. 적수가 더 강하거나 전면전을 걸어 오면 후퇴하라.
2. 전면전으로 시작하라. 부상을 입었을 때만 후퇴하라.
3. 형식적 위협으로 시작하라. 적수가 전면전을 걸어 오면 응하라.
4. 형식적 위협으로 시작하라. 적수가 계속 위협만 하면 전면전을 걸어라.
5. 전면전으로 시작하라. 적수가 전면전으로 응하면 부상을 입기 전에 후퇴하라.

컴퓨터로 모의실험을 하려면 5가지 '전략'을 더 엄밀하게 정의해야 하지만, 이해를 위해 간단한 명령문으로 표현하는 게 더 좋다. 이 장에서 중요한 점은 (개체가 아니라) 5가지 전략을 자신의 권리를 위해 경쟁하는 존재자처럼 간주했다는 사실이다. 컴퓨터 모의실험에서는 성공을 거두는 전략이 '번식'하도록 규칙을 설정했다(성공적 전략을 채택하는 개체가 번식해 동일한 전략을 택하는 유전적 경향을 전달하겠지만, 이런 세부 사항은 무시했다). 문제는 전략이 거두는 성공이지, 개체가 거두는 성공이 아니다.

더욱 중요한 점은 메이너드 스미스가 오직 특별한 의미에서만 '최선'인 전략을 찾으려고 했다는 사실이다. 사실 그는 '진화적으로 안정된 전략', 즉 ESS를 찾으려 했다. ESS에는 엄격한 정의가 있지만(Maynard Smith, 1974), 대충 요약하자면 자신의 사본과 경쟁해 성공을 거두는 전략이다. 이를 정의로서 보기에는 이상한 속성이라 생각할지 모르나, 그 정당화 근거는 매우 강력하다. 프로그램이나 전략이 성공적이라면, 이는 해당 사본이 프로그램군 내에서 수가 무수히 늘어나며, 결국에는 거의 보편적이 된다는 것을 의미한다. 따라서 프로그램은 자기 사본에 에워싸일 것이다. 그러므로 프로그램이 계속 보편적이려면 자기 사본과의 경쟁에서도, 돌연변이나 침입으로 드물게 생기는 다른 전략과 비교해서도 성공해야만 한다. 이런 의미로 진화적으로 안정되지 않은 프로그램은 이 세계에서 영속하지 못하며, 우리 설명에도 등장하지 않을 것이다.

앞서 열거한 5가지 전략에서, 메이너드 스미스는 5가지 프로그램의 사본을 모두 포함한 개체군에서 어떤 일이 벌어질지 알고자 했다. 5가지 중 하나가 우위를 차지한다면, 다른 모든 프로그램에 맞서 그 수적 우세함을 유지할 수 있는 프로그램이 있는가? 메이너드 스미스는 3번 프로그램이 ESS라고 결론 내렸다. 3번 프로그램이 개체군에서 수적으로 많아졌을 때 3번 프로그램보다 더 잘하는 프로그램은 없었다(사실 이 특별한 사례에는 문제가 하나 있다—Dawkins, 1980, p. 7. 그러나 여기서는 무시하겠다). 우리가 프로그램이 '더 잘한다'라거나 '성공한'이라고 말할 때, 개념상 성공은 다음 세대에 동일한 프로그램의 사본을 전파하는 능력으로 측정한다. 즉, 실제로 성공한 프로그램이란 이를 채택한 동물의 생존과 번식을 증진하는 프로그램이라는 의미일 것이다.

메이너드 스미스가 프라이스, 파커(Maynard Smith & Price, 1973;

Maynard Smith & Parker, 1976)와 함께한 작업은 게임과 관련한 수학 이론을 받아들여, 해당 이론에서 다윈주의자의 목적에 맞게 수정해야 할 결정적 측면을 보완한 것이다. 자신의 사본과 비교해 더 잘 생존하고 번식하는 전략, ESS라는 개념이 바로 그 결과다. 나는 이미 두 번이나 ESS 개념이 가진 중요성을 옹호하고 ESS가 동물행동학에 광범하게 적용 가능하다고 설명했기에(Dawkins, 1976a, 1980), 여기서 반복할 필요는 없다고 생각한다. 여기서는 이 책이 다루는 주제, 즉 자연 선택이 작용하는 수준을 둘러싼 논쟁에 이런 사고방식이 적절한지 전개하려 한다. ESS 개념을 사용한 구체적 연구 일부를 이야기하는 것으로 시작하겠다. 내가 쓰려는 사실 전부는 제인 브록만Jane Brockmann 박사가 수행한 현장 관찰에서 나왔고, 다른 곳에서 상세히 보고했으며 3장에서도 짧게 언급했다. ESS 개념을 이 책이 전하려는 견해와 연결하기 전에 연구 자체를 간단히 설명하겠다.

스펙스 이크네우모네우스*Sphex ichneumoneus*는 단독성 벌로서, 단독성이란 사회 집단도, 불임인 일벌도 없다는 뜻이다. 암컷이 느슨한 의미로 서로 모여 둥지를 파내는 행동을 하지만 말이다. 각각의 암컷은 자기 알을 낳고, 새끼를 부양하는 모든 노력을 알을 낳기 전에 끝내 놓는다. 즉, 이 벌은 '연속적 식량 공급자'가 아니다. 암컷은 이미 침으로 찔러 마비시킨 여치류 곤충(북방여치)을 먹이로 놓아둔 땅속 둥지에 알 하나를 낳는다. 그러고 나서 암컷은 둥지를 봉쇄해 애벌레가 먹이를 먹게 두고 새로운 둥지를 만들기 시작한다. 암벌 성충의 수명은 여름 약 6주 동안이다. 암컷의 성공도를 측정하고 싶다면, 이 시기 동안 암컷이 적절한 먹이에다 성공적으로 낳은 알 수로 거의 정확하게 계산할 수 있다.

특히 흥미로운 점은 이 벌이 둥지를 얻는 데 두 가지 대안적 방법이 있다는 사실이다. 암컷은 자기 둥지를 직접 팔 수도 있고, 다른 벌이 파놓은 둥지를 차지할 수도 있다. 이 두 가지 행동 유형을 각각 **착굴**과 **침입**이라고 부르자. 같은 결과에 이르는 두 가지 대안적 방법, 이 경우 둥지를 얻는 두 가지 대안적 방법이 어떻게 한 개체군에 공존할 수 있을까? 분명히 어느 한쪽이 더 성공하며, 실패하는 쪽은 자연 선택이 제거하지 않을까? 이런 일이 일어나지 않는 이유에는 두 가지가 있다. 이를 ESS 이론이라는 전문 용어로 설명하겠다. 첫째, 착굴과 침입이 하나의 '조건부 전략'이 내놓는 두 가지 결과인 경우. 둘째, 착굴과 침입이 빈도 의존 선택이 유지하는 어떤 임계 빈도에서 동등하게 성공적인 경우. 이는 '혼합 ESS'의 일부다(Maynard Smith, 1974, 1979). 첫 번째 가능성이 옳다면, 모든 벌은 똑같은 조건부 규칙을 따르게 프로그램된다. "X가 참이라면 굴을 파라. 그렇지 않다면 침입하라." 예를 들어 "내가 아직 어린 벌이라면 굴을 파라. 다 자랐다면 큰 몸을 이용해 다른 벌의 굴을 차지하라". 우리는 벌이 이런 조건부 규칙이나 다른 어떤 종류의 규칙을 따른다는 증거를 찾지 못했다. 대신에 두 번째 가능성, '혼합 ESS'가 사실이라고 확신했다.

이론상 혼합 ESS에는 두 종류, 더 정확히 말하면 한 연속체 사이에 위치한 양극단이 있다. 첫 번째 극단은 균형을 이룬 다형성polymorphism이다. 이 경우에 'ESS'라는 머리글자를 사용하고 싶으면 마지막 글자 S는 개체의 전략strategy이 아니라 **상태**state를 의미한다고 봐야 한다. 이런 상태가 실현된다면, 두 가지 구별되는 벌, 착굴파와 침입파는 동등하게 성공하는 경향을 띨 것이다. 동등하게 성공하지 못한다면, 자연 선택은 실패하는 자를 개체군 내에서 제거할 것이다. 우연히 착굴이 초래하는 순비용과 순이익이 침입의 순비용과 순이익과 정확히 균형을 이룬다고 기대하는 것은 무리다. 오히려 빈도 의존 선택이 작용한다. 착굴파가 가진 임계 평형비율 p^*를 가정해, 그 안에서 두 파의 벌이 동등하게 성공한다고 하자. 그럴 경우, 개체군 내 착굴파의 비율이 임계 빈도 아래로 떨어지면 선택은 착굴파를 선호하고, 임계 빈도 이상으로 상승하면 침입파를 선호할 것이다. 이런 방식으로 개체군은 평형 빈도 주위를 맴돌 것이다.

왜 이득이 이렇게 빈도에 의존하는지 설명하는 그럴듯한 이유를 들기는 쉽다. 새로운 굴은 착굴파가 굴을 팔 때만 생기기에, 개체군에 착굴파가 적으면 적을수록 굴을 둘러싼 침입파의 경쟁이 격렬해 전형적인 침입파에게 가는 이익은 감소하는 게 당연하다. 반대로, 착굴파가 제법 늘어나면 차지할 수 있는 굴이 풍부해 침입자는 번성한다. 그러나 앞서 말했듯이, 빈도 의존 다형성은 연속체의 한 극단에 지나지 않는다. 이제 다른 극단으로 눈을 돌려 보자.

연속체의 다른 극단에는 개체 간의 다형성이 없다. 안정 상태에서 모든 벌이 같은 프로그램을 따르나, 해당 프로그램 자체가 혼합체다. 모든 벌은 다음과 같은 지시를 따른다. "p의 확률로 굴을 파고, $1-p$의 확률로 침입하라." 예를 들어 "경우에 따라 70퍼센트 확률로 굴을 파고, 30퍼센트 확률로 침입하라". 이런 지시를 '프로그램'으로 본다면, 착굴과 침입을 '서브루틴'으로 다루는 게 가능할 것이다. 모든 벌은 이 두 가지 서브루틴을 지닌다. 벌은 그때그때 경우에 따라 특정 확률 p로 어느 한쪽 서브루틴을 선택하게 프로그램된다.

여기에는 착굴파와 침입파에 어떤 다형성도 없지만, 수학적으로는 빈도 의존 선택과 동등하게 다루는 방법이 가능하다. 그 방법이 어떻게 작동하는지 살펴보자. 앞서와 동일하게 착굴하는 임계 개체군 빈도 p^*가 있고, 이 경우 침입은 착굴과 정확히 같은 '수익'을 얻는다. 그렇다면 p^*는 진화적으로 안정된 착굴 확률이다. 안정된 확률이 0.7이라면 또 다른 규칙에 따르도록 지시하는 프로그램, 가령 "0.75의 확률로 굴을 파라"나 "0.65의 확률로 굴을 파라"는 그다지 잘 작동하지 않을 것이다. "p의 확률로 굴을 파고, $1-p$의 확률로 침입하라"라는 형식을 띤 일군의 '혼합 전략' 전체에서 하나만이 ESS이다.

나는 두 극단이 하나의 연속체에 이어져 있다고 말했다. 이는 착굴하는 안정된 개체군 빈도 p^*(70퍼센트라도 좋고 그 무엇이라도 상관없다)를, 순수 개체 전략과 혼합 개체 전략에서 가능한 어떤 막대한 수의 조합으로도 달성할 수 있음을 뜻한다. 일부 순수 착굴파와 순수 침입파를 포함해 개체군 내 개체의 신경계에는 p값이 광범위하게 분포할 것이다. 그러나 개체군 내에서 착굴하는 총빈도가 임계값 p^*와 같다면, 착굴과 침입이 여전히 동등하게 성공한다는 말은 참이고, 자연 선택은 다음 세대에 나타나는 두 가지 서브루틴의 상대 빈도가 변화하게 작동하지 않을 것이다. 개체군은 진화적으로 안정된 상태에 있는 것이다. 이는 분명히 피셔의 성비 평형론(Fisher, 1930a)과 유사하다.

상상에서 현실로 가 보자. 브록만의 자료는 이 벌들이 어떤 단순한 의미에서도 다형적이지 않다는 사실을 확실하게 보여 준다. 개체는 착굴할 때도 있고, 침입할 때도 있다. 개체가 착굴이나 침입 어느 한쪽에 특화됐다는 통계적 경향은 발견하지 못했다. 벌 개체군이 진화적으로 안정된 혼합 상태에 있다면, 착굴과 침입은 연속체 극단에 있는 다형성과 멀리 떨어져 있는 게 분명하다. 그것이 다른 쪽 극단, 즉 모든 개체가 동일한 확률론적 프로그램을 따르는지, 아니면 순수 개체 프로그램과 혼합 개체 프로그램의 더욱 복잡한 혼합체인지는 모른다. 이 장이 전하려는 핵심 취지는 우리의 연구 목적에서 이를 알 **필요**가 없다는 사실이다. 우리는 개체 성공도를 말하지 않고, 대신 모든 개체에 걸쳐 평균한 서브루틴의 성공도를 고려하기 때문이다. 우리는 벌이 연속체 어디에 위치하느냐는 질문을 남겨 두고 성공적인 혼합 ESS 모형을 발전시키고 시험할 수 있었다. 나는 몇 가지 관련 사실과 모형의 개요를 제시한 후 다시 이 요점으로 돌아오겠다.

굴을 파면 벌은 굴에 머물러 먹이를 넣거나, 버리거나 둘 중 하나다. 둥지를 버리는 이유는 언제나 확실하지 않지만, 개미나 달갑지 않은 다른 동물이 침입해서 그럴 때가 있다. 다른 벌이 판 굴로 이동한 벌은 그곳에 아직 원래 소유자가 산다는 사실을 알 수도 있다. 이 경우 벌은 이전 소유자와 **합류했다고** 말하고 대개 두 벌은 한동안 같은 둥지에서 일하며, 쌍방이 독자적으로 둥지에 먹이를 넣는다. 반대로, 침입하는 벌이 운 좋게 원래 소유자가 버린 둥지를 점유할 수도 있다. 이 경우 벌은 둥지를 혼자 사용한다. 침입하는 벌은 원래 소유자가 아직 점유하는 둥지와 버린 둥지를 구별하지 못한다는 증거가 있다. 이런 사실은 두 벌이 주어진 시간 대부분을 사냥하는 데 보내므로 같은 둥지를 '공유'하면서도 거의 만나지 못한다는 사실을 생각하면 그리 놀랄 일도 아니니다. 벌은 서로 만나면 싸움에 돌입하고 어느 경우라도 하나의 벌만이 분쟁을 일으킨 둥지에 알을 낳는 데 성공한다.

어떤 요인이 둥지를 버리는 일을 촉발했든, 보통은 원래 소유자가 일시적 불편함을 느껴 그러는 듯했다. 버려진 둥지는 다른 벌이 곧바로 쓸 수 있는 귀중한 자원이다. 버려진 둥지에 침입한 벌은 착굴하는 데 따르는 비용을 절약한다. 그런데 벌에게는 자신이 침입한 둥지가 버려진 둥지가 아닐 위험이 있다. 원래 소유자가 둥지에 있거나, 또 다른 침입자가 먼저 둥지를 차지했을 수 있다. 어느 경우든 침입하는 벌은 희생이 큰 싸움을 치러야 할 중대한 위험과, 둥지에 먹이를 공급하는 많은 노력이 든 기간이 끝날 무렵에 알을 낳지 못할 중대한 위험에 처한다.

우리는 네 가지 서로 다른 '결과', 즉 둥지와 관련해 벌에게 닥칠 수 있는 운명을 구별해 이를 다루는 수학적 모형을 개발하고 시험했다 (Brockmann, Grafen & Dawkins, 1979).

1. 벌은 가령 개미의 습격으로 어쩔 수 없이 둥지를 포기한다.
2. 벌은 홀로 남아 둥지를 단독으로 돌본다.
3. 벌에게 제2의 벌이 합류한다.
4. 벌이 이미 둥지에 거주하는 벌에 합류한다.

결과 1에서 3까지는 처음에 착굴하기로 결정했을 때 생긴다. 결과 2에서 4까지는 처음에 침입하기로 결정했을 때 생긴다. 우리는 브록만이 가진 자료로 단위 시간당 알을 낳는 확률로 이 네 가지 결과에 따르는 상대적 '수익'을 측정했다. 예를 들어 뉴햄프셔주 엑서터 개체군에서는 결과 4 '합류'에서 100시간당 0.35알이라는 수익 점수를 거두었다. 이 점수는 벌이 결과 4에 처했을 때 생긴 모든 경우를 평균해 얻었다. 이를 계산하려면 이미 둥지를 점유한 벌에 그즈음 합류한 벌이 낳은 알의 총수를 단순히 더해, 합류한 벌들이 둥지에서 보낸 총시간으로 나눈다. 이에 상응하는, 단독으로 시작했지만 후에 합류한 벌의 점수는 100시간당 1.06알이고, 단독으로 남은 벌은 100시간당 1.93알이었다.

벌이 네 가지 중 어떤 결과를 얻을지 통제할 수 있다면, 홀로 남는 경우를 '선호'할 것이다. 이 결과가 가장 높은 수익률을 내기 때문이다. 그러나 어떻게 벌은 홀로 남는 결과를 성취할 수 있을까? 네 가지 결과는 벌 한 마리가 내리는 결정에 부응하지 않는다는 것이 우리 모형이 품은 핵심 가정이었다. 벌은 착굴하거나 침입하기로 '결정'할 수 있다. 그러나 벌은 인간이 암에 걸리기로 결정할 수 없는 것처럼, 합류하거나 홀로 남기로 결정할 수 없다. 이는 개인의 통제를 넘어서는 상황이 좌우하는 결과다. 이 경우 결과는 개체군 내 다른 벌이 무엇을 하는가에 달려 있다. 그러나 인간이 금연하기로 결심해 암에 걸릴 확률을 통계적으로 줄일 수 있듯이, 벌의 '임무'는 자신에게 열린 유일한 결정, 착굴과 침입을 원하는 결과를 얻을 가능성을 최대화하는 방식으로 수행하는 것이다. 더 엄밀히 말해, 우리는 p값의 안정된 상태 p^*를 찾는데, 개체군 내에서 p^*인 결정이 착굴 결정이라면 자연 선택은 다른 p값을 택하도록 이끄는 어떤 돌연변이 유전자도 선호하지 않을 것이다.

침입 결정이 '홀로' 남는 바람직한 결과와 같은 어떤 특정 결과로 향할 확률은 개체군 내에서 침입 결정이 나타나는 전반적 빈도에 달려 있다. 개체군 내 다수가 침입한다면, 점유할 수 있는 버려진 굴의 개수는 줄어들어 침입을 결정한 벌이 소유자가 있는 굴에 합류하는 바람직하지 않은 일이 생길 가능성이 올라간다. 우리 모형으로 개체군 내에서 착굴하는 전반적 빈도로서 어떤 p값을 취해, 착굴을 결정하는 개체나 침입을 결정하는 개체가 이런 국면episode에서 네 가지 결과 각각으로 끝날 확률을 예측할 수 있다. 따라서 착굴을 결정한 벌이 얻는 평균 수익은 개체군 전체에서 나타나는 착굴 대 침입의 어떤 지정된 빈도에서도 예측 가능하다. 이는 네 가지 결과에 관해, 각각의 결과가 산출하는 기대수익에 착굴하는 벌이 그 결과에 이르는 확률을 곱한 값을 단순히 합산한 것이다. 앞문장의 합계가 동등하다면, 이는 다시 개체군 내에서 나타나는 착굴 대 침입의 어떤 지정된 빈도에서 벌이 침입을 결정하게 작용할 수 있다. 마지막으로, 원래 논문에서 나열한 그럴듯한 추가 가정을 덧붙여 착굴하는 벌의 평균 기대수익과 침입하는 벌의 평균 기대수익이 정확히 동등한 개체군에서 나타나는 착굴 빈도를 알고자 방정식을 푼다. 이것이 야생 개체군에서 관찰한 빈도와 비교할 수 있는 우리가 예측한 평형 빈도다. 우리는 실제 개체군이 평형 빈도에 있거나 평형 빈도로 진화한다고 예상한다. 또한 모형은 평형 상태에서 네 가지 결과 각각을 얻는 벌의 비율을 예측하며, 이러한 수치는 관찰한 자료를 토대로 시험할 수 있다. 자연 선택이 평형 상태에서 벗어나는 일을 교정할 거라고 예측한다는 점에서 모형의 평형 상태는 이론적으로 안정하다.

브록만은 미시간과 뉴햄프셔에서 벌의 두 개체군을 연구했다. 결과는 두 개체군에서 서로 다르게 나왔다. 미시간에서는 관찰 결과를 예측하는 데 실패했고, 원래 논문에서 논의한 바처럼 알 수 없는 이유로 미시간 개체군에서는 모형을 전혀 적용할 수 없다고 결론 내렸다(미시간 개체군이 지금은 절멸해 버렸다는 사실은 우연일 것이다!). 이와 반대로 뉴햄프셔 개체군은 모형의 예측과 잘 일치했다. 예측한 침입의 평형 빈도는 0.44였고, 관찰한 빈도는 0.41이었다. 또한 모형은 뉴햄프셔 개체군에서 네 개의 '결과' 각각이 나오는 빈도도 잘 예측했다. 아마도 가장 중요한 사실은 착굴 결정이 내는 평균 수익과 침입 결정이 내는 평균 수익이 유의미하게 차이 나지 않았다는 것이리라.

이제 이 이야기로 말하려는 요점에 도달했다. 나는 모든 개체에서 평균한 전략(프로그램)의 성공이라는 관점이 아니라 **개체** 성공이라는 관점에서 생각했다면 해당 연구를 하기 어려웠을 거라고 주장한다. 혼합

ESS가 연속체 극단의 균형을 이룬 다형성에 위치해 있다면, 사실상 다음과 같이 묻는 일은 타당했을 것이다. 착굴하는 벌의 성공도는 침입하는 벌의 성공도와 동등하지 않을까? 우리는 벌을 착굴파와 침입파로 분류해 놓고, 두 종류의 개체가 영위하는 일생에서 알 낳기 성공도를 비교했다. 두 개체가 나타내는 성공도 점수가 동등할 거라 예측하고서 말이다. 그러나 우리가 보았듯이 이 벌은 다형적이지 않다. 각각의 개체는 굴을 팔 때도 있고, 침입할 때도 있다.

다음과 같이 하면 쉬웠을 거라고 생각할지도 모른다. 모든 개체를 0.1 미만의 확률로 침입하는 개체, 0.1에서 0.2 사이의 확률로 침입하는 개체, 0.2에서 0.3 사이의 확률로 침입하는 개체, 0.3에서 0.4 사이, 0.4에서 0.5 사이 등으로 분류하는 것이다. 그러고 나서 서로 다른 등급의 벌이 일생에 걸쳐 이루는 번식 성공도를 비교한다. 그러나 우리가 이렇게 했다면, ESS 이론은 정확히 무엇을 예측하는가? 순간 떠오르는 생각은 평형값 p^*에 가까운 p값을 갖는 벌은 다른 p값을 갖는 벌보다 더 높은 성공도 점수를 누렸을 거라는 점이다. 즉, p값을 비교하는 성공도 그래프는 p^*로 하나의 '최적치'를 나타내는 정점에 달할 것이다. 그러나 p^*는 실제로는 최적값이 아니라, 진화적으로 안정된 값이다. ESS 이론은 개체군 전체가 p^*를 달성하면 착굴과 침입이 동등하게 성공한다고 예상한다. 따라서 평형 상태에서는 벌이 보이는 착굴 확률과 벌의 성공 사이에 상관관계가 없다. 개체군이 침입을 너무 많이 하는 쪽으로 평형에서 이탈한다면, '최적' 선택 규칙은 "언제든지 굴을 파라"이다('p^*의 확률로 굴을 파라'는 아니다). 개체군이 반대 방향으로 평형에서 이탈한다면, '최적' 방침은 "언제든지 침입하라"이다. 개체군이 평형값 주위를 무작위로 왔다 갔다 한다면, 성비 이론과의 유사성이 시사하듯, 장기간에 걸쳐 정확히 평형값 p^*를 얻으려는 유전적 경향을 다른 어떤 일관적인 p값을 얻으려는 경향보다 선호할 것이다(Williams, 1979). 그러나 1년 내 이런 이점은 사라질 듯하다. ESS 이론에서 합리적으로 기대하는 바는 벌 간의 등급에서 나타나는 성공도에 유의미한 차이가 없다는 사실이다.

어느 경우든 벌을 등급으로 나누는 방법은 착굴 경향에서 벌 간의 일정한 변이가 있다는 점을 전제한다. ESS 이론은 그런 변이를 기대할 특별한 이유가 없다고 말한다. 실제로, 성비 이론과의 유사성은 벌에서 착굴 확률의 변이는 나타나지 않는다는 결정적 근거를 제공한다. 이에 따라, 실제 자료를 통계적으로 검정해 착굴 경향에서 개체 간 변이가 없다는 증거를 얻었다. 개체 변이가 있다고 해도, 서로 다른 p값을 갖는 개체의 성공도를 비교하는 방법은 착굴과 침입의 성공률을 비교하기 위한 세심한 방법은 아닐 것이다. 이를 유비를 통해 살펴보자.

어느 농학자가 두 가지 비료, A와 B의 효능을 비교하고 싶다고 하자. 농학자는 10개의 밭을 가지고 각각을 많은 수의 작은 터로 나눈다. 각 터에 무작위로 A나 B 비료를 뿌리고 모든 밭의 모든 터에 씨앗을 심는다. 자, 농학자는 두 비료를 어떻게 비교할 것인가? 꼼꼼하게 보려면 밭 전체에 걸쳐 A 비료를 뿌린 모든 터의 수확량을 B 비료를 뿌린 모든 터의 수확량과 비교한다. 하지만 더 투박한 방법도 있다. 터마다 비료를 무작위로 할당했기에 10개의 밭 일부에는 상대적으로 A 비료를 많이 뿌렸고, 일부에는 상대적으로 B 비료를 많이 뿌렸을 것이다. 그러면 농학자는 10개의 밭 각각의 전반적 수확량을 B 비료보다는 A 비료를 뿌린 밭의 비율과 비교해 구획할 수 있다. 두 비료 사이의 질적 차이가 뚜렷하다면 이런 방법으로 효능 차이가 드러나겠지만, 차이가 드러나지 않을 가능성이 훨씬 더 많을 것이다. 10개 밭의 수확량을 비교하는 방법은 밭 사이의 변이가 클 때만 유효하나, 이를 기대할 어떤 특별한 이유도 없기 때문이다.

여기서 두 비료가 착굴과 침입을 나타낸다고 유비하자. 밭은 벌이다. 터는 각각의 벌이 착굴하거나 침입하는 데 전념하는 시간이라는 국면이다. 착굴과 침입을 비교하는 투박한 방법은 각각의 벌이 일생에 걸쳐 거둔 성공도를 착굴 경향의 비율과 비교해 나타내는 것이다. 우리가 실제로 사용한 방법은 꼼꼼한 것이었다.

우리는 각각의 벌이 관련된 각각의 굴에 쓴 시간을 세밀하고도 철저하게 조사해 기록했다. 각각의 암벌이 보내는 성충기는 그 기간 동안 연속하는 국면들로 나누었다. 각 국면은 벌이 굴을 파서 자기 굴과 관계를 맺기 시작하면 착굴 국면이라고 지정했다. 그렇지 않으면 침입 국면이라고 지정했다. 각 국면은 벌이 마지막으로 굴을 떠나는 것으로 끝난다. 또한 이런 순간은 다음 굴 단계가 시작하는 것으로 취급했다. 해당 시점에서 다음 굴 장소를 아직 선택하지 못했더라도 말이다. 다시 말해, 시간 계산에서 침입할 새로운 굴을 찾거나, 새로운 굴을 팔 장소를 찾는 데 쓴 시간은 새로운 굴에 '쓴' 시간으로 소급해 지정했다. 그 뒤에 벌이 마지막으로 새로운 굴로 떠날 때까지 굴에 먹이를 공급하고, 다른 벌과 싸우고, 먹이를 먹고, 수면 등에 쓰는 시간을 더했다.

따라서 벌이 활동하는 시기 막바지에 다다르면, 굴파기 국면에 쓴 총시간을 합산할 수 있으며, 굴에 침입하기 국면에 쓴 총시간도 마찬가지다. 뉴햄프셔 연구에서는 두 수치가 각각 8518.7시간과 6747.4시간이었다. 이는 수익을 얻으려는 시간 소비, 즉 투자이며 수익은 알 수로 측정한다. 연구를 진행한 연도에 뉴햄프셔 개체군 전체에서 굴파기 국면이 끝나고 낳은 알(즉 해당 굴을 판 벌이 낳은)은 총 82개였다. 이에 대응하는 굴에 침입하기 국면이 끝나고 낳은 알은 총 57개였다. 그러므로 착굴 서브루틴의 성공률은 100시간당 82/8518.7=0.96알, 침입 서브루틴의 성공률은 100시간당 57/6747.4=0.84알이었다. 이런 성공도 점수는 두 가지 서브루틴을 사용한 모든 개체를 평균한 값이다. 우리는 10개의 밭 각각에서 나오는 수확량을 측정하는 방식과 동일하게 벌 개체가 일생 동안 낳은 알의 총수를 계산하는 대신, 서브루틴의 '실행 시간'당 착굴(또는 침입)'을 통해' 낳은 알 수를 계산한 것이다.

개체 성공이라는 관점에서 생각하기를 고집했다면 우리가 시도한 분석을 어렵게 했을 또 다른 측면이 있다. 평형 침입 빈도를 예측하는 방정식을 풀려면, 네 가지 '결과(포기, 홀로 남기, 합류되기, 합류하기)' 각각에서 얻는 기대수익을 경험적으로 추정할 필요가 있다. 우리는 착굴과 침입, 두 가지 전략 각각에서 성공도 점수를 얻은 방식과 똑같이 네 가지 결과에서 수익 점수를 얻었다. 우리는 각각의 결과에서 낳은 알의 총수를 그 결과를 얻은 국면에 쓴 총시간으로 나누어 모든 개체에 걸쳐 평균을 냈다. 개체 성공도에서 생각한다면 개체 대부분은 서로 다른 시간에 네 가지 결과를 모두 겪기 때문에, 어떻게 필요한 결과 수익의 추정치를 얻을 수 있을지 분명하지 않다.

착굴과 침입 서브루틴의 '성공도'(그리고 각각의 결과에서 얻은 수익)를 계산할 때 **시간**이 중요한 역할을 한다는 점에 주의하자. 착굴 서브루틴'을 통해' 낳은 알의 총수는 그 서브루틴에 쓴 시간으로 나누지 않는 한 성공 척도로서 빈약하다. 두 서브루틴으로 낳은 알의 총수가 동등할 수도 있지만, 착굴 단계가 침입 단계보다 평균 두 배나 오래 걸린다면, 자연 선택은 침입을 선호할 것이다. 사실 착굴 서브루틴'을 통해' 낳은 알 수가 침입 서브루틴보다 훨씬 더 많았지만, 이에 상응해 착굴 서브루틴에 더 많은 시간을 썼기 때문에 전반적인 성공률은 두 경우가 거의 같았다. 여기서 우리는 착굴에 걸리는 추가 시간이, 너무나 많은 벌이 착굴해서인지 아니면 각각의 착굴 단계가 오래 걸려서인지 구체적으로 설명하지 않는다는 점에 또한 주의하라. 어떤 목적에서는 이 구분이 중요할 수도 있으나, 우리가 수행한 경제적 분석에서는 별문제가 아니었다.

원 논문(Brockmann, Grafen & Dawkins, 1979)에서 우리가 사용한 방법이 몇 가지 가정에 기반을 둔다는 사실을 분명하게 말했지만, 여기서도 반복해야겠다. 예를 들어 우리는 어떤 경우에서나 벌이 서브루틴을 선택하는 일은 관련된 국면이 끝난 후 생존율이나 성공률에 영향을 미치지 않는다고 가정했다. 따라서 착굴 비용은 착굴 국면에 쓴 시간을, 침입 비용은 침입 국면에 쓴 시간을 전부 반영한다고 가정했다. 착굴 행동이 추가 비용, 가령 팔다리의 소모나 기대수명의 축소를 부른다면, 우리가 가정한 단순한 시간-비용 계산을 수정해야 할 것이다. 따라서 착굴과 침입 서브루틴의 성공률은 시간당 알 수가 아니라 '기회비용'당 알 수로 표현해야 한다. 또한 기회비용을 여전히 시간 단위로 측정할 수 있어도, 착굴 시간은 침입 시간보다 더 값비싼 통화로 할증해야 한다. 착굴에 쓰는 시간은 개체의 유효 기대수명을 축소하기 때문이다. 이러한 상황에서는 모든 어려움에도 불구하고 서브루틴 성공도보다는 개체 성공도 관점에서 생각할 필요가 있다.

클러턴-브록 등(Clutton-Brock *et al.*, 1982)이 붉은사슴 수컷 개체의 일생에 걸친 번식 성공률을 측정하는 야심을 달성하는 데서 지혜로웠던 것도 이런 이유에서다. 브록만이 연구한 벌의 경우, 우리가 세운 가정을 올바르게 하며 개체 성공도를 무시하고 서브루틴 성공도에 집중하는 방식을 정당화하는 이유가 있었다. 그렇기에 N. B. 데이비스N. B. Davies가 한 강연에서 익살맞게 말한 '옥스퍼드 방법(서브루틴 성공도를 측정하는)'과 '케임브리지 방법(개체의 성공도를 측정하는)'은 여러 상황에서 각각 정당화할 수 있다. 언제나 옥스퍼드 방법을 사용해야 한다고 주장하는 것은 아니다. **때로는** 옥스퍼드 방법이 더 낫다는 바로 그 사실이, 비용과 이익을 측정하는 일에 관심 있는 현장 연구자는 언제나 **개체**의 비용과 이익이라는 관점에서 생각해야 한다는 주장에 응수하는 충분한 답변이다.

컴퓨터 체스 경기가 열린다면, 보통 사람은 한 컴퓨터가 다른 컴퓨터에 맞서 경기를 한다고 상상할 것이다. 그러나 경기는 프로그램 사이에서 일어난다고 보는 게 더 적절하다. 좋은 프로그램은 나쁜 프로그램을 늘 이길 것이며, 두 프로그램을 작동하는 컴퓨터 본체는 아무런 차이도 만들지 못한다. 실제로 두 프로그램은 경기마다 컴퓨터 본체를 바꿀 수도 있다. 한 프로그램은 번갈아 IBM 컴퓨터에서도, ICL 컴퓨터에서도 작동할 수 있으며, 경기가 끝난 뒤의 결과는 한 프로그램은 계속 IBM에서 작동하고 다른 프로그램은 계속 ICL에서 작동한 듯이 똑같게 나온다. 마찬가지로 이 장 서두에서 제시한 유비로 돌아가면, 착굴 서브루틴은 서로 다른 수많은 벌 본체의 신경계에서 '작동'한다. 침입 또한 서로 다른 많은 벌 신경계에서 작동하는 경쟁 서브루틴이면서 다른 때는 똑같은 본체의 신경계에서 착굴 서브루틴이 작동하기도 한다. IBM, ICL 컴퓨터는 다양한 체스 프로그램이 자기 기량을 실현하는 물리적 매개체로 기능하는 것처럼, 벌 개체는 어떤 때는 착굴 서브루틴이, 다른 때는 침입 서브루틴이 특유의 행동을 실현하는 물리적 매개체다.

이미 설명했듯이, 나는 착굴과 침입을 프로그램이 아니라 '서브루틴'이라 부른다. 한 개체가 일생에 걸쳐 택하는 전반적 규칙을 이미 '프로그램'이라고 일컬었기 때문이다. 개체는 어떤 확률 p로 착굴이나 침입 서브루틴을 선택하는 규칙으로 프로그램된다. 다형성이라는 특별한 경우, 즉 각 개체가 평생 착굴파나 침입파인 경우 p값은 1 또는 0이 되며, 프로그램과 서브루틴이라는 범주는 같은 뜻이다. 개체가 알 낳는 성공률을 계산하기보다 서브루틴이 알 낳는 성공률을 계산하는 방식이 지닌 매력은 연구하는 동물이 혼합 전략 연속체 어디에 위치하느냐에 관계없이 우리가 채택하는 절차가 동일하다는 점이다. 연속체 어디에 위치해 있든, 평형 상태에서 착굴 서브루틴은 침입 서브루틴과 동일한 성공률을 누린다고 예측한다.

꽤나 오해를 부르기 쉽지만, 이런 생각을 그 논리적인 결론에까지 밀고나가 선택이 서브루틴 풀에서 직접 서브루틴에 작용한다고 생각하고 싶다. 분산된 컴퓨터 하드웨어 같은 개체군의 신경조직에는 수많은 착굴 서브루틴 사본과 침입 서브루틴 사본이 존재한다. 어느 때나 착굴 서브루틴을 실행하는 사본의 비율은 p이다. 여기에 두 가지 서브루틴의 성공률이 동일해지는 p^*라 불리는 p의 임계값이 있다. 두 서브루틴 중 어느 하나가 지나치게 많아지면, 자연 선택은 해당 서브루틴에 불리하게 작용해 평형 상태를 회복한다.

이런 주장이 오해를 일으키는 이유는 선택은 실제로 유전자 풀 내에 나타나는 대립 유전자의 생존 차이로 작동하기 때문이다. 유전자 통제라는 말이 뜻하는 바에다 상상 가능한 가장 자유로운 해석을 한다 해도,

착굴 서브루틴과 침입 서브루틴을 대체 가능한 대립 유전자가 통제한다고 보는 방식에는 어떤 유용한 의미도 없다. 다른 이유가 없다면 우리가 보았듯이, 벌이 나타내는 행동은 다형이 아니라 주어진 경우에 착굴할지 침입할지 선택하는 확률론적 규칙으로 프로그램되었기 때문이다. 자연선택은 분명 개체의 확률론적 프로그램에 작용하는 유전자, 특히 착굴 확률 p값을 통제하는 유전자를 선호할 것이다. 너무 문자 그대로 받아들이면 오해할 여지가 있긴 하지만, 그럼에도 작동 시간 동안 신경계에서 직접 경쟁하는 서브루틴이라는 모형은 올바른 답을 얻는 지름길을 제공하는 데 유용하다.

서브루틴이라는 관념상의 풀에서 일어나는 선택 개념은 또한 빈도 의존 선택과 유사한 선택이 일어나는 또 다른 시간 척도로 우리를 데려간다. 현재 논한 모형은 확률론적 프로그램을 따르는 벌 개체가 자기 하드웨어를 한 서브루틴에서 다른 서브루틴으로 전환함에 따라 착굴 서브루틴이 작동하는 관찰 가능한 사본의 수가 날마다 변화할 수 있음을 허용한다. 지금까지는 어떤 벌이 특정 확률로 착굴하는 내재된 선호를 갖고 태어난다고 넌지시 내비쳤다. 그러나 또한 벌은 감각기관으로 자기 주변의 개체군을 관찰해, 그에 맞추어 굴을 팔지 침입할지 선택하는 게 이론적으로 가능하다. 개체 수준에 초점을 맞추는 ESS 언어로, 이는 조건부 전략으로 간주한다. 각 벌은 다음과 같은 형태의 '조건문'을 따른다. "주변에 침입하는 개체가 많다면 굴을 파라. 그렇지 않다면 침입하라." 더 실용적으로, 각 벌은 다음과 같은 경험칙rule of thumb을 따르게 프로그램될 수 있다. "침입할 굴을 찾아라. 시간 t가 지난 후에도 찾지 못하면, 포기하고 굴을 파라." 우리가 얻은 증거는 그러한 '조건부 전략'을 지지하지 않았으나(Brockmann & Dawkins, 1979), 조건부 전략이 지닌 이론적 가능성은 흥미롭다. 현재 관점에서 특히 흥미로운 점은 이것이다. 우리는 여전히 해당 자료를 서브루틴 풀에서 일어나는 서브루틴 사이의 관념상 선택이라는 관점에서 분석할 수 있다. 개체군이 동요할 때 평형을 회복하려는 선택 과정이 세대라는 시간 척도에서 일어나는 자연 선택이 아닐지라도 말이다. 이는 ESS라기보다는 발생적으로 안정된 상태developmentally stable strategy, 즉 DSS(Dawkins, 1980)이지만, 수학적으로는 동등하다(Harley, 1981).

나는 이런 유비 추론이 유비가 가진 한계를 명확히 인지하지 않는 한 탐닉해서는 안 되는 호사라고 경고한다. 균형을 이룬 다형성과 진정으로 혼합된 진화적으로 안정된 전략 사이에 현실적이고 중요한 차이가 있는 것처럼, 다윈 선택과 행동 평가에도 그러한 차이가 있다. 개체가 착굴하는 확률 p값을 자연 선택으로 조정할 수 있듯이, 행동 평가 모형에서도 자연 선택은, 개체가 개체군 내 착굴 빈도에 반응하는 기준 t에 영향을 줄 것이다. 서브루틴 풀에서 일어나는 서브루틴 간의 선택이라는 개념은 몇몇 중요한 차이를 희미하게 하지만, 몇몇 중요한 유사점은 두드러지게 한다. 즉, 이런 사고방식이 가진 약점은 강점과 연결되어 있다. 내가 기억하는 것은, 우리가 벌 행동을 분석하는 어려움과 말 그대로 씨름하고 있을 때 A. 그라펜에게 영향을 받아 개체의 번식 성공도를 걱정하는 습관을 버리고, '착굴'이 직접 '침입'과 경쟁하며 미래의 신경계에서 차지할 '작동 시간'을 둘러싸고 다툰다는 상상의 세계로 전환하자 중요한 도약이 일어났다는 점이다.

이 장은 하나의 막간이자 여담이었다. 나는 '서브루틴'이나 '전략'이 실제로 진정한 복제자, 진정으로 자연 선택받는 단위라고 주장하지는 않는다. 유전자와 유전체의 단편이야말로 참된 복제자다. 서브루틴과 전략은 특정한 목적에 따라서만 복제자인 것처럼 생각하는 데 불과하며 목적이 해결되면 다시 현실로 돌아와야 한다. 실상 자연 선택은 벌 유전자 풀에서 일어나는 대립 유전자 간 선택에 따르는 결과로, 대립 유전자는 벌 개체가 침입하는지, 굴을 파는지 결정하는 확률에 영향을 준다. 우리는 잠시 이런 사실을 제쳐 놓고 특별한 방법론적 목적으로 '서브루틴 간 선택'이라는 상상의 세계에 들어갔다. 이는 벌에 특별한 가정을 덧붙였으며 여러 방식으로 구축 가능한, 진화적으로 안정된 혼합 전략들이 수학적으로 동등하다는 사실을 이미 입증했기 때문에 정당하다.

4장처럼, 이 장의 목적도 개체 중심의 목적학적 견해를 확신하는 기반을 무너뜨리는 것이다. 그래서 실제로 현장에서 자연 선택을 연구할 때 개체 성공도를 측정하는 방식이 언제나 유용하지는 않다는 점을 보여 주었다. 다음 두 장에서는 그 본성상, 개체의 이득이라는 관점에서 생각하기를 고집한다면 애당초 이해가 불가능한 적응을 논하고자 한다.

8장

Outlaws and Modifiers

무법자 유전자와 변경 유전자

자연 선택은 복제자가 서로에 맞서 증식하는 과정이다. 복제자는 세계에 표현형 효과를 가해 이를 해내며, 보통은 표현형 효과가 개체와 같은 별개의 '운반자'에 함께 모여 있다고 보는 게 편리하다. 이런 사실은 각 개체의 몸이 어떤 양을 최대화하는 단일 행위자라는 전통적 신조가 품은 핵심으로, 그 양은 '적합도'이다. 적합도가 가진 여러 개념은 10장에서 논의하겠다. 그런데 개체가 어떤 양을 최대화한다는 생각은 몸속 서로 다른 좌위에 있는 복제자들이 '협동'한다는 가정에 의지한다. 다시 말해, 어떤 좌위에서 가장 잘 살아남는 대립 유전자는 유전체 전체에서도 가장 잘 살아남는 경향이 있다고 가정해야 한다. 이는 실제로 흔히 있는 일이다. 가령, 계승하는 몸마다 치명적인 병에 저항하는 힘을 주어 세대를 내려가며 생존과 증식을 보장하는 복제자는, 계승하는 유전체의 다른 모든 유전자에도 이익을 준다. 그러나 또한 자기 생존은 증진하면서 유전체에 있는 나머지 유전자 대부분에는 해를 끼치는 유전자도 쉽게 상상할 수 있다. 알렉산더와 보르자(Alexander & Borgia, 1978)를 따라 이런 유전자를 **무법자 유전자**라고 부르겠다.

나는 무법자 유전자를 두 가지 주요 부류로 구분한다. '무법자 대립 유전자'는 자신의 좌위에서 양의 선택 계수selection coefficient◆를 갖지만, 다른 대다수 좌위에서는 무법자 대립 유전자 좌위가 내는 효과를 감소하는 것을 선호하는 선택이 있는 복제자로 정의한다. '분리 왜곡 인자segregation distorter(SD)'나 '감수분열 부등' 유전자가 그 예다. 이런 유전자는 생산된 배우자에 스스로를 50퍼센트 이상 집어넣어 자기 좌위에서 유리해진다. 동시에 선택은 각각의 좌위에서 분리 왜곡 인자를 억제하는 효과를 내는 다른 좌위의 유전자들을 선호한다. 그러므로 분리 왜곡 인자는 무법자 유전자다. 무법자 유전자의 다른 주요 부류, '옆으로 확산하는 무법자 유전자laterally spreading outlaw'는 그렇게 잘 알려져 있지 않

◆ **어떤 유전자형을 다른 유전자형과 비교해서 나타내는 상대적인 적합도 차이**

다. 이는 다음 장에서 논의하겠다.

이 책이 견지하는 관점에서는 모든 유전자를 잠재적으로 무법자라고 볼 여지가 있기에, 해당 용어가 불필요하다고 생각할 수도 있다. 다른 한편으로는 첫째, 무법자 유전자는 자연에 존재하지 않는다고 주장할 수도 있다. 어떤 좌위에서 가장 생존에 뛰어난 대립 유전자는 유기체 전체의 생존과 번식을 증진하는 데도 거의 언제나 가장 뛰어날 것이기 때문이다. 둘째, 리(Leigh, 1971) 이래로 여러 저자가 주장했듯이, 무법자 유전자가 생기고 선택을 통해 잠시 동안 선호된다 해도, 알렉산더와 보르자의 말을 빌리면 무법자 유전자는 "유전체의 다른 유전자가 수에서 우세하면 그 효과는 무효가 된다". 사실상 이런 경향은 무법자 유전자 정의에서 따라 나오는 사실이다. 즉, 무법자 유전자가 생기면 다른 많은 좌위에서 변경 유전자를 선호하는 선택이 있어 무법자 유전자의 표현형 효과는 어떤 흔적도 남기지 못한다는 말이다. 따라서 무법자 유전자는 일시적 현상이다. 그러나 이는 무법자 유전자를 무시해도 좋다는 말은 아니다. 유전체가 무법자 유전자를 억누르는 유전자로 가득하다면 무법자 유전자가 내는 원래 표현형 효과가 흔적도 없다 해도, 그 자체로 무법자 유전자가 가하는 중요한 효과다. 변경 유전자와 관련해서는 다음 절에서 논의하겠다.

어떤 의미에서 '운반자'라는 이름이 가진 가치는 운반자에 포함된 무법자 복제자 수와 반비례한다. 단일한 양, 즉 적합도를 최대화하는 별개의 운반자라는 개념은 그 속에 탄 복제자들이 공유하는 운반자가 지닌 동일한 속성과 행동에서 이익을 얻는다는 가정에 의존한다. 어떤 복제자는 운반자가 하는 행동 X에서 이익을 얻지만 다른 복제자는 행동 Y에서 이익을 얻는다면, 운반자는 응집된 단위로서 행동하기 어려울 듯 보인다. 이는 다투기 좋아하는 자들이 모인 위원회가 다스리는 인간 조직 같은 속성을 지닐 것이다. 즉 이리저리 끌려다니며 결단을 내리지도, 한결같은 목표를 제시하지도 못하리라.

여기에는 겉보기에 집단 선택과 유사성이 있다. 유기체가 모인 집단이 유전자의 운반자로서 유효하게 기능한다는 이론이 가진 문제점 중 하나는 무법자(집단의 관점에서)가 생기기 쉬우며, 이는 선택이 선호할 거라는 사실이다. 개체의 자기희생이 집단 선택으로 진화했다고 가정한다면, 이타적 집단에서 개체를 이기적으로 행동하게 하는 유전자는 무법자와 유사하다. 수많은 집단 선택 이론가들의 희망을 좌절시켜 온 사실은 그러한 '무법자'의 출현이 거의 불가피하다는 것이었다.

유전자를 운반하는 데서 개체의 몸은 집단에 비해 훨씬 더 설득력 있다. 다른 이유보다도 몸에서 무법자 복제자가 대립 복제자보다 더 강하게 선호될 것 같지는 않기 때문이다. 이를 설명하는 근본적 이유는 해밀턴(Hamilton, 1975b)이 '염색체의 가보트gavotte of chromosomes'◆라고 부른, 개체 번식에서 되풀이되는 형식 절차에 있다. 모든 복제자가 개체 번식이라는 전통적 병목을 통해서 다음 세대로 내려가는 유일한 소망을 이룬다는 사실을 '안다'면, 모든 복제자는 서로에게 똑같이 '마음 쓸' 것이다. 즉, 공유하는 몸이 번식 연령에 이를 때까지 생존토록 하고, 구애와 번식을 성사시키고, 부모의 가업을 이어 좋은 성과를 내게 하는 것이다. 모든 복제자가 공유하는 몸이 겪는 정상 번식에서 동등한 지분을 가지면, 계몽된 이기심으로 무법자 같은 행동을 단념한다.

무성생식은 지분이 동등하면서 나뉘지 않기 때문에 모든 복제자는 합심해 낳은 모든 자식에서 자신을 찾을 가능성이 똑같이 100퍼센트다. 유성생식의 경우 이에 상응하는 가능성은 각 복제자에게 많아 봤자 절반이지만, 해밀턴이 '가보트'라 부른, 감수분열의 격식화된 예의는 각 대립 유전자에게 번식 사업에서 성공해 얻은 이익을 거둬들일 동등한 기회를 대체로 보장한다.■ 물론 **왜** 염색체의 가보트가 이처럼 예의 바른지

◆ **17세기 프랑스에서 발생한 무도곡으로 4/4박자 또는 2/2박자로 구성. 해밀턴은 가보트가 나타내는 반복적인 형식성을 번식 기제에 유비했다.**

는 또 다른 문제다. 나는 이렇게 대단히 중요한 문제를 단지 자신 없다는 핑계로 회피하려 한다. 이는 나보다 더 뛰어난 지성들도 큰 성과 없이 씨름해 왔던 유전 체계의 진화에 관한 일련의 문제(Williams, 1975, 1980; Maynard Smith, 1978a), 윌리엄스가 "진화생물학 바로 앞에는 위기가 있다"라고 말한 문제 중 하나이기 때문이다. 왜 감수분열이 그런 방식으로 작동하는지는 모르나, 이를 받아들이면 많은 결과가 뒤따른다. 특히 감수분열의 조직화된 공정 거래는 개체를 구성하는 부분들을 결합하는 응집력과 조화를 설명하는 데 쓰인다. 잠재적 운반자로서 개체가 모인 **집단** 수준에서도 마찬가지로 규칙을 준수하는 '유기체의 가보트'라는 똑같이 공명정대한 정직성을 가진 번식 특권이 주어진다면, 집단 선택은 더 그럴듯한 진화 이론이 될 것이다. 그러나 사회성 곤충이라는 극히 특별한 경우를 예외로 하면, 집단 '번식'은 무정부적이라 개체 무법자에게 유리하다. 사회적 곤충 군집까지도 트리버스와 헤어가 성비 갈등이라는 기발한 분석을 한 이후 완전히 조화로운 조직이라고 보기 힘들다(4장 참조).

이런 고려 사항은 우리가 운반자로서 개체의 몸속에 깃들인 무법자를 발견하고자 한다면 무엇을 먼저 보아야 하는지 말해 준다. 감수분열의 규칙을 어떻게든 전복해 배우자에 들어가는 기회를 정해진 50퍼센트 이상 누리는 복제자는, 다른 모든 조건이 동등하다면, 자연 선택을 통해 대립 복제자보다 선호될 것이다. 이러한 유전자를 유전학자는 감수분열 부등 유전자 또는 분리 왜곡 인자라고 부른다. 나는 이미 이들을 무법자 유전자의 정의를 보여 주는 예로 사용했다.

■ 염색체 수가 절반이 되는 감수분열은 무작위적으로 이루어지기 때문에 각 대립 유전자가 배우자에 들어갈 기회는 동등하다. 그래서 도킨스는 『이기적 유전자』에서 감수분열을 공정한 복권이라고 말했다.

'체제를 부수는 유전자'

나는 분리 왜곡 인자를 논하는 데 주로 이 책이 표방하는 뜻에 딱 맞는 언어를 사용하는 크로(Crow, 1979)의 설명을 따르고자 한다. 크로는 「멘델 법칙을 위반하는 유전자」라는 논문을 썼는데, 이 논문은 다음과 같이 끝난다. "멘델 체계는 모든 유전자에 공명정대할 때만 최대 효율로 작동한다. 그러나 이 체계는 자기 이익을 도모하려 감수분열 과정을 전복하는 유전자 때문에 틀어질 위험을 늘 안고 있다. (……) 감수분열과 정자 형성에 일어난 많은 개량은 겉보기에 그러한 사기를 방지하려는 목적인 듯하다. 그런데도 어떤 유전자는 이 체제를 부수어 버린다."

크로는 분리 왜곡 인자가 우리가 통상 생각하는 것보다 훨씬 더 흔하다고 말한다. 특히 분리 왜곡 인자가 아주 경미한 양적 효과만을 내는 경우, 유전학자가 사용하는 방법이 이를 탐지하는 데 적합하지 않기 때문이다. 초파리의 SD 유전자는 연구가 특히 잘되어, 왜곡을 일으키는 실제 기제가 무엇인지 어느 정도 드러낸다. "감수분열 동안 상동 염색체가 아직 짝을 이루고 있을 때 SD 염색체는 정상적인 자기 짝(그리고 경쟁 상대)에게 나중에 정상 염색체를 받아들이는 정자에 기능 장애를 일으키는 **어떤 작용**을 할 수도 있다. (……) SD는 실제로 다른 염색체를 파괴할 것이다."(Crow, 1979, 섬뜩하게 느껴지는 강조는 인용자) SD 이형접합 개체에서 SD를 포함하지 않은 정자는 비정상적이고 불완전한 꼬리를 보유한다는 증거가 있다. 그런 불완전한 꼬리는 정자에 포함된 비非SD 염색체에 가하는 어떤 파괴 행위로 생긴다고 본다. 크로가 지적하듯이 이것만으로 전모가 밝혀진 것은 아니다. 정자는 염색체 없이도 정상 꼬리를 발생시킬 수 있기 때문이다. 실상 정자가 가진 표현형 전부는 대개 아버지에게서 내려온 이배체 유전자형의 통제를 받지, 자신의 반수체 유전자형의 통제를 받지는 않는 듯 보인다(Beatty & Gluecksohn-Waelsch, 1972. 아래 참조). "그렇다면 SD 염색체가 상동 염색체에 내는 효과는 어떤 기능도 필요하지 않기에 단순히 어떤 기능을 불활성화하는 게 아니다. SD는 어떻게든지 자기 짝이 적극적인 파괴 행위를 저지르도록 유도할 것이 틀림없다."

분리 왜곡 인자는 희귀할 때 번영한다. 그러면 희생자가 자기 사본이 아니라 대립 유전자일 가능성이 많기 때문이다. 흔해지면 왜곡 인자는 동형접합이 되는 경향을 띠고, 따라서 파괴 행위는 자기 사본으로 향하고 유기체를 사실상 불임으로 만든다. 이야기는 이보다 더 복잡하지만, 크로가 행한 컴퓨터 모의실험으로 분리 왜곡 유전자의 안정 비율이 반복해서 일어나는 돌연변이만으로 설명하는 것보다 조금 더 높은 비율로 유지됨을 볼 수 있다. 실제로도 그렇다는 증거가 있다.

분리 왜곡 인자를 무법자로 보려면, 단지 대립 유전자만이 아니라 유전체의 나머지 유전자 대부분에도 해를 끼쳐야 한다. 분리 왜곡 인자는 개체가 생산하는 총 배우자 수를 줄임으로써 이런 효과를 발휘한다. 분리 왜곡 인자가 이런 일을 못하더라도, 다른 좌위에서 분리 왜곡 인자를 억제하는 것을 선호하는 선택이 있다는 더 일반적인 근거가 있다(Crow, 1979). 이 논의는 단계적으로 전개할 필요가 있다. 첫째, 많은 유전자는 대립 유전자와 비교했을 때, 여러 가지 다면발현 효과를 낸다. 르원틴(Lewontin, 1974)은 "……모든 유전자가 모든 형질에 영향을 미친다는 사실은 의심할 여지없는 진실이다……"라고 말하기까지 했다. 조심스럽게 말해서 "의심할 여지없는 진실"이라고 부르는 것은 광적인 과장일지도 모르지만, 논의 목적상 새로운 돌연변이 대부분은 여러 가지 다면발현 효과를 낸다는 가정만으로 충분하다.

이러한 다면발현 효과 대부분은, 돌연변이 효과가 대개 그러하듯이 해롭다고 보는 게 맞다. 어떤 유전자가 이로운 효과 하나 덕분에 선택된다면, 이는 그 유전자의 이로운 효과가 주는 이점이 그 유전자의 다른 효과가 주는 단점보다 양적으로 더 크기 때문이다. 보통 우리는 '이로운'과 '해로운'으로 유기체 전체에 미치는 이로움과 해로움을 의미한다. 그러나 분리 왜곡 인자의 경우에는, 우리가 말하는 이로운 효과는 해당 유전자 하나에만 이롭다. 분리 왜곡 인자가 몸에 주는 어떤 다면발현 효과든 몸 전체의 생존과 번식에 해를 끼칠 가능성이 아주 높다. 따라서 분리 왜곡 인자는 대체로 무법자일 것이다. 즉, 선택은 다른 좌위에서 분리 왜곡을 줄이는 표현형 효과를 내는 유전자를 선호할 것이다. 이런 사실은 변경 유전자라는 주제로 이어진다.

변경 유전자

변경 유전자 이론을 입증하는 고전적 근거는 R. A. 피셔가 설명한 우성의 진화다. 피셔(Fisher, 1930a. 그러나 Charlesworth, 1979 참조)는 어떤 유전자가 내는 유익한 효과는 변경 유전자 선택으로 우성이 되는 경향이 있고, 반대로 유해한 효과는 열성이 되는 경향이 있다고 말했다. 피셔는 우성과 열성이 유전자 자체의 속성이 아니라 표현형 효과의 속성이라는 데 주목했다. 실상 어떤 유전자가 내는 다면발현 효과 중 하나는 우성이 될 수도 있고 다른 하나는 열성이 될 수도 있다. 유전자가 내는 표현형 효과는 유전자와 환경의 공동 산물이며, 환경은 유전체에 있는 나머지 유전자도 포함한다. 이렇게 상호적 관점으로 유전자 작용을 보는 방식은 피셔가 1930년에 출판한 책에서 상세하게 옹호했으나, 1958년에 와서야 널리 인정되었다. 그때 피셔는 그 위대한 책 두 번째 판에서 이런 견해를 당연한 것으로 여길 수 있었다. 이런 관점에 따르면 우성이나 열성도 다른 표현형 효과와 마찬가지로 유전체 어딘가에 있는 다른 유전자의 선택으로 진화할 것이며, 이것이 피셔가 제안한 우성 이론의 기초다. 이런 다른 유전자가 변경 유전자로 알려졌지만, 이제는 주요 유전자와 변경 유전자를 구분하는 어떤 별도의 범주도 없다는 사실을 깨달았다. 오히려 어떤 유전자라도 다른 유전자가 내는 표현형 효과를 변경할 수 있다. 실상 모든 유전자가 내는 표현형 효과는 유전체의 다른 많은 유전자를 통한 변경에 영향받기 쉽고, 유전자 자체는 중요하거나 소소한 수많은 효과를 낼 것이다(Mayr, 1963). 변경 유전자는 여러 이론적 목적으로 원용되는데, 메다워/윌리엄스/해밀턴이 발전시킨 노화 진화 이론이 그 예다(Kirkwood & Holiday, 1979).

무법자 유전자라는 주제에 변경 유전자가 가지는 관련성은 이미 넌지시 말했다. 어떤 유전자가 내는 표현형 효과라도 다른 좌위의 유전자를 통한 변경에 영향받으며, 정의상 무법자 유전자는 유전체 나머지에 해롭게 작용해, 선택은 몸 전체에 미치는 무법자의 해로운 효과를 무효화하게 작용하는 유전자를 선호할 것이기 때문이다. 이러한 변경 유전자는 무법자 유전자의 효과에 영향을 주지 못하는 대립 유전자에 비해 선호될 것이다. 히키와 크레이그(Hickey & Craig, 1966)는 황열병모기 아이데스 아이깁티*Aedes aegypti*에서 나타나는 성비 왜곡 유전자(아래 참조)를 연구하면서 변경 유전자 선택의 결과로 해석할 수 있는, 왜곡 효과가 진화적으로 감소한다는 증거를 발견했다(히키와 크레이그의 해석은 조금 다르긴 하지만). 일반적으로 무법자 유전자가 그 효과를 억제하는 변경 유전자 선택을 부른다면, 각각의 무법자 유전자와 변경 유전자 사이에 군비 경쟁이 일어날 것이다.

다른 군비 경쟁의 경우처럼(4장), 한쪽이 다른 쪽을 승리한다고 기대할 일반적인 이유가 있는지 살펴보자. 리(Leigh, 1971, 1977), 알렉산더와 보르자(Alexander & Borgia, 1978), 컬런드(Kurland, 1979, 1980), 하르퉁(Hartung, 게재 확정)과 그 밖의 사람들은 그러한 일반적인 이유가 있음을 제시했다. 단일 무법자 유전자에서 이를 억제하는 변경 유전자는 유전체 어디에선가 생길 수 있기에 무법자 유전자는 수에서 열세일 것이다. 리(Leigh, 1971)는 다음과 같이 말한다. "이는 마치 유전자 의회와 같다. 각각은 자기 이익을 얻으려 행동하지만, 그 행동이 다른 이에게 피해를 끼친다면 각자는 합심해 피해를 끼친 자를 억누른다. (……) 그러나 왜곡 인자와 가까이 연관된 좌위에서는 왜곡 인자에 '빌붙는' 이득이 손해보다 크기 때문에 왜곡 효과를 촉진하는 선택이 작용할 것이다. 따라서 왜곡 인자가 생길 때 좌위 대부분에서 그 왜곡 효과를 억제하는 선택이 작용한다면, 한 종은 많은 염색체를 보유할 것이 틀림없다. 인원이 너무 적은 의회는 소수의 반란자에도 타락하는 것처럼, 미약하게 연관된 단 하나의 염색체는 왜곡 인자의 먹이가 되기 쉽다."(Leigh, 1971, p. 249) 나는 염색체 수에 관한 리의 지적은 잘 모르겠지만, 무법자 유전자가 변경 유전자에 비해 수에서 '열세'(Alexander & Borgia, 1978, p. 458)라는 더 일반적인 지적은 유망한 가능성이라고 본다.

나는 '수에서 우세'하다는 말이 실제로 두 가지 주요 방식으로 작용한다고 생각한다. 첫째, 서로 다른 변경 유전자가 무법자 유전자가 내는 효과를 각각 감소시킨다면, 여러 변경 유전자는 가산적additively으로 결합할 것이다. 둘째, 여러 변경 유전자 중 하나가 무법자 유전자를 무효화하는 데 충분하다면, 효과적으로 무효화할 가능성은 작용하는 변경 유전자 좌위 수와 더불어 증가한다. 알렉산더와 보르자의 '수에서 우세'라는 은유, 리의 다수가 모인 '의회'가 발휘하는 집단적 힘이라는 은유는 두 가지 방식 중 하나 혹은 둘 다에 해당할 것이다. 이 논의에서 다른 좌위에 있는 분리 왜곡 인자는 분명 '힘을 합'할 수 없다는 사실을 아는 게 중요하다. 분리 왜곡 인자는 '보편적 분리 왜곡'이라는 공통의 목적을 이루려고 작용하지 않는다. 오히려 각각은 자신에게 유리하도록 분리를 왜곡하며, 이는 비왜곡 인자에 해를 끼치는 것과 똑같이 다른 분리 왜곡 인자에 해를 끼친다. 반대로 분리 왜곡 인자의 억제자들은 어느 정도 힘을 합하는 게 가능하다.

유전자 의회는 주의하지 않으면 은유가 의미하는 것보다 더 많은 사실을 설명한다고 착각할 우려가 있다. 모든 인간이 그러하듯, 유전자와 달리 의회의 인간 의원은 선견지명을 발휘하고, 공모하고, 합의에 이르는 능력을 가진 아주 정교한 컴퓨터와 같다. 유전자 의회가 집단적으로 동의해 무법자 유전자를 억제하는 듯 보일지 모르지만, 실제로는 각각의 좌위에서 비변경 대립 유전자에 비해 변경 유전자를 선호하는 선택이 일어난다. 당연히 리를 비롯해 '유전자 의회' 가설을 지지하는 옹호자들은 이런 사실을 잘 알았다. 그럼 이제 무법자 유전자 목록을 확대해 보자.

성 연관 무법자 유전자

분리 왜곡 인자가 성염색체에 생긴다면, 이는 유전체 나머지 유전자와 갈등해 변경 유전자의 억제를 받는 무법자 유전자일 뿐만 아니라, 부수적으로 개체군 전체를 절멸에 이르게 하는 위협으로 변모한다. 이는 보통 생기는 해로운 부작용에 더해, 성비를 왜곡해 개체군에서 한쪽 성을 완전히 제거할 수 있기 때문이다. 해밀턴(Hamilton, 1967)은 한 컴퓨터 모의실험에서 오직 아들만 낳고 딸은 낳지 않는 '부등하는 Y' 염색체를 가진 돌연변이 수컷 한 명을 1천 명의 수컷과 1천 명의 암컷이 있는 개체군에 넣었다. 이 모형 개체군에서 암컷이 없어 전체가 절멸하는 데는 15세대밖에 걸리지 않았다. 이와 비슷한 효과를 실험실에서도 입증했다(Lyttle, 1977). 히키와 크레이그(Hickey & Craig, 1966)는 부등하는 Y 유전자를 사용해 황열병모기 같은 심각한 해충을 통제할 수 있다는 사실을 깨달았다. 이런 방법은 너무 저렴해 우아하면서도 사악하다. 해충을 통제하는 인자를 퍼뜨리는 작업 전부를 자연 선택과 더불어 해충 자신이 실행한다. 이는 '세균 전쟁'과 닮았다. 치명적인 '세균'이 외부 바이러스가 아니라 해당 종의 유전자 풀에 있는 유전자라는 점만 빼면 말이다. 그래도 이런 차이점이 근본적인 것은 아닐 것이다(9장 참조).

X 염색체와 연관된 부등 유전자도 Y 연관 부등 유전자와 동일한 종류의 해로운 효과를 끼치지만, 개체군을 절멸로 몰아넣는 데는 더 많

은 세대를 요한다(Hamilton, 1967). X 염색체에서 부등하는 유전자는 수컷이 아들이 아니라 딸을 낳게 한다(새나 나비류 등을 제외하고). 우리가 4장에서 보았듯이, 반수체인 벌목 수컷이 자기 짝의 자식을 보살피게 하는 데 영향을 줄 수 있다면, 수컷은 아들보다는 딸을 보살피게 하는 일을 선호할 것이다. 수컷은 아들에게 유전자를 전달하지 못하기 때문이다. 이런 상황을 수학적으로 보면 X 연관 부등과 유사하다. 수컷 벌목이 가진 유전체 전체는 X 염색체와 동일하게 기능한다(Hamilton, 1967, p. 481. 그리고 각주 18).

X 염색체는 서로 교차하지만 Y 염색체는 그러지 못하는 경우가 흔하다. 이에 X 염색체에 있는 모든 유전자는 Y 배우자에 맞서 X 배우자를 선호해 이형배우자 성◆의 배우자 형성을 왜곡하는, 부등하는 X 유전자가 있는 유전자 풀에 존재함으로써 이득을 얻을 수 있다. X 염색체 유전자는 어떤 의미에서 Y 염색체 유전자에 대항해 '반연관군'을 만들어 단결한다. 단지 X 염색체 유전자가 Y 염색체에 있을 가능성이 없다는 이유로 말이다. 이형배우자 성에서 X 연관 감수분열 부등을 억제하는 변경 유전자가 X 염색체에 있는 다른 좌위에 생긴다면 선호되지 않을 것은 당연하다. 그 변경 유전자는 상염색체에 생길 때 선호될 것이다. 이는 상염색체에 분리 왜곡 인자가 있는 경우와는 다르다. 여기서는 같은 염색체에 있는 다른 좌위에서 분리 왜곡 인자를 억제하는 변경 유전자를 선호하는 선택이 있다. X 연관 왜곡 인자는 이형배우자 성에서 배우자 생산에 영향을 주어, 유전자 풀의 상염색체 관점에서 본다면 무법자 유전자이지만, 나머지 X 염색체 관점에서 보면 무법자 유전자가 아니다. 이렇게 성염색체에 있는 유전자 간의 가능한 '연대'는 무법자 유전자 개념이 너무 단순할지도 모른다는 점을 시사한다. 무법자 유전자라는 개념은 유전체 나머지에 맞

◆ **성염색체가 다른 성. 포유류의 경우 암컷의 성염색체는 XX, 수컷의 성염색체는 XY이므로 수컷이 이형배우자 성이다.**

서 두드러진 한 명의 반역자라는 인상을 준다. 그보다는 가령, X 염색체 대 나머지처럼 때로 경쟁하는 유전자 패거리 간의 전쟁이라는 관점에서 생각하는 게 더 나을 수도 있다. 코스미디스와 투비(Cosmides & Tooby, 1981)는 함께 복제되고, 따라서 같은 목적을 이루고자 활동하는 유전자 패거리를 부르는 '코레플리콘coreplicon'이라는 유용한 말을 만들었다. 많은 경우 이웃한 코레플리콘은 서로 경계가 불분명할 것이다.

Y 염색체 유전자의 패거리 짓기는 더 일어나기 쉽다. Y 염색체가 교차하지 않는 한, Y 염색체에 있는 모든 유전자는 Y 연관 왜곡 인자가 존재함으로써 왜곡 인자와 동일한 이득을 얻을 것임이 분명하다. 해밀턴(Hamilton, 1967)은 잘 알려진 Y 염색체의 불활성(귀에 난 털은 남성에서 나타나는 유일하게 눈에 잘 띄는 Y 연관 형질인 듯하다)은 Y 염색체를 억제하는 변경 유전자를 유전체 어딘가에서 적극 선택했기 때문이라는 흥미로운 제안을 했다. 어떻게 변경 유전자가 염색체 전체가 나타내는 표현형 활동을 억제하느냐는 명확하지 않다. 하나의 염색체가 내는 다양한 표현형 효과는 보통 너무나 잡다하기 때문이다(왜 선택은 다른 Y 연관 효과는 그대로 두고 오직 부등하는 유전자가 내는 효과만을 억제하게 작용하지 않는 걸까?). 나는 Y 염색체의 큰 덩어리를 물리적으로 삭제하거나, Y 염색체를 세포의 전사 기구로부터 격리해 이를 달성한다고 추정한다.

웨런, 스키너, 샤노브(Werren, Skinner & Charnov, 1981)는 통상적 의미로는 유전자라 할 수 없는 부등하는 복제자에 관한 기묘한 사례를 제시했다. 그들은 Dl 또는 '딸 없는'이라 부르는 수컷 변종이 있는 기생벌, 나소니아 비트리페니스*Nasonia vitripennis*를 연구했다. 벌은 반수이배체라 수컷은 딸에게만 유전자를 전달한다. 수컷의 짝은 아들을 낳을 수도 있지만, 아들은 반수체이며 아비 없는 자식이다. Dl 수컷은 암컷과 짝짓기하면, 짝이 전부 수컷만 낳게 한다. Dl 수컷과 짝짓기한 암컷의 아들 대부분은 Dl 수컷이다. 따라서 아버지에게서 아들로 어떤 핵 내 유전자도 넘어

가지 않지만, Dl 인자는 어떻게든 아버지에게서 '아들'로 들어간다. Dl 인자는 부등하는 Y 염색체가 퍼지는 것과 정확히 동일한 방식으로 급속히 퍼진다. Dl 인자를 구성하는 물리적 요소는 모른다. 그 요소가 핵 내 유전물질이 아닌 것은 확실하며 심지어 핵산 없이 구성된 방식도 이론적으로는 가능하다. 웨런과 동료들은 세포질에서 유래하는 핵산이라 생각하지만 말이다. 이론적으로는, Dl 수컷이 짝에게 주는 **모든** 종류의 물리적, 화학적 영향은 짝이 Dl 아들을 낳게 야기하고, 부등하는 Y 염색체처럼 퍼지며, 5장에서 말한 의미의 능동적 생식 계열 복제자로 볼 수 있다. 이는 또한 탁월한 무법자 유전자이기도 한데, 자신이 자리한 수컷의 모든 핵 내 유전자를 희생해 자신을 퍼뜨리기 때문이다.

이기적 정자

몇 가지 예외를 제하면, 유기체가 보유한 이배체 세포는 모두 유전적으로 동일하지만, 이배체 세포가 생산하는 반수체 배우자는 전부 다르다. 정액 속에 있는 수많은 정자 중에서 오직 하나만이 난자와 수정할 수 있기에 정자 사이에는 잠재적 경쟁이 있다. 정자세포 속에 있는 반수체 상태일 때 표현형을 발현하는 어떤 유전자가 정자의 경쟁 능력을 개선한다면, 대립 유전자에 비해 선호될 것이다. 이러한 유전자는 반드시 성과 연관될 필요 없이 어떤 염색체에도 존재할 수 있다. 이 유전자가 성과 연관된다면 성비를 편중시키는 효과를 내어 무법자 유전자가 될 것이다. 이 유전자가 상염색체에 있다면 이미 분리 왜곡 인자를 논할 때 말한 일반적 이유에서 여전히 무법자 유전자일 것이다. "……정자세포 기능에 영향을 주는 유전자가 있다면, 정자세포 간에 경쟁이 생기고, 수정 능력을 높이는 유전자는 개체군 내에서 증가할 것이다. 이런 유전자가, 가령 간의 기능 장애를 일으킨다면 좋지 않겠지만, 그래도 그 유전자는 증가한다. 정자세포 간의 경쟁을 통한 선택이 건강한 몸을 위한 선택보다 훨씬 더 효과적이기 때문이다."(Crow, 1979) 물론 정자 경쟁 유전자가 간의 기능 장애를 초래할 특별한 이유는 없으나 이미 지적한 대로, 돌연변이 대부분은 해로우므로 달갑지 않은 부작용이 충분히 일어날 수 있다.

왜 크로는 정자세포 간의 경쟁을 통한 선택이 건강한 몸을 위한 선택보다 훨씬 더 효과적이라고 주장했을까? 여기에는 분명 건강에 미치는 효과 크기에 관계하는 양적인 교환 관계가 있을 것이다. 그러나 이를 제쳐 놓고 오직 소수의 정자만이 성공한다(Cohen, 1977)는 논쟁적인 가능성까지 허용하고도, 이 논증은 설득력이 있다. 왜냐하면 정액 속에서 벌어지는 정자세포 간의 경쟁은 아주 가혹하기 때문이다.

> 수백만의 수백만의 정자들
> 널리 생을 받기는 했지만
> 대홍수를 피한 가련한 노아만이
> 살아남는다는 희망을 품노라
>
> 그리고 그 수억 개 중 하나만이
> 어쩌다 될 수 있었던 것은
> 셰익스피어, 또 한 사람의 뉴턴, 신선한 숙녀—
> 그러나 그 하나는 바로 나였다
>
> 부끄럽게도 너보다 나은 자를 몰아내고
> 타인을 두고 방주에 올라탔다!
> 우리 모두보다 더 나은, 고집 센 호문쿨루스,◆

◆ 라틴어로 '소인'이라는 뜻으로, 전성설에서는 정자의 머릿속에 호문쿨루스가 자리해 장차 완전한 개체로 자라난다고 믿었다.

네가 조용히 죽었더라면!

— 올더스 헉슬리

정자 속에 있는 반수체 유전자형일 때 정자의 경쟁 능력을 증가시키는, 가령 꼬리의 유영력을 개선하거나 자신만 면역력이 있고 나머지 정자를 죽이는 살정제를 분비하게 발현하는 돌연변이 유전자는 이배체 몸에 미치는 가장 파멸적인 해로운 부작용을 제외한 모든 부작용을 능가하는 강력한 선택압을 통해 즉각 선호될 거라고 상상할 수 있다. 그러나 수억 개의 정자 중에서 단 하나만이 "살아남는다는 희망을 품는다"라는 말이 사실이라 해도, 계산은 단일 유전자 관점에서 보면 전혀 다르다. 연관군이나 새로운 돌연변이를 잠시 잊으면, 유전자 풀에 어떤 유전자가 드물게 있다 해도, 어떤 수컷의 이배체 유전자형에 그 유전자가 있을 때 해당 수컷 정자의 적어도 50퍼센트는 틀림없이 그 유전자를 지닌다. 어떤 정자가 경쟁에 유리한 유전자를 받으면, 같은 정액에 있는 경쟁하는 정자 중 50퍼센트도 똑같은 유전자를 받을 것이다. 하나의 정자 형성 기간 동안 새롭게 돌연변이가 일어날 때만 선택압은 천문학적인 크기로 변한다. 보통 선택압은 그리 크지 않아 100만 대 1이 아니라 2대 1이다. 연관 효과를 고려하면 계산은 더 복잡하며, 경쟁적인 정자를 선호하는 선택압은 다소 증가할 것이다.

어느 경우든 유전자가 정자에 있는 반수체 유전자형일 때 발현한다면 무법자는 유리해지고 이배체인 아버지의 유전체에 있는 나머지 유전자에는 해로운, 강한 선택압이 있을 것이다. 조금도 과장 없이, 보통 정자가 나타내는 표현형이 사실상 자신의 반수체 유전자형이 가하는 통제 아래 있지 않다는 사실은 행운인 듯하다(Beatty & Gluecksohn-Waelsch, 1972). 물론 정자가 나타내는 표현형은 분명 유전적 통제 아래 있으며, 자연 선택은 정자 적응을 완벽하게 하려고 정자 표현형을 통제하는 유전자에 작용했음이 확실하다. 그러나 이런 유전자는 아버지에 있는 이배체 유전자형일 때 발현하지, 정자에 있는 반수체 유전자형일 때 발현하지 않는다. 정자 속에 있을 때 유전자는 수동적으로 운반된다.

정자에 있는 유전자형의 수동성은 정자에 세포질이 없어서 생기는 직접적 결과일지도 모른다. 유전자는 세포질을 통하지 않고는 표현형을 발현할 수 없기 때문이다. 이는 근접 원인을 이용한 설명이다. 하지만 적어도 궁극적 기능으로 설명하고자 한다면 문제를 거꾸로 생각해 볼 필요가 있다. 즉, 정자는 반수체 유전자형이 나타내는 표현형 발현을 막으려는 적응으로 작게 만들어진 것이라고. 이런 가설에 따라 한쪽에는 정자 간의 경쟁 능력을 높이는 유전자(반수체로 발현하는)와 다른 쪽에는 정자를 더 작게 만들어 반수체 유전자형의 표현형 발현을 억제하는 아버지의 이배체 유전자형일 때 발현하는 유전자 사이에서 군비 경쟁이 일어난다고 제안할 수 있다. 이 가설은 왜 난자가 정자보다 더 큰지는 설명하지 않는다. 이 가설은 이형배우자접합anisogamy을 기본 사실로 가정한다. 따라서 이형배우자접합의 기원을 설명하는 대안 이론도 아니다(Parker, 1978b; Maynard Smith, 1978a; Alexander & Borgia, 1979). 게다가 시빈스키(Sivinski, 1980)가 흥미로운 논평에서 보여 주었듯이, 모든 정자가 작은 것도 아니다. 그러나 현재 시도한 설명은 여전히 다른 가설의 보조로서 고려할 가치가 있다. 이는 내가 이미 말했던 Y 염색체 불활성을 논하는 해밀턴(Hamilton, 1967)의 설명과 유사하다.

녹색 수염과 겨드랑이

지금까지 살펴본 무법자 유전자는 현실에 존재하며, 실제로 유전학자에게 익숙하다. 이제부터 말하려는 무법자 유전자는 솔직히 말해 있을 법하지 않다. 나는 이를 변명할 생각은 없으며 사고실험으로 생각한다. 물리학자가 거의 광속으로 달리는 열차를 상상해 도움을 받듯이 내 사고실험도 현실을 똑바로 보는 데 도움을 주는 역할을 한다.

그러면 이런 사고실험이 가진 목적에 입각해, Y 염색체에 있는 어떤 유전자를 상상해 보자. 이 유전자를 보유한 사람은 딸을 죽이고 사체를 아들에게 먹인다. 이는 분명 부등하는 Y 염색체 효과가 행동으로 나타난 것이다. 이런 행동이 생긴다면 이는 부등하는 Y 염색체와 동일한 이유로 퍼지는 경향을 띠며, 그 표현형 효과가 수컷의 나머지 유전자에 해롭다는 동일한 의미에서 무법자다. 선택은 Y 염색체를 제외한 염색체에 있는 딸을 죽이게 하는 유전자의 표현형 효과를 줄이는 변경 유전자를 대립 유전자에 비해 선호할 것이다. 어떤 의미로 무법자 유전자는 자기 사본을 갖느냐 아니냐를 나타내는 편리한 **표지**로서 아이의 성별을 사용한다. 모든 아들은 그 유전자를 확실히 보유했다는 표지이며, 모든 딸은 그 유전자를 확실히 보유하지 않았다는 표지다.

동일한 논증을 X 염색체에도 적용할 수 있다. 해밀턴(Hamilton, 1972, p. 201)은 정상 이배체 종에서 동형배우자 성homogametic sex◆의 X 염색체에 있는 유전자가 동형배우자 성인 자매가 물려받은 유전자와 동일할 가능성은 4분의 3이라고 지적했다. 따라서 인간 자매가 나타내는 'X 염색체 근연도X-chromosome relatedness'는 벌목 자매가 나타내는 근연도 전체만큼 높고, 인간 자매가 나타내는 근연도 전체보다 높다. 해밀턴은 심지어 X 염색체가 내는 효과는 새 둥지에서 도움을 주는 자가 보통 새끼의 자매가 아니라 손위 형제인 사실도 설명한다고 생각하기까지 했다(새에서는 수컷이 동형배우자 성이다). 해밀턴은 새에 있는 X 염색체는 유전체 전체의 10퍼센트를 차지하기에 형제가 주는 보살핌의 유전적 기반이 X 염색체에 있는 일도 가능하다고 말했다. 그렇다면 이전에 해밀턴이 벌목에서 자매가 주는 보살핌을 설명한 것과 같은 종류의 선택압으로

◆ 성염색체가 같은 성. 포유류의 경우 암컷의 성염색체는 XX, 수컷의 성염색체는 XY이므로 암컷이 동형배우자 성이다.

형제가 주는 보살핌도 선호될 것이다. 사이런과 루익스(Syren & Luyckx, 1977)는 의미심장하게도 완전한 진사회성을 성취한 유일하게 반수이배체가 아닌 집단, 흰개미에서는 "유전체 약 절반을 성염색체와 연결된 연관군으로서 유지한다"(Lacy, 1980)고 지적한다.

빅클러(Wickler, 1977)는 해밀턴의 X 염색체 개념을 재발견한 휘트니(Whitney, 1976)를 논평하면서, Y 염색체 효과는 잠재적으로 X 염색체 효과보다 훨씬 더 강력하지만, 원칙상 Y 염색체는 유전체에서 그처럼 높은 비율을 차지하지 못한다고 말한다. 어느 경우든 '성 연관 이타주의'는 **차별**을 두어야만 한다. 즉, 성염색체가 미치는 영향에 따라 행동하는 개체는 이성인 혈연보다는 동성인 혈연을 편애하는 경향을 띨 것이다. 성에 관계없이 형제자매를 보살피게 하는 유전자는 무법자 유전자가 아니다.

해밀턴과 마찬가지로 나 또한 그럴듯함을 높이 평가하지 않는다. 무법자 성염색체 사고실험이 갖는 가치는 그럴듯함이 아니라, 차별이 가진 중요성에 관심을 돌린다는 사실에 있다. 다른 개체의 성은 해당 개체를 유전적 특징이 알려진 어떤 개체 집단에 속하는 일원인지 알아내는 **표지**로 사용된다. 보통 혈연 선택론에서 근연도(또는 '같은 둥지에 있느냐'와 같이 근연도와 가까운 상관관계를 갖는 무엇)는 유전자를 공유하는 확률이 평균 이상이라는 사실을 나타내는 표지로 사용된다. Y 염색체에 있는 유전자 관점에서 형제자매의 성은 확실히 유전자를 공유하느냐 공유하지 않느냐 간의 차이를 뜻하는 표지다.

그런데 사태를 이런 방식으로 다룰 경우 개체 적합도나 보통 이해하는 포괄 적합도라는 개념조차 부적합하다는 사실에 주의하라. 포괄 적합도는 대개 한 쌍의 혈연이 특정한 유전자, 즉 조상에게 물려받아 동일한 유전자를 공유할 확률을 재는 근연 계수coefficient of relationship를 사용해 계산한다. 이는 다른 개체에 있는 자기 유전자 사본을 '인지'하는 만족스러운 방법이 없을 때 관련 유전자가 제공하는 좋은 어림값이다. 그러나 유전자가 성염색체에 있고 혈연의 성을 표지로 사용할 수 있다면 이런 방식으로 구할 수 있는, 혈연이 유전자 사본을 공유할 확률의 최적 '추정치'는 근연 계수가 주는 추정치보다 더 나을 것이다. 가장 일반적 형태에서, 다른 개체에 있는 자기 사본을 '인지'한다고 보는 유전자가 기반을 둔 원리를 '녹색 수염 효과'라는 별칭으로 부른다(Hamilton, 1964b, p. 25를 좇아 Dawkins, 1976a, p. 96). 녹색 수염 또는 '인지 대립 유전자'를 다른 문헌에서는 무법자 유전자로 서술했다(Alexander & Borgia, 1978; Alexander, 1980). 따라서 이 유전자도 이 장에서 논해야겠다. 이제 보겠지만, 이를 무법자 유전자로서 보기에는 세심한 검토가 필요하지만 말이다(Ridley & Grafen, 1981).

녹색 수염 효과는 비현실적 가설이지만, 그래도 유익한 방식으로 '유전자의 자기 인지' 원리를 있는 그대로의 본질로 환원한다. 어떤 유전자가 두 가지 다면발현 효과를 낸다고 가정하자. 하나는 눈에 잘 띄는 표지, '녹색 수염'을 주는 효과다. 다른 하나는 그 표지를 보유한 이에게 이타적으로 행동하는 경향을 주는 효과다. 이러한 유전자가 일단 생기면, 자연 선택은 쉽게 이 유전자를 선호할 것이다. 이타적 행동 없이 표지만 가진 돌연변이가 생기면 피해를 입기도 쉽지만 말이다.

유전자는 다른 개체에 있는 자기 사본을 인지하고 이에 맞추어 행동하는 의식을 가진 작은 악마는 아니다. 녹색 수염 효과는 다면발현에 부수해 생기는 수밖에 없다. 이때 두 가지 상보적 효과를 내는 돌연변이가 일어나야만 한다. 표지, 즉 '녹색 수염' 그리고 표지를 가진 개체에 이타적으로 행동하는 경향. 나는 늘 이런 다면발현 효과가 우연히 결합하는 일이 사실이기에는 너무 완벽하다고 생각했다. 해밀턴 또한 이런 생각이 본래부터 납득하기 어렵다고 말했지만, 다음과 같이 썼다. "……정확히 동일한 선험적 반대를, 그 이점이 불분명한데도 여러 번 독립적으로 진화한 게 분명한 동류교배assortative mating의 진화에도 제기할 수 있다."(Hamilton, 1964b, p. 25) 녹색 수염 효과와 동류교배를 잠시 비교해 보는 일도 유용하다. 여기서는 논의 목적상 동류교배를 어떤 개체가 자기와 유전적으로 유사한 개체와 짝짓기를 선호하는 경향이라는 뜻으로 쓰겠다.

어찌해 녹색 수염 효과는 동류교배보다 훨씬 더 터무니없는 주장으로 보일까? 이는 동류교배가 단지 정말로 일어난다는 사실 때문이 아니다. 나는 다른 이유를 제시한다. 그 이유는 우리가 동류교배를 생각할 때 암암리에 그 효과를 가능케 하는 수단으로 **자기 검사**를 가정하기 때문이다. 검은 개체는 검은 개체와, 하얀 개체는 하얀 개체와 짝짓기를 선호한다면, 우리는 이를 그럴 수 있다고 생각한다. 암묵적으로 개체가 **자기**가 지닌 색을 지각한다고 가정하기 때문이다. 각 개체는 자기 색이 무엇이든 간에 **똑같은** 규칙을 따른다고 본다. 즉, 나 자신을 검사하고(또는 나의 가족 구성원) 같은 색을 지닌 짝을 택하라. 이 원리는 같은 유전자가 다면발현으로 통제하는 두 가지 특정 효과, 색과 행동 선호를 요구함으로써 믿기 어렵게 하지도 않는다. 유사한 짝과 짝짓는 게 일반적으로 유익하다면, 자연 선택은 사용하는 인지 형질의 정확한 본성이 무엇이냐에 상관없이 자기 검사 규칙을 선호할 것이다. 구태여 피부색일 필요도 없다. 눈에 잘 띄고 변이가 있는 형질은 모두 동일한 행동 규칙과 함께 작동할 것이다. 무리한 다면발현을 가정할 필요가 없다.

그렇다면 동일한 기제가 녹색 수염 효과에도 작동하는가? 동물은 "스스로를 검사하고 나와 닮은 개체에 이타적으로 행동하라"라는 형식을 지닌 행동 규칙에 따르는가? 동물은 그럴 수도 있지만, 이는 녹색 수염 효과를 예증하는 진정한 사례는 아니다. 대신에 나는 이를 '겨드랑이 효과'라고 부른다. 이 효과를 예증하는 전형적인 가설상의 사례에서 동물은 자기 겨드랑이 냄새를 맡고 비슷한 냄새를 풍기는 개체에게 이타적으로 행동한다고 한다. (후각과 관련한 이름을 선택한 이유는 사람의 겨드랑이에 댔던 손수건 냄새를 맡은 경찰견을 실험한 결과, 일란성 쌍둥이를 제외하면 어떤 두 사람의 땀을 구별하는 게 가능하기 때문이다[Kalmus, 1955]. 이는 땀

분자에는 유전적 표지로서 쓰기 좋은 대단히 풍부한 변이가 있음을 시사한다. 일란성 쌍둥이가 보여 준 결과에 비춰 보면 경찰견이 사람 간의 혈연 계수를 냄새로 알아내도록 훈련하는 것이 가능하다고 볼 수도 있다. 예를 들어 형제의 냄새를 맡고 범죄자를 찾게 훈련하는 것이다. 여하간 여기서 '겨드랑이 효과'는 동물이 자기나 가까운 친척을 검사하고 유사한 냄새나 그 밖의 지각 가능한 유사성으로 다른 개체를 편애하는 경우를 지칭하는 일반적 이름으로 사용한다.)

녹색 수염 효과와 겨드랑이 자기 검사 효과가 나타내는 근본적 차이는 다음과 같다. 겨드랑이 자기 검사를 통한 행동 규칙은 어떤 면에서, 아마 많은 면에서 자신과 닮은 개체를 찾지만, 특별히 행동 규칙 자체를 매개하는 유전자 사본을 소유한 개체는 찾지 못한다. 겨드랑이 규칙은 비혈연에서 진짜 혈연을 찾거나, 형제가 친형제인지 아니면 이복형제인지 가리는 훌륭한 수단을 제공할 수 있다. 이는 매우 중요하며 선택이 자기 검사 행동을 선호하는 근거이기도 하나, 그 선택은 종래의 익숙한 혈연 선택이다. 자기 검사 규칙은 단순히 혈연을 인지하는 장치로서 다음과 같은 규칙과 유사할 것이다. "같은 둥지에서 자란 개체에게는 이타적으로 행동하라."

녹색 수염 효과는 이와 전혀 다르다. 여기서 중요한 점은 유전자(또는 가까운 연관군)가 특별히 **자기** 사본을 인지하는 프로그램을 짠다는 점이다. 녹색 수염 효과는 혈연을 인지하는 기제는 아니다. 오히려 혈연 인지와 '녹색 수염' 인지는 유전자가 마치 자기 사본을 편애하는 듯이 행동하는 대체 가능한 방법이다.

해밀턴이 비교한 동류교배로 돌아오면, 동류교배는 실제로 녹색 수염 효과가 그럴듯하다는 점을 낙관하는 좋은 근거를 주지 못한다는 사실을 알 수 있다. 동류교배는 자기 검사와 훨씬 더 관련 있다. 이유가 무엇이든, 닮은꼴끼리 짝짓는 데 일반적 이점이 있다면, 선택은 다음과 같은 겨드랑이 유형의 행동 규칙을 선호할 것이다. 즉, 나 자신을 검사하고 나와 닮은 짝을 선택하라. 이 규칙은 개체에 따라 차이가 나는 형질이 정확히 어떤 본성을 지녔느냐에 상관없이 이계교배◆와 동계교배■ 간의 최적 균형(Bateson, 1983)이나 그 밖의 다른 어떤 이점이든 바람직한 결과를 얻을 것이다.

해밀턴이 선택한 비교 대상은 동류교배만이 아니다. 또 하나의 예는 자기와 비슷한 색을 띠는 배경에 몸을 숨기는 나방이다. 케틀웰(Kettlewell, 1955)은 회색가지나방*Biston betularia*에 속하는 어두운색 형 변종과 전형적인 밝은색 나방이 어둡거나 밝은 배경을 택해 앉을 기회를 주었다. 그 결과 나방은 자기 몸 색과 어울리는 배경을 선택한다는 통계적으로 유의미한 경향이 나왔다. 이런 경향은 다면발현(또는 배경 선택을 위한 유전자와 밀접하게 연결된 보호색을 위한 유전자)에서 비롯될 수 있다. 정말 그렇다면, 사전트(Sargent, 1969a)가 믿듯이, 이런 결과는 유추를 통해 녹색 수염 효과가 본래부터 그럴듯하지 않다는 회의감을 줄여 줄 수도 있다. 그러나 케틀웰은 '명암 대비'라는 더 간단한 기제로 나방이 배경에 몸을 맞춘다고 보았다. 케틀웰은 나방이 자기 몸의 작은 부분을 지각하고 몸과 배경 사이의 명암이 최소에 이를 때까지 돌아다닌다고 말했다. 그러면 자연 선택은 이런 명암 차를 최소화하는 행동 규칙을 만드는 유전적 기초를 선호할 거라 생각하기 쉽다. 자연 선택은 돌연변이로 새롭게 나타나는 색을 포함해 어느 색과도 결합해 자동적으로 작용할 것이기 때문이다. 물론 이는 '겨드랑이 자기 검사' 효과와 비슷하며 이와 동일한 이유에서 그럴듯하다.

사전트(Sargent, 1969a)가 가진 직관은 케틀웰과 다르다. 사전트는 자기 검사 이론을 불신하고 배경 선호에서 회색가지나방의 두 가지 형은 유전적으로 다르다고 생각한다. 사전트는 회색가지나방에서는 증거

◆ 다른 계통끼리의 교배
■ 같은 계통끼리의 교배

가 없지만, 다른 종에서 기발한 실험을 시행했다. 예컨대, 사전트는 어두운색 종과 밝은색 종의 나방을 택해, 눈 주위 털에 색깔을 칠해 나방이 털에 칠한 색과 어울리는 배경을 선택하도록 '속임수'를 썼다. 그 결과 나방은 고집스럽게 유전적으로 결정된 자기 색과 어울리는 배경을 선택했다(Sargent, 1968). 그러나 안타깝게도 이 흥미로운 결과는 한 종에 속한 어두운색 형과 밝은색 형이 아니라 두 가지 다른 종에서 얻었다.

사전트(Sargent, 1969a)는 두 가지 다른 형태를 갖는 나방 종, 피갈리아 티테아*Phigalia titea*를 대상으로 한 또 다른 실험에서는 케틀웰이 회색가지나방에서 얻은 결과를 재현하는 데 실패했다. 피갈리아 티테아 개체는 어두운색 형이든 밝은색 형이든, 이 종의 밝은색 조상 형에 적합한 배경으로 추정되는 밝은 배경에만 앉았다. 누군가 나방이 지각 가능한 몸에 색을 칠한 사전트의 핵심 실험을 다시 하는 것이 필요하다. 다만 회색가지나방같이 형태 특이적인 배경 선택을 나타내는 이형태성을 띤 종을 사용해야 한다. 케틀웰의 이론은 나방이 유전적으로 어두운색 형인가 밝은색 형인가에 상관없이 검은색을 칠한 나방은 검은 배경을, 밝은색을 칠한 나방은 밝은 배경을 선택한다고 예측한다. 순수한 유전 이론은 어떤 색을 칠했는가에 상관없이 어두운색 형은 어두운 배경을, 밝은색 형은 밝은색을 선택한다고 예측한다.

후자의 이론이 옳다면, 이는 녹색 수염 이론에 도움을 줄 수 있을까? 후자는 형태적 형질과 함께, 형태적 형질과 유사한 행동 인지가 유전적으로 밀접하게 연관될 수 있거나 신속히 연관된다는 사실을 드러내기에 조금은 도움을 줄 것이다. 다만 여기서 나방의 은폐 사례는 우리가 다루는 무법자 유전자 효과에 어떤 시사점도 주지 않는다는 사실을 유념해야 한다. 두 가지 유전자가 있어, 한쪽은 몸 색을 통제하고 다른 쪽은 배경 선택 행동을 통제한다면, 양 유전자는 서로에게서 이익을 얻으므로 둘 모두 어떤 의미로도 무법자 유전자가 아니다. 두 유전자가 멀리 떨어진 채 연관되기 시작했다면, 선택은 점점 더 가깝게 연관되는 것을 선호할 것이다. 이와 유사하게 선택이 '녹색 수염 유전자'와 녹색 수염 인지를 위한 유전자가 가깝게 연관되는 것을 선호할지는 분명하지 않다. 효과 간의 그런 연합이 생기려면 처음부터 운이 좋아야 할 것 같다.

녹색 수염 효과는 일반적으로 다른 개체와 유전자를 공유할 확률이 어떻든 확률에 상관없이, 다른 개체에 있는 자기 사본을 돌보는 하나의 이기적 유전자가 전부다. 녹색 수염 유전자는 자기 사본을 '알아채고', 그리하여 유전체 나머지 유전자가 추구하는 이익에 반하게 작용한다고 생각된다. 녹색 수염 유전자는 무법자 유전자 외에 특별히 다른 유전자를 공유하지 않는 것 같은 다른 개체에게 이익을 주도록 개체를 희생하게 한다는 의미에서 무법자 유전자다. 이런 이유로 알렉산더와 보르자(Alexander & Borgia, 1978)는 녹색 수염 유전자를 무법자 유전자라고 불렀으며, 녹색 수염 유전자가 존재하는지 의심을 품었다.

그러나 녹색 수염 유전자가 생겼더라도 실제로 무법자 유전자인지는 분명하지 않다. 리들리와 그라펜(Ridley & Grafen, 1981)은 우리가 무법자 유전자를 정의할 때 다른 좌위에 그 표현형 효과를 억제하는 변경 유전자가 생긴다는 점도 언급했다고 경고한다. 언뜻 녹색 수염 유전자가 정말로 억제하는 변경 유전자를 부르는 일은 당연한 듯 보인다. 변경 유전자는 보살핌을 받는 (혈연관계는 없는) 녹색 수염을 지닌 개체의 몸에 자기 사본이 없는 경향을 띨 것이기 때문이다. 그러나 변경 유전자가 녹색 수염 유전자가 드러내는 표현형 발현에 어떤 영향을 준다면, 녹색 수염을 지닌 몸에 존재할 가능성이 있으며, 따라서 녹색 수염을 지닌 다른 개체의 이타적 행위를 받아 이득을 얻는 위치에 있다는 점을 잊지 말아야 한다. 게다가 이런 녹색 수염을 지닌 이득 제공자가 특별히 혈연일 가능성도 없기 때문에, 장차 변경 유전자가 될 사본은 이 이타주의자가 지불하는 희생을 모를 것이다. 그러므로 다른 좌위에 있는 장래의 변경 유전자는 녹색 수염 유전자와 공유하는 몸에서 손실보다는 이득을 얻는 경우가 생긴다. 여기에 녹색 수염을 지닌 다른 개체에 이타적으로 행동해 지불하는 비용이 녹색 수염을 지닌 다른 개체로부터 이타적 행위를 받는 이익보다 더 크다고 반론할 수는 없다. 이게 사실이라면 애초에 녹색 수염 유전자가 퍼질 가능성은 없을 것이다. 리들리와 그라펜이 말한 사항의 본질은 이렇다. (있을 법하지 않지만) 녹색 수염 유전자에 **조금이라도** 개체군에 두루 퍼지는 데 필요한 특성이 **있다면**, 이런 상황에서 발생하는 비용-이익은 녹색 수염 유전자가 내는 효과를 감소하기보다 증대하는 변경 유전자를 선호할 수준일 것이다.

이런 사항을 평가할 때는 우리가 녹색 수염 표현형이라 부르는 현상이 드러내는 정확한 본성이 무엇이냐에 모든 것이 달려 있다. 다면발현하는 이중 표현형 전체, 녹색 수염과 함께 녹색 수염을 지닌 개체에게 이타적으로 행동하는 경향을 묶어서, 변경 유전자가 억제하거나 증대할 수 있는 그저 하나의 단위로서 간주한다면 녹색 수염 유전자가 무법자 유전자가 아니라는 리들리와 그라펜의 주장은 확실히 옳다. 그러나 물론 리들리와 그라펜 또한 강조했듯이, 선택은 녹색 수염 유전자가 내는 이타적 표현형은 억제하면서 녹색 수염 자체는 억제하지 않는, 두 표현형 효과를 서로 떼어 놓을 수 있는 변경 유전자를 선호할 것이 확실하다. 제3의 가능성은 녹색 수염 유전자가 작용하는 특수한 경우로, 부모가 인지 형질을 공유하는 자기 아이를 편애하게 하는 것이다. 이러한 유전자는 감수분열 부등 유전자와 유사하며 진정한 의미의 무법자 유전자다.

리들리와 그라펜이 녹색 수염 효과에 관해 지적한 사항을 어떻게 생각하든, 가까운 혈연에 이타적 행동을 하도록 매개하는 유전자, 전통적 혈연 선택압이 선호하는 유전자는 분명 무법자 유전자가 아니다. 유전체에 있는 모든 유전자가 혈연 이타적인 행동으로 이득을 얻을 통계적 가능성은 동등하다. 모든 유전자가 수혜를 입은 개체에 있을 가능성 또한 통계적으로 동등하기 때문이다. '혈연 선택 유전자'는 어떤 의미로는 자기만을 위해 일하지만, 유전체의 다른 유전자에도 이득을 준다. 따라서 이를 억제하는 변경 유전자를 선호하는 선택은 없을 것이다. 겨드랑이 자기 검사 유전자는 혈연 인지 유전자의 특수한 경우이고 마찬가지로 무법자 유전자는 아니다.

나는 지금까지 녹색 수염 효과의 그럴듯함을 부정적으로 보았다. 내가 이미 언급한 성염색체에 기초한 편애는 녹색 수염 효과의 특수한 경우이며, 그나마 제일 그럴듯한 사례일 것이다. 나는 이를 가족 내 편애라는 맥락에서 논의했다. 손위 형제자매는 성 자체를 표지('녹색 수염')로 사용해 성염색체를 공유하는 확률에 따라 손아래 형제자매를 차별한다고 생각한다. 이는 크게 불가능한 일도 아니다. Y 염색체가 교차하지 않으면, 다면발현하는 하나의 녹색 수염 '유전자'를 가정하는 대신 '녹색 수염 염색체' 전체를 가정할 수 있기 때문이다. 성적 편애를 위한 유전적 기초는 관련된 성염색체 어디에나 존재할 수 있다. 염색체의 어떤 실질적 부분, 가령 역위 때문에 교차가 일어나지 않은 부분에도 비슷한 논증을 적용할 수 있다. 따라서 언젠가 진정한 녹색 수염 효과를 발견할지도 모른다.

나는 녹색 수염 효과라고 제시한 사례들이 사실은 겨드랑이 자기검사 효과가 아닌가 생각한다. 예를 들어 우와 동료들(Wu *et al.*, 1980)은 마카카 네메스트리나*Macaca nemestrina* 원숭이 개체를 두 동료 원숭이 중 하나의 옆에 앉아야 하는 선택 장치에 놓았다. 각 경우에 두 동료 원숭이 중 하나는 모계가 아니라 부계로 연결된 이복 형제자매였고, 다른 하나는 혈연관계가 없는 대조군이었다. 결과는 원숭이 개체가 비혈연 대조군보다는 이복 형제자매 옆에 앉으려 하는 통계적으로 유의미한 경향이 나왔다. 이복 형제자매가 모계로 연결되지 않았다는 점에 주목하라. 이는 가령, 어머니에게서 얻은 냄새를 인지할 어떤 가능성도 없다는 사실을 뜻한다. 원숭이가 무엇을 인지하든 이는 서로 공유하는 아버지에게서 왔으며, 그렇기에 어떤 의미로 공유하는 유전자를 인지한다는 사실을 드러낸다. 나는 원숭이가 자신에게서 지각하는 특징과 닮은 점을 혈연에게서 인지한다고 생각하며, 우와 동료들도 같은 의견이다.

그린버그(Greenberg, 1979)는 원시적인 사회성 꼬마꽃벌과科

벌 라시오글로숨 제피룸*Lasioglossum zephyrum*을 연구했다(시거[Seger, 1980]는 '벌은 녹색 털을 갖는가?'라는 재미있는 제목으로 이 연구를 인용한다). 우와 동료들이 행동 분석으로 함께 앉는 짝을 선택하는 방법을 사용했다면, 그린버그는 경비 서는 일벌이 둥지 입구를 찾는 다른 일벌을 받아들이느냐 쫓아내느냐 결정하는 방법을 사용했다. 그린버그는 일벌을 받아들이는 확률을 일벌과 파수꾼의 혈연 계수를 비교해 나타냈다. 결과는 완벽한 정적 상관관계이면서 선의 기울기는 거의 1에 근접했다. 따라서 파수꾼이 낯선 자를 받아들일 확률은 혈연 계수와 거의 **동등**했다! 이 증거로 그린버그는 "그러므로 유전 요소는 냄새를 생산하는 데 있지 겉보기에 지각 체계에 있는 것 같지는 않다"(Greenberg, 1979, p. 1096)라고 확신했다. 내 방식으로 말하면, 그린버그가 내린 결론은 녹색 수염 효과가 아니라 겨드랑이 효과에 해당한다. 물론 그린버그가 생각하듯이, 벌은 자기 '겨드랑이'보다는 자기에게 이미 친숙한 혈연들을 검사했을지도 모른다(Hölldobler & Michener, 1980). 그럼에도 이는 여전히 본질적으로는 녹색 수염 효과가 아니라 겨드랑이 효과의 사례이며, 이 사례의 원인인 유전자가 무법자일 가능성은 없다. 린젠마이어(Linsenmair, 1972)가 수행한 사회성 사막 쥐며느리 헤밀레피스투스 레아우무리*Hemilepistus reaumuri*가 지닌 가족 특이적인 화학적 '증표'에 관한 연구는 비슷한 결론에 이르는 특별히 명쾌한 사례다. 마찬가지로, 베이트슨(Bateson, 1983)도 일본 메추라기가 학습한 시각적 신호를 사용해 사촌과 형제자매, 더 먼 친척을 구별하는 흥미로운 사례를 제공한다.

월드먼과 아들러(Waldman & Adler, 1979)는 올챙이가 특히 형제자매끼리 모이는지 조사했다. 이들은 두 배의 알에서 나온 올챙이에 색을 표시하고 한 수조에 자유로이 풀어 놓았다. 그러고 나서 격자틀을 수조에 넣어 각 올챙이가 16개의 틀 중 하나에 들어가게 했다. 그 결과 올챙이는 형제자매가 아닌 올챙이보다는 형제자매인 올챙이에 더 근접한 통계적으로 유의미한 경향을 보였다. 하지만 안타깝게도, 이 실험은 유전적으로 결정된 '서식지 선택'이 초래할 수 있는 혼동 효과를 배제하지 않았다. 가령, 수조의 가운데보다 모서리에 바짝 붙으려는 유전적으로 결정된 경향이 있다면, 그 결과 유전적 혈연들은 수조 한곳에 모일 것이다. 따라서 이 실험은 엄밀한 의미로 혈연 인지나 혈연과 모이려는 선호를 명확히 입증하지는 못한다. 그러나 여러 이론적 목적상 이는 별문제가 아니다. 저자들은 논문에서 경고색aposematism 진화에 관한 피셔의 혈연 선택론을 인용했으며, 피셔 이론의 목적상 그저 혈연은 같이 있기만 하면 된다. 혈연이 서식지 선호를 공유하거나 정말로 혈연을 인지하기 때문에 함께하는지는 중요하지 않다. 그러나 우리의 현재 논의 목적에서 후속 실험이 올챙이가 따르는 '부수적 서식지 선택'이라는 규칙을 입증한다면, 이는 '겨드랑이' 이론은 배제하지만 녹색 수염 이론을 배제하지는 않을 것이다.

셔먼(Sherman, 1979)은 사회성 곤충의 염색체 수를 논하는 기발한 이론에서 유전적 편애라는 개념을 적용한다. 그는 진사회성 곤충이 계통 발생적으로 아주 가까운 비사회성 혈연보다 염색체 수가 더 많다는 증거를 보여 준다. 시거(Seger, 1980)도 독자적으로 그런 효과를 발견했고, 자신의 이론으로 이를 설명한다. 이 편애 효과를 뒷받침하는 증거는 다소 불분명해서 현대 비교연구법의 연구자들(예를 들어 Harvey & Mace, 1982)이 개발한 통계 방법을 사용해 까다롭게 분석하면 좋을 것이다. 그러나 내가 여기서 논하려는 것은 편애 효과 자체가 아니라 이를 설명하는 셔먼의 이론이다. 염색체 수가 많으면 형제자매간 공유하는 유전자 비율의 분산을 줄인다는 셔먼의 지적은 옳다. 극단적인 예시를 들어 보자. 어떤 종이 교차가 일어나지 않는 단 하나의 염색체 쌍만을 가지면, 어떤 친형제자매 한 쌍이 공유하는 유전자(조상에게서 물려받아 동일한 유전자◆)는 전부, 전무 또는 평균 50퍼센트로 절반 중 어느 하나다. 반대로, 염색체 수가 몇 백 개라면 형제자매간 공유하는 유전자(조상에게서 물려받아 동

◆ 직계 동형 유전자라고도 한다.

일한 유전자)는 똑같이 평균 50퍼센트로 좁게 분포할 것이다. 교차가 일어나면 문제는 복잡해지지만, 어떤 종에서 염색체 수가 많으면 형제자매 간 유전적 분산은 낮아지는 것이 사실이다.

여기서 사회성 곤충 일벌레가 자기와 가장 많은 유전자를 공유한 형제자매를 편애하고 싶다면, 염색체 수가 많은 종보다는 적은 종이 그렇게 하기 더 쉽다는 결론이 따라 나온다. 일벌레가 하는 그런 선택적 차별은 자식들을 더 공평하게 대하기를 '선호'하는 여왕벌레의 적합도에는 치명적일 것이다. 따라서 셔먼은 사실상 진사회성 곤충에서 염색체 수가 많은 이유는 "'자식'의 번식 이득을 어머니의 번식 이득과 맞추려는" 적응이라고 말한다. 그런데 일벌레의 의견이 모두 같지는 않다는 점을 잊지 말아야 한다. 각각의 일벌레는 자기를 닮은 손아래 형제자매를 편애하겠지만, 다른 일벌레들도 여왕이 저항하는 이유와 똑같이 그 편애에 저항할 것이다. 일벌레를 트리버스와 헤어가 성비를 두고 벌이는 갈등 이론에서 다룬 방식과 동일하게 여왕벌레에 반대하는 단일한 집단으로 취급해서는 안 된다.

셔먼은 공정하게도 자기 가설이 지닌 세 가지 약점을 열거하는데, 이와 함께 두 가지 더 심각한 문제가 있다. 첫째, 셔먼 가설을 더 주의 깊게 한정하지 않으면, 내가 '11번째 오해'(Dawkins, 1979a)◆라고 이름한, '스페이드 에이스의 오류'(10장 참조)에 빠질 위험이 있다. 셔먼은 동종 개체 간의 협동하는 정도가 "그들이 공유하는 대립 유전자의 평균 **비율**"(강조는 인용자)과 관련 있다고 가정하나, 반대로 협동을 '위한' 유전자를 공유하는 **확률**이라는 관점에서 생각해야만 한다(또한 Partridge & Nunney, 1977). 후자의 가정에 따르면 셔먼 가설은 여기서 서술한 대로 작동하지 않을 것이다(Seger, 1980). 셔먼은 '겨드랑이 자기 인지'를 사용해 이런 비판에서 가설을 구할 수 있다. 셔먼이 이 제안을 받아들인다고

◆ **도킨스가 쓴 1979년 논문, 「혈연 선택에 관한 12가지 오해」**

생각하기 때문에 자세히 설명하지는 않겠다. (핵심 사항은 겨드랑이 효과는 가족 내 약한 연관을 이용할 수 있지만, 녹색 수염 효과는 다면발현과 연관 불평형을 필요로 한다는 것이다. 일벌레가 자기를 검사하고, 번식 가능한 형제자매 중에 일벌레가 스스로에게서 지각하는 자기와 같은 특징을 공유하는 개체를 편애한다면, 통상적인 연관 효과가 매우 중요해지고 셔먼 가설은 '스페이드 에이스의 오류'를 면할 수 있다. 또한 부수적으로 셔먼 스스로 제기한 자기 가설의 첫 번째 약점도 면한다. 즉, 가설은 "소유자에게 자신의 대립 유전자를 인지하게 하는 대립 유전자의 존재에 의존한다". 하지만 "그러한 인지 대립 유전자를 발견한 적이 없다……". 그리하여 꽤나 그럴듯하지 않다는 사실을 암암리에 드러낸다는 약점을 면할 수 있다. 셔먼이 자신의 가설을 녹색 수염 효과가 아니라 겨드랑이 효과에 연결했다면 상황은 더 쉬웠을 것이다.)

내가 제기하는 셔먼 가설의 두 번째 문제는 J. 메이너드 스미스(Maynard Smith, 사적 대화) 덕분에 알았다. 셔먼 가설의 '겨드랑이'판을 받아들이면, 선택은 일벌레가 자신을 검사하고, 번식 가능한 형제자매 중에 자신과 동일한 특징을 공유하는 개체를 편애하게 할 수 있다. 그러면 여왕벌레는 가령, 페로몬 조종으로 이 편애를 억제하도록 선택될 수 있다는 것도 사실이다. 그러나 여왕벌레가 취하는 어떤 조치든 선택되려면, 돌연변이로 발생한 즉시 효과를 발휘해야 한다. 이런 사실은 여왕벌레가 보유한 염색체 수를 늘리는 돌연변이에도 들어맞는가? 그렇지 않다. 염색체 수가 증가하면 일벌레 편애에 작동하는 선택압이 변화해 많은 세대가 지나 대개 여왕에게 유리한 진화적 변화가 생길지도 모른다. 그러나 이는 최초의 돌연변이 여왕벌레에게는 소용없으며, 이 여왕벌레의 일벌레는 자신의 유전 프로그램을 따르므로 선택압에 생기는 변화를 알지 못할 것이다. 선택압에 생긴 변화는 세대라는 더 긴 시간 척도에 걸쳐 효과를 발휘한다. 여왕벌레가 미래 여왕벌레가 얻는 장기적 이익을 위해 인위 선택 프로그램을 개시한다고 생각할 수는 없다! 염색체 수가 많은 이유는 여왕이 일벌레를 조종하려는 적응이 아니라, 오히려 전적응이라고 한다면 셔먼 가설을 반론에서 구할 수도 있다. 어떤 다른 이유로 염색체 수가 많아진 집단은 진사회성이 진화하기도 쉬웠을 것이다. 셔먼도 자기 가설에서 이런 견해를 언급하지만, 이를 더 실질적인 모계 조종 설명에 비해 선호할 이유는 없다고 본다. 결론적으로 말해 셔먼 가설은 적응이 아니라 전적응, 녹색 수염 효과가 아니라 겨드랑이 효과라는 관점에서 쓰였다면 이론적으로 탄탄해질 수 있었다.

녹색 수염 효과는 믿기 어려울지도 모르나 유익하기는 하다. 먼저 가설상의 녹색 수염 효과를 이해한 뒤 혈연 선택을 연구하는 사람은, 그다음에 '녹색 수염 이론'과의 유사점과 차이점이라는 관점에서 혈연 선택론에 다가간다면, 혈연 선택론에서 빠지기 쉬운 수많은 오류의 먹이로 전락하지는 않을 것이다(Dawkins, 1979a). 녹색 수염 모형에 정통한 사람은 혈연을 향한 이타주의가 그 자체로 중요한 것, 즉 동물이 현장 연구자가 이해하지 못하는 정교한 수학 모형에 따라 행동할 거라고 신비스럽게 기대하는 것이 아님을 확신하리라. 오히려, 혈연관계는 유전자가 마치 다른 개체에 있는 자기 사본을 인지하고 편애해 행동하는 듯한 한 가지 방법을 제공할 뿐이다. 해밀턴도 이 점을 강조했다. "……혈연관계는 수혜자에서 유전자형이 정적으로 회귀하는 한 가지 방법으로서 고려해야 한다. 그리고…… 이타주의에서는 정적 회귀야말로 진정 필수 요소다. 따라서 포괄 적합도 개념은 '혈연 선택'보다 더 일반적이다."(Hamilton, 1975a, p. 140~141)

여기서 해밀턴은 이전에 "확장된 의미의 포괄 적합도"(Hamilton, 1964b, p. 25)라고 말한 것을 사용한다. 해밀턴이 상세한 수학식으로 기반을 마련한 전통적 의미의 포괄 적합도는 실상 녹색 수염 효과와 감수분열 부등 유전자 같은 무법자 유전자를 다룰 수 없다. 이는 전통적인 포괄 적합도 개념이 '운반자'나 '최대화하는 존재자'로서 **개체**라는 개념과 확고히 묶여 있기 때문이다. 무법자 유전자는 그 능력 면에서 자신을 이기적으로 최대화하는 존재자로서 다룰 것을 요구하며, '이기적 유기체'

라는 패러다임에 반하는 강력한 무기다. 피셔의 성비 이론을 확장한 해밀턴의 독창적 이론보다 이를 더 잘 예증하는 사례는 없다(Hamilton, 1967).

녹색 수염 효과는 다른 방식으로도 유익하다. 유전자를 문자 그대로 분자적 존재자로 생각하는 사람은 다음과 같은 말을 오해할 위험이 있다. "이기적 유전자란 무엇인가? 이는 단일 DNA의 물리적 단편은 아니다. (……) 이는 특정 DNA 단편의 **모든 복제품**이며 세계 전체에 퍼져 있다. (……) 동시에 수많은 다양한 개체에 존재하는 광범위한 행위자이며 (……) 유전자는 다른 몸속에 있는 자신의 **복제품**을 도울 수 있다." 혈연 선택론 전체는 이 일반적인 전제에 기반을 두지만, 사본이 자기와 같은 분자**라서** 유전자가 서로의 사본을 돕는다고 생각하는 것은 신비주의이며 틀렸다. 녹색 수염이라는 사고실험은 이를 설명하는 데 도움을 준다. 침팬지와 고릴라는 매우 유사해 한쪽 종의 유전자가 다른 쪽 종의 유전자와 분자적인 세부 사항에까지 물리적으로 동일할 수도 있다. 이 분자적 동일성이 한쪽 종에서 다른 종에 있는 자기 사본을 '인지'하고 도움의 손길을 내미는 유전자를 선호하는 선택이 있다고 봐도 좋은 이유일까? '이기적 유전자' 개념을 분자 수준에서 단순하게 적용하면 가능하겠지만, 그 대답은 "그렇지 않다"이다.

유전자 수준에서 자연 선택은 공유하는 유전자 풀에서 특정 염색체 자리를 놓고 경쟁하는 대립 유전자와 관련 있다. 침팬지 유전자 풀에 있는 녹색 수염 유전자는 고릴라 염색체에 있는 자리를 차지하는 후보도 아니고 고릴라 염색체에 있는 대립 유전자도 아니다. 따라서 침팬지 녹색 수염 유전자는 고릴라 유전자 풀에 있는 자신과 구조적으로 동등한 등가물이 처하는 운명에 무심하다(침팬지 녹색 수염 유전자는 고릴라 유전자 풀에 있는 자신과 표현형상으로 동등한 등가물이 처하는 운명에는 관심을 가질 수도 있다. 그러나 이것은 분자적 동일성과는 아무 관련이 없다). 현재 논의에서 침팬지 유전자와 고릴라 유전자는 어떤 중요한 의미에서도 서로의 사본이 아니다. 이들은 어쩌다 동일한 분자 구조를 보유했다는 그저 사소한 의미로 사본일 뿐이다. 무의식적이고 기계적인 자연 선택이라는 법칙은 유전자가 분자적 사본**이라는** 이유로, 이 사본을 돕는다고 기대할 어떤 근거도 주지 않는다.

반대로, 유전자가 동일한 표현형 효과를 낸다면 한 종의 유전자 풀 내에 자신의 좌위에서 분자적으로 다른 대립 유전자를 돕는 유전자를 기대할 수도 있다. 어떤 좌위에서 일어난 표현형상으로 중립적인 돌연변이는 분자적 동일성을 바꾸지만, 상호 원조를 선호하는 선택을 약화시키지는 않는다. 녹색 수염 이타주의는 계속해서 개체군 내에 녹색 수염 표현형이 발생하는 정도를 증가시킬 것이다. 유전자가 분자적 의미에서 엄밀하게 자기 사본이 아닌 유전자를 돕더라도 말이다. 우리가 설명하고 싶은 대상은 이런 표현형의 발생이지 DNA가 나타내는 분자적 배열 형태가 아니다. 그리고 독자가 이 마지막 말이 내가 견지하는 기본 논지와 모순이라고 생각한다면, 나는 내 기본 논지를 명확히 전달하는 데 분명 실패한 것이다!

호혜적 이타주의 이론reciprocal altruism theory을 명확히 설명하고자 녹색 수염으로 유익한 사고실험을 하나 더 해 보자. 나는 성염색체에서 일어날 법한 특수한 경우를 제외하고는 녹색 수염 효과가 그럴듯하지 않다고 말했다. 그러나 현실에 존재할 것 같은 특별한 경우가 또 있다. 유전자가 다음과 같은 행동 규칙을 프로그램한다고 상상해 보자. "다른 개체가 이타적 행위를 하는 장면을 보면 이를 기억하라. 그리고 앞으로 기회가 생기면 그 개체에게 이타적으로 행동하라."(Dawkins, 1976a, p. 96) 이를 '이타주의 인지 효과'라고 하자. 물에 빠진 사람을 구하기 위해 강에 뛰어드는 홀데인(Haldane, 1955)의 유명한 사례◆를 사용한다면, 내가 가

◆ 홀데인은 형제가 나와 유전자 절반을, 사촌이 나와 유전자 1/8을 공유하고 있을 경우 내가 죽어서 형제 2명과 사촌 8명을 살릴 수 있다면, 내 유전자를 남기는 데는 차이가 없다고 말했다.

정한 유전자는 실제로 자기 사본을 인지하기 때문에 퍼질 수도 있다. 이는 사실상 녹색 수염 유전자다. 대신 녹색 수염이라는 우연히 다면발현한 인지 형질을 사용하지 않고, 우연하지 않은 인지 형질, 즉 이타적 도움이라는 행동 유형을 사용한다. 조력자는 과거에 누군가를 도운 적이 있는 타인만을 도움으로써, 유전자는 자기 사본을 돕는 경향이 있다(이런 체계를 어떻게 시작했는지 등의 문제는 제쳐 두자). 이런 가상의 사례를 들고 온 요점은 표면적으로는 유사한 다른 두 사례가 가진 차이점을 강조하고 싶어서다. 첫 번째는 홀데인이 예시한 가까운 혈연 구하기다. 우리는 해밀턴 덕분에 이제는 그 차이를 잘 이해한다. 두 번째는 호혜적 이타주의(Triverse, 1971)다. 진짜 호혜적 이타주의와 내가 말하는 가상의 이타주의 인지 사례에서 보이는 어떤 유사성이든 순전히 우연일 뿐이다(Rothstein, 1981). 그러나 이런 유사성은 때로 호혜적 이타주의 이론을 연구하는 사람에게 혼란을 주었기 때문에, 이것이 내가 녹색 수염 이론을 사용해 혼란을 해소하려는 이유다.

진짜 호혜적 이타주의에서 '이타주의자'는 자신이 행한 이타주의로 도움을 받은 **개체**에게서 장래에 이익을 얻는다. 그 효과는 두 개체가 유전자를 공유하지 않아도 작용하며, 트리버스가 예로 든 청소물고기와 그 고객의 상리공생처럼 두 개체가 서로 다른 종에 속하더라도 작용한다(**반대** 의견은 Rothstein, 1981 참조). 이런 호혜적 이타주의를 매개하는 유전자는 자기가 얻는 이득 못지않게 유전체 나머지에도 이득을 주기 때문에 무법자 유전자가 아닌 것이 분명하다. 통상의 익숙한 자연 선택은 이런 유전자를 선호한다. 이 원리를 이해하지 못하는 사람도 있지만(예를 들어 Sahlins, 1977, pp. 85~87), 겉보기에 이는 선택의 빈도 의존적 본성과 게임 이론의 관점에서 사고해야 할 필요성을 간과하기 때문인 듯하다(Dawkins, 1976a, pp. 197~201; Axelrod & Hamilton, 1981). 이타주의 인지 효과는 표면상으로는 유사해도 이와 근본적으로 다르다. **자신**이 받은 선행을 되갚는 이타주의 인지 개체는 필요하지 않다. 개체는 단지 누군가가 받은 선행을 인지하고 나중에 선행을 할 때 선행한 이타주의자를 선택할 뿐이다.

적합도를 최대화하는 관점에서 무법자 유전자를 깔끔하게 설명하기란 불가능하다. 그 점이 이 책에서 무법자 유전자를 중요하게 보는 이유다. 이 장 초반에서 무법자 유전자를 '무법자 대립 유전자'와 '옆으로 확산하는 무법자 유전자'로 나누었다. 지금까지 논의한 유전자는 모두 무법자 대립 유전자였다. 선택은 무법자 유전자를 같은 좌위에 있는 다른 대립 유전자에 비해 선호하지만, 다른 좌위에 있는 변경 유전자는 무법자 유전자를 억제한다. 이제 나는 옆으로 확산하는 무법자 유전자를 논하겠다. 이 무법자 유전자는 좌위라는 영역 내에서 일어나는 대립 유전자 간 경쟁이라는 구도를 완전히 벗어나는 다루기 힘든 존재자다. 이들은 다른 좌위로 퍼지거나 유전체의 크기를 늘려 자신에게 유용한 새로운 좌위를 만들기까지 한다. 최근에는 이들을 『네이처』에서도 널리 통용되는 문구, '이기적 DNA'라는 이름으로 편리하게 논의한다. 이것이 다음 장의 첫 번째 부분에서 다룰 주제다.

9장

Selfish DNA, Jumping Genes, and a Lamarckian Scare

이기적 DNA, 도약 유전자, 라마르크 공포

이 장은 내 전공이 아닌 분자생물학과 세포생물학, 면역학과 발생학이라는 분야를 짤막하고도 무모하게 침범해 모은 다소 잡다한 내용을 논한다. 내용이 짤막한 것은 장황하게 말하면 훨씬 더 무모하기 때문이라는 말로 옹호하고 싶다. 더 옹호하기 힘든 건 무모함이나, 이전에 똑같이 무모했던 침범이 이제 와 분자생물학자가 이기적 DNA라는 이름으로 진지하게 다루는 개념을 싹트게 했다는 사실로 용서받을지도 모른다.

이기적 DNA

> ……유기체가 보유한 DNA 양은 엄밀히 말해 유기체를 만드는 데 필요한 양보다 더 많다. DNA의 상당 부분은 단백질로 번역되지 않는다. 개체 관점에서 보면 이런 상황은 역설인 듯하다. DNA가 가진 '목적'이 몸의 구축을 지휘하는 거라면, DNA의 상당량이 아무런 일도 하지 않는다는 사실은 놀랍다. 생물학자들은 잉여 DNA가 무슨 역할을 하는지 알아내려고 골머리를 썩인다. 그러나 이기적 유전자 관점에서 보면, 역설은 사라진다. DNA의 진짜 '목적'은 살아남는 것이며 그 이상도 이하도 아니다. 잉여 DNA를 설명하는 가장 간단한 방법은 이를 기생자, 즉 기껏해야 다른 DNA가 만든 생존 기계를 얻어 탄 무해하지만 쓸모없는 군식구로 보는 것이다. (Dawkins, 1976a, p. 47)

이런 발상은 두 명의 분자생물학자가 동시에 『네이처』에 흥미로운 논문을 발표함으로써 더 발전하고 정교해졌다(Doolittle & Sapienza, 1980; Orgel & Crick, 1980). 이들 논문은 상당한 논쟁을 일으켜 이후 『네이처』 나중 호(285권, pp. 617~620과 288권, pp. 645~648의 좌담)와 다른 곳(예를 들어 BBC에서 진행한 라디오 토론)에서도 다루었다. 당연히 이런 발상은 이 책이 전개하는 논제 전체와 아주 잘 맞는다.

사실은 다음과 같다. DNA 총량은 생물체마다 변이가 매우 크며, 그 변이는 계통 발생 관점에서는 명확히 이해하기 어렵다. 이것이 소위 'C값의 역설'◆이다. "도롱뇽에 필요한 완전히 다른 유전자 수가 인간에서 보이는 그러한 유전자 수보다 20배나 많다는 사실은 숫제 믿기 어렵다."(Orgel & Crick, 1980) 마찬가지로 북아메리카 서부에 있는 도롱뇽이 동부에 있는 같은 종류의 도마뱀보다 몇 배나 더 많은 유전자가 필요하다는 사실도 믿기 어렵다. 진핵생물 유전체 상당 부분은 전혀 번역되지 않는다. 이 '쓰레기 DNA junk DNA'가 시스트론 사이에 놓여 있을 경우 스페이서 DNA spacer DNA라고 한다. 또는 시스트론 내에서 발현되지 않는 '인트론'을 구성해, 시스트론 내에서 발현되는 부분인 '엑손' 주위에 산재해 있기도 한다(Crick, 1979). 겉보기에 잉여 DNA는 유전 암호 측면에서 반복성과 무의미성 정도가 다양하다. 어떤 부분은 결코 RNA로 전사되지 않는다. 다른 부분은 RNA로 전사되어도, 그 RNA가 아미노산 배열 순서로 번역되기 전에 '잘려 나간다'. 어느 쪽이든 표현형 발현이 단백질 합성을 제어하는 통상적 경로를 통해 발현하는 것을 뜻한다면, 이 잉여 DNA는 절대로 표현형으로 발현하지 않는다(Doolittile & Sapienza, 1980).

그러나 이런 사실이 이른바 쓰레기 DNA가 자연 선택을 받는 대상이 아니라는 뜻은 아니다. 유기체가 얻는 적응적 이득이라는 의미에서 지금까지 다양한 '기능'이 제기되었다. 여분의 DNA가 발휘하는 '기능'은 "단지 유전자를 분리하는 것"일 수 있다(Cohen, 1977, p. 172). 어떤 DNA 구획은 전사되지 않아도 유전자 사이의 공간을 점유해 유전자 간의 교차 빈도를 높일 수 있으므로, 이는 일종의 표현형 발현이다. 따라서 스페이서 DNA는 교차 빈도에 영향을 준다는 이유로 어느 정도 자연 선택

◆ 유전체 크기와 유기체의 복잡성 사이에 어떤 상관관계도 존재하지 않는 듯 보이는 C 값의 역설에서, C 값은 정자와 난자 같은 배우자 세포핵에 있는 DNA의 양을 뜻한다.

이 선호할 수 있다. 그러나 일정한 길이의 스페이서 DNA를 재조합률을 '위한 유전자'와 같다고 보는 방법은 관습적인 용어 사용법에 맞지 않는다. 이런 이름을 얻으려면 유전자는 **대립 유전자와 비교해** 재조합률에 영향을 주어야만 한다. 일정한 길이의 스페이서 DNA가 대립 유전자를 가진다고, 즉 개체군에서 다른 염색체상의 같은 공간을 점유하는 상이한 배열을 가진다고 말하는 방식은 의미 있다. 그러나 유전자 사이의 간격을 띄우는 표현형 효과는 스페이서 DNA 구획이 가진 길이에서 생기는 결과에 불과하기 때문에, 어떤 '좌위'에 있는 모든 유전자가 같은 길이라면 틀림없이 같은 '표현형 효과'를 내야만 한다. 따라서 잉여 DNA가 가진 '기능'이 유전자 간격을 띄우기 '위함'이라면 기능이라는 말을 특이한 방식으로 사용하는 셈이다. 여기에 관여하는 자연 선택은 어떤 좌위에서 대립 유전자 간 벌어지는 일반적인 자연 선택이 아니라 오히려 유전 체계의 어떤 특징, 유전자 사이의 거리를 영속화하는 것이다.

캐벌리어-스미스(Cavalier-Smith, 1978)는 발현하지 않는 DNA가 가질 법한 또 다른 '기능'을 제시했다. 그는 논문 제목에 자신의 이론을 요약해 놓았다. 「핵골격 DNA를 통한 핵 용량 조절, 세포 용량과 세포 성장률을 위한 선택, 그리고 DNA C값 역설의 해결」. 그는 '*K*-선택'된 유기체는 '*r*-선택'된 유기체보다 더 큰 세포가 필요하며, 세포당 DNA 총량을 다르게 하는 것이 세포 크기를 조절하는 좋은 방법이라고 생각한다. 그는 "한편으로는 강한 *r*-선택, 작은 세포, 낮은 C값 사이와 다른 한편으로는 *K*-선택, 큰 세포, 높은 C값 사이에 좋은 상관관계가 있다"라고 주장한다. 정량적인 비교 연구에 내재하는 어려움(Harvey & Mace, 근간)을 고려해 이 상관관계를 통계적으로 검정해 보면 흥미로울 것이다. 생태학자들은 *r*/*K* 구분 자체를 널리 불신하는 듯 보이는데, 그 이유는 분명하지 않으며 때로는 생태학자들도 잘 모르는 것 같다. 사람들은 *r*/*K* 선택 개념을 자주 사용하면서도, 부정 타지 않게 비는 의식을 치르듯이 거의 언제나 의례적인 변명을 하곤 한다. 엄밀한 상관관계 검정을 하기 전에 먼저 어떤 종이

r/*K* 연속체 어디에 위치하는지 나타내는 객관적 지표가 필요하다.

캐벌리어-스미스 유의 가설을 입증하거나 반증하는 증거를 기다리는 사이, 현재 맥락에서 주목해야 할 사실은 이 가설들이 전통적인 틀에서 나왔다는 점이다. 즉, 이 가설들은 유기체가 지닌 다른 모든 특징과 마찬가지로, 유기체에게 무언가 이득을 주기 때문에 DNA를 선택했다는 생각에 기반을 둔다. 이기적 DNA 가설은 이런 가정을 거꾸로 뒤집는다. 즉, 표현형 형질은 DNA의 자기 복제를 도우려 존재하며, DNA가 관례적 표현형 발현을 무시하고 자기를 복제하는 더 빠르고 쉬운 방법을 찾는다면, 선택은 그렇게 하도록 작용할 것이다. 『네이처』(285권, 1980, p. 604) 편집자는 이를 '부드러운 충격'으로 묘사하며 조금 과장했지만, 이기적 DNA 이론이 어떤 면에서 혁명이기는 하다. 그러나 일단 유기체는 DNA가 사용하는 도구이지 그 반대는 아니라는 근본 진리를 깊이 받아들이면, '이기적 DNA'라는 개념은 설득력이 강하며 이해하기도 쉽다.

살아 있는 세포, 특히 진핵생물의 핵에는 핵산의 복제와 재조합을 위해 움직이는 장치가 싸여 있다. DNA 중합효소는 그 DNA가 유전 암호로서 의미가 있느냐에 상관없이, DNA 복제를 쉽게 촉매한다. DNA를 '자르고', 다른 DNA 단편을 '잇는' 작용도 세포 기구가 하는 일반 업무이며, 교차나 그 밖의 재조합 사건이 있을 때 언제나 일어난다. 역위나 전좌translocation◆가 매우 손쉽게 발생한다는 사실은 DNA가 유전체 일부에서 떨어져 나와 다른 부분에 이어 붙기 수월하다는 사실도 아울러 입증한다. 복제 가능성과 '접합성spliceability'은 DNA가 세포 기구라는 자연환경(Richmond, 1979)에서 갖춘 가장 중요한 특성으로 보인다.

그러한 환경과 DNA를 복제하고 이어 붙이는 세포 공장이 존재한다면, 자연 선택은 이런 조건을 자신에게 유익하도록 이용하는 DNA 변

◆ 염색체에 생기는 이상 현상으로 두 개의 비상동 염색체 일부가 끊어져 그 부분을 서로 교환하는 현상

이체를 선호할 것이다. 이 경우 유익은 생식 계열에서 일어나는 다수의 복제다. 복제를 용이하게 하는 속성을 갖춘 DNA 변이체는 자동적으로 이 세계에 수두룩해질 것이다.

그런 속성은 어떤 것일까? 역설적이지만 DNA 분자가 자기 미래를 보장하려 사용하는 더욱 간접적이고, 정교하고, 완곡한 방법은 우리에게 가장 친숙한 것이다. 이는 단백질 합성을 제어하는 근접 경로를 통해, 그리하여 형태, 생리, 행동과 관련한 배 발생을 제어하는 더 먼 경로를 통해 이룩하는, 몸에 미치는 표현형 효과다. 그러나 DNA 변이체가 경쟁하는 변이체를 희생해 퍼질 수 있는 훨씬 더 직접적이고 간단한 방법도 있다. 각 잡힌 가보트 같은 크고 질서정연한 염색체에 더해, 세포는 세포 기구가 제공하는 완벽한 환경에 편승하는 잡다한 DNA와 RNA 단편 찌꺼기들이 모인 장소라는 사실은 점점 더 분명해지는 중이다.

이 복제하는 동반자들은 크기와 속성에 따라 다양한 이름으로 불린다. 플라스미드plasmids, 에피솜episomes, 삽입배열insertion sequences, 플라스몬plasmons, 비리온virions, 전이인자transposons, 레플리콘replicons, 바이러스 등. 이들을 염색체 가보트에서 탈출한 반역자로 보느냐, 외부에서 침입한 기생자로 보느냐는 점점 더 별문제가 아니다. 비슷한 예를 들어보자. 우리는 연못이나 숲을 특정한 구조와 안정성을 지닌 군집으로 간주한다. 그런데 군집은 구성원이 끊임없이 들고나도 그 구조와 안정성을 유지한다. 개체는 이입하고 이주하며, 새로운 개체가 태어나고 늙은 개체는 죽는다. 군집에 있는 구성 요소에는 급격하게 끼어들었다 나가는 유동성이 있다. 따라서 군집의 '진정한' 구성원과 외부의 침입자를 구별하는 일은 무의미하다. 유전체의 경우도 마찬가지다. 유전체는 고정된 구조가 아니라 유동하는 군집이며 그곳에는 들어오고 나가는 '도약 유전자jumping gene'가 있다(Cohen, 1976).

자연계에는 적어도 형질 전환한 DNA와 RP4 같은 플라스미드가 기

> 생 가능한 숙주의 범위가 매우 크기 때문에, 최소한 그람 음성균 Gram-negative bacteria에서는 모든 개체군이 사실상 연결되어 보인다. 박테리아의 DNA가 상당히 다른 숙주 종에서도 발현할 수 있다는 사실은 유명하다. (……) 박테리아의 진화를 단순한 계통수로 보는 방식은 불가능하며, 오히려 분기점과 함께 수렴점으로 이루어진 하나의 관계망으로 보는 게 더 적합한 은유법일 것이다. (Broda, 1979, p. 140)

관계망이라는 은유는 박테리아의 진화로만 그치지 않는다고 생각한 연구자도 있다(예를 들어 Margulis, 1976).

> 진화에서 유기체는 자기 종의 유전자 풀에 속하는 유전자에만 관계하지 않는다는 확고한 증거가 있다. 반대로 모든 유기체는 진화의 시간 척도에서 생물권의 유전자 풀 전체를 이용하며, 진화에서 일어나는 더욱 극적인 단계와 외견상 불연속은 사실 외부 유전체를 일부 또는 전부 차용하는 극히 드문 사건에서 비롯한다는 게 더 그럴듯해 보인다. 따라서 유기체와 유전체에서는 유전자가 다양한 비율로 전반적으로 순환하며 개별 유전자와 오페론◆은 충분한 이득이 있다면 결합할 수도 있는 생물권을 구성하는 구획으로 볼 수 있다……. (Jeon & Danielli, 1971)

우리 자신을 포함한 진핵생물이 이 가설이 말하는 유전적 교역에 연결되어 있다는 사실은 '유전공학'이나 유전자 조작과 같은 기술의 급속한 성공을 보면 안다. 영국에서는 유전자 조작을 법률적으로 다음과

◆ 기능적으로 연관된 유전자들을 하나의 전사 단위로 묶고, DNA 스위치를 이용해 유전자 발현의 작동과 억제를 통일적으로 조절할 수 있는 유전자군. 조절 유전자, 프로모터, 작동 유전자, 구조 유전자로 구성된다.

같이 정의한다. "숙주 유기체에서 자연스럽게 발생하지는 않지만 계속 증식 가능한 유전 물질을 숙주 유기체에 혼입하기 위해, 어떤 수단으로든 세포 밖에서 생산한 핵산 분자를 바이러스, 박테리아 플라스미드 또는 다른 벡터계vector system◆에 삽입해 새로운 조합의 유전 물질을 형성하는 것."(Old & Primrose, 1980, p. 1) 그러나 물론 인간 유전공학자는 이 분야에서 초심자다. 유전공학자는 이제 막 자연의 유전공학자, 유전자 교역으로 생계를 꾸리도록 선택된 바이러스와 플라스미드가 지닌 전문 지식을 배우기 시작했다.

장대한 자연계의 유전공학 중에서 최고로 위대한 업적은 진핵생물이 하는 유성생식과 관련된 복잡한 조작, 즉 감수분열, 교차, 수정이다. 우리 시대의 중요한 현대 진화학자 중 두 사람마저 이 기묘한 과정이 유기체에게 주는 이점이 무엇인지 만족스럽게 설명하는 데 실패했다(Williams, 1975; Maynard Smith, 1978a). 메이너드 스미스(Maynard Smith, 1978a, p. 113)와 윌리엄스(Williams, 1979)가 말했듯이, 바로 여기가 개체로부터 진정한 복제자로 관심을 돌려야 할 지점인지도 모른다. 감수분열이 초래하는 비용이라는 역설을 해결하고자 한다면, 감수분열이 **유기체**에 어떤 도움을 주느냐에 골몰하는 대신 감수분열에서 복제하는 '공학자', 즉 감수분열을 실제로 일으키는 세포 내 행위자를 찾아야 한다. 이 가상의 공학자, 염색체 안이나 밖에 있을지 모를 핵산의 단편은 유기체에 감수분열을 강제한 부산물로서 자신의 번식 성공을 달성해야 할 것이다. 박테리아에서 재조합은 따로 떨어진 DNA 단편이나 '성 인자'를 통해 이루어진다. 성 인자는 예전 교과서에서는 박테리아가 보유한 적응 기구의 일부로 취급했으나, 자기 이익을 추구하는 복제하는 유전공학자로 보는 게 더 낫다. 동물에 있는 중심립centrioles■은 미토콘드리아처럼 자신의

◆ 숙주에 외부 DNA를 운반하는 DNA를 벡터라 한다.
■ 세포주기를 조절하는 세포소기관인 중심체를 구성하는 요소로, 두 개의 짧은 미세소관 원통으로 되어 방추사를 형성한다. 동물 세포에만 있다.

DNA를 가진 자기 복제하는 존재자라고 생각한다. 다만 중심립은 미토콘드리아와 달리 흔히 모계뿐만 아니라 부계로도 내려간다. 현재 논의에서 염색체가 냉혹하게 이기적인 중심립이나 아주 작은 유전공학자에게 싫다고 반항하며 감수분열 제2후기로 끌려가는 모습을 그리는 게 단지 우스개에 불과하다고 생각하겠지만, 이보다 더 이상한 생각도 과거에는 다반사였다. 그리고 결국 종래의 이론화는 지금까지 감수분열의 비용이라는 역설을 해결하는 데 실패했다.

오겔과 크릭(Orgel & Crick, 1980)은 변화무쌍한 C값이라는 그나마 좀 덜한 역설과 이를 설명하는 이기적 DNA를 두고 비슷한 말을 했다. "언뜻 보면 주요 사실이 너무 이상해서 조금은 관습에 얽매이지 않는 발상만이 이를 설명할 수 있을 것 같다." 나는 사실과 공상에 따른 추정을 조합해 이기적 DNA가 거의 부지불식간에 등장하는 무대를 만들려고 했다. 그래서 이기적 DNA가 나타나는 배경을 관습적이나 불가피한 모습에 가깝게 꾸미려 했다. 단백질로 번역되지 않는 DNA, 번역되어도 의미 없는 횡설수설에 불과한 코돈을 가진 DNA도 복제 가능성, 접합성, 세포 기구가 하는 오류 교정 절차에 발각되고 삭제되는 일에 저항하는 능력에서 여전히 다양할 수 있다. 따라서 '유전체 내 선택'은 염색체 여기저기에 널브러져 있는 어떤 유형의 의미 없고 전사 불가능한 DNA 양을 늘릴 수 있다. 번역 가능한 DNA 또한 관습적 표현형 효과로 생기는 더 강력한 선택압이 양성적, 음성적으로 유전체 내 선택압을 압도하더라도 이런 종류의 선택을 받을 수 있다.

관습적 선택은 개체군에 있는 염색체의 정해진 좌위에서 어떤 복제자 빈도를 대립 복제자와 상대적으로 변화시킨다. 이기적 DNA에서 일어나는 유전체 내 선택은 이와 다르다. 여기서는 유전자 풀의 한 좌위에 있는 대립 유전자가 성취하는 상대적 성공도가 아니라, 특정 종류의 DNA가 **다른** 좌위에 퍼지는 능력이나 새로운 좌위를 창조하는 것을 다룬다. 게다가 이기적 DNA의 선택은 개체의 세대라는 시간 척도에 한정되지 않는다. 이기적 DNA는 발생을 시작한 몸의 생식 계열에서 일어나는 유사 세포분열에서도 선택적으로 증가할 수 있다.

관습적 선택에서 선택이 작용하는 변이는 궁극적으로 돌연변이로 생기나, 보통 이 변이는 좌위라는 질서 잡힌 체계의 한계 내에 있는 돌연변이라고 생각한다. 즉, 돌연변이는 정해진 좌위에서 갖가지 유전자를 산출한다. 따라서 선택은 그러한 별개의 좌위에서 대립 유전자를 선발하는 것으로 생각할 수 있다. 그러나 더 넓은 의미의 돌연변이는 작게는 역위, 크게는 염색체 수나 배수성의 변화, 유성생식에서 무성생식으로, 무성생식에서 유성생식으로 가는 변화까지 더욱 급진적 변화를 포함한다. 이런 넓은 의미의 돌연변이는 '게임의 규칙을 바꾸는' 것이지만, 여러 가지 의미로 자연 선택을 받는 대상이다. 이기적 DNA를 선택하는 유전체 내 선택은 비관습적 유형인 선택 목록에 들어가며, 별개의 좌위에서 대립 유전자를 선택하는 게 아니다.

선택은 이기적 DNA를 '옆으로' 확산하는 능력, 유전체 어딘가 새로운 좌위에다 자신을 복제하는 능력 덕분에 선택한다. 이기적 DNA는 가령, 나방에서 어두운색을 만드는 유전자가 같은 좌위에 있는 대립 유전자를 희생해 공업지대에서 퍼져 나가는 방법처럼 특정한 대립 유전자 군을 희생해 퍼져 나가지 않는다. 앞장에서 다룬 '무법자 대립 유전자'와 '옆으로 확산하는 무법자 유전자'를 가르는 기준이 바로 이 점이다. 새로운 좌위를 향해 옆으로 확산하는 모양은, 바이러스가 개체군을 통해 확산하는 모양이나 암세포가 몸을 통해 확산하는 모양과 같다. 실제로 오겔과 크릭은 기능이 없는 복제자 확산을 '유전체의 암'이라고 지칭한다.

이기적 DNA를 선택할 때 실제로 어떤 자질을 선호하는가를 상세하게 예측하려면, 분자생물학자가 될 필요가 있다. 그러나 분자생물학자가 아니라도 자질이 다음 두 가지 주요 부류로 나뉜다고 추정 가능하다. 즉, 복제와 삽입을 쉽게 하는 자질과 이기적 DNA를 찾아서 파괴하는 세포의 방어 기제를 무력화하는 자질이다. 뻐꾸기 알이 둥지에 정당하게 살고 있는 숙주 알을 흉내 내 보호받듯이, 이기적 DNA도 "일반적 DNA를 닮아 제거하기 어려운"(Orgel & Crick) 모방 능력이 진화할 수 있다. 또한 뻐꾸기 적응을 충분히 이해하려면 숙주의 지각 체계를 알아야 하듯이, 이기적 DNA 적응이 가진 세부 사항을 충분히 이해하려면 DNA 중합 효소가 정확히 어떻게 작용하는지, 잘라 내기와 이어 붙이기가 정확히 어떻게 일어나는지, 분자적 '교정' 과정에서 정확히 무슨 일이 벌어지는지 상세히 알아야 한다. 이런 문제를 완전하게 알려면 분자생물학자가 이전에 눈부신 성공을 거둔 그런 방법으로 자세한 연구를 해야만 가능하나, DNA는 세포의 이익이 아니라 자신의 이익을 얻으려 작용한다고 깨달음으로써 연구에 도움을 받을 수 있다는 희망도 그렇게 지나친 말은 아니리라. 복제하고, 이어 붙이고, 교정하는 일을 벌이는 기구는 부분적으로 냉혹한 군비 경쟁의 산물이라고 볼 때만 더 잘 이해할 수 있다. 이 점을 다음과 같은 유비로 강조해 보자.

화성을 서로를 완벽하게 신뢰하고 모든 존재가 조화로우며 어떤 이기심도 기만도 없는 유토피아라고 상상해 보자. 이제 인간의 삶과 기술을 이해하려고 화성에서 어떤 과학자가 왔다고 하자. 화성 과학자는 인간이 가진 거대한 자료 처리 시설 중 하나인 복사하고, 편집하고, 오류를 교정하는 기구를 갖춘 전자 컴퓨터를 연구했다. 화성 과학자가 자기 나라에서처럼 당연하게 공공선을 추구하려고 해당 기계가 설계되었다고 가정한다면, 이를 이해하는 데 큰 도움이 될 것이다. 예를 들어 오류 교정 장치는 분명 불가피하나 악의는 없는 열역학 제2법칙에 맞서려 설계되었을 것이다. 그러나 어떤 측면은 수수께끼로 남는다. 화성 과학자는 컴퓨터 사용자가 입력해야 하는 비밀번호나 암호처럼 안전과 보호를 위해 설계한 정교하고 값비싼 체계를 이해하지 못할 것이다. 화성 과학자가 군의 전자 교신 체계를 조사한다면, 그 체계는 유용한 정보를 신속하고 효율적으로 전달하는 목적을 띤다고 진단해, 체계가 애매하고 해독하기 어려운 방식으로 전갈을 암호화하려 애먹는다는 사실에 당황할 것이다. 이는 방자하고 터무니없는 불합리가 아닌가? 인간 기술의 태반이 서로를 **불신**하고, 다른 인간이 추구하는 최대 이익에 반해 일하는 인간이 있다는 사실을 인정할 때만 비로소 이해 가능하다는 점을 깨달으려면, 서로를 신뢰하는 유토피아에서 자란 화성인에게는 혁명적 통찰이 번뜩여야 한다. 교신 체계에서는 부정하게 정보를 엿보려는 자와 정보를 지키려는 자 간에 투쟁이 벌어진다. 인간 기술의 대부분은 군비 경쟁의 산물이며, 이런 관점으로만 이해 가능하다.

분자생물학자의 성취는 눈부신 것이었지만, 그들도 지금까지 다른 수준을 연구하는 생물학자처럼 화성인과 같은 입장이었다고 말할 수 있지 않을까? 분자생물학자는 세포가 유기체에 이익을 주려고 분자 기구를 윙윙거리며 작동하는 곳이라고 가정해 크게 발전했다. 이제 분자생물학자는 보다 냉소적인 관점을 길러 어떤 분자는 나머지 분자가 보기에 못된 짓을 할 가능성도 있다는 사실을 인정한다면 더더욱 발전할 수 있다. 분자생물학자는 바이러스나 침입하는 기생자를 관찰하며 이미 그렇게 하고 있는 게 분명하다. 필요한 모든 것은 똑같은 냉소적 시각을 세포 '자신의' DNA로 돌리는 일이다. 둘리틀과 사피엔자, 오겔과 크릭이 쓴 논문은 바로 그와 같은 작업을 시작했기에 캐벌리어-스미스(Cavalier-Smith, 1980)나 도버(Dover, 1980), 그 밖의 저자가 쓴 반론과 비교할 때 특히 흥미롭다. 물론 반대자들이 어느 특정 세부 사항에서는 옳을지라도 말이다. 오겔과 크릭은 연구 취지를 다음과 같이 잘 요약한다.

> 요컨대, 우리는 자연 선택이라는 과정을 사용해 염색체의 DNA 내에서 분자가 생존 투쟁을 벌인다고 예상할 수 있다. 이것이 어떤 다른 수준에서 일어나는 진화에 비해 훨씬 더 단순하고 더 예측하기 쉽다고 믿을 이유는 없다. 근본적으로 이기적 DNA는 DNA가 매우 쉽게 복제되는 분자이기 때문에, 그리고 이기적 DNA는 DNA 복제가 필수인 환경에서 발생하기 때문에 존재 가능하다. 그러므로 이

기적 DNA는 자기 목적을 이루려고 이런 필수 기제를 전복할 기회를 가진다.

이기적 DNA는 어떤 의미에서 무법자 유전자인 걸까? 유기체가 이기적 DNA 없이 더 잘 사는 한 이기적 DNA는 무법자 유전자다. 이기적 DNA는 공간과 원료로 쓰는 분자를 낭비할지도 모르고, 복제하고 교정하는 기구의 귀중한 작동 시간을 헛되이 소모할지도 모른다. 어떤 일이 벌어지든 선택은 유전체에서 이기적 DNA를 제거하는 경향을 띨 것이다. 우리는 두 종류의 '반反이기적 DNA' 선택을 구별할 수 있다. 첫째, 선택은 유기체에서 DNA를 제거하는 실질적 적응을 선호할 수 있다. 예를 들어 이미 쓰이는 교정 원리를 확대하는 것이다. 긴 배열은 '의미'를 검사해 결함을 발견하면 잘라 낼 수 있다. 특히 반복이 잦은 DNA는 통계적 균질성을 통해 인지 가능하다. 이런 실질적 적응은 '의태' 등의 군비 경쟁을 논할 때 내가 염두에 두었던 사항이다. 여기서 우리는 곤충이 보이는 반포식자 적응 못지않게 정교하고도 전문화될 수 있는 반이기적 DNA 기구의 진화를 논하는 것이다.

그러나 이기적 DNA에 저항하는 훨씬 간단하고 투박한 두 번째 종류의 선택이 있다. 이기적 DNA 일부가 무작위로 결실되는 경험을 한 유기체는 정의상 돌연변이 유기체다. 결실 그 자체가 돌연변이라서, 경제적으로 이기적 DNA가 초래하는 공간, 물질, 시간 낭비에 시달리지 않는 이득을 얻는다면 아마도 자연 선택은 이런 유기체를 선호할 것이다. 다른 모든 조건이 동등하다면, 돌연변이 유기체는 무거운 짐을 짊어진 '야생형' 개체보다 더 높은 비율로 번식해 결실은 유전자 풀 내에서 더욱 흔해질 것이다. 지금은 이기적 DNA를 삭제하는 **능력**을 선호하는 선택을 말하는 게 아니라는 사실을 유념하자. 이는 앞 절의 주제였다. 여기서는 결실 그 자체, 이기적 DNA의 **결여**가 그 자체로 선택이 선호하는 복제하는 존재자(복제하는 결여!)라고 보고 있다.

세포를 비돌연변이 세포보다 더 많이 증식하게 해 궁극적으로 몸에 해를 끼치는 체세포 돌연변이도 무법자 유전자라는 이름에 포함하고 싶을 수 있다. 그러나 암 종양에서 유사 다윈 선택이 일어날 수 있으며 케언스(Cairns, 1975)가 기발하게 그러한 신체 내 선택을 미연에 방지하는 신체 적응으로 보이는 현상에 주목하게 했을지언정, 나는 여기에까지 무법자 개념을 적용하는 일은 무용하다고 생각한다. 다시 말해, 해당 돌연변이 유전자가 어떻게든 자신을 한없이 증식하지 않는다면 불가능하다. 돌연변이 유전자는 바이러스와 비슷한 매개체, 가령 공기를 이용해 이동하거나, 어떤 식으로든 세포핵의 생식 계열에 파고들어 한없이 증식하는 일을 할 수도 있다. 이런 두 가지 방식 중 어느 하나에 해당하는 돌연변이 유전자는 5장에서 정의한 '생식 계열 복제자'라 불릴 자격이 있으며 무법자 유전자라는 이름에도 적합하다.

최근에는 체세포 선택의 수혜자인 유전자가 실제로 생식 계열에 파고든다는 깜짝 놀랄 만한 연구가 있었다. 다만 이 경우 해당 유전자는 암 세포도, 반드시 무법자 유전자도 아니다. 나는 이런 연구가 이른바 '라마르크' 진화론을 다시 부활시킨다는 명성을 얻었기 때문에 살펴보려 한다. 이 책이 견지하는 이론적 입장이 '극단적 바이스만주의'라는 평가를 받기에, 라마르크주의의 진정한 부활이라면 내 입장을 무너뜨리는 위협으로 보아야 한다. 따라서 이를 논의해 보자.

라마르크 공포

'공포'라는 단어를 쓰는 이유는, 애써 정직하게 말하면 전통적으로 라마르크가 주창한 진화론으로 회귀해야 함을 입증하는 것만큼 내 세계관을 철저히 파괴하는 일도 없기 때문이다. 이는 내 손에 장을 지질 수밖에 없는 몇 안 되는 비상사태다. 따라서 스틸(Steele, 1979), 고르친스키와 스틸(Gorczynski & Steele, 1980, 1981)이 대표하는 몇 가지 주장에 귀를 기울이는 일은 더더욱 중요하다. 스틸(Steele, 1979)의 책이 영국에서 출판되기 전에 런던 「선데이타임스」(1980년 7월 13일 자)는 스틸의 발상과 "다윈주의에 도전하고 라마르크를 부활시키는 듯 보이는 놀라운 실험"을 다루는 전면 기사를 게재했다. BBC는 두 번의 텔레비전 방송과 여러 번의 라디오 방송으로 이와 비슷한 관심을 보였다. 우리가 이미 보았듯이, '과학적'인 언론은 다윈에 도전하는 것처럼 들리는 모든 움직임에 노상 민감하게 반응한다. 피터 메다워 경 같은 과학자까지도 예민하게 반응해 스틸의 연구를 진지하게 보도록 떠밀었다. 피터 메다워 경은 해당 연구를 재현할 필요성에 관해 마땅히 조심스러워하면서 다음과 같이 결론 내렸다. "그 결과가 어떻게 나올지 모르지만, 스틸이 옳기를 바란다."(「선데이타임스」)

당연히 모든 과학자는 무엇이든 진실이 밝혀지기를 바란다. 그러나 또한 과학자는 그 진실이 무엇으로 나타날지 내밀히 희망할 권리가 있다. 머릿속 혁명은 괴로운 경험으로 끝나기 마련이지만. 그리고 고백하자면 내 희망은 처음에는 피터 경과 달랐다! 나는 늘 내게는 다소 수수께끼 같은(본문 p. 54 참조), 피터 경이 한 다음과 같은 말을 기억해 내기까지 그가 품은 희망이 정말 자신의 것이 맞는지 의심했다. "현대 진화론이 노정한 주요한 약점은 변이, 다시 말해 진화의 **후보**, 선택에 유전적 변이체를 제공하는 방식을 완전히 설명하는 이론이 없다는 사실이다. 따라서 우리에게는 진화적 진보를 설명하는 설득력 있는 이론이 없다. 다른 방법으로는 생존하면서 발생하는 문제를 더욱 복잡하게 해결하는 유기체의 불가해한 경향을 설명하지 못한다(Medawar, 1967)." 메다워는 아주 최근까지도 스틸이 내린 결론을 재현하고자 매우 열심히 노력한, 그럼에도 실패한 사람 중 한 명이다(Brent *et al.*, 1981).

기대를 점차 줄이더라도(Brent *et al.*, 1981; McLaren *et al.*, 1981), 내가 내릴 결론을 미리 말하고자, 이제 침착하게 스틸 이론이 지지받을 가능성을 살펴보겠다. 왜냐하면 나는 가장 깊고도 완전한 의미에서 스틸 이론이 다윈 이론이라고 생각하기 때문이다. 게다가 그 이론은 개체 이외의 수준에서 일어나는 선택을 강조한다는 점에서 도약 유전자 이론처럼 특히나 이 책이 견지하는 논지에 잘 맞는 다윈 이론의 변종이다. 용서할 수 있기는 하나, 내가 그래야 한다고 생각하는 방식으로 다윈주의를 이해한다면 스틸 이론이 다윈주의에 도전한다는 주장은 그저 언론의 심술궂은 만족에 불과하다. 스틸 이론 자체는 사실이 이를 지지하지 않더라도 다윈주의를 보는 우리 인식을 날카롭게 하는 귀중한 작업이다. 나는 스틸의 실험과 이를 비판하는 실험이 지닌 전문적 세부 사항을 평가할 자격이 없어(Howard, 1981은 유용한 평가를 제공한다), 결국 사실이 스틸 이론을 지지한다고 드러나면 생길 충격을 논의하는 데 집중하겠다.

스틸은 버넷(Burnet, 1969)의 클론 선택론theory of clonal selection,◆ 테민(Temin, 1974)의 프로바이러스 이론provirus theory,■ 바이스만의 생식 계열이라는 존엄을 공격하는 자신만의 입장으로 삼중의 연합을 구축한다. 스틸은 버넷에게서 몸에 있는 세포 간의 유전적 다양성을 만드는 체세포 돌연변이라는 발상을 받아들였다. 그렇다면 몸속에서 일어나는 자연 선택은 성공적인 세포 변이체가 실패한 세포 변이체를 희생해 몸속에 퍼지게 할 것이다. 버넷은 이런 발상을 면역계에 있는 특수한 부류의 세포로만 한정하며, '성공'은 침입한 항원을 무효화하는 데 성공하는 것을 뜻한다. 그러나 스틸은 이를 다른 세포에까지 일반화하려 했다. 스틸은 테민에게서는 한 세포에서 유전자를 전사해 다른 세포에 그 정보를 운반

◆ 몸에 이미 특정 항원에 반응해 특정 항체를 생산하는 세포군(림프구)이 있어, 항원이 세포를 자극하면 세포는 항체를 생산하는 자신의 클론을 증식해 면역 반응을 수행한다는 이론이다.

■ 숙주 세포 염색체에 들어간 바이러스 유전체를 프로바이러스라고 한다. 바이러스 일반뿐만 아니라 역전사효소를 사용해 자신의 RNA를 숙주 세포의 DNA로 역전사해 삽입하는 레트로바이러스도 프로바이러스가 된다. 테민은 RNA 종양 바이러스인 라우스 육종 바이러스(Rous sarcoma virus)가 감염 세포 내에서 프로바이러스를 만든다는 가설을 세웠다.

하고, 역전사효소를 사용해 이 두 번째 세포의 DNA에 다시 역전사하는, 세포 간 전령 역할을 하는 RNA 바이러스라는 발상을 받아들였다.

스틸은 테민의 이론을 이용하나, 역전사한 유전 정보를 수신하는 자로서 **생식 계열** 세포의 중요성을 추가적으로 강조한다. 스틸이 자기 이론에 품은 야심은 더 크지만 현명하게도 논의 대부분을 면역계에 한정한다. 그는 토끼에서 나타나는 '전유전물질형idiotype'◆을 다룬 네 개의 연구를 인용한다. 각각의 토끼 개체에 이물질을 주입하면 개체마다 다른 항체를 만들어 이에 대항한다. 유전적으로 동일한 클론에 속하는 구성원에 똑같은 항원을 주입할지라도 각 개체는 특유의 '전유전물질형'으로 반응한다. 자, 토끼가 정말 유전적으로 동일하다면, 전유전물질형에 나타나는 차이는 환경이나 우연에 기인하는 차이일 것이며 정설에 따르면 유전하지 않는다. 그런데 인용한 네 개의 연구 중에서 하나는 놀라운 결과를 냈다. 토끼의 전유전물질형이 자식에게로 유전한다고 밝혀진 것이다. 스틸은 이 연구에서 자식을 낳으려 짝짓기 **전에** 부모 토끼를 항원에 노출했다는 사실을 강조한다. 다른 세 연구에서는 짝짓기를 한 **후** 부모 토끼에게 항원을 주입했으며 자식은 전유전물질형을 물려받지 못했다. 전유전물질형이 불가침인 생식질의 일부로 유전한다면, 항원을 토끼가 짝짓기 전에 주입하든 후에 주입하든 아무런 차이도 만들지 못했을 것이다.

스틸은 이런 현상을 먼저 버넷 이론으로 해석한다. 체세포 돌연변이는 면역세포 개체군에 유전적 다양성을 일으킨다. 클론 선택은 항원을 충분히 파괴하는 유전적 변이를 가진 세포를 선호해 그 세포는 더욱 증식한다. 어떤 항원 문제에 대처하는 해결책은 한 가지 이상이며 선택 과정이 내놓는 최종 결과는 토끼마다 다르다. 여기서 테민의 프로바이러스가 개입한다. 프로바이러스는 면역세포에 있는 유전자를 무작위로 전사한

◆ 아주 간단히 말해, 항체 작용을 하는 면역 글로불린이나 T세포 수용체에서 항원과 결합하는 부위에 나타나는 특이성을 뜻한다.

다. 성공적인 항체 유전자를 운반하는 세포는 다른 세포보다 수적으로 우세해 통계적으로 성공적인 유전자를 전사할 확률이 높기 때문이다. 프로바이러스는 이런 유전자를 생식세포로 운반해 생식 계열 염색체로 파고들어 그곳에 남겨 두고 떠난다. 아마 그 좌위에 현재 눌러앉아 있는 점유자를 애초에 그들이 한 것처럼 잘라 내고서 말이다. 그리하여 다음 세대의 토끼는 관련한 항원을 겪지 않고, 유기체가 선택적으로 죽는 고통스럽게 느리고 소모적인 과정이 끼는 일도 없이, 부모가 치른 면역 경험에서 직접적으로 이득을 얻는다.

정말로 인상 깊은 증거는 스틸이 이론을 다 완성하고 출판한 후에야 볼 수 있었다. 이는 철학자들이 나아간다고 생각한 방식으로 과학이 나아간 주목할 만한 상당히 놀라운 사례다. 고르친스키와 스틸(Gorczynski & Steele, 1980)은 쥐에서 아버지를 통한 면역 관용immune tolerance◆의 유전을 조사했다. 그들은 메다워가 썼던 고전적 방법을 주입량을 극도로 높이는 형식으로 바꿔 새끼 쥐를 다른 혈통에서 온 세포에 노출해 새끼 쥐가 성체로 자랐을 때 같은 공여자 혈통에서 온 세포를 이후에 또 이식해도 관용성을 띠도록 만들었다. 그러고 나서 그들은 관용성을 획득한 수컷을 교배해 관용성이 자식 절반에게 유전한다는 결론을 얻었다. 자식을 어린 시절에 외부 항원에 노출한 적이 없는데도 말이다. 게다가 효과는 손자 세대에까지 이어지는 듯 보였다.

이 경우는 언뜻 보기에 획득 형질의 유전을 입증하는 실험인 것 같다. 고르친스키와 스틸이 자신들이 행한 실험과 최근에 발표한 후속 실험(Gorczynski & Steele, 1981)을 짧게 논의한 내용은 앞에서 재구성한, 스틸이 토끼 실험을 해석한 내용과 유사하다. 앞의 두 실험이 가진 주요한 차이는 첫째로 토끼는 모계 세포질 중 어떤 것을 물려받을 수도 있으나 쥐는 그러지 못한다는 사실이다. 둘째로 토끼는 획득한 면역성을 물려받

◆ **면역 체계가 면역 반응을 일으키는 조직이나 물질에 반응하지 않는 상태를 말한다.**

는 반면, 쥐는 획득한 관용성을 물려받는다고 가정한다는 사실이다. 이런 차이는 아마 중요하겠지만(Ridley, 1980b; Brent *et al.*, 1981) 실험 결과를 평가할 생각이 없기에 무시하겠다. 나는 어느 경우든 스틸이 정말로 '다윈주의에 반하는 라마르크주의의 도전'을 던지느냐라는 문제에 집중하겠다.

우선 몇 가지 역사적 사항을 방해가 안 되게 정리해 두자. 획득 형질의 유전은 라마르크가 자기 이론에서 강조한 측면이 아니다. 그리고 스틸이 말한 바(Steele, 1979, p. 6)와 **달리** 그 개념은 라마르크에게서 유래하지도 않았다. 라마르크는 그저 당대의 일반적 통념을 '노력'과 '용불용' 같은 다른 원리에 접목했을 뿐이다. 스틸이 논한 바이러스는 라마르크가 상정한 어떤 개념보다도 다윈이 제시한 범생설pangenetic◆의 '제뮬gemmules'을 더 연상시킨다. 그러나 역사적 사실은 여기까지 해 두자. 우리는 분리된 생식 계열에서 일어나는 방향성이 없는 변이가 그것이 내놓는 표현형 결과로 선택받는다는 이론을 다윈주의라고 부른다. 우리는 생식 계열은 분리되지 않으며, 환경이 주는 영향으로 각인된 개선이 생식 계열을 직접 주조한다는 이론을 라마르크주의라고 부른다. 이런 의미에서 스틸 이론은 라마르크주의이자 반다윈주의인가?

부모가 획득한 전유전물질형을 물려받음으로써 토끼는 분명 이득을 얻는다. 토끼는 부모가 겪은, 그리고 자신도 겪을 가능성이 있는 질병에 맞선 면역 투쟁에서 유리함을 갖고 생을 시작한다. 그렇다면 이는 방향성이 있는 적응적 변화다. 그러나 이것이 정말 환경이 각인한 형질인가? 항체 형성이 어떤 종류의 '항체생산지령' 이론instructive theory▪에 따라 이루어진다면, 답은 "그렇다"이다. 그러면 환경은 항원 단백질 분자의 형

◆ 몸속 세포는 모두 '제뮬'이라는 작은 입자를 형성하며, 부모의 제뮬이 생식세포에 모여 자손에게로 유전된다는 설. 이때 제뮬에는 부모 몸 전체가 후천적으로 획득한 성질이 각인되어 전달된다고 생각했다.

▪ 항원이 항체 특이성을 결정한다는 이론

태로 부모 토끼에서 직접 항체 분자를 주조할 것이다. 토끼의 자식이 똑같은 항체를 만드는 편향성을 물려받는다면, 이는 완벽한 라마르크주의다. 그러나 이 이론에 따르면 항체 단백질의 형태는 어떻게든 뉴클레오티드 암호로 역번역되어야 한다. 스틸(Steele, 1979, p. 36)은 단호하게 그런 역번역은 없으며, 오직 RNA에서 DNA로 가는 **역전사**만이 가능하다고 말한다. 스틸은 크릭의 중심 원리를 위배하는 어떤 사실도 제시하지 **않는다**. 물론 다른 사람이 그렇게 하는 것은 자유지만 말이다(후에 좀 더 일반적인 맥락에서 이 점으로 돌아오겠다).

스틸 가설이 지닌 핵심은 적응적 개선이 애초에 무작위 변이에 작용하는 선택으로 일어난다는 점에 있다. 이는 우리가 선택받는 단위로서 유기체가 아니라 복제자를 생각한다면 다윈 이론이나 다름없다. 이는 가령, '밈' 이론이나 학습은 진동자들oscillators이 연결된 뉴런 개체군에서 나타나는 진동 주파수 풀 간의 선택 결과라는 프링글(Pringle, 1951)의 이론처럼 막연하게 다윈주의를 닮은 것도 아니다. 스틸의 복제자는 세포핵에 있는 DNA 분자다. 이는 그저 다윈주의가 말하는 복제자와 **비슷**한 게 아니라 바로 다윈주의가 말하는 복제자다. 5장에서 서술한 자연 선택의 개요를 그대로 스틸 이론에까지 접목할 수 있다. 스틸 유의 라마르크주의는 개체 수준에서 생각할 경우에만 환경이 가진 특성을 생식 계열에 각인하는 듯 보인다. 스틸이 **유기체**가 획득한 형질은 유전한다고 주장한 건 사실이다. 그러나 우리가 유전하는 복제자라는 더 낮은 수준에서 사태를 본다면, 적응은 '지령'이 아니라 선택을 통해서 일어나는 것이 분명하다(아래 참조). 이는 유기체 내부에서 일어난 선택이다. 스틸(Steele, 1979, p. 43)은 다음과 같은 말에 동의하지 않겠지만 말이다. "……그것은 자연 선택이라는 근본적인 다윈 원리에 깊이 의존한다."

스틸이 아서 쾨슬러에 빚을 진다고 공언함에도, 여기에는 대개 비생물학자들, 다윈주의가 기본적으로 '맹목의 우연'이라는 망령을 선동한다며 반감을 가진 사람들을 위로해 줄 만한 것은 하나도 없다. 또는 고귀한 유일신을 닮은 인간을 조롱하고, "시시한 것을 얻으려는 보편적 투쟁에서 살아남을 운이 없는 존재를 분별 없이 굶기고 죽임으로써 만물"(Shaw, 1921)을 변화시킨다는, 맹목의 우연과 쌍을 이루는 망령인 냉혹하고 무관심한 죽음의 신에게서 사람들을 안심시켜 줄 만한 것도 없다. 스틸이 옳다고 드러나도 버나드 쇼의 유령으로부터 승리에 찬 웃음은 들리지 않을 것이다! 쇼의 활기찬 정신은 다윈적인 '불행의 연속'에 정열적으로 반기를 들었다. "……다윈주의가 소박해 보인다면 이는 처음부터 다윈주의가 뜻하는 게 무엇인지 깨닫지 못하기 때문이다. 그러나 다윈주의가 품은 의미 전부를 분명히 직시하면 당신의 심장은 당신 속에 있는 모래 산에 파묻혀 버린다. 그곳에는 끔찍한 운명론이, 미와 지성, 힘과 목적, 명예와 열망의 섬뜩하고 지독한 영락이 있다……." 우리가 진실에 앞서 감정을 가져**야만 한다**면, 잔혹하고 엄격하다고 할지언정 나는 언제나 자연 선택이 영감을 주는 고유의 시정을 내뿜는다고 느꼈다. "이런 생명관에는 장엄함"(Darwin, 1859)이 있듯이 말이다. 내가 여기서 전하고 싶은 전부는 '맹목의 우연'이라는 말에 기분이 언짢더라도 스틸의 이론을 도피처로 삼지 말라는 것이다. 그러나 스틸 이론을 바르게 이해하면 쇼나 캐넌(Cannon, 1959), 쾨슬러(Koestler, 1967), 그 밖의 사람들이 생각한 것처럼 '맹목의 우연'이 다윈주의를 보여 주는 전형이 아니라는 사실을 알 것이다.

그렇다면 스틸 이론은 다윈주의의 한 변형이다. 버넷 이론에 따르면 선택된 세포는 능동적 복제자, 즉 세포 속에서 체세포 돌연변이를 한 유전자가 타는 운반자다. 이 유전자는 능동적이다. 그러나 **생식 계열** 복제자이기도 할까? 내가 말하려는 본질은 그 답이 단호히 그렇다라는 점이다. 스틸이 버넷 이론에 추가한 내용이 사실이라면 말이다. 이 유전자는 우리가 통상 생각하는 생식 계열에 속하지는 않으나, 이론은 우리가 단지 생식 계열이 정말로 무엇인가라는 점을 오해하고 있었다고 논리적으로 함축한다. 프로바이러스 방식으로 생식세포에 운반되는 후보인 '체'세포에 있는 유전자는 모두 **정의상** 생식 계열 복제자다. 스틸의 책은 제목을 '확장된 생식 계열'로 다시 붙여야 할지 모른다! 스틸 이론은 신바이스만 주의자에게 귀찮은 존재이기는커녕 우리와 깊이 일치한다.

그러므로 스틸은 몰랐다고 보이지만, 스틸 이론과 아주 많이 닮은 이론을 다른 사람도 아니고 바이스만 자신이 1894년에 받아들였다는 사실은 실상 그다지 역설적이지 않다. 다음에 나오는 설명은 리들리(Ridley, 1982; 또한 Maynard Smith, 1980에서 언급한 전례가 있다)에서 따왔다. 바이스만은 루Roux◆에게서 얻은 발상을 '내부 선택intra-selection'이라는 이론으로 발전시켰다. 리들리의 다음과 같은 서술을 인용해 보자. "루는 유기체 간의 생존 투쟁처럼 유기체를 이루는 구성 부분들 사이에서도 영양분을 둘러싼 투쟁이 벌어진다고 주장했다. (……) 루의 이론은 획득 형질의 유전과 함께 구성 부분 간의 투쟁이 적응을 설명하기에 충분하다는 것이었다." '구성 부분'을 '클론'으로 바꾸면 스틸 이론이다. 그러나 예상할 수 있듯이, 바이스만은 문자 그대로의 의미로 획득 형질의 유전을 가정하는 루와 계속 함께 가지는 않았다. 대신에, 바이스만은 자신의 '생식질 선택germinal selection'론■에서 나중에 '볼드윈 효과'(바이스만이 볼드윈 이전에 이 개념을 창안한 유일한 사람은 아니었다)로 알려진 유사 라마르크주의를 원용했다. 공적응을 설명하려고 내부 선택론을 이용한 바이스만은 아래에서 다루겠다. 이는 스틸 자신이 몰두한 문제와 아주 유사하기 때문이다.

스틸은 자신의 분야인 면역학이 아닌 곳에서는 모험을 시도하지 않

◆ 빌헬름 루(Wilhelm Roux, 1850~1924), 독일의 동물학자이자 실험발생학자

■ 바이스만이 생식질의 연속성이라는 자신의 신념을 지키면서 라마르크적 요소를 수용하고자 제안한 이론으로, 생식질을 구성하는 유전 단위 사이에서 경쟁이 벌어져 세포 내 내부 선택이 일어난다고 보았다. 그리하여 경쟁에서 승리한 유전 단위는 다음 세대로 전달된다. 예를 들어 기후 같은 환경 요소는 세포 내적 조건에 영향을 주어 생식질에 있는 영양의 흐름을 바꾼다. 변화한 영양 조건은 한 생식질 구성 요소를 대안적 생식질 구성 요소보다 선호해 해당 구성 요소가 수적으로 우세해진다. 마침내 그런 변화는 눈에 보이는 형질에 반영된다.

았지만 다른 분야, 특히 신경계와 학습이라는 적응적 개선 기제에 자기 이론을 적용하고 싶어 했다. "[그 가설이] 진화적 적응 과정에 일반적으로 적용 가능하다면, 뇌나 중추신경계를 구성하는 뉴런 신경망의 적응적 잠재력도 **설명함이 틀림없다.**"(Steel, 1979, p. 49. 이처럼 강조하는 것은 조금 놀랍다) 스틸은 뇌 안에서 정확히 무엇이 선택되는지 잘 모르는 듯 보이기에 스틸이 무언가 일조할 수 있다면 "기억 기제를 설명하는 하나의 가능성으로서 뉴런의 선택적 죽음"(Dawkins, 1971)이라는 내 이론을 공짜로 주고 싶다.

그런데 클론 선택을 정말로 면역계라는 영역 밖에도 적용할 수 있을까? 그 이론은 면역계에서 일어나는 아주 특수한 상황에만 한정된 것일까? 아니면 용불용이라는 오래된 라마르크 원리와 연결되는 것일까? 클론 선택은 대장장이의 팔에 생기는 변화를 포용할 수 있을까? 근육 운동으로 생긴 적응적 변화는 유전할 수 있을까? 그렇다고 보기는 매우 어렵다. 성공적인 유전자는 생식 계열의 적합한 염색체 좌위로 역전사되는데, 대장장이의 팔 내부는, 가령 무산소성의 생화학적 환경에 비해 산소성의 환경을 선호하는 선택이 작용하기에는 적합한 조건이 아니다. 그러나 면역계 밖에 있는 어떤 사례에서는 이런 일이 가능하다 해도, 여기에는 주요한 이론적 난점이 있다.

문제는 이렇다. 클론 선택에서 성공하는 형질이란 동일한 몸에서 한 **세포**에 경쟁하는 세포에 비해 이점을 주는 형질일 것이다. 이런 형질은 몸 전체에 좋은 것과 연결될 필요가 없으며, 무법자 유전자 논의를 참고하면 몸 전체에 좋은 것과 적극적으로 충돌하는 일도 가능하다. 실상 버넷 이론에서 조금 불만족스러운 부분은 선택 과정이 그 핵심에서 부자연스러운 사후 정당화라는 점이다. 침입한 항원을 무력화하는 항체를 가진 세포는 다른 세포를 누르고 증식한다고 가정한다. 그러나 이런 증식은 세포에 내재하는 어떤 이점에서 기인하지 않는다. 반대로, 항원을 죽이는 목숨을 건 위험을 감수하지 않으면서도 이기적으로 자신의 동료에게 임무를 떠넘기는 세포는 표면상으로 내재적 이점을 가질 것이다. 말하자면 버넷 이론은 몸 전체에 이익을 주는 세포의 수가 더 증가하도록 위에서 강제한 자의적이고 불필요한 선택 규칙을 도입한다. 이는 마치 개 사육자가 위험에 맞서 이타적 영웅주의를 보이는 개를 일부러 선택하는 방식과 같다. 사육자는 자기 목적을 달성할 수 있으나, **자연** 선택은 그럴 수 없다. 순수한 클론 선택은 몸 전체가 얻는 최선의 이익과 충돌하게 행동하는 이기적 세포를 선호할 것이다.

6장의 관점에서 버넷 이론에 따르면 내가 세포 수준에서 일어나는 운반자 선택으로 말한 내용은 유기체 수준에서 일어나는 운반자 선택과 충돌할 가능성이 있다. 물론 나는 유기체를 가장 뛰어난 운반자라고 편들지 않기에, 이에 골치 아플 이유가 없다. 나는 그저 '내가 아는 무법자 유전자' 목록에 하나를 더 추가한 것뿐이다. 도약 유전자와 이기적 DNA와 더불어 복제자가 증식하는 또 하나의 기발한 샛길을 말이다. 그러나 스틸같이 클론 선택을 **몸**의 적응이 일어나는 보조 수단으로 생각하는 사람에게 이는 골칫거리다.

문제는 그보다 한층 더 심각하다. 문제는 단지 클론 선택을 받은 유전자가 몸 전체와 관련해 무법자 유전자가 되는 경향을 띤다는 데 그치지 않는다. 스틸은 클론 선택이 진화 속도를 높인다고 생각한다. 전통적 다윈주의는 개체의 생존 차이로 나아가기에 그 속도는 다른 모든 조건이 동등하다면, 개체 세대 시간으로 제한된다. 클론 선택은 세포 세대 시간으로 제한되며 아마 100배 더 짧을 것이다. 이 점이 바로 진화의 속도를 높인다고 보는 이유이다. 그러나 마지막 장의 논의를 미리 말하자면, 심각한 어려움이 생긴다. 눈과 같은 복잡한 다세포 기관이 제대로 작동하는지는 기능을 발휘하기 전에 미리 판단할 수 없다. 선택이라는 사건은 배아의 눈이 기능하기 전에 전부 일어나기에 세포 선택은 눈의 설계를 개선하지 못할 것이다. 설사 세포 선택이 존재해 선택을 완수한 후일지라도, 배아의 눈은 감겨진 채 상을 맺지 못한다. 전반적 요점은 관심 가진 적응이

다세포 간의 협동을 통해 느리게 발생해야 한다면, 세포 선택은 진화의 속도 증가를 이룰 수 없다는 사실이다.

스틸은 공적응도 논한다. 리들리(Ridley, 1982)가 상세히 기록했듯이, 다차원적 공진화는 초기 다윈주의자를 괴롭힌 난점 중 하나였다. 다시 한 번 눈을 예로 든다면, J. J. 머피는 "눈과 같은 기관을 개선하려면 한 번에 10가지 다른 방법으로 개선해야 한다고 말해도 과장이 아닐 것이다"라고 말했다(Murphy, 1866과 Ridley, 1982에서 인용). 6장에서 다른 목적으로 고래 진화를 말할 때 비슷한 전제를 사용한 일이 기억날 것이다. 근본주의 웅변가들은 지금도 눈을 가장 설득력 있는 자기편이라고 생각한다. 그런데 「선데이타임스」(1980년 7월 13일 자)와 「가디언」(1978년 11월 21일 자)은 눈을 둘러싼 쟁점을 마치 새로운 논쟁점인 양 제기했고, 「가디언」은 한 저명한 철학자(!)가 이 문제에 크게 주목한다는 소문이 돈다며 이를 재확인해 주었다. 스틸은 애초에 공적응에 골머리를 썩여 라마르크주의에 끌린 듯 보이며, 원리상 클론 선택론으로 그 난점을 완화시킬 수 있다고 믿는다. 난점이 있다면 말이다.

강의실에서 오랫동안 써먹은 사례, 기린의 목을 예로 들어 보자. 먼저 기린의 목을 전통 다윈주의 용어로 논해 보자. 조상 기린의 목을 늘이는 돌연변이는, 가령 척추뼈에 작용할 것이다. 그러나 순진한 관찰자는 똑같은 돌연변이가 동시에 동맥, 정맥, 신경 등을 늘인다고 너무 지나치게 기대하는 것 같다. 이것이 정말로 지나친 기대인지는 우리가 더 공부해야 할 발생학의 세부 사항에 달려 있다. 즉, 발생 초기에 충분히 작용하는 돌연변이는 쉽게 그런 유사한 결과를 동시에 모두 얻을 수도 있다. 그러나 일단 시작한 논증에 동의한다고 하자. 다음 단계는 돌연변이 기린의 신경, 혈관 등이 목에 비해 너무 짧아서, 척추가 길어진 돌연변이 기린이 나무 꼭대기를 훑는 이점을 누린다고 상상하기는 어렵다고 말하는 것이다. 전통 다윈선택을 단순히 이해한다면, 필요한 공적응 돌연변이를 동시에 모두 갖춘 운 좋은 개체가 나오기를 기다리는 수밖에 없다. 여기가 클론 선택이 구원자로 등장하는 지점이다. 하나의 주요 돌연변이, 가령 척추 길이의 연장은 목에 이런 환경에서 번영할 수 있는 세포의 클론을 선택하는 조건을 조성한다. 늘어난 척추는 목에다 한계를 벗어난 아주 예민하고도 팽팽한 환경을 제공할 것이다. 그런 곳에서는 오직 길쭉한 세포만이 번영한다. 세포 간의 유전적 변이가 있다면 길쭉한 세포를 '위한' 유전자는 기린의 자녀에게로 유전한다. 나는 요점을 농담처럼 서술했으나, 클론 선택론은 훨씬 정교하게 논증할 수 있을 것이다.

이 지점에서 바이스만으로 돌아가자. 바이스만 또한 공적응 문제의 해결책으로 신체 내 선택이 유용하다고 보았기 때문이다. 바이스만은 '내부 선택', 몸속 구성 부분 간의 선택적 투쟁이 "유기체 내부에 있는 모든 구성 부분을 최선의 상호 균형에 있도록 보장한다"라고 생각했다(Ridley, 1982). "내가 오해하지 않았다면, 다윈이 **상관**correlation이라 부른, 진화를 일으키는 중요한 요인이라고 옳게 본 그 현상은 대부분 내부 선택이 내는 효과다."(Weismann이 Ridley, 1982에서 인용) 이미 말했듯이, 바이스만은 루와 달리 내부 선택된 변이체들이 직접 유전한다는 생각에 따르지 않았다. 오히려 "……각각의 분리된 개체는 필요한 적응을 일시적으로 내부 선택을 통해 성취할 것이다. (……) 따라서 세대가 진행하면서 끊임없이 생식질을 선택해 생식질을 구성하는 기본 요소가 서로 잘 맞을 때까지 시간을 벌어 도달할 수 있는 가장 최상의 조화에 이를 수 있다." 나는 이 이론에서 바이스만이 주장한 형식의 '볼드윈 효과'가 스틸이 주장한 라마르크 형식보다 더 그럴듯하며 공적응도 만족스럽게 설명한다고 생각한다.

나는 이 절의 제목으로 '공포'라는 단어를 사용했고, 라마르크주의의 진정한 부활은 내 세계관을 파괴하는 것이라고 말하기까지 했다. 그러나 독자는 이런 말이 이제 자기 손이 가짜라는 걸 알면서도 손에 장을 지지겠다며 연극조로 협박하는 남자의 말처럼 허튼소리였다고 느낄지도 모르겠다. 라마르크 광신자는 곤란한 실험 결과를 반증하는 데 실패한 다윈주의자가 최후의 수단으로 결과가 다윈주의에 속한다는 억지를 부린다고, 어떤 실험 결과도 다윈주의자의 이론을 반증할 수 없게끔 이론을 너무나 탄력적이게 만든다고 불평할 수 있다. 나는 이런 비판에 민감하므로, 대답을 해야겠다. 나는 내가 지지겠다고 장담한 손이 진짜 내 손이라는 사실을 보여 주어야 한다. 따라서 스틸 유의 라마르크주의가 정말로 변장한 다윈주의라면, 어떤 유의 라마르크주의가 그렇지 않단 말인가?

핵심 쟁점은 적응성adaptedness의 기원이다. 굴드(Gould, 1979)는 획득 형질의 유전이 그 자체로 라마르크주의가 아니라고 말할 때 이와 관련한 생각을 밝혔다. 즉, "라마르크주의는 **방향성이 있는** 변이를 말하는 이론이다(강조는 인용자)". 적응성의 기원을 논하는 두 부류의 이론을 구별하자. 라마르크와 다윈이 정확히 무엇을 말했느냐는 역사적 세부 사항에 발목 잡히지 않도록 더 이상 라마르크주의나 다윈주의라는 단어를 쓰지 않겠다. 대신에, 면역학에서 차용한 지령론과 선택론으로 부르겠다. 영(Young, 1957)과 로렌츠(Lorenz, 1966), 그 밖의 사람들이 강조했듯이, 우리는 적응성을 유기체와 환경 사이에 이루어지는 정보적 어울림이라고 인식한다. 자기가 사는 환경에 잘 적응한 동물은 환경이 품은 정보를 잘 구현한다고 볼 수 있다. 마치 열쇠는 열쇠가 푸는 자물쇠에 관한 정보를 구현하듯이 말이다. 위장한 동물은 자기 등에 해당 환경을 묘사한 그림을 짊어지고 있다.

로렌츠는 유기체와 환경 사이에 나타나는 이런 조화의 기원을 설명하는 두 가지 이론을 구별했으나, 두 이론(자연 선택과 강화 학습)은 내가 선택론이라고 부른 이론의 한 부분이다. 초기의 변이 풀(유전적 돌연변이나 자연발생적 행동)에 어떤 선택 과정(자연 선택이나 보상/처벌)이 작용해 최종 결과로 환경이라는 자물쇠에 적합한 변이체만이 살아남는다. 따라서 선택은 적응성을 개선한다. 지령론은 이와 전혀 다르다. 선택론을 택한 열쇠공은 무작위로 만든 수많은 열쇠 하나하나를 자물쇠에 넣어 돌려 보고 맞지 않는 열쇠는 버리는 반면에, 지령론을 택한 열쇠공은 그저 왁스로 자물쇠의 본을 떠서 그에 맞는 열쇠를 직접 만든다. 지령론에 따라 위장한 동물이 환경을 닮는 이유는 환경이 직접 동물에 자신의 모양을 각인하기 때문이다. 코끼리가 먼지에 덮여 눈에 띄지 않듯이 말이다. 프랑스인의 입은 프랑스어 모음을 발음하기에 적합한 형태로 영구히 변한다고 한다. 정말 그렇다면 이는 지령을 통한 적응이다. 따라서 카멜레온이 나타내는 배경 유사성은 지령을 통한 적응일 것이다. 물론 적응적으로 몸 색깔을 변화시키는 **능력**은 아마 선택 적응의 결과겠지만 말이다. 우리가 순응, 훈련, 연습 효과, 용불용이라고 부르는 생리상의 적응적 변화는 모두 지령에 따르는 방식일 것이다. 복잡하고 정교한 적응적 조화는 인간이 언어를 습득하듯이, 지령으로 성취할 수 있다. 이미 설명한 대로, 스틸 이론에서 적응성은 지령이 아니라 선택에서 오며 그것도 유전하는 복제자 선택임이 분명하다. 누군가 단지 '획득 형질'이 유전적으로 대물림된다는 사실이 아니라 지령으로 획득한 적응이 유전적으로 대물림된다는 사실을 입증한다면 내 세계관은 뒤집힐 것이다. 지령으로 획득한 적응의 유전은 발생학의 '중심 원리'를 침해하기 때문이다.

전성설의 빈곤

이상하지만, 중심 원리는 위배 불가능하다는 내 신념은 독단적이지는 않다! 이 신념에는 이유가 있다. 여기서 신중하게 두 가지 형태의 중심 원리, 분자생물학의 중심 원리와 발생학의 중심 원리를 구별해야 한다. 전자는 크릭이 말한 원리로 유전 정보는 핵산에서 단백질로 번역되나, 반대로는 불가능하다는 것이다. 스틸 이론은 스스로 주의 깊게 지적했듯이, 이 중심 원리를 위반하지 않는다. 스틸은 RNA에서 DNA로 가는 역전사를 이용하지만, 단백질에서 RNA로 가는 역번역은 이용하지 않았다. 나는 분자생물학자가 아니라서 그런 역번역을 발견한다면 이론이라는 배가 얼마나 흔들릴지 판단할 수 없다. 분명히 원리상 불가능해 보이지는 않는다. 핵산에서 단백질로 또는 단백질에서 핵산으로 가는 번역은 단순한 사전 찾기와 같아 DNA/RNA 전사보다 약간 더 복잡할 뿐이다. 두 경우 모두 두 암호 사이에는 일대일 대응 관계가 있다. 사전을 갖춘, 인간이나 컴퓨터가 단백질에서 RNA를 번역할 수 있는데 왜 자연은 그러지 못하는지 모르겠다. 여기에는 적절한 이론적 이유가 있거나 그저 아직까지는 위반하지 못한 경험 법칙일지도 모른다. 이 문제를 더 논의하지는 않겠다. 어쨌든 다른 중심 원리, 발생학의 중심 원리에는 이를 위반하지 못하는 매우 적절한 이론적 사례가 있기 때문이다. 발생학의 중심 원리는 유전자는 유기체가 지닌 거시적 형태나 행동을 어떤 의미로 암호화할 수 있지만, 거꾸로는 불가능하다는 원리다. 크릭의 중심 원리가 단백질은 DNA로 역번역되지 않는다는 사실을 말한다면, 발생학의 중심 원리는 몸의 형태나 행동은 단백질로 역번역되지 않는다고 말한다.

가슴에 손을 얹고 태양 아래서 잠을 자면, 햇볕에 탄 몸에는 하얀 손 모양 자국이 날 것이다. 이 손 모양은 획득 형질이다. 이것이 유전하려면 제뮬이나 RNA 바이러스 또는 무엇이든 역번역한다고 가정하는 작용 인자가 손 모양의 **거시적** 윤곽을 훑어보고, 유사한 손 모양의 발생을 프로그램하는 데 필요한 DNA 분자 구조에 손 모양을 번역해야 한다. 바로 이런 종류의 제안이 발생학의 중심 원리를 위반한다.

발생학의 중심 원리가 반드시 상식에서 따라 나오지는 않는다. 오히려 이는 발생을 보는 전성설의 관점을 거부하는 데서 생기는 논리적 함축이다. 실제로 발생을 보는 후성설의 관점과 적응을 보는 다윈적 관점, 전성설과 적응을 보는 라마르크적 관점 사이에는 밀접한 연관이 있다고 본다. 라마르크적 유전(즉, 지령을 통한)을 믿을 수도 있다. 그러나 이는 전성설의 관점에서 발생을 볼 용의가 있을 경우에 한해서다. 발생이 전성설식으로 이루어지며, DNA가 정말 '몸의 청사진', 즉 암호화된 호문쿨루스**라면** 역발생, 즉 거꾸로 보는 발생학을 상상할 수 있다.

그러나 교과서에서 사용하는 청사진이라는 은유는 심각한 오해를 일으킨다. 이는 몸의 일부와 유전체 일부 사이에 일대일 대응 관계가 있다고 암시하기 때문이다. 우리는 집을 조사해 청사진을 재구성할 수 있으며, 이로부터 원래 집을 지을 때와 똑같은 건축 기술을 사용해 똑같은 집을 지을 수도 있다. 청사진에서 집으로 정보가 흐르는 방향은 거꾸로도 갈 수 있다. 청사진에 그려진 먹선이나 벽돌담의 상대적 위치는 어느 정도 단순한 치수 변경 규칙scaling rule을 사용해 하나에서 다른 하나로 변환 가능하다. 청사진에서 집으로 변환하려면 모든 치수를, 가령 20배하면 된다. 집에서 청사진으로 변환하려면 모든 치수를 20으로 나누면 된다. 집의 새로운 부분, 가령 서쪽에 부속 건물을 지었다면 간단한 자동 절차에 따라 청사진에 축소한 서쪽 부속 건물 도면을 추가할 수 있다. 유전체가 유전자형에서 표현형으로 일대일 대응하는 청사진이라면, 햇볕에 탄 가슴에 남은 하얀 손 모양은 축소된 유전적 분신 같은 모형이 되어 유전한다고 상상할 수 있다.

그러나 이는 우리가 현재 이해하는 발생이 작동하는 방식과 전혀 맞지 않는다. 그 어떤 의미로든 유전체는 몸의 축척 모형이 아니다. 유전체는 적절한 조건에서 적절한 순서로 충실히 따라가면 몸이라는 결과를 내는 일련의 지령이다. 나는 이전에 케이크라는 은유를 사용했었다. 케이크를 만들 때는 어떤 의미로 조리법에서 케이크를 '번역'한다고 말할 수 있다. 그러나 이 과정은 거꾸로는 가지 못한다. 케이크를 분석해 원래 조리법을 재구성할 수는 없다. 조리법에 쓰인 말과 케이크 부스러기 사이에는 거꾸로도 갈 수 있는 일대일 대응 관계가 없는 것이다. 이는 숙련된 요리사가 그런대로 괜찮게 비슷한 조리법을 만들 수 없다는 말이 아니다. 요리사는 자기 앞에 놓인 케이크를 먹어 보고, 케이크와 조리법에 관한 과거의 경험과 비교해 그 맛과 특징에 부합하게 조리법을 재구성할 수 있다. 그러나 이는 어떤 종류의 심적 선택 절차지, 결코 케이크에서 조리법으로의 **번역**이 아니다(Barlow, 1961은 신경계라는 맥락에서 거꾸로도 가는 암호와 거꾸로 가지 못하는 암호 사이의 차이를 유익하게 논의한다).

케이크는 언제 여러 가지 재료를 섞고, 언제 열을 가하라는 등 일련의 지령에 따라 나오는 결과다. 케이크가 또 다른 암호화 매개체로 번역되는 지령**이라는** 말은 틀리다. 이는 조리법을 프랑스어에서 영어로 번역하는 것과 같지 않다. 이런 번역은 원리상 거꾸로도 간다(얼마간의 **뉘앙스** 차이는 있을지 몰라도). 몸 또한, 언제 열을 가하라가 아니라 특정 화학 반응이 진행되는 속도를 높이려 언제 효소를 가하라는 등 일련의 지령에 따라 나오는 결과다. 배 발생 과정이 적절한 환경에서 올바르게 이루어지면 최종 결과는 잘 갖춘 성체이며, 몸이 지닌 자질 대부분은 유전자가 작용한 결과로 해석할 수 있다. 그러나 셰익스피어 전집을 해석한다고 해서 셰익스피어를 재구성할 수 없는 것처럼, 한 개체의 유전체를 그 몸을 조사해 재구성할 수는 없다. 203~204쪽에서 말한 캐넌과 굴드의 잘못된 논증은 발생학에는 타당하게 들어맞는다.

문제를 다른 방식으로 표현해 보자. 어떤 남자가 유별나게 뚱뚱하다면 이런 일이 일어나는 데 여러 방식이 있다. 남자는 먹은 것을 남김없이 대사하는 유전적 소인을 가졌거나 너무 많이 먹었을지 모른다. 음식을 많이 먹은 최종 결과는 특정 유전자가 내놓는 최종 결과와 동일할 것이다. 두 경우 모두 남자는 뚱뚱하다. 그러나 두 원인이 동일한 결과를 산출하는 경로는 전혀 다르다. 일부러 폭식해서 자신이 얻은 뚱뚱함을 자녀에게 유전적으로 전달하려는 남자에게는 뚱뚱함을 자각하고, 그 뒤 '비만 유전자'를 찾아내고, 이 유전자에 돌연변이를 일으키는 어떤 기제가 있어야 한다. 그러나 어떻게 그런 비만 유전자를 찾을 것인가? 유전자에 어떤 유전자를 비만 유전자로 인지하게 하는 내재적 본성은 없다. 유전자는 오직 후성적 발생이라는 길고 복잡하게 전개되는 연속되는 사건의 결과로서만 비만 효과를 낸다. 원리상 '비만 유전자'가 무엇인지 아는 유일한 방법은 유전자 효과가 정상 발생 과정에 미치도록 놔두는 것이다. 그리고 정상 발생 과정이란 통상의, 순방향으로 가는 발생을 의미한다.

이 점이 몸의 적응이 선택으로 일어날 수 있는 이유다. 유전자는 발생에 정상적 효과를 가할 수 있다. 유전자가 만드는 발생적 결과, 즉 표현형 효과는 유전자가 생존할 가능성으로 되돌아오고, 그 결과 후속 세대에서 유전자 빈도는 적응적 방향으로 변한다. 적응에 관한 지령론과 달리 선택론은 유전자와 표현형의 관계가 유전자에 내재하는 속성이 아니라, 다른 많은 유전자와 외부적 요인들이 내놓는 결과가 상호 작용할 때 유전자가 만드는 순방향의 발생적 결과에 있는 속성이라는 사실을 설명할 수 있다.

개체가 사는 환경에 맞는 복잡한 적응은 환경에서 오는 지령으로 생길 수도 있다. 많은 경우에서 정말로 이런 일이 일어난다. 그러나 전성적 발생이 아니라 후성적 발생이라는 가정에 따르면, 복잡한 적응이 방향성이 없는 변이를 선택하는 수단 말고 다른 수단으로, 유전 암호를 전달하는 매개체에 번역된다고 기대하는 일은 내가 합리적이라고 보는 모든 것을 위배하고 만다.

환경에서 유전하는 진정한 라마르크 '지령'으로 보이는 사례가 있다. 섬모충류의 외피에 생기는 비유전적 기형이나, 심지어 외과적으로 유도한 손상도 직접 유전할 수 있다. 이를 손번Sonneborn과 다른 연구자들이 입증했다. 보너의 설명에 따르면, 연구자들은 파라메키움*Paramecium*◆의 외피 일부를 자르고 뒤집었다. "그 결과 파라메키움은 기저체 한 줄의 일부분이 미세 구조와 세부 사항에서 나머지 표면과 완전히 180도 바뀐다. 이런 변칙적인 키네토솜 사슬kinety■은 이제 유전하며 자손에서 영구히 고정된다(800세대가 지나도 유지된다)."(Bonner, 1974, p. 180) 이 유전은 비유전적으로 보이며 분명히 핵을 통한 것도 아니다. "……외피는 특정한 양식으로 조립되는 고분자로 구성된다. 그리고…… 이 양식은 설사

◆ **짚신벌레**
■ **기저체와 유사한 세포소기관. 섬모나 편모의 형성과 관련 있다.**

흐트러뜨린다고 해도 직접 유전한다. (……) 외피에 있는 고분자가 지닌 속성이 서로 조화로운 양식이면서 핵의 통제도 직접 받지 않는 크고 대단히 복잡한 외피가 있는 것이다. 표면 구조가 진화하는 데는 틀림없이 긴 시간과 수없이 많은 세포 주기가 지나갔을 것이다. 해당 구조 자체는 당면한 형태가 핵과 무관한 동시에, 특이적으로 형성된 구성 요소를 합성하는 데는 전적으로 핵에 의존하는 속성을 보유한다고 생각한다."(Bonner, 1974)

스틸의 연구 사례처럼, 우리가 이를 획득 형질의 유전으로 보느냐는 생식 계열을 정의하는 문제에 달려 있다. 개체 몸에 주목한다면, 외피에 외과적 손상을 주는 일은 핵의 생식 계열과 아무런 관계가 없기에 획득 형질임이 분명하다. 반대로 기반을 이루는 복제자, 이 경우 섬모의 기저체에 주목한다면, 그 현상은 복제자 증식이라는 일반적 항목에 들어간다. 외피에 있는 고분자가 진정한 복제자라면 외피 일부를 외과적으로 뒤집는 일은 염색체 일부를 자른 뒤 뒤집어 붙이는 일과 유사하다. 이 역위 염색체는 생식 계열의 일부이기 때문에 유전하는 것이 당연하다. 파라메키움이 지닌 외피의 구성 요소는 그 자체만의 생식 계열을 보유하는 듯 보인다. 전달하는 정보라는 점에서 특별히 두드러진 정보가 핵산에 암호화되지는 않는 것 같지만 말이다. 자연 선택은 분명히 표면 자체에서 복제하는 단위가 얻는 적응적 이익을 위해 표면 구조를 형성하는, 비유전적 생식 계열에 직접 작용할 거라고 예측 가능하다. 이 표면 복제자와 핵 유전자 사이에 이득을 둘러싼 갈등이 있다면, 갈등을 해소하는 방법이 무엇이냐는 매력적인 연구일 것이다.

이것이 핵 아닌 유전을 보여 주는 유일한 사례는 아니다. 미토콘드리아 같은 세포소기관이나 세포질에 흩어져 있는 비핵 유전자가 표현형에 뚜렷한 효과를 가한다는 사실이 점점 명백해지고 있다(Grun, 1976). 나는 '**이기적 세포질 유전자**'라는 절을 넣어서, 선택이 세포질 복제자에 작용해 낼 결과와 이것이 핵 유전자와 충돌해 생길 결과를 논하려고 했었다. 그러나 나는 '이기적 미토콘드리아'를 짧게 논의하는 것에서 멈추었다(12장 참조). 내가 말하려 했던 모든 내용과 더불어 그 이상을 독자적으로 말하는 논문 두 편(Eberhard, 1980; Cosmides & Tooby, 1981)이 있기 때문이다. 한 가지 예를 들어 보겠다. "겉씨식물 라릭스*Larix*와 프세우도트수가*Pseudotsuga*가 만드는 전배proembryo의 '신세포질neocytoplasm'에 들어가려고 난자 미토콘드리아가 이동해 난핵 주위로 모이는 것은…… 배아에 들어가려는 경쟁에서 비롯할지도 모른다."(Eberhard, p. 238) 독자는 논문에 있는 내용을 광범하게 모방하기보다는 이 탁월한 두 논문에서 조언을 구하기를 권한다. 나는 단지 두 논문을, 자연 선택을 생각하는 근본적 개념 단위로서 복제자가 개체를 대체하면 이제 흔해질 그런 논의를 보여 주는 좋은 사례로서 추가할 뿐이다. 이를 위해 가령 '원핵생물 사회생물학'이라는 새로운 학문이 융성할 거라고 예언하는 천리안일 필요는 없다.

에버하드도, 코스미디스와 투비도 생명을 유전자의 눈으로 보는 관점을 명백히 정당화하거나 논증하지 않았다. 그들은 그저 이를 **가정한다**. "유전자를 선택받는 단위로 보는 최근의 변화는 유전적 대물림을 다양한 방식으로 보는 것과 결부되어 유기체 전체라는 측면에서 발전했던, 기생, 공생, 갈등, 협동, 공진화라는 개념을 유기체 내 유전자와 연결한다."(Cosmides & Tooby) 이들 논문은 혁명 후의 정상과학◆이라고 말할 수밖에 없는 향취를 지닌다(Kuhn, 1970).

◆ 개체를 중심으로 하는 이전의 패러다임이 무너지고, 유전자를 중심으로 하는 새로운 패러다임이 과학적 실천을 지배하는 상태를 말한다.

10장

An Agony in Five Fits

다섯 가지 적합도에 느끼는 괴로움

독자는 지금까지 '적합도'를 거의 언급하지 않았다는 사실을 알아차렸을지도 모른다. 이는 일부러 피한 것이다. 나는 이 용어를 미심쩍게 생각하나 여태 때를 기다려 왔다. 초반 몇 장은 여러 가지 방식으로 개체를 적응으로 이득을 얻는 단위, 옵티몬이라는 이름에 걸맞은 후보라고 할 때 생기는 약점을 보여 주는 게 목적이었다. 보통 생태학자나 동물행동학자가 사용하는 '적합도'라는 단어는 언어적 속임수이며 진정한 복제자가 아니라 적응의 수혜자인 개체라는 관점에서 논의가 가능하도록 고안한 장치다. 따라서 적합도라는 단어는 내가 논박하려는 입장을 나타내는 언어적 상징이다. 더불어 단어를 너무나 다양한 방식으로 사용해 아주 혼란스럽기까지 하다. 따라서 이 책의 비판 부분을 적합도를 논의하는 것으로 끝맺는 것이 적절하다.

다윈(Darwin, 1866)은 월리스(Wallace, 1866)가 권고해 허버트 스펜서(Herbert Spencer, 1864)가 만든 '최적자 생존survival of the fittest'이라는 용어를 사용했다. 월리스가 했던 논증은 오늘날 읽기에도 매혹적이라서 꽤 상세히 인용해야겠다.

> 친애하는 다윈 선생님께.
> 많은 지적인 사람이 자연 선택이 발하는 자동적이고 필연적인 효과를 분명히 또는 조금도 이해하지 못하는 완전히 무능력한 모습에 저는 거듭 놀라곤 했습니다. 그리하여 저는 그 용어 자체와 이를 설명하는 선생님의 방식이 우리에게는 명백하고 우아하지만, 평범하게 박물학을 애호하는 대중을 이해시키기에는 그다지 적합하지 않다는 결론에 이르렀습니다. (……) 자넷은 「오늘날의 유물론」이라는 최근 연구에서…… 선생님이 가진 약점이 "자연 선택의 작용에는 목적과 방향이 꼭 있어야 한다"라는 점을 인정하지 않는 데 있다고 말합니다. 선생님의 주요 반대자들도 똑같은 이의를 여러 번 제기했고, 저 자신도 대화 중에 그와 같은 말을 종종 들었습니다. 이

제 저는 이런 문제가 대부분 자연 선택이라는 용어와 이 용어를 그 효과에서 끊임없이 인간의 선택과 비교하고, 또한 '선택한다', '선호한다', '종이 얻는 이득만을 찾는다' 등 너무나 자주 자연을 인격화해서 발생한다고 생각합니다. 소수의 사람에게는 이것이 명약관화하고 참으로 시사하는 바가 많지만, 많은 사람에게는 분명 넘기 힘든 장애물입니다. 그래서 저는 선생님의 위대한 작업(너무 늦지 않았다면)과 앞으로 나올 『기원』의 새 판본에 생길 오해의 근원을 종식시킬 수 있는 방법을 제안하고 싶습니다. 저는 스펜서의 용어(대개 스펜서는 이 용어를 자연 선택이라는 단어보다 즐겨 사용합니다), 즉 '최적자 생존'을 택해 별 어려움 없이 매우 효과적으로 오해를 피할 수 있다고 생각합니다. 이 용어는 사실을 있는 그대로 전달합니다. 자연 선택은 이 용어를 은유적으로 표현한 것이며, 어느 정도 **간접적**이며 **부정확**하기도 합니다. 자연을 아무리 인격화해도 자연은 특별한 변이를 선택하기보다 가장 불리한 변이를 절멸시킬 것이기 때문입니다…….

(『월리스-다윈 서간집』)

월리스가 설명한 대로 오해한 사람들이 있다는 게 믿기지 않을 듯 보이지만, 영(Young, 1971)은 다윈의 동시대 사람들이 흔히 그런 오해를 품었음을 보여 주는 충분한 증거를 제공한다. 오늘날에도 이런 혼란이 있으며 비슷한 진흙탕이 '이기적 유전자'라는 문구를 두고 발생한다. "이것은 기발한 이론이나, 터무니없다. 분자에 이기심이라는 복잡한 감정을 부여할 어떤 이유도 없다."(Bethell, 1978) "유전자는 이기적이거나 이타적일 수 없다. 원자가 질투하고, 코끼리가 추상 관념을 갖거나, 비스킷이 목적론적으로 사고할 수 없는 것처럼 말이다."(Midgley, 1979. 이에 답변한 Dawkins, 1981 참조)

다윈(Darwin, 1866)은 월리스의 편지에 깊은 인상을 받았고, 편지가 '명약관화'하다고 생각했으며, 자신의 책에 '최적자 생존'이라는 단어를 쓰기로 결심했다. 다만 다윈은 다음과 같이 충고했다. "자연 선택이라는 용어는 이제 본국이나 외국에서도 널리 사용하기 때문에 이를 포기해야 할지 의문이 들며, 아무리 결점이 많아도 그렇게 하는 걸 보는 게 유감스럽습니다. 이 용어를 버릴지 여부는 이제 '최적자 생존'에 달려 있는 게 분명합니다(다윈은 분명 '밈' 원리를 이해했다)." "시간이 흐르면 이 용어는 틀림없이 의미가 명료해질 것이며, 이 용어를 사용하는 데 반대하는 일도 점점 잦아들 것입니다. 어떤 용어 사용이 대단한 지성들에게 해당 주제를 이해하기 쉽게 해 주는지도 의심스럽습니다. (……) 자넷에 관해서라면, 그는 형이상학자이며 그러한 신사들은 매우 예민하기에 종종 보통 사람들을 오해한다고 생각합니다."

월리스도 다윈도 예측할 수 없었던 사실은 '최적자 생존'은 '자연 선택'보다 훨씬 심각한 오해를 불러올 운명이었다는 점이다. 잘 알려진 사례는 후세대의 아마추어(전문가까지도) 철학자들("너무 예민해서 보통 사람들을 오해하는?")이 거의 애처로운 열의를 갖고 재발견하려 한 시도, 즉 자연 선택론이 의미 없는 동어반복에 불과하다는 점을 입증하려 한 시도였다(한 가지 재밌는 변화는 이런 시도가 반증 불가능하고, 따라서 틀렸다는 점이다!). 사실 동어반복이라는 착각은 전부 '최적자 생존'이라는 이름에서 연원하지, 이론 자체에서 생기는 것이 아니다. 이 논쟁은 단어가 자기 분수를 모르고 승격한 주목할 만한 사례이며, 그런 측면에서 성 안셀무스St Anselmus가 한 존재론적 신 증명◆과 유사하다. 신처럼 자연 선택은 말장난으로 입증하거나 반증하기에 너무나 거대한 이론인 걸까. 어쨌든 신과 자연 선택은 우리가 왜 존재하는가를 묻는 단 두 가지 실행 가능한 이론이다.

◆ **신은 상상할 수 있는 가장 큰 존재다. 실제로도 존재하는 것은 상상 속에만 존재하는 것보다 크다. 따라서 신은 실제로 존재해야 한다. 그렇지 않다면 신은 상상할 수 있는 그 어떤 것보다 크지 않기 때문이다.**

간단히 말해, 동어반복이라는 생각은 이렇다. 자연 선택은 최적자 생존으로 정의된다. 그리고 최적자는 생존한 자로 정의된다. 따라서 다윈주의 전체는 반증 불가능한 동어반복이며 우리는 더 이상 골머리를 썩일 필요가 없다. 다행히도, 이런 엉뚱하고도 보잘것없는 자만심에 여러 권위자들이 답변해(Maynard Smith, 1969; Stebbins, 1977; Alexander, 1980) 내가 애쓰지 않아도 된다. 하지만 동어반복이라는 생각도 적합도 개념에서 기인하는 혼란 목록 중 하나로 올려 둔다.

내가 말했듯이, 이 장은 적합도란 매우 어려운 개념이며 하려고 들면 적합도 없이도 가능한 무언가가 있을지 모른다는 사실을 보여 주고자 한다. 이런 목적을 이루는 한 가지 방법으로 생물학자들이 용어를 사용하는 적어도 5가지 서로 다른 의미를 설명하겠다. 첫 번째이자 제일 오래된 의미는 우리가 일상에서 사용하는 용법에 가장 가깝다.

첫 번째 적합도

스펜서, 월리스, 다윈이 처음 '적합도'라는 용어를 사용했을 때, 그 누구도 동어반복이라는 비난은 받지 않았을 것이다. 나는 이 원래 용법을 적합도 [1]이라 부르겠다. 이 용법에는 엄밀한 전문적 의미가 없었고, 최적합을 생존으로 **정의**하지도 않았다. 거칠게 말해, 적합도는 생존하고 번식하는 능력을 뜻했으나, 번식 성공도와 정확히 동일한 의미로 정의하고 측정하지는 않았다. 이 용법은 삶의 어떤 측면을 검토하느냐에 따라 여러 가지 구체적 의미를 지닌다. 관심 대상이 식물성 음식을 분쇄하는 효율성이라면, 최적 개체는 가장 단단한 치아나 강력한 턱 근육을 가진 개체일 것이다. 다른 맥락에서 최적 개체는 가장 예민한 눈, 튼튼한 다리 근육, 예리한 귀, 날렵한 반사 신경을 갖춘 개체를 뜻할 것이다. 이런 능력과 기량은 무수히 많은 사람이 생각한 바처럼, 세대를 지나며 개선되고 자연 선택이 개선에 영향을 준다고 여겼다. '최적자의 생존'은 이런 특정 개선을 일반적으로 묘사한 것이다. 여기에 동어반복인 내용은 없다.

적합도를 전문 용어로 채택한 것은 나중이었다. 생물학자들은 자연선택으로 최대화되는 경향이 있는 가설적 양을 지칭하는 단어가 필요했다. 그들은 '선택 가능성'이나 '생존력' 또는 '*W*'라는 용어를 택할 수도 있었으나 사실 우연히 '적합도'라는 용어를 발견했다. 그들이 찾았던 정의는 분명 "최적자 생존을 동어반복으로 만들려고 무슨 일이든 하는 것"이라는 말을 인정하는 일과 같았다. 생물학자들은 적합도를 이에 부합하게 재정의했다.

그러나 동어반복은 다윈주의 자체에 내재하는 속성이 아니라 우리가 때로 다윈주의를 설명하고자 사용하는 문구에 지나지 않는다. 내가 평균 시속 200여 킬로미터로 달리는 기차가 평균 시속 100여 킬로미터로 달리는 기차보다 목적지에 30분 먼저 도착한다고 말하면, 내가 동어반복을 말했다는 사실은 열차가 달리는 것을 막지도 않으며, 한쪽 기차가 다른 쪽 기차보다 빠른 원인을 묻는, 즉 더 큰 엔진인가, 품질 좋은 연료인가, 더 유선형인가, 아니면 그 밖의 무엇인가와 같은 의미 있는 질문을 못하게 하지도 않는다. 속도 개념은 동어반복적 참을 넘어서는 진술을 만드는 방식으로 **정의**된다. 바로 이 점이 속도 개념을 유용하게 한다. 메이너드 스미스(Maynard Smith, 1969)도 이 점을 신랄하게 표현했다. "물론 다윈주의는 동어반복적 특징을 포함한다. 두 줄짜리 수식을 포함한 모든 과학 이론이 그런 것처럼."◆ 해밀턴(Hamilton, 1975a)도 '최적자 생존'을 논의하면서 "이 사소한 표현에 동어반복이란 비난은 공정하지 않은 것 같다"라고 이 점을 부드럽게 표현했다. 적합도를 재정의하는 목적에서 '최적자 생존'은 동어반복이 되어야 **했다**.

◆ 예를 들어 어떤 운동방정식을 전개하며 얻는 개개의 수식은 모두 동어반복이지만 그렇게 전개한 수식에서 새로운 물리적 통찰과 의미를 얻을 수 있다. 사실 과학에서 수식을 갖가지 방식으로 변형해 보는 일은 흔한 작업이다.

적합도를 특수한 전문 의미로 재정의하는 일은 성실한 철학자에게 신나서 떠들어 댈 일거리를 주는 것을 제외하면 어떤 해도 끼치지 않을 수 있었으나, 불행히도 엄밀한 전문 의미는 너무나 다양해져 생물학자까지 혼란스럽게 하는 한층 심각한 영향을 주었다. 각양각색의 전문 의미 중 가장 정확하고 나무랄 데 없는 것은 집단유전학자가 채택한 의미다.

두 번째 적합도

집단유전학자는 적합도를 조작적 척도로 보며 측정 절차의 관점에서 엄격히 정의한다. 실제로는 적합도를 유기체 전체가 아니라, 보통 단일 좌위에 있는 유전자형에 적용한다. 어떤 유전자형, 가령 *Aa*의 적합도 *W*는 1-*s*로 정의할 수 있으며, *s*는 유전자형에 작동하는 선택 계수다(Falconer, 1960). 이런 적합도는 다른 모든 변이를 평균화했을 때, 유전자형 *Aa*를 가진 전형적인 개체가 번식 연령에 이르기까지 양육한다고 기대되는 자식의 수를 재는 척도이다. 대개 해당 좌위에 있는 대응하는 한 특정 유전자형의 적합도를 임의적으로 1이라고 정의해, 이와 상대적으로 표현한다. 그러고 나서 그 좌위에는 낮은 적합도를 가진 유전자형에 비해 높은 적합도를 가진 유전자형을 선호하는 선택이 있다고 말한다. 나는 집단유전학자가 사용하는 이 특수한 의미를 적합도 [2]라 부르겠다. 우리가 갈색 눈을 가진 개체가 청색 눈을 가진 개체보다 더 적합하다고 말할 때는 적합도 [2]를 말하는 것이다. 이때 개체 간의 다른 모든 변이는 평균화되어 있다고 가정하며, 실상 단일 좌위에 있는 두 유전자형에 적합도라는 단어를 적용한다.

세 번째 적합도

집단유전학자는 유전자형 빈도와 유전자 빈도가 변화하는 데 직접 관심을 갖는 반면, 동물행동학자와 생태학자는 무언가를 최대화하는 통합된 체계로서 유기체 전체를 바라본다. 적합도 [3], 즉 '고전적 적합도'는 개체가 지닌 속성이며 흔히 생존과 번식력의 결과물로 표현한다. 이는 개체의 번식 성공도, 다시 말해 미래 세대에 자신의 유전자를 전하는 개체 성공도를 재는 척도다. 예컨대 7장에서 언급했듯이, 클러턴-브록 외 연구자들(Clutton-Brock *et al.*, 1982)은 럼Rhum 섬에 사는 붉은사슴 개체군을 장기적으로 연구하면서, 부분적으로는 식별된 수사슴과 암사슴 개체의 일생에 걸친 번식 성공도, 적합도 [3]을 비교한다.

개체의 적합도 [3]과 유전자형의 적합도 [2] 사이가 서로 다르다는 점에 주의하라. 갈색 눈 유전자형을 측정한 적합도 [2]는 갈색 눈을 가진 개체의 적합도 [3]에 기여하나, 다른 모든 좌위에 있는 유전자형의 적합도 [2]도 마찬가지로 기여한다. 따라서 어떤 좌위에 있는 어떤 유전자형의 적합도 [2]는 그 유전자형을 보유한 모든 개체의 적합도 [3]을 평균한 것으로 간주할 수 있다. 그리고 어떤 개체의 적합도 [3]은 개체의 모든 좌위에 있는 유전자형을 평균한 적합도 [2]에 영향받을 것이다(Falconer, 1960).

어떤 좌위에 있는 유전자형의 적합도 [2]를 재기는 쉽다. 각 유전자형, AA, Aa 등은 어떤 개체군의 연속하는 세대에서 셀 수 있는 횟수로 생기기 때문이다. 그러나 똑같은 말이 적합도 [3]에는 들어맞지 않는다. 연속하는 세대에서 유기체가 생기는 횟수를 셀 수는 없다. 그 유기체는 단 한 번밖에 생기지 않기 때문이다. 유기체의 적합도 [3]은 흔히 장성할 때까지 기른 자식의 수로 재지만, 이런 척도가 유용한지는 약간의 논쟁이 있다. 한 가지 문제는 윌리엄스(Williams, 1966)가 메다워(Medawar, 1960)를 비판하면서 제시했다. 메다워는 다음과 같이 말했다. "유전학적 용법으로 사용하는 '적합도'는 이 단어의 일상적 용법을 극도로 희석한 것이다. 적합도는 결국 자식이라는 통화, 즉 순수한 번식상의 실적으로 개체가 지닌 자질을 값 매기는 체계다. 이는 상품을 유전적으로 가치 평가하는 것이지, 그 본성이나 질을 말하는 게 아니다." 윌리엄스는 메다워가 말한 방식이 과거에 존재했던 특정 개체에게나 어울리는 소급적인 정의라고 우려했다. 이는 일반적으로 성공에 기여한다고 보는 자질을 평가하는 방식이 아니라, 특정 동물을 죽은 후 조상으로서 평가하는 방식이다. "내가 메다워의 진술을 비판하는 요지는 메다워가 유기체가 실제로 번식적 생존을 성취하는 정도라는, 다소 사소한 문제에 초점을 맞춘다는 사실이다. 생물학의 핵심적 문제는 생존 그 자체가 아니라 생존을 위한 설계다."(Williams, 1966, p. 158) 윌리엄스는 어떤 의미로 동어반복이 되기 이전 적합도 [1]이 가진 장점을 염원하며, 이런 선호에는 그럴 만한 충분한 이유가 있다. 그러나 생물학자들은 적합도 [3]을 메다워가 서술한 의미로 널리 사용하는 게 사실이다. 메다워가 내린 정의는 비전문가를 위한 것으로, 분명 그렇게 하지 않으면 생기기 마련인 '신체적' 적합함이라는 일상 용법과의 혼란을 피하면서 표준적 생물학 용어들을 이해시키려는 시도였다.

적합도 개념은 뛰어난 생물학자까지도 혼란스럽게 하는 힘이 있다. 에머슨(Emerson, 1960)이 다음과 같이 워딩턴(Waddington, 1957)을 오해한 사례를 살펴보자. 워딩턴은 '생존'이라는 단어를 번식적 생존 또는 적합도 [3]의 의미로 사용했다. "……생존은 물론 단일 개체가 지닌 몸의 내구성을 의미하지 않는다. (……) 가장 많은 자식을 남기는 개체가 가장 잘 '생존'하는 것이다." 에머슨은 이 진술을 인용해 다음과 같이 말한다. "이 주장을 비판하는 자료는 찾기 어렵다. 이런 사항을 검증하거나 반증하기 전에 많은 연구가 필요할 것 같다." 이번만은 연구가 더 필요하다는 의례적인 빈말은 완전히 부적절하다. 정의 문제를 다룰 때 경험적 연구는 하등 도움이 되지 않는다. 워딩턴은 분명히 특수한 의미(적합도 [3]

의 의미)로 생존을 **정의**했으며, 경험적 검증이나 반증을 요하는 사실 진술을 한 게 아니었다. 그러나 에머슨은 겉보기에 워딩턴이 최고의 생존 능력을 갖춘 개체가 또한 가장 많은 자식을 낳는 개체이기도 하다는 도발적인 주장을 했다고 생각했던 것이다. 에머슨이 적합도 [3]이라는 전문 개념을 파악하는 데 실패했다는 사실은 같은 논문의 다른 인용문에서도 드러난다. "포유류가 보유한 자궁이나 유선의 진화를…… 최적 개체를 자연 선택한 결과로 설명하는 것은 대단히 어려울 것이다." 에머슨 자신이 선도자로 있던 유력한 시카고학파의 사상에 따라(Allee, Emerson *et al.*, 1949), 에머슨은 이 인용문을 집단 선택을 지지하는 논거로 사용했다. 그에게 유선이나 자궁은 종이 존속하기 위한 적응이었다.

적합도 [3] 개념을 올바르게 사용하는 연구자는 대략적인 근삿값으로만 이를 잴 수 있다는 사실을 인정한다. 적합도 [3]을 태어난 자녀의 수로 재면, 유아 사망을 간과하고 부모 양육을 설명하는 데도 실패한다. 번식 연령에 도달한 자식의 수로 재면, 장성한 자식의 번식 성공도에 있는 변이를 간과한다. 손자의 수로 재면, 이는 ……간과한다 등 끝없이 이어진다. 이상적으로는 아주 막대한 수의 세대가 지난 후 살아 있는 후손의 상대적 수를 셀 수 있다. 그러나 이러한 '이상적' 척도는 흥미로운 성질을 보인다. 이를 논리적 결론으로 밀고 나가면, 전부 아니면 전무 척도라는 두 개의 값만을 취할 수 있다. 우리가 먼 미래를 내다보면 나는 후손이 전혀 없거나 살아 있는 사람은 모두 내 후손이다(Fisher, 1930a). 내가 100만 년 전에 살았던 한 특정 개체의 후손이라면 사실상 당신도 그의 후손임이 확실하다. 오래전에 죽은 특정 개체의 적합도를 현재 살아 있는 후손으로 잰다면 전무이거나 전부이다. 윌리엄스는 아마 이것이 문제라면, 특정 개체가 얻은 **실제** 번식 성공도를 재고자 하는 사람에게만 문제라고 말할 것이다. 반대로, 평균적으로 개체를 조상이 되게 만들 **가능성이 있는** 질에 관심을 가지면 이런 문제는 생기지 않는다. 어느 경우든 적합도 [3]이 가진 생물학적으로 더욱 흥미로운 결점은 적합도라는 전문 용어에 두 가지 새로운 용법이 발전하게 이끌었다.

네 번째 적합도

해밀턴(Hamilton, 1963a, b)은 진화론 역사에 전환점이 된 두 편의 논문에서 고전적 적합도[3], 유기체가 이루는 번식 성공에 기초한 척도에 중요한 결함이 있다는 사실을 일깨웠다. 단순한 개체 생존과 달리 번식 성공도가 문제가 되는 이유는, 번식 성공도가 유전자 전달의 성공을 재는 척도이기 때문이다. 우리가 주변에서 보는 유기체는 어떤 조상의 후손이며, 그 유기체는 조상이 되지 못한 개체와 달리 어떤 개체를 조상이 되게 만들었던 자질을 물려받았다. 어떤 유기체가 존재한다면, 유기체는 성공적인 조상에서 오는 긴 대열의 유전자를 지닌다. 유기체의 적합도[3]은 조상으로서 성공하는 것 또는 기호에 따라 조상으로서 성공하는 능력이다. 그런데 해밀턴은 이전에 피셔(Fisher, 1930a)와 홀데인(Haldane, 1955)이 산만한 문장으로 넌지시 언급했던 것에 숨은 핵심적인 중요성을 간파했다. 이는 자연 선택은 어떤 개체가 조상이 되든 안 되든 간에 개체의 유전자를 전달하게 돕는 기관이나 행동을 선호할 것이라는 점이다. 자기 형제가 조상이 되도록 돕는 개체는 그렇게 함으로써 형제를 돕기 '위한' 유전자가 유전자 풀에 살아남도록 보장한다. 해밀턴은 부모 양육이 실제로는 높은 확률로 양육을 위한 유전자를 보유한, 가까운 혈연을 돕는 특수한 경우라는 사실을 알았다. 고전적 적합도[3], 즉 번식 성공도는 너무 협소했다. 이는 우리가 적합도[4]라 부르는 **포괄 적합도**로 확장할 필요가 있었다.

때로 어떤 개체의 포괄 적합도를 자신의 적합도[3]+각 형제가 가진 2분의 1의 적합도[3]+각 사촌이 가진 8분의 1의 적합도[3] 등으로 가정한다(예를 들어 Bygott *et al.*, 1979). 버래시(Barash, 1980)는 포괄 적합도를 "개체 적합도(번식 성공도)와 개체의 혈연들이 이룬 번식 성공도를 총합한 것. 이때 각 혈연은 혈연관계가 멀어지는 데 비례해 그 가치를 낮게 평가한다"라고 명확하게 정의한다. 그러나 이는 사용하기 좋은 실용적 척도는 아니며 웨스트-에버하드(West-Eberhard, 1975)가 강조하듯이, 해밀턴이 제공한 척도도 아니다. 버래시가 정의한 척도가 실용적이지 않은 이유는 여러 가지로 말할 수 있다. 한 가지는 마치 자녀가 수없이 존재했던 것처럼, 자녀를 몇 번이고 셈하게 한다는 점이다(Grafen, 1979). 다른 한편으로 이 견해에 따르면, 형제 중 하나가 자녀를 낳으면 다른 모든 형제의 포괄 적합도가 즉시 동등한 등급으로 올라간다. 그들 중 누군가가 아이를 키우는 데 손가락 하나 까딱하느냐 안 하느냐에 상관없이 말이다. 사실상 이론적으로는 아직 태어나지 않은 형제의 포괄 적합도까지 손위 조카가 태어남으로써 증가한다. 더 나아가 이 잘못된 견해에 따르면, 손아래 형제가 임신 직후 유산해도 여전히 손위 형제의 후손 덕에 대량의 포괄 적합도를 누린다. 이를 극단적 사례에까지 밀고 나가면, 손아래 형제는 아이를 갖지 않더라도 여전히 높은 '포괄 적합도'를 누린다!

해밀턴은 이런 오류를 분명히 알았다. 따라서 그의 포괄 적합도 개념은 더 교묘하다. 어떤 유기체의 포괄 적합도는 자신이 가진 속성이 아니라, 자신이 하는 행동이나 가하는 효과가 가진 속성이다. 포괄 적합도는 개체 자신의 번식 성공도+개체가 혈연의 번식 성공도에 미치는 **효과**로 계산한다. 이때 각각의 혈연은 적절한 근연 계수에 따라 평가된다. 그러므로 가령 내 형제가 오스트레일리아로 이주해 어떤 방법으로든 형제의 번식 성공도에 내가 아무런 효과도 미칠 수 없다면, 형제가 자녀를 낳을 때마다 내 포괄 적합도가 올라가는 일은 없다.

그런데 '효과'라 추정하는 원인은 다른 추정 원인이나 추정 원인이 없는 경우와 비교해서만 잴 수 있다. 그렇다면 개체 A가 자기 혈연의 생존과 번식에 미치는 효과를 절대적인 의미로는 생각할 수 없다. 우리는 개체가 행동 Y 대신에 행동 X를 하기로 선택해 미치는 효과를 비교할 수 있다. 또는 개체가 일생에 걸쳐 한 일련의 행동이 미치는 효과를 고려해 이를 일생 동안 아무것도 하지 않은, 가령 한 번도 임신하지 않은 것과 같은 가상의 상황과 비교할 수 있다. 보통 개체의 포괄 적합도로 의미하는 용법은 후자다.

중요한 점은 특정 방식으로 잿을 때, 고전적 적합도 [3]은 이론상 개체의 절대적 속성이 되나, 같은 방식으로 포괄 적합도는 그렇게 되지 않는다는 사실이다. 포괄 적합도는 유기체, 행동이나 행동 집합, 비교에 쓰이는 대안 행동 집합으로 이루어진 삼중의 속성이다. 그렇다면 우리는 유기체 I의 절대적 포괄 적합도가 아니라, 행동 Y를 했을 때와 비교해 행동 X가 I의 포괄 적합도에 미치는 효과를 재야 한다. '행동' X가 I의 전 생애에 걸쳐 일어난다면, Y는 I가 존재하지 않는 가상 세계와 같다고 생각할 수 있다. 그리하여 어떤 유기체의 포괄 적합도는 만날 일도 없고 영향을 줄 방법도 없는 다른 대륙에 있는 혈연의 번식 성공도에 영향받지 않도록 정의된다.

어떤 유기체가 얻는 포괄 적합도는 지금까지 살아왔고 앞으로 살아갈 모든 곳에 있는, 모든 혈연의 번식 성공도를 가중한 총합이라는 오해는 대단히 흔하다. 해밀턴이 자신의 추종자들이 저지른 실수를 책임져야 하는 건 아니지만, 이런 오류는 많은 사람이 포괄 적합도 개념을 다루는 데 그렇게나 많은 어려움을 느끼는 이유이기도 하며, 언젠가 나중에 이 개념을 포기하는 이유가 될지도 모른다. 하지만 아직도 포괄 적합도가 품은 이런 어려움을 피하려고 만든 다섯 번째 적합도가 남았다. 그러나 이 다섯 번째 적합도도 그만의 문제가 있다.

다섯 번째 적합도

적합도 [5]는 오러브(Orlove, 1975, 1979)가 말한 의미의 '개인적 적합도'

이다. 이는 포괄 적합도를 거꾸로 보는 방식이라고 할 수 있다. 포괄 적합도 [4]가 개체가 자기 혈연의 적합도 [3]에 미치는 효과에 초점을 맞춘다면, 개인적 적합도 [5]는 개체의 혈연이 자기 적합도 [3]에 미치는 효과에 초점을 맞춘다. 어떤 개체의 적합도 [3]은 자신의 자식이나 후손의 수를 재는 척도다. 그러나 해밀턴이 제시한 논리가 보여 주듯, 개체는 자기가 기를 수 있는 수보다 더 많은 자식을 낳는다. 혈연이 개체의 자식 일부를 기르는 데 기여하기 때문이다. 어떤 동물의 적합도 [5]는 간단히 말해 "그 동물의 적합도 [3]과 같지만, 혈연의 도움으로 얻는 추가 자식을 포함해야 한다는 사실을 잊어선 안 된다"라고 규정할 수 있다.

실용적으로, 그저 자식의 수를 세기만 하면 되고 어떤 자녀를 몇 번이고 다시 세는 오류를 범할 위험이 없다는 점이 포괄 적합도 [4]에 비해 개인적 적합도 [5]를 사용해 얻는 이득이다. 어떤 특정 자녀는 부모의 적합도 [5]에만 속하나 잠재적으로 자녀는 무한히 많은 삼촌, 이모, 사촌 등의 포괄 적합도 [4] 중 한 가지 항목과 부합해, 자기를 여러 번 셈하게 하는 위험을 초래한다(Grafen, 1979; Hines & Maynard Smith, 1979).

포괄 적합도 [4]를 적절히 사용하면 개인적 적합도 [5]와 동일한 결과를 낸다. 두 개념 모두 중요한 이론적 성취이며 둘 중 어느 쪽의 창안자든 불멸의 명예를 받을 가치가 있다. 바로 해밀턴이 같은 논문에서 두 개념을 소리 소문 없이 창안했고, 하나에서 다른 하나로 빠르게 태도를 전환해 이후에 적어도 한 사람의 연구자를 당황케 하는, 전적으로 그다운 행동을 했다(Cassidy, 1978, p. 581). 해밀턴(Hamilton, 1964a)은 적합도 [5]를 '조력자가 조정한 적응도neighbor-modulated fitness'라고 이름 붙였다. 해밀턴은 조력자가 조정한 적합도 [5]를 사용하는 게 온당하기는 하나 다루기 힘들다고 보았고, 그래서 적합도 [4]를 더 편한 대안 접근으로서 도입했다. 메이너드 스미스(Maynard Smith, 1982)는 포괄 적합도 [4]가 조력자가 조정한 적합도 [5]보다 보통 더 다루기 쉽다는 점에 동의해 두 방법을 차례로 사용한 가상의 사례로 이 점을 예증한다.

이 두 가지 적합도 모두 고전적 적합도 [3]처럼, 개체를 '최대화하는 행위자'로 보는 개념과 강하게 결부된다는 사실에 주의하라. 내가 포괄 적합도를 "실제로 최대화되는 양이 유전자의 생존일 때 최대화된다고 볼 수 있는 개체가 보유한 속성"(Dawkins, 1978a)이라고 규정했던 방식은 단지 부분적으로 익살맞게 말한 것뿐이다. (이 원리를 다른 '운반자'에 일반화하는 사람이 있을지도 모른다. 집단 선택론자는 자신만의 포괄 적합도를 "실제로 최대화되는 양이 유전자의 생존일 때 최대화된다고 볼 수 있는 **집단**이 보유한 속성"이라고 정의할지도 모른다!)

역사적으로 볼 때, 나는 사실상 포괄 적합도 개념을 자연 선택이 작용한다고 생각하는 수준에서 개체를 구제하는 시도, 최후까지 사력을 다하는 찬란한 구조 시도에 사용하는 도구로서 생각한다. 포괄 적합도를 다루는 해밀턴(Hamilton, 1964)의 논문에 토대가 되는 정신은 유전자 선택론이다. 해밀턴은 이 논문에 앞서 쓴 짧은 메모에서 이를 명확히 표현했다. "'최적자 생존'이라는 원리에도 불구하고 유전자 *G*가 퍼질지 결정하는 궁극적 기준은 행동이 행위자에게 이득을 주느냐가 아니라 유전자 *G*에게 이득을 주느냐이다……." 윌리엄스(Willams, 1966)와 함께, 해밀턴 또한 현대 행동과 생태 연구에 쓰이는 유전자 선택론의 아버지 중 한 명으로 보는 게 공정하다.

> 어떤 유전자 복제본의 집합이 유전자 풀 전체에서 증가하는 비율을 보인다면, 자연 선택은 그 유전자를 선호한다. 우리는 관련 유전자가 그 보유자의 사회 행동에 영향을 준다고 가정하므로, 잠시 유전자에게 지능과 선택의 자유를 부여해 논증을 좀 더 생생하게 꾸며 보자. 유전자가 자기 복제본의 수를 늘리는 문제를 고심한다고 상상해 보라. 그리고 유전자가 보유자 A에게 순전히 이기적인 행동을 하게 하는지(A를 이용해 더 많이 번식하는), 아니면 어떻게든 혈연인 B에게 이득을 주는 '사심 없는' 행동을 하게 하는지 중에서 선택

가능하다고 상상해 보라. (Hamilton, 1972)

해밀턴은 지적 유전자 모형을 활용했으나, 나중에는 유전자 사본이 증식하는 데 **개체**가 미치는 포괄 적합도 효과를 선호해 이 모형을 확고하게 포기한다. 해밀턴이 '지적 유전자' 모형을 고수했다면 더 좋았을 거라는 점도 이 책이 말하는 논지의 일부다. 개체를 자기가 보유한 모든 유전자에 집합적 이익을 주려 움직인다고 가정한다면, 자신의 생존을 보장하려 움직이는 유전자 관점에서 생각하든, 자신의 포괄 적합도를 최대화하려 움직이는 개체 관점에서 생각하든 아무래도 상관없다. 나는 해밀턴이 개체를 생물학적으로 분투하는 행위자로서 보는 데서 더 위안을 느꼈거나, 아니면 자신의 동료 대부분이 아직 개체를 행위자로서 포기하기에는 준비가 덜 되었다고 추측한 게 아닐까 생각한다. 그러나 포괄 적합도 [4] (또는 개인적 적합도 [5])라 표현한, 해밀턴과 그 후속 연구자들이 도달한 빛나는 이론적 성취 중에서 자기 목적을 이루려고 몸을 조종하는 해밀턴의 '지적 유전자'로 더 간단히 도출하지 못한 것은 없다고 생각한다 (Charnov, 1977).

개체 수준의 사고는 언뜻 보기에 매력적이다. 개체는 유전자와 달리 신경계와 팔다리가 있고, 이를 이용해 무언가를 최대화하는 방식으로 사용 가능한 존재이기 때문이다. 따라서 이론상 개체가 최대화한다고 보는 양이 무엇인가 묻는 일은 당연하며 포괄 적합도가 그 답이다. 그러나 이런 답을 매우 위험하게 하는 요인은 이 또한 실제로는 은유라는 점이다. 개체는 무언가를 최대화하려고 의식적으로 애쓰지 않는다. 개체는 **마치** 무엇인가를 최대화하는 것**처럼** 행동할 뿐이다. '지적 유전자'에 적용하는 것도 정확히 '마치 ~처럼'의 논리다. 유전자는 마치 자신의 생존을 최대화하려 애쓰는 것처럼 세계를 조작한다. 유전자는 실제로 '애쓰지' 않지만, 이런 면에서 개체와 다르지 않다는 사실이 내가 말하려는 요점이다. 개체도 유전자도 실제로는 무언가를 최대화하려 애쓰지 않는다. 아니, 더 정확히 말해 개체는 무언가를 얻으려 애쓰나, 그 무언가는 포괄 적합도가 아니라 한 입의 음식, 매력적인 암컷, 안락한 영토일 것이다. 개체가 적합도를 최대화하는 것처럼 움직인다고 생각하는 게 유용하다면, 바로 똑같은 자격으로 유전자를 자신의 생존을 최대화하려 애쓰는 것처럼 생각할 수 있다. 차이점은 유전자가 최대화한다고 보는 양(복제본의 생존)은 개체가 최대화한다고 보는 양(적합도)보다 훨씬 더 간단하고 쉽다는 것이다. 반복해서 말하지만, 동물 개체가 무언가를 최대화한다고 생각한다면 혼란을 자초할 심각한 위험이 있다. 이때 우리가 '마치 ~처럼'이라는 언어를 사용하는 중인지, 동물이 어떤 목적을 이루려 의식적으로 애쓴다고 말하는 중인지 망각할 수 있기 때문이다. 제정신인 생물학자는 DNA 분자가 의식적으로 무언가를 이루려 애쓴다고 생각하지 않으므로 유전자를 최대화하는 행위자로 말할 때 이런 혼동에 빠질 위험은 없을 것이다.

무언가를 최대화하려 애쓰는 개체로 생각하는 방식은 공공연한 오류를 초래하나, 무언가를 최대화하려 애쓰는 유전자로 생각하는 방식은 그렇지 않다는 점이 내 신념이다. 공공연한 오류란 오류를 저지른 장본인이 더 숙고한 후에는 자신이 틀렸음을 인정할 것이라는 뜻이다. 나는 이런 오류를 내 논문에서 '혼동'이라 이름 붙인 절(Dawkins, 1978a)과 다른 논문(Dawkins, 1979a. 특히 혈연 선택에 관한 12가지 오해 중 5, 6, 7, 11번 오해)에서 논의했다. 이 논문들은 출판된 문헌 중에서 내가 생각하기에 '개체 수준'의 사고에서 나온 오류를 범한 자세한 사례를 제공한다. 여기서 다시 이를 되풀이할 필요는 없으므로 누가 그랬는지 명시하지 않고 '스페이드 에이스의 오류'라는 제목으로 비판한 오류 하나만 살펴보자.

두 혈연, 가령 할아버지와 손자 간의 근연 계수는 두 가지 다른 양에 상응한다고 할 수 있다. 이는 흔히 손자 유전체와 조상에게서 물려받아 동일할 할아버지 유전체의 평균 **비율**로 표현한다. 이는 또한 할아버지에서 지정한 유전자가 손자에 있는 어떤 유전자와 조상에게서 물려받아 동일할 **확률**이기도 하다. 이 두 가지는 수적으로 같기 때문에 어느 편에서 생각하든 문제 없어 보인다. 확률이라는 척도가 논리적으로 더 적절하다 해도, 할아버지가 손자에게 얼마나 '이타적 행동'을 베풀'어야 하느냐'를 고려하는 데는 어느 척도나 사용할 수 있다. 그러나 평균과 더불어 분산을 고려한다면 문제가 된다.

몇몇 사람은 부모와 자녀 사이에서 공통되는 유전체 비율은 정확히 근연 계수와 같지만, 그 밖의 모든 혈연에서 근연 계수는 단지 평균값밖에 주지 못한다고 지적했다. 실제로 공유하는 비율은 더 많거나 적을 수 있다. 따라서 근연 계수는 부모/자식 관계에서는 '정확'하지만, 다른 관계에서는 '확률적'이라고 보았다. 그러나 이 부모/자식 관계의 독특함은 공유하는 유전체 **비율**로 생각하는 경우에만 적합하다. 대신에, 특정 유전자를 공유하는 **확률**로 생각한다면 부모/자식 관계도 다른 관계와 마찬가지로 '확률적'이다.

이런 사실을 여전히 문제 되지 않는다고 생각할 수 있고, 실상 잘못된 결론을 도출하기 전까지는 문제 되지 않는다. 문헌에서 볼 수 있는 잘못된 결론 하나는 이렇다. 자기 자녀를 먹이느냐, 자녀와 같은 나이인 자기 친형제자매를 먹이느냐(그리고 평균 근연 계수는 동일하다)라는 선택에 직면한 부모는 순전히 유전적 근연도가 '도박'이 아니라 '확실'하다는 근거에 따라 자기 자녀를 선호할 것이다. 그러나 확실한 것은 공유하는 유전체 **비율**뿐이다. 자식에게 있는 유전자와 조상에게서 물려받아 동일한 특정 유전자를 공유할 **확률**, 이 경우 이타주의를 위한 유전자를 공유할 확률은 친형제자매의 경우와 마찬가지로 불확실하다.

동물은 어떤 혈연이 자신과 유전자를 많이 공유하는지 아닌지 평가하는 단서를 사용한다고 생각할 수도 있다. 이런 추론은 현재 유행하는 주관적 은유로 쉽게 표현하면 이렇다. "내 모든 형제는 평균적으로 나와 절반의 유전체를 공유한다. 그러나 형제 중 몇은 절반 이상을, 다른 몇은 절반 이하를 공유한다. 누구와 절반 이상을 공유하는지 알 수 있다면 나는 그를 편애할 것이고, 그리하여 내 유전자는 이득을 얻는다. 형제 A는 나와 머리카락 색깔, 눈 색깔, 그 밖의 여러 특징에서 닮았다. 반대로, 형제 B는 나와 거의 닮지 않았다. 따라서 A는 나와 더 많은 유전자를 공유할 것이다. 그러므로 나는 B보다 A에게 음식을 줄 것이다."

이 독백은 동물 개체가 말한 것이다. 유사한 독백을 이번에는 해밀턴의 '지적' **유전자** 중 하나, 형제를 돌보기 '위한' 유전자가 말하는 것으로 꾸며 보면 오류가 금방 드러난다. "형제 A는 분명히 머리 색깔 영역과 눈 색깔 영역에서 내 유전자 동료들을 물려받았다. 그렇지만 내가 그들이랑 무슨 상관일까? 중요한 문제는 A나 B가 내 사본을 물려받았느냐이다. 머리 색깔과 눈 색깔은 내가 그런 유전자와 연관되지 않는 한, 질문에 답하지 못한다." 그렇다면 여기서는 연관linkage이 중요하다. 그러나 연관은 어떤 '확률적' 부모/자식 관계 못지않게 '결정론적' 부모/자식 관계에서도 중요하다.

이런 오류를 스페이드 에이스의 오류라 부르는 이유는 다음의 유비 때문이다. 내게 상대가 가진 13장의 카드 중 스페이드 에이스 카드가 있느냐를 아는 게 중요하다고 해 보자. 아무런 정보도 없다면 상대에게 에이스 카드가 있을 가능성은 52분의 13, 즉 4분의 1이다. 이것이 확률에 관한 내 첫 번째 추측이다. 이때 누군가 내게 상대가 스페이드 카드를 가졌다고 귀띔해 주었다면, 상대에게 에이스가 있다는 확률을 처음의 추정보다 상향해도 좋다. 상대에게 킹, 퀸, 잭, 10, 8, 6, 5, 4, 3, 2가 있다면, 상대가 스페이드를 가졌다는 결론은 옳을 것이다. 그러나 카드 분배가 정직한 한, 그 결론으로 상대가 에이스를 가졌다는 데 건다면 바보다(실제로 이 유비는 여기서 다소 불공평하다. 왜냐하면 상대가 에이스를 가질 가능성은 이제 42분의 3으로, 4분의 1이라는 앞서의 가능성보다 실질적으로 더 낮기 때문이다)! 생물학의 경우 연관은 제쳐 놓고, 형제의 눈 색깔을 아는 것은 어떤 방식으로든 형제 이타주의를 위한 특정 유전자를 공유하느냐에 관해 아무 대답도 못한다.

생물학 판 스페이드 에이스의 오류를 범한 이론가가 서툰 도박꾼이라고 생각할 이유는 없다. 이론가가 잘못한 건 확률론이 아니라 생물학적 가정이다. 특히 그는 개체가 응집된 존재자로서 그 속에 있는 모든 유전자를 대표해 움직인다고 가정했다. 동물은 마치 눈 색깔 유전자, 머리 색깔 유전자 등의 유전자 사본이 얻는 생존을 '염려'하듯이 움직인다는 것이다. 그러나 '염려를 위한' 유전자만이 염려하고 유전자는 오로지 자기 사본만 염려한다고 가정하는 편이 더 낫다.

이런 오류가 포괄 적합도라는 접근법에서 필연적으로 따라 나온다고 말하려는 게 아님을 강조한다. 여기서 말하고 싶은 점은 개체 수준의 최대화를 다루는 경솔한 연구자는 함정에 빠지기 쉬운 반면, 유전자 수준의 최대화를 다루는 연구자는 경솔할지언정 함정에 빠질 위험이 없다는 사실이다. 해밀턴조차 나중에 스스로 지적한 바와 같이 오류를 범했다. 나는 그 원인이 개체 수준의 사고에 있다고 본다.

문제는 해밀턴이 벌목 가계에 나타나는 근연 계수 r를 계산한 데서 발생한다. 이제는 잘 알려져 있듯, 해밀턴은 반수이배체라는 벌목의 성 결정 체계에서 비롯하는 특이한 r값, 즉 자매간의 r값이 3/4이라는 흥미로운 사실을 탁월하게 활용했다. 그런데 암컷과 아버지 간의 관계를 생각해 보자. 암컷 유전체 절반은 아버지 유전체와 조상에게서 물려받아 동일하다. 암컷 유전체는 아버지와 1/2 '공통'된다. 그리하여 해밀턴은 암컷과 아버지 간의 근연 계수를 온당히 1/2로 주었다. 문제는 같은 관계를 다른 방향에서 볼 때 생긴다. 수컷과 딸 간의 근연 계수는 얼마인가? 재귀적으로 그 값이 다시 1/2이라고 보는 게 자연스러우나, 여기에는 난점이 있다. 수컷은 반수체라서 딸 유전자 전체 중 절반을 보유한다. 그렇다면 공유하는 유전자 비율, '공통 부분'을 어떻게 계산할 수 있을까? 수컷의 유전체는 딸의 유전체와 절반 공통되므로 r는 1/2인가? 아니면, 수컷의 유전자 하나하나는 모두 딸의 유전자에서 발견되므로 r는 1인가?

해밀턴은 처음에 그 값에 1/2을 부여했다. 그러고 나서 1971년에 마음을 바꿔 1을 부여했다. 1964년에 해밀턴은 반수체와 이배체 유전자형 간의 공통 부분을 계산하는 어려움을, 임의적으로 수컷을 일종의 명예 이배체로 다룸으로써 해결하려고 했다. "수컷이 관련된 관계는 각각의 수컷이 이배체 쌍을 구성하는 '텅 빈cipher' 유전자를 보유한다고 가정해 해결한다. 이때 한 '텅 빈' 유전자를 다른 유전자와 조상에게서 물려받아 동일하다고 생각해서는 안 된다."(Hamilton, 1964b) 당시 해밀턴은 이런 절차가 "기본적인 어머니-아들, 아버지-딸 관계를 위한 다른 어떤 값도 똑같이 일관된 체계로 주었을 것이라는 의미에서 임의적"이라고 인정했다. 후에 해밀턴은 이 계산 방법이 사실은 틀렸다고 선언하고, 자신의 대표 논문 재판에 부록을 추가해 반수이배체 체계에서 *r*값을 계산하는 올바른 규칙을 제시했다(Hamilton, 1971b). 수정한 계산 방법에서 수컷과 딸 사이의 *r*는 1(1/2이 아니라)이며, 수컷과 형제 사이의 *r*는 1/2(1/4이 아니라)이다. 크로지어(Crozier, 1970)도 독자적으로 오류를 교정했다.

처음부터 포괄 적합도를 최대화하는 이기적 개체가 아니라 자기 생존을 최대화하는 이기적 유전자로 사고했다면, 이런 문제는 일어나지 않으며 임의적인 '명예 이배체' 방법도 필요하지 않았을 것이다. 딸에게 이타적 행위를 하고자 '고심하는', 벌목 수컷 몸속에 자리한 '지적 유전자'를 생각해 보자. 지적 유전자는 틀림없이 딸 몸에 자기 사본이 있다는 사실을 안다. 지적 유전자는 자신이 탄 현재 수컷 몸에 비해 딸 유전체에 두 배나 많은 유전자가 있다는 사실을 '염려'하지 않는다. 지적 유전자는 딸 유전체의 나머지 절반을 무시하고 딸이 번식해 현재 수컷의 손주를 낳으면, 지적 유전자 자신이 50퍼센트의 가능성으로 각각의 손주 몸에 들어간다는 사실을 알고 안심한다. 반수체 수컷에 있는 지적 유전자에게 손주는 일반적인 이배체 체계가 갖는 보통의 자식만큼이나 가치 있다. 같은 이유에서, 딸은 일반적인 이배체 체계가 갖는 딸보다 두 배나 가치 있다. 지적 유전자 관점에서 아버지와 딸의 근연 계수는 사실상 1/2이 아니라 1이다.

이제 이 관계를 반대로 살펴보자. 지적 유전자가 암컷 벌목과 아버지 간의 근연 계수가 1/2이라는 해밀턴이 부여한 원래 값에 동의한다. 한 유전자가 암컷 몸에 자리하고서 아버지에게 이타적 행위를 하고자 고심한다. 유전자는 자기가 암컷의 아버지에서 유래하거나 어머니에서 유래할 가능성은 동등하다는 사실을 안다. 그렇다면 이 유전자 관점에서 현재 있는 몸과 부모 중 한쪽과의 근연 계수는 1/2이다.

같은 식의 추론이 형제-자매 관계에서 유사한 비재귀성을 초래한다. 암컷에 있는 어떤 유전자는 자매가 3/4의 가능성으로 자기를 보유하며, 남매는 1/4의 가능성으로 자기를 보유한다는 사실을 안다. 그러나 수컷에 있는 어떤 유전자는 수컷의 남매를 보고서 암컷이 자기 사본을 보유할 가능성은 해밀턴이 처음에 텅 빈 유전자('명예 이배체') 방법을 사용해 부여한 1/4이 아니라 1/2이라는 사실을 안다.

나는 해밀턴이 이런 근연 계수를 계산할 때, 무언가를 최대화하는 행위자로서 **개체** 관점에서 사고하는 대신 자신의 '지적 유전자' 사고실험을 사용했다면 처음부터 올바른 답을 얻었을 거라고 생각한다. 오류가 단순한 계산 착오였다면 이전에 원 저자가 오류를 지적했기에, 더 논하는 일은 지나친 트집일 게 분명하다. 그러나 오류는 계산 착오가 아니라 매우 교훈적인 개념상의 실수였다. 이는 앞서 인용한 번호를 붙인 '혈연 선택에 관한 오해'에서도 마찬가지다.

나는 이 장에서 전문 용어로서 적합도 개념이 혼란스럽다는 사실을 보여 주고자 했다. 적합도 개념은 반수이배체의 근연 계수를 처음 계산한 해밀턴의 경우처럼, 내 논문 「혈연 선택에 관한 12가지 오해」에서 제시한 여러 경우처럼, 이미 아는 오류를 초래할 수 있기에 혼란스럽다. 적합도 개념은 철학자가 자연 선택론 전체를 동어반복으로 생각하는 오류를 초래할 수 있기에 혼란스럽다. 그리고 적합도 개념은 5가지 다른 의미로 쓰이며 그 가운데 다수는 적어도 다른 의미 중 하나와 오인하는 실수를 범해 생물학자까지도 혼란스럽게 한다.

우리가 보았듯이, 에머슨은 적합도 [3]과 적합도 [1]을 혼동했다. 이제 적합도 [3]과 적합도 [2]를 혼동한 사례를 보자. 윌슨(Wilson, 1975)은 사회생물학자에게 필요한 유용한 용어 사전을 썼다. '적합도' 항목에서 윌슨은 '유전적 적합도'를 참조하라고 썼다. '유전적 적합도'를 찾으면 다음과 같이 정의되어 있다. "개체군에서 한 유전자형이 다른 유전자형과 상대적으로 다음 세대에 주는 기여." 여기서는 분명히 '적합도'를 집단유전학자가 쓰는 적합도 [2]로 사용했다. 그러나 또 한 번 용어 사전에서 '포괄 적합도' 항목을 찾으면 다음과 같이 정의되어 있다. "개체 자신의 적합도+개체가 직계 후손 이외의 혈연이 갖는 적합도에 미치는 모든 영향의 총합……." 여기서 "개체 자신의 적합도"는 용어 사전에서 단지 '적합도'라고만 정의한 유전자형 적합도(적합도 [2])가 아니라, '고전적' 적합도 [3]이다(개체에 적용하기 때문에). 그렇다면 용어 사전은 겉보기에 어떤 좌위에 있는 유전자형이 갖는 적합도(적합도 [2])와 개체가 이루는 번식 성공도(적합도 [3])를 혼동하기 때문에 불완전하다.

내 5가지 목록이 이미 그렇게 혼란스럽지 않은 것처럼, 목록은 확장될 필요가 있을지 모른다. 토데이(Thoday, 1953)는 생물학적 '진보'에 흥미를 두는 것과 관련한 이유로, 계통이 108 세대같이 매우 긴 시간 동안 존속할 확률로 정의하는, '유전적 유연성' 같은 '생물상biotic' 요인으로(Williams, 1966) 기여하는, 장기적인 계통의 '적합도'를 모색한다. 토데이가 찾는 적합도는 내 5가지 목록 중 어느 것과도 대응하지 않는다. 다른 한편으로 집단유전학자가 사용하는 적합도 [2]는 감탄스러울 정도로 명쾌하고 유용하나, 많은 집단유전학자는 자신들이 잘 안다는 이유로 개체군의 평균 적합도라 부르는 또 다른 양에 깊은 관심을 보인다. 브라운(Brown, 1975; Brown & Brown, 1981)은 '포괄 적합도'라는 일반적 개념 안에서 '직접 적합도'와 '간접 적합도'를 구별하고자 한다. 직접 적합도는 내가 적합도 [3]이라 부른 것과 같다. 간접 적합도는 적합도 [4]에서 적합도 [3]을 뺀 것, 즉 포괄 적합도에서 직계 후손이 아니라 방계 혈연의 번식에서 생기는 구성 요소로 규정할 수 있다(나는 외손주를 직접 요소에 셈해도 된다고 생각한다. 이런 결정이 임의적이긴 하지만 말이다). 브라운 자신이야 해당 용어가 무슨 뜻인지 잘 알지만, 여기에는 상당한 혼란을 초래할 만한 힘이 있다. 예를 들어 이 용어는 내가 이전에 충분히 비판했던 견해(Dawkins, 1976a, 1978a, 1979a), 즉 '개체 선택'('직접 요소')과 비교해 '혈연 선택'('간접 요소')에 검약적이지 않은 무언가가 있다는 견해(브라운은 아니나 괴롭도록 많은 저자들, 예를 들어 Grant, 1978과 새에서 나타나는 '둥지의 조력자'를 논하는 여러 저자가 그렇다)를 지지하는 듯 보인다.

독자는 적합도가 가진 의미를 5가지 또는 그 이상으로 분리한 목록에 당황하고 짜증 났을지도 모르겠다. 나 또한 이 장을 쓰면서 고통스러웠고 읽기 쉽지 않을 거라는 점도 알았다. 자기가 논하는 주제를 탓하는 것은 실력 없는 저자가 쓰는 최후 수단이겠으나, 나는 정말로 괴로움의 책임은 적합도 개념 자체에 있다고 생각한다. 집단유전학자가 쓰는 적합도 [2]를 제외하면 개체에 적용하는 적합도 개념은 억지로 강제되었다. 해밀턴이 이룬 혁명 이전에, 우리 세계에는 자기 생명을 유지하고 자녀를 갖고자 전념하는 개체가 살았었다. 그때는 이런 사업이 개체 수준에서 성공적인지 재는 것이 자연스러웠다. 해밀턴은 이 모든 것을 변화시켰으나, 불행히도 자기 발상이 데려가는 논리적 결론에 따라 최대화하는 개념적 행위자의 토대에서 개체를 제거하는 대신, 개체를 구제하는 수를 고안하는 데 자기 천재성을 바쳤다. 해밀턴은 다음과 같이 말할 수도 있었다. 문제는 유전자 생존이다. 유전자가 자기 사본을 퍼뜨리려면 무엇을 해야 하는지 알아 보자라고. 그러나 해밀턴은 결국 다음과 같이 말했다. 문제는 유전자 생존이다. 행동하는 단위로서 개체라는 개념을 단단히 붙잡기 위해, 개체는 무엇을 해야 하는가에 관한 우리의 오래된 견해에 필요한 최소한의 변화란 무엇일까? 포괄 적합도라는 그 결과는 기술적으로는 옳았으나 복잡하고 오해하기 쉬웠다. 나는 이 책에서 다시는 적합도라는 말을 언급하지 않을 것이다. 다음 세 장에서는 확장된 표현형이라는 이론 자체를 전개하겠다.

11장

The Genetic Evolution of Animal Artefacts

동물이 만드는 조작물의 유전적 진화

유전자가 내는 표현형 효과란 실제로 무엇을 뜻하는 걸까? 어설픈 분자생물학 지식은 한 가지 답을 제시한다. 각각의 유전자는 하나의 단백질 사슬을 합성하도록 암호화된다고 말이다. 단백질은 유전자가 내는 근접 표현형 효과다. 눈 색깔이나 행동 같은 더 먼 효과는 자기 차례에서 효소로 기능하는 단백질이 내는 효과다. 그러나 이렇게 단순한 설명으로는 면밀한 분석을 할 수 없다. 가능한 모든 원인이 내는 '효과'는 설사 드러나지 않는 비교라 해도, 적어도 대체 가능한 원인 하나와의 비교를 통해서만 의미를 지닐 수 있다. 어떤 유전자 *G*1이 내는 '효과'로서 파란 눈을 말하는 것은 엄밀히 말해 불완전하다. 우리가 이런 효과를 말한다면, 실제로는 적어도 대안적 대립 유전자 하나, *G*2와 대안적 표현형 하나, 갈색 눈이라는 P2가 잠재적으로 존재함을 내비치는 것이다. 암암리에 우리는 불변하거나 비체계적 방식으로 변화해 무작위로 기여하는 환경에서, 한 쌍의 유전자 {*G*1, *G*2}와 서로 구별 가능한 한 쌍의 표현형 {P1, P2} 사이의 관계를 말하고 있는 것이다. 여기서 말하는 '환경'은 P1이나 P2가 발현하는 데 반드시 필요한 다른 좌위에 있는 모든 유전자를 포함한다. 우리는 *G*1을 보유한 개체는 *G*2를 보유한 개체보다 P1(P2가 아니라)이 나타날 가능성이 더 높은 통계적 경향이 있다고 말한다. 물론 P1이 언제나 *G*1과 연결되거나, *G*1이 **언제나** P1을 초래할 필요는 없다. 논리학 교과서 밖의 현실 세계에서는 '필요'와 '충분'이라는 간단한 개념을 대개 통계적으로 동등한 개념으로 대신할 수 있기 때문이다.

유전자가 표현형을 일으키지 않고, 단지 유전적 차이가 표현형 차이를 일으킨다는 주장(Jensen, 1961; Hinde, 1975)은 유전적 결정이라는 개념을 시시하게 하는 듯 보인다. 그러나 전혀 그렇지 않다. 적어도 우리가 관심을 두는 주제가 자연 선택이라면 말이다. 자연 선택 또한 차이와 관련 있기 때문이다(2장 참조). 자연 선택은 어떤 대립 유전자가 그 대안보다 더 많이 퍼지는 과정이며 이를 달성하는 도구가 표현형 효과다. 여기서 표현형 효과는 언제나 대안적 표현형 효과와 **상대적으로** 고려해야 한다는 사실이 따라온다.

차이는 늘 개체의 몸이나 다른 별개의 '운반자' 사이에서 나타나는 차이를 뜻한다고 말하는 게 관례다. 다음 세 장은 표현형 효과를 분리된 운반자에서 완전히 해방할 수 있음을 보이려 하며, 이것이 '확장된 표현형'이 의미하는 바다. 나는 유전학 용어가 지닌 통상의 논리가 유전자는 특정 운반자 수준에서 발현될 필요 없는, **확장된** 표현형 효과를 낸다는 결론으로 이끌기 마련이라는 점을 보일 것이다. 이전 논문(Dawkins, 1978a)에 따라 '통상의' 표현형 효과를 보여 주는 관습적 사례에서 시작해 점차 표현형을 밖으로 확장함으로써 한 걸음 한 걸음 확장된 표현형에 접근해 연속성을 쉽게 받아들이도록 하겠다. 동물이 만드는 조작물이 유전적으로 결정되어 있다는 발상은 교훈적이고 유용한 중간 수준의 사례로, 이 장에서 논할 주요 주제다.

그러나 먼저, 분자적으로 직접 가하는 효과가 동물의 피부색을 검게 채색하는 검은 단백질을 합성하는 유전자 *A*를 생각해 보자. 이때 유전자가 내는 유일한 근접 효과는 분자생물학자가 사용하는 단순한 의미에서, 검은 단백질 하나를 합성하는 것이다. 하지만 *A*는 검게 하기 '위한 유전자'인가? 요점은 정의상 이런 질문은 개체군에 변이가 얼마나 있느냐에 달려 있다는 사실이다. *A*가 대립 유전자 *A′*를 갖고, *A′*는 검은 색소를 합성하는 데 실패해 *A′*를 동형접합으로 보유한 개체는 하얀색을 띠는 경향이 있다고 하자. 이 경우 *A*는 내가 사용하는 그런 의미에서 정말로 검게 하기 '위한' 유전자다. 그러나 대안적으로 개체군에 실제로 나타나는 피부색 변이가 모두 전혀 다른 좌위에 있는 *B*의 변이에서 비롯할 수도 있다. *B*가 생화학적으로 직접 가하는 효과는 검은 색소가 아니라 효소로 작용하는 단백질 합성이며, 효소는 얼마간 멀리 떨어져서 내는 간접 효과 중 하나(대립 유전자 *B′*와 비교해)로써 피부 세포에서 검은 색소를 만드는 *A*를 합성하도록 촉진한다.

분명히, 개체가 검게 되려면 단백질 산물이 검은 색소인 유전자 *A*가 필요하다. 다른 수천 가지 유전자도 마찬가지다. 단지 개체를 여하간 존재하게 하는 데 필요하다는 이유만으로 말이다. 그러나 개체군에 나타나는 변이가 *A*가 없어 발생하지 않는다면, *A*를 검은색을 위한 유전자로 부르지 않겠다. 모든 개체가 어김없이 *A*를 갖고, 개체가 검지 않은 유일한 이유가 *B*가 아니라 *B'*를 갖기 때문이라면, *A*가 아니라 *B*를 검은색을 위한 유전자라고 말할 것이다. 검은색에 작용하는 양쪽 좌위에 변이가 있다면, *A*와 *B* 모두 검은색을 위한 유전자라고 말할 것이다. 여기서 관련된 요점은 *A*와 *B*는 개체군에 존재하는 대안에 의존해 잠재적으로 검은색을 위한 유전자라 부를 자격을 얻는다는 사실이다. *A*를 검은 색소 분자 생산에 연결하는 인과 사슬이 짧은 반면, *B*는 길고 복잡하다는 사실은 아무 관련 없다. 동물을 총체적으로 보는 생물학자와 동물행동학자에게 유전자가 내는 효과 대부분은 길고 복잡하다.

어떤 유전학자 동료는 지금까지 발견한 모든 형질은 더 근본적인 형태적 또는 생리적 효과가 내는 '부산물'임이 드러났기 때문에, 사실상 어떤 행동유전학적 형질도 없다고 주장했다. 그러나 형태적, 생리적, 행동적이든 간에 유전적 특징이 모두 더 근본적인 무엇의 부산물이 아니라면 도대체 뭐라고 생각하는가? 우리가 문제를 처음부터 끝까지 숙고한다면 단백질 분자를 제외한 유전적 효과는 모두 '부산물'임을 알 것이다.

검은 피부의 예로 돌아가자. *B*와 같은 유전자를 검은 피부 표현형에 연결하는 인과 사슬이 행동 연결을 포함하는 일도 가능하다. *A*가 햇빛이 있을 때만 검은 색소를 합성한다고 해 보자. 그리고 *B*는 개체가 햇빛을 찾아가도록 작용하나, 이에 비해 *B'*는 그늘을 찾도록 한다고 해 보자. 그렇다면 *B* 개체는 *B'* 개체보다 더 검은 경향이 있을 것이다. *B* 개체는 햇빛 아래서 더 많은 시간을 보내기 때문이다. 현행 용어 관습에 따르면 *B*는 여전히 '검은색을 위한' 유전자다. 인과 사슬이 '외부적' 행동 고리가 아니라 내적인 생화학 고리만을 포함하더라도 그럴 수 있다. 실상 유전학자는 자기 이름이 표현하는 순수한 의미에서 유전자에서 표현형 효과로 가는 상세한 경로를 신경 쓸 필요 없다. 엄밀히 말해, 이런 흥미로운 문제에 관심을 가진 유전학자는 잠시 발생학자 역할을 맡는 것이다. 순수한 유전학자가 관심을 두는 문제는 최종 산물이며, 특히 최종 산물에 미치는 대립 유전자 간의 효과 차이다. 자연 선택이 관심을 두는 문제도 같다. 자연 선택은 "결과에 작용한다"(Lehrman, 1970). 잠정적으로 내린 결론은 이렇다. 우리는 이미 길고 에둘러 가는 인과적 연결의 사슬로 유전자에 결부된 표현형 효과에 익숙하다. 따라서 표현형 개념의 확장을 우리가 믿기 쉬운 것 이상으로 과장해서는 안 된다. 이 장은 동물이 만드는 조작물을 유전자가 내는 표현형 효과의 사례로 보면서, 확장을 향한 첫걸음을 내딛겠다.

한셀(Hansell, 1984)은 동물이 만드는 조작물이라는 매력적인 주제를 개관했다. 한셀은 조작물이 동물행동학적으로 중요한 몇 가지 일반 원리를 예증하는 유용한 사례 연구를 제공한다. 이 장은 조작물 사례를 또 다른 원리, 확장된 표현형을 설명하는 데 사용하겠다. 개울 밑바닥에 있는 돌로 둥지를 짓는 가상의 날도래 종 애벌레를 생각해 보자. 그 개체군에서는 두 가지 다른 색, 밝은색과 어두운색의 둥지를 관찰할 수 있다. 우리는 교배 실험으로 '어두운 둥지'와 '밝은 둥지'를 짓는 형질은 단순한 멘델적 방식, 가령 어두운 둥지가 밝은 둥지에 비해 우성이라는 식으로 새끼에게 전달된다는 점을 규명한다. 원리상 이는 재조합 자료를 분석해, 둥지 색을 위한 유전자가 염색체상 어디에 위치하느냐를 발견함으로써 가능할 것이다. 물론 이는 가설이다. 나는 날도래 둥지를 유전학적으로 연구한 사례는 알지 못하며, 날도래 성체를 실험실에서 사육하기도 어려워 이런 연구를 하기는 힘들 것이다(M. H. Hansell, 사적 대화). 그러나 요점은 실천적 어려움을 극복할 수 있다면, 둥지 색이 사고실험과 일치해 단순한 멘델 형질임이 밝혀져도 놀라는 사람이 없을 거라는 사실이다. (실은 색을 예로 선택한 것은 다소 불리하다. 날도래의 시각 능력은 빈약해 돌을 선택할 때 시각 표지를 무시하는 게 거의 확실하기 때문이다. 돌 모양이 더 현실적인 사례지만[Hansell], 앞에서 논의한 검은 색소와 비교하려고 돌 색을 계속 쓰겠다.)

둥지 색 사례가 흥미로운 점은 이렇다. 둥지 색은 애벌레가 개울 바닥에서 택한 돌 색으로 결정되지, 검은 색소를 생화학적으로 합성해서 결정되는 게 아니다. 둥지 색을 결정하는 유전자는 틀림없이 돌을 택하는 행동 기제, 아마도 눈을 통해 작용할 것이다. 동물행동학자라면 이런 설명에 동의할 것이다. 이 장이 추가하는 것은 논리적 관점이 전부다. 즉, 일단 둥지 짓기 행동을 위한 유전자가 있다는 사실을 받아들이면, 현행 용어상의 규칙은 조작물 자체를 동물 유전자가 내는 표현형 발현의 일부로 다룰 수 있음을 함축한다. 돌은 유기체 몸 밖에 있지만, 논리적으로 그러한 유전자는 둥지 색을 '위한' 유전자다. 피부색을 '위한' 가상의 유전자 *B*와 같은 강한 의미로 말이다. 그리고 *B*는 햇빛을 찾는 행동을 매개함으로써 작용하더라도, 사실상 피부색을 위한 유전자다. 백색증을 '위한' 유전자를 피부색을 위한 유전자로 부르는 것과 같은 강한 의미로 말이다. 이 논리는 세 가지 경우에서 모두 동일하다. 우리는 유전자가 내는 표현형 효과를 개체의 몸 밖으로 확장하는 첫걸음을 내딛었다. 이는 그리 어렵지 않은 발걸음이었다. 우리는 이미 보통의 '내적' 표현형 효과까지도 길고, 여러 갈래로 나뉘고, 간접적인 인과 사슬에 놓일 수 있다는 사실을 깨달아 저항감을 낮추었기 때문이다. 이제 조금 더 가 보자.

날도래 둥지는 엄밀히 말해 세포로 된 몸의 일부는 아니지만, 몸에 아늑하게 들어맞는다. 몸을 유전자 운반체, 즉 생존 기계로 본다면 돌로 지은 둥지는 기능적 의미에서 운반체의 바깥 부분인 추가 보호벽이라고 보기 쉽다. 단지 키틴질이 아니라 돌로 이루어져 있을 뿐이다. 이제 거미줄 중심에 있는 거미 하나를 생각해 보자. 거미를 유전자 운반체로 본다면 거미줄은 날도래 둥지와 완전히 똑같은 의미에서 운반체의 일부가 아니다. 거미가 방향을 돌린다고 해서 거미줄도 따라가지는 않기 때문이다. 그러나 이런 구분은 분명히 경솔하다. 사실상 거미줄은 거미 몸이 잠시 기능적으로 확장한 것, 포획 기관의 유효 면적을 크게 확장한 것이다.

다시금 나는 거미줄의 형태를 다루는 어떤 유전학적 분석도 알지 못하나, 원리상 그런 분석을 상상하는 것은 어렵지 않다. 거미 개체가 거미줄을 짤 때마다 반복되는 한결같은 특이성을 나타낸다는 점은 잘 알려져 있다. 예를 들어 지기엘라엑스노타타종Zygiella-x-notata의 암컷은 100개 이상의 거미줄을 짜는 데 모두 특정 동심환concentric ring이 없는 모양을 나타낸다(Witt, Read & Peakall, 1968). 행동유전학 문헌에 훤한 사람(예를 들어 Manning, 1971)이라면, 거미 개체가 보이는 특이성에 유전적 기반이 있다고 밝혀진다 해도 놀라지 않을 것이다. 실상 거미줄이 자연 선택을 통해 효율적인 모양으로 진화했다고 생각한다면 적어도 과거에는 거미줄 변이가 유전적 영향 아래에 있었다고 분명히 확신할 수 있다(2장 참조). 날도래 둥지의 경우, 유전자는 틀림없이 둥지 짓기 행동을 통해 작용했다. 그전에는 신경 구조를 통해 배 발생에, 그리고 세포막의 생화학 기제를 통해 작용했을 것이다. 세부적으로 유전자가 작용하는 발생 경로가 어떠하든 행동 효과에 선행하는, 신경 발생이라는 미로에 묻힌 수많은 인과 단계보다 행동에서 거미줄로 가는 여분의 작은 걸음을 상상하기가 더 어렵지는 않다.

형태 차이가 유전적 통제를 받는다는 생각을 이해하는 데 어려움을 느끼는 사람은 없다. 요즘에는 원리상 형태를 유전적으로 통제하는 일과 행동을 유전적으로 통제하는 일 사이에 차이가 없다는 점을 이해하지 못하는 사람도 별로 없다. 또한 "엄밀히 말해 유전적으로 대물림되는 요소는 (행동이 아니라) 뇌다"(Pugh, 게재 확정)라는 부당한 진술에 휘둘리는 사람도 없을 것이다. 당연히 여기서 말하는 요점은 어떤 식으로든 뇌가 유전한다면, 똑같은 의미로 행동도 그러하리라는 사실이다. 우리가 어떤 사람들처럼 방어하기 쉬운 근거에 따라 행동이 유전한다는 사실에 반대한다면, 일관되게 뇌가 유전한다는 사실에도 반대해야만 한다. 그리하여 우리가 형태나 행동이 유전한다고 인정한다면, 동시에 날도래 둥지 색과 거미줄 모양도 그렇다는 사실에 반대할 수 없는 게 합리적이다. 행동에서 확장된 표현형으로 가는 이 경우, 돌로 지은 둥지나 거미줄로 가는 여분의 걸음은 형태에서 행동으로 가는 단계처럼 개념적으로 사소한 것이다.

이 책이 견지하는 관점에서 동물이 만든 조작물은, 유전자가 영향을 주는 변이를 띤 다른 표현형 산물과 마찬가지로, 잠재적으로 유전자가 다음 세대로 자신을 밀어 넣는 표현형 도구로 볼 수 있다. 유전자는 극락조 수컷의 꼬리를 성적으로 매력적인 파란색 깃털로 장식하거나, 바우어새Bower bird 수컷이 부리로 블루베리를 빻아 만든 색소로 둥지를 칠하게 해 자신을 다음 세대로 밀어 넣을 것이다. 두 경우에는 세부적 차이가 있겠으나 유전자 관점에서 결과는 같다. 성적으로 매력적인 표현형 효과를 내는 유전자는 대립 유전자와 비교해 선호되며, 이런 표현형 효과가 '전통적'이냐 '확장적'이냐는 사소한 문제다. 이는 아주 호화스러운 둥지를 짓는 바우어새 종은 상대적으로 칙칙한 깃털을 지니는 반면, 상대적으로 환한 깃털을 지닌 바우어새 종은 덜 정교하고 덜 화려한 둥지를 짓는다는 흥미로운 사실(Gilliard, 1963)에서 분명히 드러난다. 어떤 종에서는 마치 적응이 주는 부담 일부가 몸에 나타나는 표현형에서 확장된 표현형으로 이동한 것처럼 보인다.

지금까지 살펴본 표현형 효과는 개시하는 유전자에서 겨우 몇 미터 확장한 데 불과하나, 원리상 유전자가 발휘하는 표현형 지렛대가 수 킬로미터에 이르지 못할 이유가 없다. 비버는 둥지 근처에 댐을 건설하지만 댐이 발하는 효과는 면적이 수천 제곱미터에 이르는 일대에 물을 가득 채울 수 있다. 비버 관점에서 이런 못이 주는 이점은 땅보다 더 안전하게 이동하고 나뭇가지를 운송하기도 쉬운, 수중으로 오고가는 거리를 늘린다고 보아야 할 것이다. 개울가에 사는 비버는 개울가 주변 적당한 거리에 늘어선 먹이 공급원인 나무를 금방 소진하고 만다. 이때 비버는 개울을 가로지르는 댐을 건설해 긴 물가를 만들어 멀고 지난하게 육지를 넘나들지 않고도 쉽고 안전하게 먹이를 채집할 수 있다. 이런 해석이 옳다면 비버가 만든 못은 거미줄과 어느 정도 유사한 방식으로 채집 영역을 확장하는, 거대한 확장된 표현형이라고 볼 수 있다. 거미줄과 마찬가지로 비버 댐을 유전학적으로 연구한 사람은 없지만, 정말로 댐과 못이 비버 유전자가 내는 표현형 발현의 일부라는 주장이 옳다는 것을 확신하고자 그런 연구를 수행할 필요는 없다. 그저 비버 댐은 틀림없이 다윈 자연 선택으로 진화했다는 사실을 받아들이면 충분하다. 즉, 진화는 유전자 통제 아래에서 댐에 변이가 있을 때만 일어난다(2장 참조).

동물이 만드는 조작물 사례 몇 가지를 본 것만으로 유전자가 내는 표현형의 개념적 범위를 몇 미터까지 밀어붙였다. 그러나 이제 우리는 까다로운 문제에 직면한다. 비버 댐은 대개 한 개체 이상이 하는 작업이다. 비버 부부는 늘 함께 작업하며 한 가족에서 연속하는 세대는, 하류로 내려가는 대여섯 개의 댐 계단으로 이루어진 '전통적' 댐 복합체와 함께 어쩌면 여러 개의 '수로'까지도 유지보수하고 확장하는 책무를 물려받을 수 있다. 날도래 둥지나 거미줄은 단일 개체에 자리한 유전자가 내는 확장된 표현형이라고 논하는 것이 어렵지 않았다. 그러나 동물 한 쌍이나 가족이 공동으로 합작해 만든 조작물은 어떻게 생각해야 할까? 더 심각한 것으로, 자석흰개미compass termite 군집이 짓는 묘비 모양의 석판 같은, 비슷비슷한 돌기둥들이 정확히 남북으로 뻗은 모습으로 서 있고 마치 1000여 미터 높이의 마천루가 인간을 소인으로 보이게 하는 것처럼 건설자인 흰개미를 작아 보이게 하는 흰개미집을 살펴보자(von Frisch, 1975). 흰개미집은 대략 100만여 마리의 흰개미가 연령에 따라 구분된 집단을 이루어 건설한다. 대성당 하나를 건설하는 데 일생을 바쳐서 작업을 완료할 때까지 결코 동료를 만나지 못하는 중세의 석공처럼 말이다. 이에 개체를 선택받는 단위로 생각하는 사람들이 흰개미집이 정확히 **누구의** 확장된 표현형인가 묻는 것도 무리는 아니다.

이런 문제가 확장된 표현형이라는 발상을 터무니없이 복잡하게 한다면, 정확히 똑같은 문제가 '전통적' 표현형에도 늘 일어난다고 지적하고 싶다. 우리는 가산적으로 또는 더 복잡한 방식으로 상호 작용하는 효과를 내는 수많은 유전자가 어떤 표현형 실체, 가령 기관이나 행동 유형에 영향을 준다는 생각에 아주 익숙하다. 어떤 연령에 이른 사람의 키에는 서로 상호 작용하는, 그리고 음식이나 기타 환경 효과와 상호 작용하는 수많은 좌위에 있는 유전자가 작용한다. 어떤 연령에 이른 흰개미집의 높이도 틀림없이 수많은 환경 요인과 서로가 내는 효과가 가산되거나 변경되는 수많은 유전자가 통제할 것이다. 흰개미집의 경우, 몸속 유전자 효과라는 **근접** 무대가 수많은 일개미 몸에 있는 세포에 분포한 것은 부수적 결과일 따름이다.

근접 효과가 문제일까. 내 키에 영향을 주는 유전자는 따로 떨어진 수많은 세포들에 분포하는 방식으로 작용한다. 내 몸은 유전자로 가득하고, 유전자는 수많은 체세포에 동등하게 분포한다. 각각의 유전자는 세포 수준에서 효과를 내며 오직 소수의 유전자만이 하나의 세포에서 발현한다. 세포에 미치는 이런 효과를 모두 종합한 효과가 환경이 미치는 비슷한 효과와 함께 내 전체 키로 측정될 것이다. 마찬가지로 흰개미집도 유전자로 가득하다. 이 유전자 또한 수많은 세포에 있는 핵에 분포한다. 세포가 내 몸에 있는 세포처럼 상당히 조밀하고도 단일한 단위에 들어가 있지는 않으나 여기서도 차이는 별로 크지 않다. 흰개미는 사람의 기관보다 더 서로와 관련된 일에 동분서주하지만, 인간 세포도 가령 미시적 기생자를 뒤쫓아 먹어 버리는 식세포phagocytes처럼 자기 임무를 수행하려고 바삐 다니는 사례가 있다. 더 중요한 차이는 (개체의 클론으로 만들어지는 산호초 말고 흰개미집의 경우) 흰개미집에 있는 세포는 유전적으로 이질적인 꾸러미로 한데 모였다는 사실이다. 즉, 각각의 흰개미 개체는 세포의 클론이지만 흰개미집에 있는 다른 모든 개체와는 상이한 클론이다. 그러나 이는 그저 상대적으로 까다로운 문제일 뿐이다. 근본적으로 진행 중인 일은 유전자가 대립 유전자와 비교해 공유하는 표현형, 흰개미집에 정량적이고, 상호 작용하고, 상호 변경하는 효과를 가한다는 사실이다. 유전자는 근접적으로 일개미 몸에 있는 세포의 생화학 기제를 통제하고 이에 따라 일개미 행동을 통제해 이런 일을 한다. 세포가 인간의 몸 같은 하나의 커다란 동질적 클론에 모였든 흰개미집 같은 이질적 클론 집단에 모였든 원리는 같다. 나는 흰개미 몸 자체가, 공생하는 원생동물이나 박테리아에도 포함된 자신의 유전하는 복제자 상당 부분과 함께 하나의 '군집'이라는 복잡한 사안은 나중으로 미루겠다.

그렇다면 흰개미집의 유전학이란 어떤 모습일까? 우리가 오스트레일리아 대초원에서 자석흰개미집을 연구하는 개체군 조사를 한다고 하자. 색깔이라는 형질, 기저부의 길이/폭 비율, 또는 흰개미집은 복잡한 '기관' 구조를 지닌 몸과 같기에 내적 구조의 특징을 기록하면서 말이다. 어떻게 하면 이렇게 집단이 제작한 표현형을 유전적으로 연구할 수 있을까? 단순한 우성을 동반한 멘델 유전을 찾아낼 필요는 없다. 이미 언급했듯이, 명백히 까다로운 문제는 흰개미집에서 일하는 개체들이 지닌 유전자형이 동일하지 않다는 점이다. 그러나 평균적 군집에서 생애 대부분 동안 모든 일개미는 군집을 세운, 날개 달린 제1차 왕과 여왕 짝의 자녀, 친형제자매다. 부모처럼 일개미도 이배체다. 왕의 유전자 두 벌과 여왕의 유전자 두 벌은 수백만의 일개미 몸 구석구석에 갖가지로 조합해 있을 것이다. 따라서 일개미 전체의 '유전자형'은 어떤 의미로, 창시자 짝에서 유래하는 모든 유전자로 이루어진 하나의 **사배체**tetraploid 유전자형으로 볼 수 있다. 이는 여러 이유에서 그렇게 간단한 문제가 아니다. 예를 들어 오래된 군집에서는 흔히 제2차 번식 개체가 생기며, 이들은 초대 왕과 여왕 짝 중 한쪽이 죽으면 번식 역할을 완전히 대신할 수 있다. 이는 흰개미집의 나중 부분을 건설한 일개미는 건설을 처음 시작한 일개미와 친형제자매가 아니라, 조카와 조카딸이라는 뜻이다(덧붙이자면, 그들은 근친교배해 꽤 균질할 것이다 — Hamilton, 1972; Bartz, 1979). 이 후기 번식 개체도 여전히 초대 왕과 여왕 짝에서 유래한 '사배체' 무리에서 유전자를 얻겠지만, 이들이 낳은 자손은 초대 유전자의 특정한 하위 집합으로 유전자를 조합할 것이다. 그렇다면 '흰개미집 유전학자'가 할 일은 2차 번식 개체가 1차 번식 개체를 대체한 뒤 흰개미집 건설 세부 사항에 생긴 느닷없는 변화를 조사하는 것이다.

제2차 번식 개체가 초래하는 문제는 무시하고 가상의 유전학적 연구를 일개미 전체가 친형제자매로 구성된 젊은 군집으로 한정하자. 흰개미집에 각기 다르게 나타나는 형질 일부는 대개 하나의 좌위가 통제한다고 밝혀질 수 있지만, 다른 형질은 많은 좌위가 다원 유전자로써 통제할 것이다. 이는 보통의 이배체 유전학과 다르지 않으나 우리가 얻은 새로운 유사사배체 유전학은 까다로운 문제를 초래한다. 흰개미집 건설에 사용하는 진흙 색을 선택하는 일에 연결된 행동 기제가 유전적으로 다양하다고 해 보자(다시 한 번 앞선 사고실험과 연속성을 유지하려고 색을 택했다. 여기서도 흰개미는 시각을 거의 사용하지 않기에 시각 형질을 예로 쓰지 않는 게 더 현실에 가깝지만 말이다. 필요하다면, 진흙 색이 우연히 화학적 단서와 관계해 선택이 화학적으로 이루어진다고 가정해도 좋다. 이는 표현형 형질을 이름 붙여 분류하는 방식이 그저 자의적 편의에 따른 문제라는 사실을 한 번 더 강조하기에 교훈적이다). 간단히 하고자 어두운 진흙 선택이 밝은 진흙 선택에 비해 우성인 한 좌위에서 일어나는 단순 멘델적 방식으로, 일개미 개체가 지닌 이배체 유전자형이 진흙 선택에 영향을 준다고 가정하자. 그렇다면 어두운색을 좋아하는 일개미와 밝은색을 좋아하는 일개미를 포함한 군집이 짓는 흰개미집은 어두운색과 밝은색을 혼합해 전체 색조는 중간일 것이다. 물론 이런 단순한 유전적 가정은 전혀 있을 법하지 않다. 이는 전통적 유전학의 기초를 설명할 때 흔히 하는 단순화한 가정이며, 나는 여기서 비슷한 방식으로 '확장된 유전학'이라는 과학이 어떤 원리로 작동하는지 설명하려고 한다.

그러면 이런 가정들을 사용해 여러 가능한 창시자 짝 유전자형 간의 교차로 생기는 오직 진흙 색만 고려한 확장된 표현형을 나타낼 수 있다. 예를 들어 이형접합인 왕과 이형접합인 여왕이 세운 모든 군집은 3:1의 비율로 어두운 진흙으로 건설하는 일개미와 밝은 진흙으로 건설하는 일개미를 포함한다. 그 결과 나타나는 확장된 표현형은 어두운색 세 부분, 밝은색 한 부분으로 지은, 완전히는 아닐지언정 거의 어두운색에 가까운 흰개미집이 될 것이다. 수많은 좌위에 있는 다원 유전자가 진흙 선택에 영향을 준다면, 군집의 '사배체 유전형'은 아마 가산적 방식으로 확장된 표현형에 영향을 줄 것이다. 군집의 어마어마한 크기는 통계적 평균화 장치로 작용해, 흰개미집 전체를 왕과 여왕 짝이 지닌 유전자가 내는 확장된 표현형 발현으로 만들고, 이는 각각이 왕과 여왕 짝 유전자에서 서로 다른 이배체 표본을 품은 수백만 일개미의 행동을 통해 나타난다.

진흙 색은 선택하기 쉬운 형질이다. 진흙 자체는 단순히 가산적 방식으로 혼합되기 때문이다. 즉, 어두운 진흙과 밝은 진흙을 섞어 황갈색을 얻는 방식으로 말이다. 따라서 각 일개미가 이배체 유전자형으로 결정된 선호하는 색(또는 색과 연결된 화학적 단서)을 선택한다고 가정할 때 생기는 결과를 추론하기는 쉽다. 그러나 흰개미집 전체가 지닌 형태, 가령 기저부의 길이/폭 비율에 관해서는 무엇을 말할 수 있을까? 근본적으로 이는 일개미 한 마리가 결정 가능한 형질이 아니다. 각각의 일개미 한 마리는 분명 행동 규칙에 따르며, 이를 수천 마리 개체로 종합했을 때 나오는 결과가 일정한 모양과 크기를 지닌 흰개미집이다. 또다시 일어나는 난점은 통상의 이배체 다세포 몸의 배 발생에서 이미 봤던 것이다. 발생학자는 아직도 이런 종류의 문제와 씨름하며 해결이 쉽지도 않다. 거기에는 흰개미집 발생과 밀접한 유사성이 있는 것 같다. 예를 들어 전통적 발생학자는 흔히 화학적 기울기chemical gradient를 이용하는데, 마크로테르메스속*Macrotermes*은 왕 세포가 지닌 모양과 크기가 여왕 몸 주변의 페로몬 기울기에 따라 결정된다는 증거가 있다(Bruinsma & Leuthold, 1977). 발생을 시작한 배에 있는 각 세포는 마치 자기가 몸 어디에 있는지 '아는' 듯 행동하며 해당 몸 부분에 맞는 형태와 생리를 갖게 된다(Wolpert, 1970).

돌연변이가 내는 효과를 세포 수준에서 해석하는 게 더 수월할 때도 있다. 예를 들어 피부 색소에 작용하는 돌연변이는 각 피부 세포에 상당히 두드러진 국소적 효과를 낸다. 그러나 급진적 방식으로 복잡한 형질에 작용하는 돌연변이도 있다. 유명한 사례는 초파리에서 나타나는 '호메오homeotic' 돌연변이로, 더듬이가 생겨야 할 오목한 곳에 완전한 다리가 자란다. 단 하나의 유전자에서 일어난 변화도 그런 중대하면서도 질서 있는 변화를 표현형에 가하며, 이는 위계적 명령 계통에 큰 손상을 초래할 게 분명하다. 유비하자면, 보병 하나가 정신이 나가면 혼자서 미쳐 날뛰지만, 사령관이 이성을 잃으면 적이 아니라 아군을 공격하는 등 군대 전체가 대혼란에 빠진다. 그럼에도 그 군대에서 각각의 병사는 지극히 정상으로 명령에 따르며 발 맞춰 행군하는 병사 개개인의 행동은 제정신인 사령관이 지휘하는 군대에 속한 병사와 별다를 게 없다.

거대한 흰개미집의 조그만 구석에서 일하는 흰개미 개체는 발생하는 배아나, 자기가 알지 못하는 더 큰 계획에 속한 목적을 이루려 지칠 줄 모르고 명령에 따르는 한 명의 병사와 비슷한 처지일 것이다. 흰개미 신경계 어디에도 완성된 흰개미집이 어떤 모양일까 보여 주는 완전한 심상과 조금이라도 닮은 무언가는 존재하지 않는다(Wilson, 1971, p. 228). 각각의 일개미는 행동 규칙이 담긴 작은 도구 모음을 갖추어, 수컷/암컷은 이미 완수된 작업 부분이 내뿜는 국소적 자극을 통해 행동 규칙 중 한 가지를 선택할 것이다. 해당 작업 부분을 그 수컷/암컷이든 다른 일개미든 누가 완수했는지는 상관없으며, 자극은 일개미 바로 근처에 있는 둥지의 현 상태에서 나온다('자극노동stigmergie', Grassé, 1959). 논의 목적상 그 행동 규칙이 정확히 무엇인가는 중요하지 않으나 다음과 같을 것이다. "특정 페로몬이 묻은 진흙 더미를 만나면, 그 위에 진흙 덩이를 또 하나 얹어라." 이런 규칙이 드러내는 중요한 사실은 규칙이 순전히 국소적 효과만을 낸다는 점이다. 흰개미집이라는 장대한 작품은 아주 미세한 규칙 따르기를 수천 번이나 행한 결과의 종합으로서만 나타난다(Hansell,

1984). 특히 흥미를 끄는 요소는 자석흰개미집의 기저부 길이 같은 전반적 속성을 결정하는 국소적 규칙이다. 지상에 있는 개체는 자기가 건물 1층 경계선에 도착했다는 사실을 어떻게 '알까'? 이는 간 경계에 있는 세포가 자신이 간 중심부에 있지 않다는 사실을 '아는' 것과 동일한 방식일지도 모른다. 어쨌든 흰개미집을 이루는 전반적 모양이나 크기를 결정하는 국소적 행동 규칙이 무엇이든 개체군 전체에는 유전적 변이가 있어야 할 것이다. 자석흰개미집을 이루는 모양이나 크기가 몸 형태에 있는 특징처럼 자연 선택으로 진화했다는 사실은 완전히 그럴듯하며 실상 필연이나 다름없다. 진화는 일개미 개체가 수행하는 건설 행동에서 국소적 수준에 작용하는 돌연변이 선택을 통해서만 일어난다.

이제 통상의 다세포 몸 발생이나 밝고 어두운 진흙을 섞는 사례에서는 없었던 특별한 문제가 발생한다. 다세포 몸에 속한 세포와 달리, 일개미는 유전적으로 동일하지 않다. 어둡고 밝은 진흙 사례에서는 유전적으로 이질적인 일개미 전부가 단순히 진흙을 혼합한 집을 짓는다고 가정하기 쉬웠다. 그러나 모든 일개미가 흰개미집 전체 모양에 작용하는 행동 규칙 중 하나에서 유전적으로 이질적이라면 흥미로운 결과가 나올 수도 있다. 진흙 선택에서 가정한 단순 멘델 모형에 유비하자면, 군집에는 흰개미집 경계를 결정하는 두 가지 다른 규칙을 선호하는 일개미가, 가령 3:1 비율로 있다고 하자. 이런 두 가지 유형을 가진 군집이 기묘한 이중벽을 만들고 그 사이에 호를 판다는 재밌는 상상을 해 보라! 더 나아가, 개체들이 따르는 규칙에는 소수는 다수의 결정에 복종한다는 조항이 포함되어 그 결과 매끈한 벽이 단 하나만 만들어지는 일도 가능할 것이다. 이는 린다우어(Lindauer, 1961)가 관찰한, '민주적' 선택으로 새로운 둥지 장소를 결정하는 꿀벌 무리와 비슷한 방식으로 작동할 것이다.

꿀벌 정탐벌은 나무에 매달린 무리를 떠나 속이 빈 나무같이 새로이 영속하는 데 적합한 장소를 탐색한다. 각 정탐벌은 탐색을 마치고 돌아와 자기가 조사한 유망한 장소의 방향과 거리를 알리려 폰 프리슈가 밝힌 그 유명한 기호 체계로 무리 가까이에서 춤을 춘다. 춤에 보이는 '활력'은 정탐벌 개체가 평가한 장소의 장점을 나타낸다. 그러면 새로 정탐벌로 뽑힌 벌들이 다시 나가 직접 조사해 '괜찮다고 생각하면' 돌아와 '찬성한다'는 춤을 춘다. 그러고 나서 몇 시간 뒤, 정탐벌은 몇 개의 '당파'를 형성해 각각 서로 다른 장소를 '지지한다'. 마침내 소수 '의견'은 그 지지자들이 다수파가 추는 춤으로 옮겨 가 더욱 소수가 된다. 어떤 장소에 압도적 다수가 확보되면, 무리 전체는 새 둥지를 건설하려 날아간다.

린다우어는 19개의 다른 무리에서 이런 절차를 관찰했고, 오직 두 무리만이 쉽게 합의에 이르지 못했다. 린다우어가 했던 설명 하나를 인용하자.

> 첫 번째 경우에서 두 집단의 전령이 경쟁에 돌입했다. 한 집단은 북서 방향 장소를, 다른 집단은 북동 방향 장소를 주장했다. 어느 쪽도 양보하려는 마음은 없었다. 그때 결국 벌 무리가 날아올랐고, 나는 내 눈을 믿을 수가 없었다. 무리 자체가 분열하려고 했던 것이다. 반은 북서로, 나머지 반은 북동으로 가려고 했다. 겉보기에 각 정탐벌 집단은 무리를 자기가 선택한 장소로 납치하려고 했다. 그러나 이는 물론 가능하지 않았는데, 한 집단엔 언제나 여왕이 없었기 때문이다. 그리하여 공중에서 희한한 줄다리기가 벌어져 먼저 북서로 100여 미터, 다시 북동으로 150여 미터 왔다 갔다를 반복하다가, 30여 분이 지나고서야 무리는 원래 자리로 돌아왔다. 즉각 두 집단은 다시 간청하는 춤을 추었고, 마침내 다음 날이 되어서야 북동 집단이 굴복했다. 그들은 춤을 멈추고 북서 방향으로 둥지를 옮기는 데 합의했다(Lindauer, 1961, p. 43).

이 사례가 벌의 두 하위 집단이 유전적으로 다르다는 사실을 말하지는 않는다. 그런 일이 가능할 수도 있지만 말이다. 말하려는 요점과 관련해 중요한 문제는 각 개체는 국소적 행동 규칙을 따르며, 국소적 행동 규칙이 결합된 효과가 보통 조직화된 무리 행동을 낳는다는 사실이다. 이 규칙에는 '논쟁'을 다수파에게 유리하게 해결하는 규칙이 포함된 게 분명하다. 흰개미집에서 외벽이 놓일 적절한 위치를 둘러싼 의견 충돌은 린다우어가 관찰한 벌들이 둥지 장소를 두고 의견 충돌하는 것만큼이나 군집 생존에 심대한 것이리라(군집 생존이 중요하다. 이는 분쟁을 해결하도록 개체를 움직이는 유전자 생존에 효과를 미치기 때문이다). 하나의 작업가설로서, 흰개미에서 유전적 이질성으로 생기는 분쟁이 유사한 규칙으로 해결 가능하다고 생각할 수 있다. 이런 방식으로 확장된 표현형은 유전적으로 이질적인 일개미가 건설함에도, 부분 부분으로 이루어지면서 일정한 모양을 갖출 수 있다.

이 장에서 조작물을 분석한 방식은 언뜻 보기에 이를 극단적 사례에까지 적용하는 공격에 취약한 것 같다. 동물이 세계에 미치는 효과가 모두 확장된 표현형이라고 한다면, 확장된 표현형은 아무런 의미도 없는 게 아닌가? 검은머리물떼새가 진흙에 남기는 발자국, 양이 풀밭을 돌아다녀 생기는 작은 길, 지난해 소똥을 눈 장소임을 나타내는 무성한 풀다발은 확장된 표현형인가? 비둘기 둥지는 분명 조작물이지만, 비둘기는 나뭇가지를 모으면서 또한 가지가 있던 장소의 겉모습을 바꾸어 버린다. 둥지가 확장된 표현형이라면 왜 가지가 있던 맨땅은 그렇게 부를 수 없는가?

이에 답하려면 먼저 유전자가 내는 표현형 발현에 흥미를 두었던 근본적 이유를 상기해야만 한다. 가능한 많은 이유 중 이 책에서 중요한 이유는 다음과 같다. 우리는 근본적으로 자연 선택, 따라서 유전자 같은 복제하는 존재자가 생존하는 데서 드러나는 차이에 관심을 가진다. 유전자는 세계에 미치는 표현형 효과에 따라 선호되거나 배척된다. 어떤 표현형 효과는 다른 효과가 만드는 부수적 결과여서, 어느 방식으로든 해당 유전자의 생존 기회와 별 관계가 없기도 하다. 검은머리물떼새의 다리 모양을 바꾸는 유전적 돌연변이는 틀림없이 그 돌연변이를 퍼뜨리는 성공도에 영향을 줄 것이다. 가령 돌연변이는 새가 진흙에 발 묶일 위험을 조금 줄이면서 동시에 단단한 땅에서 뛰는 속도는 살짝 늦출 수 있다. 이런 효과는 자연 선택과 직접 연관될 가능성이 크다. 그러나 돌연변이는 또한 진흙에 남은 발자국 모양에도 효과를 미칠 것이다. 논쟁의 여지가 있는 확장된 표현형 효과를 말이다. 다음과 같은 일이 충분히 가능한데, 발자국 모양이 해당 유전자 생존에 어떤 영향도 주지 못한다면(Williams, 1966, pp. 12~13), 이는 자연 선택 연구자의 눈길을 끌지 못하며, 확장된 표현형이라는 제목으로 토론하려고 애써 봤자 아무 의미도 없다. 형식상 그렇게 하는 게 옳다고 해도 말이다. 반대로 바뀐 발자국이 가령 포식자가 새를 쫓는 일을 어렵게 해서 검은머리물떼새의 생존에 영향을 준다면, 이는 유전자가 내는 확장된 표현형의 일부라고 부를 수 있다. 세포 내 생화학 수준이든, 몸 전체 형태 수준이든, 확장된 표현형 수준이든, 유전자가 내는 표현형 효과는 유전자를 다음 세대로 밀어 넣거나 가로막는 잠재적 장치다. 뜻하지 않은 부수적 효과는 도구나 장애물로서 늘 유효하지 않기에 이를 전통적 표현형 수준이나 확장된 표현형 수준에서 유전자가 내는 표현형 효과라고 애써 생각할 필요는 없다.

아쉽지만 이 장은 상당히 가설적이어야 했다. 동물의 건설 행동을 다루는 유전학 연구는 얼마 안 되긴 하나(예를 들어 Dilger, 1962), '조작물 유전학'이 원리상 일반 행동유전학과 다르다고 생각할 이유는 없다(Hansell, 1984). 확장된 표현형이라는 개념은 아직 충분히 익숙지 않아 실용적으로 편하더라도, 유전학자가 즉각 흰개미집을 표현형으로 연구하는 일은 없을 것이고 그렇게 하는 게 쉽지도 않다. 그러나 비버 댐이나 흰개미집이 다윈 진화라는 사실에 동의한다면 확장된 표현형이라는 유전학 분과가 지닌 이론적 정당성은 인정해야만 한다. 더구나 흰개미집 화석을 다수 발견했다면 고생물학이 다루는 척추동물 골격에서 보는 것처럼 매끄러운(또는 끊겼다 이어지는!) 경향을 띠는 단계적 진화 과정을 볼 수 있다는 사실을 누가 의심하겠는가(Schmidt, 1955; Hansell, 1984)?

다음 장과 이어진 추측을 하나 더 제시하고 싶다. 지금까지는 마치 흰개미집 내부에 있는 유전자가 모두 흰개미 몸속 세포핵에 봉합해진 것처럼 말했다. 확장된 표현형에 작용하는 '발생적' 힘이 흰개미 개체가 보유한 유전자에서 유래한다고 가정했던 것이다. 그러나 군비 경쟁과 조종을 다룬 장은 사태를 다른 방식으로 보도록 경고했다. 흰개미집에서 DNA 전부를 추출한다면, 이중 4분의 1 정도는 흰개미 세포핵에서 유래하지 않을 것이다. 각각의 흰개미 개체 몸무게에서 그 정도 비율은 섬유소를 소화하는 장 내 공생미생물, 편모충류나 박테리아로 이루어진다. 이 공생자는 흰개미에 완전히 의존하고 흰개미도 공생자에 의존한다. 공생자 유전자가 내는 근접 표현형 효과는 공생자 세포질에서 일어나는 단백질 합성을 통해 발휘된다. 그러나 흰개미 유전자가 자신을 봉합한 세포를 뛰어넘어 흰개미 몸 전체와 흰개미집 발생을 조종하는 것처럼, 공생자 유전자도 자기 주변에 표현형 효과를 가하도록 선택될 것은 거의 필연이지 않을까? 또한 여기에는 흰개미 세포와 몸, 흰개미 행동과 흰개미집에까지 행사하는 표현형 효과가 포함되지 않을까? 이런 방법에 따라, 흰개미목Isoptera이 나타내는 진사회성의 진화는 흰개미 자체의 적응이 아니라 미세한 공생자 적응으로 설명할 수 있지 않을까?

이 장은 처음에는 한 개체의 유전자가 가하는, 그 뒤 한 혈연집단의 구성원으로서 서로 다르지만 밀접하게 관련된 개체들의 유전자가 가하는 확장된 표현형이라는 개념을 탐구했다. 이제 이 논증이 품은 논리는 혈연관계가 먼 개체, 다른 종의 개체, 심지어 다른 생물계의 유전자들이 딱히 협동은 아니게 확장된 표현형을 공동으로 조작할 가능성을 숙고하도록 한다. 이쪽이 우리가 가야 할 다음 여정이다.

12장

Host Phenotypes of Parasite Genes

기생자 유전자가 행사하는 숙주 표현형

우리 여정이 어디에 이르렀는지 잠깐 점검해 보자. 유전자가 내는 표현형 발현은 직접적으로 생화학적 영향을 가하는 세포 밖으로 확장 가능해, 다세포 몸 전체가 지닌 모든 특징에 작용한다. 이런 일은 흔해서 전통적으로 유전자가 내는 표현형이 여기까지 확장된다는 생각에 익숙하다.

이전 장에서는 날도래 둥지같이 유전적 변이를 필요로 하는 개체 행동이 만드는 조작물로 표현형을 확장하는 작은 진전을 이루었다. 다음으로 한 개체 이상의 몸속 유전자들이 주는 공동 영향으로 확장된 표현형을 구축할 수 있음을 보았다. 비버 댐이나 흰개미집은 한 개체 이상이 집단적으로 행동하는 수고를 들여 건설한 것이다. 비버 한 마리에게서 일어난 유전적 돌연변이는 그 자체로 공유하는 조작물의 표현형 변화로 나타난다. 조작물에 생긴 표현형 변화가 새로운 유전자의 복제 성공도에 영향을 주면, 자연 선택은 긍정적이거나 부정적으로 장래에 유사한 조작물이 존재할 확률을 변화시키도록 작용한다. 유전자가 내는 확장된 표현형 효과, 가령 댐의 높이를 올리는 효과는 꼬리 길이를 늘이는 보통의 표현형 효과를 내는 유전자와 정확히 똑같은 의미로 생존 기회에 영향을 준다. 댐이 비버 여러 마리가 수행한 건설 행동으로 공유하는 산물이라는 사실은 다음의 원리를 바꾸지 못한다. 즉, 모든 댐을 비버 여러 마리가 공동으로 건설한 것이라 해도, 비버에게 높은 댐을 짓게 하는 유전자는 평균적으로 높은 댐이 낳는 이익(또는 비용)을 얻는 경향이 있다. 같은 댐에서 일하는 비버 두 마리가 서로 다른 댐 높이를 위한 유전자를 보유한다면, 그 결과 확장된 표현형은 몸이 유전자 간 상호 작용을 반영하는 것과 똑같은 방식으로 유전자 간 상호 작용을 반영할 것이다. 여기에는 상위 epistasis, 변경 유전자, 우성이나 열성에까지 비견되는 확장된 유전 현상이 있으리라.

마지막으로, 이전 장 끝머리에서 어떤 확장된 표현형 형질을 '공유하는' 유전자는 다른 종에서, 심지어 다른 문門과 계界에서 유래할 수도 있다는 점을 보았다. 이 장에서는 더 나아가 두 가지 개념을 전개하겠다. 하나는 몸 밖으로 확장되는 표현형은 생명 없는 조작물일 필요가 없다는 점이다. 확장된 표현형은 살아 있는 조직으로 구축 가능하다. 다른 하나는 어떤 확장된 표현형에 주는 유전적 영향을 '공유하는' 경우, 공유하는 영향은 협동한다기보다 서로 충돌할 여지가 있다는 점이다. 우리가 탐구하려는 관계는 기생자와 숙주다. 나는 기생자 유전자가 숙주 몸과 행동에 표현형을 발현한다고 간주하는 것이 논리적으로 합당함을 보일 것이다.

날도래 애벌레는 자기가 지은 돌 둥지 안에 산다. 따라서 둥지를 유전자 운반체의 외벽, 생존 기계의 껍질로 봐도 좋다. 달팽이 껍데기를 달팽이 유전자가 내는 표현형 발현 중 하나로 보는 건 더 쉽다. 껍데기가 무기물에다 '죽은' 거라 해도, 껍데기를 이루는 화학적 물질은 달팽이 세포가 직접 분비하기 때문이다. 껍데기 두께에 나타나는 변이는 달팽이 세포의 유전자가 껍데기 두께에 영향을 줄 때 생기는 유전적 변이라고 할 수 있다. 그렇지 않다면 껍데기 두께는 '환경적' 변이일 것이다. 그러나 흡충류 기생자가 들러붙은 달팽이는 보통 달팽이보다 더 두꺼운 껍데기를 가진다는 보고가 있다(Cheng, 1973). 달팽이 유전학의 관점에서 껍데기 변이가 나타내는 이런 측면은 흡충이 달팽이가 사는 환경의 일부이기에 '환경' 통제 아래 있지만, 흡충 유전학의 관점에서 두꺼운 껍데기는 유전적 통제 아래 있다. 실상, 이는 흡충에서 진화한 적응일지도 모른다. 물론 두꺼운 껍데기는 달팽이가 나타내는 병리적 반응, 즉 감염으로 생긴 하찮은 부산물일 가능성도 있다. 그러나 앞으로 할 논의에 유용한 흥미로운 생각이므로 두꺼운 껍데기가 흡충 적응일 가능성을 탐색해 보자.

달팽이 껍데기 변이가 얼마간 달팽이 유전자가 내는 표현형 발현이라면, 다음과 같은 의미에서 최적 껍데기 두께가 있음을 알 수 있다. 선택은 껍데기를 너무 얇게 하는 달팽이 유전자뿐만 아니라 너무 두껍게 하는 유전자에도 불이익을 줄 것이다. 얇은 껍데기는 보호에 적합하지 않다. 따라서 너무 얇은 껍데기를 만드는 유전자는 자신의 생식 계열 사본을 위태롭게 할 것이며, 자연 선택은 이를 선호하지 않을 것이다. 너무 두꺼운 껍데기를 만드는 유전자는 달팽이를 더할 나위 없이 보호하나(그리고 껍데기를 특별히 두껍게 하는 봉합된 생식 계열 유전자도), 여기에 드는 추가 비용은 다른 면에서 달팽이의 성공도를 떨어뜨릴 것이다. 몸속 경제에서 특별히 두꺼운 껍데기를 만들어 추가로 늘어난 몸무게를 지탱하는 데 소모하는 자원은, 가령 더 큰 생식샘을 만드는 일에 쓸 수도 있었다. 따라서 이 가설적 사례를 계속하자면, 특별히 두꺼운 껍데기를 만드는 유전자는 상대적으로 작은 생식샘처럼 이점을 상쇄하는 불이익을 주어 해당 유전자는 다음 세대로 효과적으로 가지 못한다. 실제로 껍데기 두께와 생식샘 크기 사이의 교환 관계가 없다 해도, 비슷한 종류의 교환 관계는 있기 마련이며 중간 수준의 껍데기 두께로 타협이 일어날 것이다. 달팽이 껍데기를 두껍거나 얇게 만드는 경향이 있는 유전자는 달팽이 유전자 풀에 퍼지지 못하리라.

그런데 이 논증 전체는 껍데기 두께 변이에 힘을 행사하는 유전자는 오직 달팽이 유전자뿐이라고 전제한다. 정의상 달팽이 관점에서 환경 요인인 인과 요소가 다른 관점, 가령 흡충 관점에서는 유전 요인이라고 드러난다면 어떻게 될까? 어떤 흡충 유전자가 달팽이 생리에 영향을 주어 달팽이 껍데기 두께에 효과를 가할 수 있다는 앞에서 제기한 논점을 전제해 보자. 껍데기 두께가 이런 흡충 유전자의 복제 성공도에 영향을 준다면, 자연 선택은 흡충 유전자 풀에서 대립 유전자와 상대적으로 해당 유전자 빈도에 작용한다. 그렇다면 달팽이 껍데기 두께에 일어나는 변화는 부분적으로나마 흡충 유전자에게 이익을 주는 잠재적 적응으로 볼 수 있다.

이제 흡충 유전자 관점에서 본 최적 껍데기 두께는 달팽이 유전자 관점에서 본 최적 두께와 똑같을 리 없다. 예를 들어 달팽이 유전자는 달팽이 생존과 함께 달팽이 번식에 이로운 효과를 미쳐 선택될 것이다. 그러나 (우리가 앞으로 논의할 특별한 상황을 제외하고) 흡충 유전자는 달팽이 생존에는 가치를 두겠지만 달팽이 번식에는 조금도 개의치 않을 것이다. 따라서 달팽이 생존과 달팽이 번식이라는 요구 사이에서 일어나는 필연적 교환으로, 달팽이 유전자는 최적 타협책을 내놓도록 선택되는 반면, 흡충 유전자는 달팽이 생존이 주는 이점에 비해 달팽이 번식을 평가 절하하고, 그리하여 껍데기를 두껍게 하도록 선택될 것이다. 기생자가 달라붙은 달팽이 껍데기가 두꺼워지는 일은, 우리 논의를 촉발한 이미 관찰된 현상이라는 사실을 기억할 것이다.

흡충이 자기가 기생하는 숙주 달팽이의 번식과 직접 이해관계가 없어도 새로운 달팽이 세대와는 대체로 이해관계가 있다고 반론할 수도 있다. 이는 사실이나, 이 사실로써 선택이 달팽이 번식을 증진하는 흡충 적응을 선호한다고 예측하기에 앞서 극히 주의해야만 한다. 우리가 물어야 할 질문은 이렇다. 달팽이 생존을 희생해 달팽이 번식을 돕는 유전자가 흡충 유전자 풀을 지배한다면, 선택은 자기가 기생하는 숙주의 수명을 늘려서 자기 생존과 번식을 증진하려고 특정 달팽이 숙주의 번식을 제물로 바치는, 심지어 달팽이를 거세하는 이기적 흡충 유전자를 선호할 것인가? 특별한 상황을 제외하면 그 답은 분명 그렇다이다. 이런 희귀한 유전자는 흡충 유전자 풀에 침입할 수 있다. 그 유전자는 흡충 개체군 다수가 나타내는 공공선으로 풍부하게 공급되는 새로운 달팽이를 착취할 수 있기 때문이다. 다시 말해, 달팽이 생존에 손해를 끼치며 달팽이 번식을 선호하는 방식은 흡충의 ESS가 될 수 없다. 달팽이의 자원 투자를 번식에서 생존으로 바꾸게 하는 흡충 유전자는 흡충 유전자 풀에서 선호되는 경향이 있을 것이다. 따라서 기생자가 들러붙은 달팽이에서 보이는 특별히 두꺼운 껍데기가 흡충 적응이라는 주장은 완전히 그럴듯하다.

이런 가설에 따르면 비버 댐이 한 마리 이상의 비버 유전자가 공유하는 표현형이듯이, 껍데기 표현형은 달팽이 유전자와 더불어 흡충 유전자도 작용하는 공유 표현형이다. 가설은 달팽이 껍데기가 나타내는 두께에 두 가지 최적 상태가 있다고 말한다. 하나는 두꺼운 흡충 최적치와 다른 하나는 다소 얇은 달팽이 최적치다. 기생자가 들러붙은 달팽이에서 나타나는 두께는 두 최적치 사이에 있을 것이다. 달팽이 유전자와 흡충 유전자 모두 힘을 행사하는 위치에 있고 그 힘을 반대 방향으로 가하기 때문이다.

기생자가 없는 달팽이에게는 힘을 행사하는 흡충 유전자가 없어서 껍데기가 달팽이에게 최적인 두께라고 생각할지 모른다. 하지만 이는 너무 단순하다. 개체군 전체가 흡충에 높은 비율로 감염되었다면, 유전자 풀에는 흡충 유전자가 가하는 두꺼운 껍데기 효과를 보상하는 경향을 띤 유전자가 포함될 것이다. 이는 감염되지 않은 달팽이가 과보상 표현형을 갖게 해 껍데기는 달팽이 최적치보다 더욱 얇아진다. 따라서 흡충이 없는 지역의 껍데기 두께는 흡충이 있는 지역에서 흡충에 감염된 달팽이와 감염되지 않은 달팽이 중간일 거라고 예측한다. 예측과 관련한 어떤 증거도 없으나 조사해 보면 흥미로울 것이다. 예측은 달팽이 '승리'나 흡충 '승리'에 관한 어떤 사후 정당화 가정에도 의존하지 않는다는 점에 주목하라. 예측은 달팽이 유전자와 흡충 유전자 모두 달팽이 표현형에 **어떤** 힘을 행사한다고 가정한다. 예측은 이런 힘이 가진 양적 세부 사항에 상관없이 뒤따른다.

달팽이가 달팽이 껍데기 안에서 산다는 사실, 날도래 애벌레가 돌 둥지 안에서 산다는 사실과 유사한 의미에서 흡충은 달팽이 껍데기 안에서 산다. 날도래 둥지가 지닌 모양과 색이 날도래 유전자가 내는 표현형 발현이라고 받아들인다면, 달팽이 껍데기가 지닌 모양과 색도 달팽이 속에 사는 흡충 유전자가 내는 표현형 발현이라는 생각을 어렵지 않게 받아들일 수 있다. 흡충 유전자와 달팽이 유전자가 날도래 유전자와 함께 보호에 알맞은 단단한 외벽을 만드는 문제를 놓고 지적으로 토론한다고 공상해 보면, 대화에 흡충은 기생자이나 날도래와 달팽이는 아니라는 사실은 언급도 안 되리라. 유전자들은 흡충 유전자와 달팽이 유전자가 추천한 탄산칼슘 분비와 날도래 유전자가 추천한 돌 줍기에서 서로 필적하는 장점이 무엇인지 토론할 것이다. 편리하고도 경제적인 방식으로 탄산칼슘을 분비하려면 달팽이를 이용해야 한다는 사실을 언급할 수는 있다. 그러나 유전자 관점에서 기생 개념은 무관한 것으로 취급할 수 있다. 세 유전자 모두 자신을 기생자로서, 아니면 생존하고자 각자가 사는 세계에 영향을 주는 유사한 권력 도구를 사용하는 존재로서 여길 것이다. 달팽이 유전자와 흡충 유전자에게 달팽이 속에 살아 있는 세포는, 날도래 유전자가 보는 개울 밑바닥에 돌과 똑같은 의미로 외부 세계에서 조종하기 위한 유용한 대상이다.

무기물인 달팽이 **껍데기**를 논함으로써 앞 장에서 다룬 날도래 둥지와 생명 없는 조작물과의 연속성을 유지했고, 그리하여 의식하지 못할 정도로 조금씩 표현형 개념을 확장해 사고실험을 지탱하는 신빙성을 얻고자 했다. 그러나 이제는 살아 있는 달팽이에 정면으로 맞설 때가 왔다. 레우코클로리디움속*Leucochloridium*에 속하는 흡충은 달팽이 뿔에 침입하는데, 피부를 통해 이들이 도드라지게 고동치는 모습을 볼 수 있다. 빅클러(Wickler, 1968)는 이렇게 움직이는 모양이 흡충 생활 주기에서 다음 숙주인 새가 뿔을 곤충으로 착각해 쪼아 먹게 한다고 말한다. 여기서 흥미로운 점은 흡충이 또한 달팽이 **행동**을 조종하는 듯 보인다는 사실이다. 달팽이 눈이 뿔 끝에 있어서인지, 아니면 더 간접적인 생리 경로를 통해서인지 흡충은 빛에 관련된 달팽이 행동을 어떻게든 바꿀 수 있다. 감염된 달팽이에서 정상 음성 주광성◆은 양성 주광성으로 대체된다. 이는 달팽이를 새에게 잡아먹히기 쉬운 탁 트인 장소로 이동하게 해 흡충은 이득을 얻는다.

다시금 이런 현상을 기생자 적응으로 보면, 사실 그렇다고 널리 인정받는데(Wickler, 1968; Holmes & Bethel, 1972), 기생자 유전자 풀에는 숙주 행동에 영향을 주는 유전자가 한때 존재했다고 가정할 수밖에 없다. 모든 다윈 적응은 유전자 선택으로 진화하기 때문이다. 정의상 이런

◆ 음성 주광성은 빛 자극을 피하려는 성향, 양성 주광성은 빛 자극을 따라가는 성향을 말한다.

유전자는 달팽이 행동을 '위한' 유전자이며, 달팽이 행동은 흡충 유전자가 내는 표현형 발현의 일부로 보아야 한다.

그렇다면 한 유기체 세포 속 유전자는 다른 유기체라는 살아 있는 몸에 확장된 표현형 효과를 낸다고 할 수 있다. 이 경우 기생자 유전자는 숙주 행동에 표현형 발현을 한 것이다. 오늘날 기생충학 문헌에는 흔히 기생자가 적응적으로 숙주를 조종한다고 해석하는 흥미로운 사례로 가득하다(예를 들어 Holmes & Bethel, 1972; Love, 1980). 명시적으로 이렇게 해석하는 방식이 기생충학자들 사이에서 늘 성행했던 건 아니다. 예를 들어 갑각류에서 나타나는 기생 거세를 개관하는 중요한 논문(Reinhard, 1956)에는 기생자가 숙주를 거세하는 정밀한 생리적 경로를 다루는 상세한 정보와 추측으로 넘쳐나지만, 왜 기생자가 그렇게 하도록 선택되었는지, 아니면 거세가 단순히 기생에서 생기는 우연한 부산물인지 논하는 대목은 거의 없다. 이는 과학이 변하는 양식을 드러내는 흥미로운 징조일 것인데, 더 최근의 논의(Baudoin, 1975)는 기생자 개체 관점에서 기생 거세가 지닌 기능적 중요성을 광범하게 고려한다. 보도인은 다음과 같이 결론짓는다. "이 논문이 견지하는 주요 논지는 (1) 기생 거세는 기생자 적응으로 볼 수 있으며 (2) 이 적응에서 유래하는 이점은 숙주의 번식 노력을 약화시킨 결과로 생긴다는 사실이다. 이를 통해 숙주의 생존과 숙주의 성장은 증가하며 그리고/또는 기생자가 이용 가능한 에너지를 늘려 기생자의 다윈 적합도를 증진한다." 물론 이는 기생자가 달팽이 껍데기를 두껍게 만드는 현상을 논의할 때 결론 내렸던 바로 그 논증이다. 다시금 기생 거세가 기생자 적응이라는 신념은 숙주 생리에 변화를 일으키기 '위한' 기생자 유전자가 있음을, 아니면 있었음을 논리적으로 함축한다. 기생 거세가 나타내는 증상, 성전환과 크기 증가, 또는 가능한 무엇이든 모두 기생자 유전자가 내는 확장된 표현형 발현으로 간주하는 것이 옳다.

보도인이 내린 해석의 대안은 숙주 생리와 행동에 나타난 변화는 기생자 적응이 아니라 그저 감염에 따른 하찮은 병리적 부산물이라는 해석이다. 기생자 따개비(단, 성체 단계에서 이 따개비는 균류를 더 닮는다) 사쿨리나속*Sacculina*을 살펴보자. 사쿨리나는 자기 숙주인 게를 거세해 직접 이익을 얻기보단, 단지 숙주 몸 전체에서 영양분을 빨아 먹을 뿐이며, 이때 생식샘 조직을 집어삼키는 데 따른 부작용으로 게가 거세된다고 한다. 그러나 보도인은 적응 가설을 지지하는 입장에서 숙주의 호르몬을 합성해 거세를 달성하는, 확실히 하찮은 부산물이기보다는 특별한 적응인 사례를 제시한다. 나는 처음에 거세가 생식샘 조직을 집어삼키는 부산물로 일어나는 경우조차, 그 후 기생자가 숙주에 가하는 자신의 생리적 효과 세부를 변경해 숙주를 기생자 복지에 유리한 방식으로 바꾸게 하는 선택이 작용하지 않을까 생각한다. 사쿨리나는 게 몸의 근간을 이루는 체계 중 어느 부분으로 먼저 침입할지 선택 가능할 것이다. 자연 선택은 분명 사쿨리나가 게의 생존을 좌우하는 핵심 기관에 침입하기 전 생식샘 조직에 먼저 들어가게 하는 유전자를 선호할 것이다. 이런 식의 논의를 더 세부적 수준에 적용하면, 생식샘 파괴는 게의 생리와 해부 구조, 행동에 다양하고 복잡한 영향을 주므로, 선택은 처음에 거세로 얻은 우연한 이익을 늘리려고 기생자가 거세 기술을 연마하게 작용할 거라는 추측은 완전히 합당하다. 나는 현대 기생충학자 대부분이 이런 주장에 동의하리라 생각하며(P. O. Lawrence, 사적 대화) 내가 추가한 전부는, 기생 거세가 적응이라는 일반적 신념은 변화된 숙주 표현형이 기생자 유전자가 내는 확장된 표현형의 일부라는 점을 함축한다는 논리적 사항이다.

기생자는 흔히 숙주의 성장을 방해하는데, 이를 감염으로 생긴 하찮은 부산물로 보기 쉽다. 따라서 기생자가 숙주의 성장을 촉진하는 드문 경우에 더 관심이 쏠리기 마련이므로, 이미 두꺼운 달팽이 껍데기에서 다루었다. 쳉(Cheng, 1973, p. 22)은 그러한 사례를 설명하려고 다음과 같이 선명한 문장으로 시작한다. "흔히 기생자는 숙주에게 손해를 끼치고 에너지 손실과 허약한 건강 상태를 초래한다고 생각하나, 실제로는 기생자가 숙주의 성장을 촉진하는 예도 있다." 그런데 쳉은 여기서 다윈주의 생물학자가 아니라 의사처럼 말한다. '손해'를 생존과 '건강'보다 번식 성공도로 정의한다면, 성장 촉진은 실상 달팽이 껍데기 때와 똑같은 이유로 숙주에게 해를 끼칠 수 있다. 자연 선택은 최적 숙주 크기를 선호할 것이라서, 기생자가 **어느 방향으로든** 이 크기에서 벗어나게 한다면 숙주의 생존을 증진하면서도 숙주의 번식 성공도에 해를 끼칠 것이다. 첑이 제시한 성장 촉진 사례는 모두 기생자가 아무 관심도 두지 않는 숙주 번식에서 기생자가 대단히 관심 갖는 숙주 몸의 성장과 생존으로 자원을 전환하도록 기생자가 유도한다고 보면 쉽게 이해 가능하다(여기서 또 한 번 새로운 숙주 세대가 존재하는 것은 기생자 **종**에 중요하다고 주장하는 집단 선택론자를 주의해야 한다).

촌충 스피로메트라 만사노이데스*Spirometra mansanoides* 애벌레에게 감염된 쥐는 그렇지 않은 쥐보다 더 빨리 자란다. 촌충은 쥐의 성장 호르몬과 유사한 물질을 분비해 이런 일을 한다. 더 극적인 사례로, 트리볼리움속*Tribolium*의 딱정벌레 애벌레는 포자충 노세마*Nosema*에게 감염되면 대개 성충으로 변태하는 데 실패한다. 대신 애벌레는 성장을 계속해 여섯 번이나 탈피해 감염되지 않은 대조군 애벌레보다 두 배 이상 무거운 애벌레로 변모한다. 번식에서 개체 성장으로, 딱정벌레가 따르는 우선순위에 중대 변화를 일으키는 이런 현상은 포자충 기생자가 합성하는 유충 호르몬이나 이와 아주 유사한 물질에서 비롯한다는 증거가 있다. 이는 갑각류에서 일어나는 기생 거세 사례에서 살펴본 바와 마찬가지로 하찮은 부산물 이론을 지지하지 않기에 흥미롭다. 유충 호르몬은 통상 원생동물이 아니라 곤충이 합성하는 특수 분자다. 원생동물 기생자가 곤충 호르몬을 합성한다는 사실은 독특하면서 상당히 정교한 적응이라고 보아야 한다. 유충 호르몬을 합성하는 노세마 능력의 진화는 분명 노세마 유전자 풀에 있는 유전자 선택으로 일어난다. 노세마 유전자 풀에서 유전자 자신의 생존을 낳았던 해당 유전자가 내는 표현형 효과는 확장된 표현형 효과, 딱정벌레 몸에 발현하는 효과다.

또다시 개체 이익 대 집단 이익이라는 문제가 그것도 첨예한 형태로 일어난다. 딱정벌레 애벌레에 비하면 원생동물은 너무 작아서 원생동물 하나는 제 힘으로 딱정벌레에 작용하는 충분한 양의 호르몬을 분비할 수 없다. 호르몬은 원생동물 개체 다수가 집단적으로 노력해 생산하는 게 틀림없다. 이는 딱정벌레에 있는 모든 기생 개체에게 이익을 주지만, 또한 각 개체에게 집단의 화학적 활동에 조금이나마 이바지하는 비용을 초래할 것이 분명하다. 원생동물 개체가 유전적으로 이질적이라면 어떤 일이 벌어질지 생각해 보자. 원생동물 다수가 협동해서 호르몬을 합성한다고 가정하자. 개체가 집단 활동에서 빠져나가도록 하는 희귀한 유전자는 개체가 합성에 들이는 비용을 절약하게 할 것이다. 이런 절약은 개체와 개체를 빠져나가게 한 이기적 유전자에게 즉각 이익을 준다. 개체가 집단 활동에 기여하지 않아 생기는 손실은 개체에게 해를 끼치는 만큼 경쟁자에게도 해를 끼칠 것이다. 어떻든 집단 생산력에 생기는 손실은 미미할 테지만 개체엔 엄청난 절약이다. 따라서 특별한 조건을 제외하면, 유전적 경쟁자들과 협동적 집단 활동에 참여하는 일은 진화적으로 안정된 전략이 아니다. 따라서 어떤 딱정벌레에 있는 모든 노세마는 분명 가까운 혈연이거나 아마 동일한 클론일 거라고 예측할 수 있다. 여기에 어떤 직접 증거가 있는지는 모르겠지만, 이런 예상은 전형적인 포자충이 겪는 생활 주기에 따른 것이다.

보도인은 기생 거세와 관련해 유사한 점을 적절히 강조한다. 보도인은 '동일 숙주 개체 내에 있는 거세자의 혈연관계'라는 제목을 붙인 절에서 다음과 같이 쓴다. "기생 거세는 거의 언제나 기생자 하나나 직계 자식이 자행한다. (……) 기생 거세는 대개 단일 유전자형이나 서로 밀접하게 연결된 유전자형이 산출한다. 달팽이에게서 일어나는 메타세르카리아Metacercarial◆ 감염은 예외다. (……) 그러나 이 사례에서 기생 거세는

◆ 흡충류 기생자의 생활 주기에서 중간 숙주에서 나온 세르카리아가 물고기, 게, 소, 말, 양 등 제2 중간 숙주에 먹힌 뒤 변모한 피낭으로 둘러싸인 유생. 나중에 최종 숙주로 들어간다.

부차적일지 모른다." 보도인은 다음 사실이 지닌 중요성을 충분히 인식했다. "……숙주 개체 내 거세자들이 맺는 유전적 관계는 개체 유전자형 수준에서 작용하는 자연 선택으로 관찰한 효과로 설명할 수 있는 문제다."

기생자가 숙주 행동을 조종하는 매혹적인 사례는 수없이 제시할 수 있다. 숙주 곤충을 뚫고 나와 성충으로 생활하려고 물에 들어가야 하는 유선형충류 애벌레는, "……기생자의 삶에서 주된 어려움은 물로 돌아가는 일이다. 따라서 기생자가 숙주 행동에 작용해 물로 돌아가도록 '부추기는' 듯한 모습은 특히 흥미롭다. 어떤 기제로 이런 일을 달성하는지는 분명치 않으나, 기생자가 숙주에게 영향을 주어 흔히 자살하게 한다는 사실을 입증하는 독립 보고는 충분히 많다. (……) 감염된 벌이 웅덩이 위를 날다가 2미터 정도에 이르러 곧장 웅덩이로 뛰어든 일을 서술한 더 극적인 보고서도 있다. 충격을 받자마자 연가시가 튀어 나와 물속으로 쑥 들어갔다. 상처를 입은 벌은 곧 죽고 말았다"(Croll, 1966).

생활 주기에 중간 숙주를 포함하는 기생자는 중간 숙주에서 최종 숙주로 가야 하기에, 대개 최종 숙주에게 쉽게 잡아먹히도록 중간 숙주의 행동을 조종한다. 우리는 이미 이런 사례를 달팽이 뿔에 있는 레우코클로리디움에서 보았다. 홈스와 베설(Holmes & Bethel, 1972)은 수많은 사례를 검토해 그중 가장 철저하게 연구한 사례를 제시했다(Bethel & Holmes, 1973). 그들은 구두충류에 속하는 벌레 두 종, 폴리모르푸스 파라독수스*Polymorphus paradoxus*와 폴리모르푸스 마릴리스*Polymorphus marilis*를 연구했다. 두 종 모두 중간 숙주로 민물 '새우'(실제로는 단각목 Amphipod◆인) 감마루스 라쿠스트리스*Gammarus lacustris*를, 최종 숙주로 오리를 이용한다. 그러나 폴리모르푸스 파라독수스는 청둥오리 같은 수면水面 오리에 특화된 반면, 폴리모르푸스 마릴리스는 잠수 오리에 특화되었다. 그렇다면 폴리모르푸스 파라독수스는 청둥오리가 쉽게 먹을 수

◆ 새우는 절지동물문 십각목에 속한다. 단각목에는 옆새우, 바다대벌레 등이 있다.

있게 새우를 수면에서 헤엄치게 해 이득을 얻고, 폴리모르푸스 마릴리스는 새우가 수면에 가지 않게 해 이득을 얻는 게 이상적이다.

감염되지 않은 감마루스 라쿠스트리스는 빛을 피하는 경향이 있어 호수 밑바닥에 바싹 붙어산다. 베설과 홈스는 폴리모르푸스 파라독수스의 시스타칸스cystacanths◆에 감염된 새우의 행동이 눈에 띄게 달라진 사실을 알아차렸다. 새우는 수면으로 올라와 수면에서 자라는 식물과 심지어 연구자의 다리털에까지 집요하게 매달린다. 이런 수면 집착 행동은 수면 오리와 또한 폴리모르푸스 파라독수스의 또 다른 최종 숙주인 사향쥐가 감염된 새우를 포식하기 쉽게 한다. 베설과 홈스는 물풀에 매달리는 습성이 특히 물에 떠다니는 식물을 둥지로 가져가 먹는 사향쥐가 감염된 새우를 포식하기 쉽게 한다고 생각한다.

실험실에서 진행한 시험도 폴리모르푸스 파라독수스 시스타칸스에 감염된 새우는 수조에서 빛이 드는 반쪽에 찾아들며 또한 적극적으로 광원에 다가간다는 사실을 입증했다. 이는 감염되지 않은 새우와 정반대인 행동이다. 그런데 감염된 새우는 크라우든과 브룸(Crowden & Broom, 1980)이 연구한 비슷한 물고기 사례처럼 대개 병들어 수동적으로 수면에 뜨는 게 아니다. 감염된 새우는 활발하게 포식하고 먹이를 찾으러 자주 수면을 떠나기도 하지만, 먹이를 얻으면 즉각 수면으로 가져가 먹는다. 정상 새우라면 먹이를 밑바닥으로 가져갔을 것이다. 게다가 수조 중간에 충격을 주면 정상 새우는 밑바닥으로 잠수하는 반면, 감염된 새우는 수면으로 올라간다.

그러나 다른 종, 폴리모르푸스 마릴리스의 시스타칸스에 감염된 새우는 수면에 달라붙지 않는다. 실험실 시험에서 감염된 새우는 분명히 수조에서 어두운 반쪽보다 밝은 쪽을 찾아들지만, 적극적으로 광원에 다가가지는 않았다. 감염된 새우는 수면보다는 밝은 반쪽에 무작위로 퍼져 있

◆ 구두충류에서 최종 숙주로 가기 전 중간 숙주 단계의 유생

었고 충격을 주면 수면 말고 바닥으로 내려갔다. 베설과 홈스는 기생자 두 종이 각각 최종 숙주, 즉 수면 포식자와 잠수 포식자가 새우를 쉽게 포식하게끔 계산해 서로 다른 방식으로 중간 숙주가 나타내는 행동을 바꾼다고 제안한다.

후속 논문(Bethel & Holmes, 1977)에서는 가설을 일부 입증하는 증거를 제공한다. 실험실에서 기른 청둥오리와 사향쥐는 폴리모르푸스 파라독수스에 감염된 새우를 감염되지 않은 새우보다 더 높은 비율로 잡았다. 그러나 청둥오리나 사향쥐나 폴리모르푸스 마릴리스에 감염된 새우를 잡는 비율은 감염되지 않은 새우와 큰 차이가 없었다. 이 경우 명백히 잠수 포식자는 폴리모르푸스 마릴리스 시스타칸스에 감염된 새우를 상대적으로 더 잘 잡을 거라고 예측하는 보완 실험을 하는 게 바람직하지만 이런 실험을 시행하지는 않은 것 같다.

베설과 홈스의 가설을 잠정적으로 받아들여 확장된 표현형이라는 언어로 다시 써 보자. 감염된 새우의 행동이 변하는 현상은 구두충류 기생자가 만든 적응으로 볼 수 있다. 이런 일이 자연 선택으로 생긴다면, 벌레 유전자 풀에는 새우의 행동을 '일으키는' 유전적 변이가 있어야만 한다. 그렇지 않으면 자연 선택이 작용할 어떤 대상도 없다. 따라서 인간 몸에 표현형을 발현하는 인간 유전자를 말하는 데 익숙하듯이, 똑같은 의미로 새우 몸에 표현형을 발현하는 벌레 유전자를 말할 수 있다.

최종 숙주로 가는 기회를 늘리려 중간 숙주를 조종하는 또 하나의 명쾌한 사례로 흡충 디크로코엘리움 덴드리티쿰*Dicrocoelium dendriticum*('뇌벌레')을 자주 인용한다(Wickler, 1976; Love, 1980). 흡충의 최종 숙주는 양 같은 유제류ungulate이고 중간 숙주는 처음에는 달팽이, 이후에는 개미다. 흡충이 정상 생활 주기를 완수하려면 양이 우연히 개미를 먹어야 한다. 흡충의 세르카리아cercaria◆는 앞에서 말한 레우코클로리디움

◆ **흡충류 기생자의 생활 주기에서 중간 숙주에 기생하는 유생**

과 유사한 방식으로 이를 달성하는 듯 보인다. 흡충은 식도하 신경절 suboesophageal ganglion◆에 파고 들어가 '뇌벌레'라는 이름에 걸맞게 개미 행동을 바꿔 버린다. 감염되지 않은 개미는 보통 둥지로 돌아가지만, 감염된 개미는 풀줄기 꼭대기로 올라가 입을 꽉 다물고 자는 것처럼 움직이지 않는다. 그리하여 벌레의 최종 숙주는 쉽게 개미를 먹는다. 감염된 개미는 기생자에게 달갑지 않은 한낮의 더위로 인한 죽음을 피해 정상 개미처럼 풀 아래로 내려오나, 오후에 날이 선선해지면 다시 풀 위에서 잠자는 모습으로 돌아간다(Love, 1980). 빅클러(Wickler, 1976)는 개미에 기생한 대략 50마리의 세르카리아 가운데 한 마리만이 뇌로 파고들고 그 과정이 끝난 후 죽는다고 말한다. "세르카리아는 다른 세르카리아를 위해 자신을 희생한다." 따라서 개미 속에 자리한 세르카리아 집단은 다배성 polyembryonic■ 클론일 거라는 빅클러의 예측은 당연하다.

훨씬 더 정교한 사례는 식물에 발생하는 흔치 않은 암 중 하나인 근두암종crown gall이다(Kerr, 1978; Schell *et al.*, 1979). 특이하게 이 암은 아그로박테리움*Agrobacterium*이라는 박테리아로 발생한다. 이 박테리아는 Ti 플라스미드, 즉 작은 고리같이 생긴 염색체 외 DNA를 포함할 때만 식물에 암을 일으킨다. Ti 플라스미드는 여타 DNA 복제자와 마찬가지로 다른 DNA 복제자, 이 경우 숙주의 DNA 복제자가 주는 영향 아래 구축되는 세포 기구와 독립해서 성공할 수 없을지라도 자율적인 복제자(9장 참조)로 볼 수 있다. Ti 유전자는 박테리아에서 식물 세포로 이동해 감염된 식물 세포가 걷잡을 수 없이 증식하게 한다. 이것이 암이라고 불리는 이유다. 또한 Ti 유전자는 보통 식물이 만들지 못하고 사용할 수도 없는, 오파인opines이라는 물질을 식물 세포가 대량으로 합성하도록 한다. 흥미로운 점은 오파인이 풍요로운 환경에서는 Ti 감염 박테리아가 감염되지 않

◆ 곤충에 있는 중앙 신경 체계로 식도 밑에 있다.

■ 글자 그대로 수정된 난자 하나에서 둘이나 그 이상의 배아가 발생하는 현상. 인간의 일란성 쌍둥이도 다배성이다.

은 박테리아보다 더 잘 생존하고 번식한다는 사실이다. 이는 Ti 플라스미드가 박테리아에게 오파인을 에너지원과 화학원으로 사용하게 하는 일련의 유전자를 제공하기 때문이다. Ti 플라스미드는 감염된 박테리아를 유리하게 하는, 따라서 자기 사본을 유리하게 하는 인위선택을 실행하는 것이나 다름없다. 커에 따르면, 오파인은 또한 박테리아 접합을 촉진해 플라스미드를 옮기는 박테리아 '최음제'로 기능한다.

커(Kerr, 1978)는 다음과 같이 결론 내린다. "Ti 플라스미드는 생물 진화를 예증하는 아주 훌륭한 사례다. 이는 겉보기에 박테리아 유전자가 행하는 이타주의까지 설명한다. (……) 박테리아에서 식물로 이동하는 DNA에게는 미래가 없다. 식물 세포가 죽으면 DNA도 죽는다. 그러나 식물 세포가 오파인을 만들게 바꿈으로써 Ti 플라스미드는 (1)박테리아 세포에 있는 동일한 DNA에 우선하는 선택과 (2)그 DNA를 다른 박테리아 세포로 옮기는 일을 보장한다. Ti 플라스미드는 그저 유전자를 수송할 뿐일지도 모르는 유기체 수준이 아니라 유전자 수준에서 일어나는 진화를 입증한다." (이런 진술은 듣기에 반갑지만, 유전자를 수송할 '뿐일지도 모른다'라는 쓸데없는 조심성에 놀랐다고 대놓고 말하는 것을 용서해 주기 바란다. 이는 "눈은 마음의 창일지도 모른다"라거나 "아아, 내 사랑은 붉디붉은 장미일지도 모른다"라고 말하는 것과 비슷하다. 어쩌면 편집자의 입김이 들어간 작품일지도 모른다!) 커는 계속 말한다. "(전부는 아니지만) 많은 숙주에 자연히 발생한 근두암종에서 종양에는 아주 소수의 박테리아만이 생존한다. (……) 언뜻 보기에, 이런 병원성은 어떤 생물학적 이점도 주지 않는 것 같다. 병원성을 일으키는 유전자가 주는 강력한 선택 이점이 비로소 명확해지는 지점은, 숙주가 오파인을 생산하고 이것이 종양 표면에 사는 박테리아 생존에 미치는 효과를 고려하는 때다."

마이어(Mayr, 1963, pp. 196~197)는 식물이 곤충이 거처하는 종양을 만드는 현상을 논하면서, 이 책이 지지하는 논지와 너무나 잘 맞아 덧말 없이 그대로 가져다 인용할 만한 다음과 같은 진술을 했다.

> 왜…… 식물은 자신의 적인 곤충이 사는 완벽한 주거지를 만드는 걸까? 사실 여기서 우리는 두 가지 선택압과 마주한다. 한편으로 선택은 종양 곤충 개체군에 작용해 어린 애벌레에게 최대한의 보호를 제공하는 종양을 생산하도록 자극하는, 종양 유발 화학 물질을 소유한 개체를 선호한다. 이는 분명히 종양 곤충에게는 생사를 좌우하는 문제여서 매우 높은 선택압을 가한다. 식물에 가하는 정반대 선택압은 대개의 경우 매우 작은데, 종양이 조금 있는 것은 숙주 식물의 생존력을 아주 조금 저하시키기 때문이다. 이 경우 일어나는 '타협'은 모두 종양 곤충에게 유리하다. 종양 곤충이 초래하는 너무 높은 밀도는 보통 숙주 식물과 관계없는 밀도 의존 요인을 통해 억제된다.

여기서 마이어는 왜 식물이 곤충이 자행하는 눈에 띄는 조종에 대항해 싸우지 않는가를 설명하는 데 '목숨/저녁밥 원리'와 유사한 논리를 원용한다. 다음의 사실만 추가하자. 종양이 식물이 아니라 곤충에 이익을 주는 적응이라는 마이어의 주장이 옳다면, 이는 곤충 유전자 풀에 있는 유전자를 자연 선택하는 과정으로만 진화할 수 있다. 논리상, 이 유전자를 식물 조직에 표현형을 발현하는 유전자라고 보아야 한다. 곤충의 다른 유전자, 가령 눈 색깔 유전자가 곤충 조직에 표현형을 발현하는 유전자라고 말할 수 있는 것과 같은 의미로 말이다.

나와 함께 확장된 표현형이라는 원리를 논한 동료는 여러 차례 꼭 같은 유쾌한 추측을 내놓고는 했다. 감기에 걸려 재채기를 하는 건 그저 우연일까, 아니면 바이러스가 다른 숙주를 감염시킬 기회를 늘리려고 조종한 결과일까? 성병은 청가뢰류 곤충에서 추출한 최음제처럼 그저 가려움증만 일으킬 뿐이어도, 성욕을 증대시키는 걸까? 광견병 감염에 나타나는 행동 증상은 바이러스가 전달되는 기회를 높일까(Bacon & Macdonald, 1980)? "광견병에 걸린 개는 성질이 급격히 바뀐다. 대개 하루나 이틀 정도는 더 다정하게 변해 만난 사람을 핥아 준다. 그러나 개 타액에 이미 바이러스가 있으므로 이는 위험한 행동이다. 머지않아 개는 안절부절못해 돌아다니고 방해하는 누구든 물어 버린다."(브리태니커 백과사전, 1977) 광견병 바이러스는 비육식성인 동물까지도 사납게 무는 행동을 하도록 추동해 대개 아무런 해도 끼치지 않는 과일 먹는 박쥐에 물려 병에 걸린 사람도 있다. 타액을 이용하는 바이러스가 퍼지도록 확실한 효과를 내는 무는 행동뿐만 아니라 '안절부절못해 돌아다니기'도 바이러스를 더욱 효율적으로 퍼뜨리는 데 일익을 담당한다(Hamilton & May, 1977). 비행기로 싼값에 누구나 여행을 다니게 되면서 인간 질병에 엄청난 파급력이 생긴 것은 분명하다. 그럼 '여행광'이라는 관용어에 은유 이상의 의미가 있다고 생각해야 하지 않을까?

독자는 아마 나처럼 그런 추측이 터무니없다고 여길 것이다. 동료들은 그저 가벼운 마음으로 그런 **종류**의 일이 일어날지도 모른다는 예시를 들었을 뿐이다[또한 이런 유의 생각이 품은 의학적 중요성으로 관심을 돌리는 Ewald(1980) 참조]. 내가 정말 규명하려는 점은 **일부** 사례에서는 숙주가 보이는 증상을 기생 적응으로 간주하는 게 옳다는 사실이다. 예를 들어 트리볼리움에서 원생동물이 합성한 유충 호르몬으로 유발되는 피터팬 증후군이 그렇다. 이렇게 널리 인정된 기생 적응으로 볼 때, 내가 내리려는 결론은 사실상 반론의 여지가 없다. 숙주 행동이나 생리가 기생 적응이라면, 숙주를 바꾸기 '위한' 기생자 유전자가 있음(있었음)이 확실하고, 따라서 숙주가 나타내는 변화는 기생자 유전자가 내는 표현형 발현이다. 확장된 표현형은 유전자가 자리한 세포를 담은 몸 바깥으로 뻗치고, 이제는 다른 생물체의 살아 있는 조직에까지 뻗어 나간다.

사쿨리나 유전자와 게 몸 사이의 관계는 원리상 날도래 유전자와 돌의 관계와 같고, 실상 인간 유전자와 인간 피부의 관계와도 같다. 이런 사실이 이 장에서 확립하고자 한 첫 번째 요점이다. 4장에서 다른 말로 강조한 바대로, 이 요점이 내놓는 필연적 결과는 개체 행동은 언제나 자신의 유전적 복지를 최대화하도록 설계되었다고 해석할 수 없다는 사실이다. 개체는 다른 누군가, 이 경우 자기 안에 탄 기생자 유전자의 복지를 최대화한다. 다음 장에서는 여기서 더 나아가 개체가 지닌 자질 중 일부는 반드시 기생자일 필요가 없는, 다른 개체에 있는 유전자가 내는 표현형 발현으로 볼 수 있다는 점을 논할 것이다.

이 장의 두 번째 요점은 어떤 확장된 표현형 형질과 관계된 유전자는 서로 조화롭다기보다는 충돌할 수 있다는 사실이다. 위에서 본 사례 모두 이런 관점으로 논할 수 있지만, 흡충이 주는 영향으로 달팽이 껍데기가 두꺼워지는 사례만 살펴보자. 조금 다른 말로 이야기를 요약하겠다. 달팽이 유전학자와 흡충 유전학자는 각각 동일한 표현형 변이, 달팽이 껍데기에 나타나는 변이를 본다. 달팽이 유전학자는 부모 달팽이와 자식 달팽이 껍데기의 두께를 서로 비교해 유전적 요소와 환경적 요소 사이의 분산을 나눌 것이다. 흡충 유전학자도 독립적으로 똑같이 관찰한 분산을 유전적 요소와 환경적 요소로 나누는데, 이 경우 그는 특정 흡충을 포함한 달팽이 껍데기 두께와 동일한 흡충의 자식을 포함한 달팽이 껍데기 두께를 비교할 것이다. 달팽이 유전학자에게 흡충이 하는 기여는 '환경' 변이의 일부다. 반대로 흡충 유전학자에게는 달팽이 유전자에서 기인한 변이가 '환경' 변이다.

'확장된 유전학자'는 유전적 변이의 두 원천을 다 인정한다. 그는 해당 원천이 상호 작용하는 형태가 가산적인지, 배수적인지, '상위적'인지 등을 고민할 필요가 있지만, 원리상 이런 걱정거리는 달팽이 유전학자나 흡충 유전학자에게도 이미 익숙한 것이다. 어느 유기체 내에서나, 서로 다른 유전자는 동일한 표현형 형질에 영향을 주며 이렇게 상호 작용하는 형태는 '확장된' 유전체에 있는 유전자에 관한 문제인 것과 마찬가지로 하나의 정상 유전체 내 유전자에 관한 문제다. 달팽이 유전자와 흡충 유전자가 가하는 효과 사이의 상호 작용은 원리상 하나의 달팽이 유전자와 또 다른 달팽이 유전자가 가하는 효과 사이의 상호 작용과 같다.

그럼에도 꽤 중요한 차이가 있지 않을까? 달팽이 유전자끼리는 가산적, 배수적, 또는 어떤 방식으로든 상호 작용하겠지만, 진정 둘 다 같은 이해관계를 가진 게 아닐까? 둘 모두 과거에 같은 목적, 자신이 자리한 달팽이의 생존과 번식을 증진하려고 일했기에 선택되었던 것이다. 흡충 유전자끼리도 역시 흡충의 번식 성공도라는 같은 목적을 달성하려 일했다. 그러나 달팽이 유전자와 흡충 유전자는 진정으로 같은 이해관계에 있지 않다. 하나는 달팽이의 번식을 증진하려고 선택되었고, 다른 하나는 흡충의 번식을 증진하려고 선택되었다.

앞 문단에서 제기한 항변에는 진실이 담겨 있으나, 진실이 정확히 어디에 놓여 있는지 명확히 하는 일이 중요하다. 흡충 유전자에게 경쟁하는 달팽이 유전자 노동조합에 대항해 단결하는 노동조합 정신 같은 게 있을 리 없다. 무해한 의인화를 더 해 보면, 각각의 유전자는 오로지 같은 좌위에 있는 대립 유전자와만 투쟁하며, 대립 유전자와 벌이는 이기적 전쟁에 도움이 될 때만 다른 좌위에 있는 유전자와 '단결'할 것이다. 흡충 유전자도 이런 방식으로 다른 흡충 유전자와 '단결'하겠지만, 마찬가지로 특정 달팽이 유전자와 단결하는 게 요긴하다면 그렇게 할 것이다. 실제로 달팽이 유전자가 달팽이 유전자끼리 일하고, 대립하는 흡충 유전자 패거리에 맞서도록 선택되는 것이 여전히 사실이라면, 그 이유는 단지 달팽이 유전자가 다른 달팽이 유전자처럼 이 세상에서 일어나는 동일한 사건에서 이익을 얻는 경향이 있기 때문이다. 흡충 유전자는 다른 사건에서 이익을 얻는다. 달팽이 유전자가 서로 같은 사건에서 이익을 얻는 반면, 흡충 유전자가 상이한 일련의 사건에서 이익을 얻는 진짜 이유는 단순히 다음과 같다. 모든 달팽이 유전자는 다음 세대로 가는 똑같은 경로, 즉 달팽이 배우자를 공유한다. 반대로 모든 흡충 유전자는 다른 경로, 흡충 세르카리아를 이용해 다음 세대로 가야 한다. 이는 달팽이 유전자가 흡충 유전자에 대항해 '단결하는' 유일한 사실이며 그 반대도 마찬가지다. 기생자 유전자가 숙주 몸에서 숙주 배우자로 전달된다면 상황은 매우 다를 것이다. 숙주 유전자와 기생자 유전자의 이해관계는 완전히 같지 않을 수는 있으나, 흡충과 달팽이보다는 훨씬 더 가까울 것이다.

그렇다면 확장된 표현형이라는 생명관에서, 기생자가 자기 유전자를 한 숙주에서 새로운 숙주로 전파하는 수단이야말로 결정적 중요성을 지닌다는 사실이 따라 나온다. 기생자가 숙주 몸에서 나가는 유전적 탈출구가 숙주와 같다면, 즉 숙주의 배우자나 포자라면 기생자 유전자와 숙주 유전자의 '이해관계'는 상대적으로 거의 충돌하지 않을 것이다. 예를 들어 둘 모두 숙주 껍질이 나타낼 최적 두께에 '동의'할 수 있다. 이는 둘 모두 숙주의 생존뿐만 아니라 숙주의 번식에서도 작용하도록 선택되는 일을 수반한다. 여기에는 숙주가 구애에 성공하는 일과, 심지어 기생자가 숙주 자식에서 '유전'하기를 바란다면 숙주가 양육을 잘하는 일도 포함된다. 이런 상황에서 기생자와 숙주의 이해관계는 기생자가 있다는 사실을 감지하기 어려울 정도로까지 일치할 것이다. 기생충학자나 '공생물학자'에게 이렇게 아주 밀접한 관계를 맺는 기생자나, 숙주 몸의 생존과 더불어 숙주 배우자의 성공에도 이해관계가 있는 공생자를 연구하는 일은 분명 대단히 흥미로운 일이다. 몇몇 이끼류가 유망한 사례이며, 난소를 경유해 전달되고 때로는 숙주의 성비에도 영향을 주는 듯 보이는 곤충에 있는 박테리아성 내생공생물endosymbiont도 연구할 만하다(Peleg & Norris, 1972).

또한 자신만의 복제하는 DNA를 가진 미토콘드리아와 엽록체, 그 밖의 세포소기관도 이와 관련해 연구하기 알맞은 후보다. 리치먼드와 스미스(Richmond & Smith, 1979)가 편집한 '서식지로서의 세포'라는 제목의 학술 대회 회보는 세포소기관과 미생물을 세포 생태계에 거주하는 준자립적인 공생자로 보는 아주 재밌는 설명을 제시했다. 스미스가 도입부 장 마지막에서 한 말은 특히 기억해 둘 가치가 있다. "무생물적 서식지에서, 유기체는 살거나 죽는다. 세포라는 서식지에서는, 이곳에 침입한 유기체는 점점 자신을 조각조각 잃어버리고 천천히 전체 배경에 섞여 들어가 원래 모습은 유물로나마 남는다. 이를 보면 실상 체셔 고양이를 만난 이상한 나라의 앨리스가 떠오른다. 앨리스가 보았듯, '체셔 고양이는 꼬리부터 시작해 아주 천천히 사라져 미소만 남아 나머지 부분이 다 없어진 후에도 얼마 동안 웃고 있었다'."(Smith, 1979) 마굴리스(Margulis, 1976)는 사라지는 미소가 경과하는 모든 단계를 조사하는 흥미로운 작업을 한다.

리치먼드(Richmond, 1979)가 쓴 장도 지금 하는 논의와 아주 잘 맞는다. "전통적으로 세포는 생물학적 기능 단위였다. 이 학술 대회에 특히 적합한 또 다른 견해는 세포는 DNA를 복제할 수 있는 최소한의 단위라는 것이다. (……) 이러한 개념은 DNA를 생물학의 중심에 놓는다. 따라서 DNA는 그저 자기가 구성 부분을 형성한 유기체의 장기간 생존을 보증하는 유전 수단으로만 볼 수 없다. 오히려 DNA는 세포가 하는 1차적 역할로 생물권에 DNA의 총량과 다양성을 최대화하는 데 역점을 둔다……." 한데 마지막 진술은 부적당하다. 생물권에 DNA의 총량과 다양성을 최대화하는 일은 그 누구도 그 무엇의 관심사도 아니다. 반대로 각각의 작은 DNA 조각은 **자신의** 생존과 번식을 최대화하는 힘으로 선택된다. 리치먼드는 계속 말한다. "세포가 DNA를 복제하려는 단위라면, 세포 복사에 필요한 추가 DNA도 보유할 것이다. 그리하여 분자 기생, 공생, 상리공생은 생물학에 있는 더 높은 조직화 수준에서도 일어나는 것처럼 DNA 수준에서도 일어날 수 있다." 우리는 9장의 주제였던 '이기적 DNA' 개념으로 되돌아왔다.

미토콘드리아와 엽록체, 그 밖의 DNA를 가진 세포소기관이 기생성 원핵생물에서 유래했다는 추측은 흥미롭다(Margulis, 1970, 1981). 그러나 이런 물음은 역사적 문제지 현재 논의와는 어떤 방식으로든 관련이 없다. 여기서는 미토콘드리아 DNA가 핵 DNA와 동일한 표현형 목적을 갖고 활동하는지, 미토콘드리아 DNA가 핵 DNA와 갈등하는지에 관심을 둔다. 이런 물음은 미토콘드리아의 역사적 기원이 아니라 자기

DNA를 전파하는 방법이 무엇이냐에 달려 있다. 미토콘드리아 유전자는 하나의 후생동물metazoan◆ 몸에서 난자 세포질을 타고 다음 세대의 몸으로 간다. 암컷의 핵 유전자 관점에서 본 최적 암컷 표현형은 미토콘드리아 DNA 관점에서 본 최적 암컷 표현형과 거의 일치할 것이다. 둘 모두 암컷의 성공적 생존, 번식, 자식 기르기와 이해관계가 있다. 이는 적어도 암컷 자식이 관련되는 한 사실이다. 미토콘드리아는 자기 몸이 아들을 갖기를 '바라지' 않을 것이다. 즉, 수컷의 몸은 미토콘드리아 후손에게는 막다른 계열이다. 존재하는 모든 미토콘드리아는 조상 대대로 거의 대부분을 암컷 몸에서 살았으며 암컷 몸에서 살기를 고집하는 경향이 있을 것이다. 새에서 미토콘드리아 DNA가 가진 이해관계는 Y 염색체 DNA와 매우 비슷하고, 상염색체와 X 염색체 DNA와는 조금 다를 것이다. 또한 미토콘드리아 DNA가 포유류 난자에 표현형 효과를 행사할 수 있다면, 나중에 파멸을 가져올 Y 염색체를 가진 정자와 미친 듯이 싸우는 장면을 상상하는 일도 그저 공상만은 아닐 것이다(Eberhard, 1980; Cosmides & Tooby, 1981). 그러나 어쨌든, 미토콘드리아 DNA와 핵 DNA의 이해관계가 언제나 일치하지는 않아도 매우 가까우며, 특히 흡충 DNA와 달팽이 DNA보다는 훨씬 더 가깝다.

이 절이 전하려는 취지는 이렇다. 달팽이 유전자가 서로 다른 좌위에 있는 달팽이 유전자와 충돌하는 것보다 흡충 유전자와 더 많이 충돌한다는 사실은 보이는 것만큼 명백하고도 필연적인 결과는 아니다. 이는 그저 한 마리 달팽이 핵에 있는 두 유전자가 현재 몸에서 미래 세대로 가려면 동일한 탈출 경로를 이용해야 한다는 사실에서 생긴다. 둘 모두 배우자를 생산하고, 수정하고, 그렇게 낳은 자식의 생존과 번식을 보장해 현재 자리한 달팽이를 성공시키는 똑같은 이해관계를 가진다. 흡충 유전자는 달팽이 유전자와 공유하는 표현형에 주는 영향을 놓고 충돌한다. 흡충

◆ 하나의 세포를 가진 원생동물을 제외한, 하나를 초과한 세포를 가진 모든 동물을 지칭하는 말

유전자는 그저 미래의 잠깐 동안만 운명을 함께하기 때문이다. 즉, 흡충 유전자의 공동 명분은 현재 자리한 숙주 몸의 생애로만 한정되고 숙주의 배우자나 자식으로까지는 이어지지 않는다.

현재 논의에서 미토콘드리아가 하는 역할은 부분적으로나마 기생자 유전자와 숙주 유전자가 동일한 배우자 운명을 공유하는 사례를 보여주는 것이다. 핵 유전자가 다른 좌위에 있는 핵 유전자와 충돌하지 않는다면, 이는 오로지 감수분열이 공평하기 때문이다. 즉, 감수분열은 보통 한 좌위를 다른 좌위에 비해 선호하지 않으며 한 대립 유전자를 다른 대립 유전자에 비해 선호하지 않는다. 다만 양심 있게 각각의 이배체 쌍에서 무작위로 유전자 하나를 모든 배우자에 집어넣는다. 물론 이에는 유익한 예외가 있고, 책 전체 논지에서 '무법자 유전자'와 '이기적 DNA'라는 두 장을 차지할 정도로 중요하기도 하다. 거기서도 여기서처럼 중요한 교훈은 복제하는 존재자들이 운반자에서 운반자로 떠나는 데 서로 다른 방법을 쓰는 한 서로 반대로 작용하는 경향이 있을 거라는 사실이다.

이 장의 주제로 돌아가자. 기생과 공생 관계는 여러 목적에 따라 다양한 방식으로 분류할 수 있다. 기생충학자와 의사가 만든 분류법이 자기 목적에 유용하다는 점은 분명하다. 그러나 유전자가 발휘하는 힘이라는 개념에 기초해 특별한 분류법을 제시하고 싶다. 이런 관점에서는 같은 핵, 심지어 같은 염색체에 있는 서로 다른 유전자 간의 일반적 관계는 기생이나 공생 관계라는 연속체의 한 극단일 뿐이라는 점을 염두에 두어야 한다.

내 분류법의 첫 번째 차원은 이미 강조했던 것으로 숙주 유전자와 기생자 유전자가 숙주에서 나가고, 퍼지는 방법에 나타나는 유사성과 차이 정도와 관련된다. 한 극단에는 자기 번식을 이루고자 숙주의 번식체를 이용하는 기생자가 있다. 이런 기생자에게 기생자 관점에서 본 최적 숙주 표현형은 숙주 자신의 유전자 관점에서 본 최적치와 일치할 가능성이 높다. 이는 숙주 유전자가 기생자를 완전히 제거하는 일을 '원하지' 않는다는 말은 아니다. 다만 둘 다 동일한 번식체를 대량 생산하는 일과 동일한 번식체를 대량 생산하는 데 기여하는 표현형을 발생시키는 일에 이해관계가 있다. 즉, 알맞은 부리 길이, 날개 모양, 구애 행동, 한 배 알 수 등 표현형이 지닌 모든 측면의 극히 세부적 요소에 이르기까지 말이다.

다른 쪽 극단에는 숙주 번식체가 아니라, 가령 숙주가 내쉬는 호흡이나 죽은 몸을 통해 유전자를 전달하는 기생자가 있다. 이 경우 기생자 유전자 관점에서 본 최적 숙주 표현형은 숙주 유전자 관점에서 본 최적 숙주 표현형과 아주 다를 가능성이 높다. 여기서 표현형은 타협의 산물로 나타날 것이다. 그리하여 이것이 숙주-기생자 관계의 제1차원 분류다. 나는 이를 '공통 번식체' 차원이라고 부르겠다.

분류법 제2차원은 숙주가 발생하는 기간 동안 기생자 유전자가 취하는 행동과 관련된다. 숙주 유전자든 기생자 유전자든 유전자는 숙주의 배 발생 후기에 작용하는 것보다 초기에 작용할 때, 최종 숙주 표현형에 더 근본적인 영향력을 행사할 수 있다. 머리 두 개가 발생하는 급진적 변화까지도 숙주 배 발생 초기에 돌연변이가 충분히 작용한다면, 단 하나의 돌연변이(숙주나 기생자의 유전체에서)로도 달성할 수 있다. 후기에 작용하는 돌연변이(다시 숙주나 기생자의 유전체에서), 곧 숙주 몸이 성체에 도달할 때까지 작용하지 않는 돌연변이는 그때쯤 몸의 전반적 구성이 확립되어 작은 영향밖에 주지 못할 것이다. 따라서 숙주가 성체에 도달한 뒤에 들어가는 기생자는 일찍 들어가는 기생자보다 숙주 표현형에 과격한 영향을 주기가 더 힘들다. 하지만 이미 본 갑각류의 기생 거세와 같은 주목할 만한 예외도 있다.

숙주-기생자 관계의 분류법 제3차원은 근접 작용이라 부르는 것에서 원격 작용에 이르는 연속체와 관련된다. 모든 유전자는 우선 단백질을 합성하는 주형으로 작용해 힘을 발휘한다. 따라서 유전자 힘이 발생하는 최초의 근원지는 세포, 특히 유전자가 자리한 핵 주위를 둘러싼 세포질이다. 전령 RNA는 핵막을 통해 흘러나오며 세포질에서 일어나는 생화학적 과정을 유전적으로 통제하는 일을 매개한다. 따라서 유전자가 내는 표현형 발현은 첫째로는 세포질의 생화학적 과정에 영향을 주는 것이다. 그리고 차례차례 세포 전체의 형태와 구조, 세포가 인접한 세포와 벌이는 화학적, 물리적 상호 작용의 본성에 영향을 준다. 또한 유전자가 내는 표현형 발현은 다세포 조직을 구축하는 데 작용해, 그 결과 발생을 시작한 몸에서 다양한 조직이 분화되도록 한다. 마침내 모든 해부학자와 동물행동학자가 자신이 연구하는 수준에서 유전자의 표현형 발현이라고 인정하는 유기체 전체의 속성이 탄생한다.

기생자 유전자가 숙주 유전자와 함께 동일한 숙주 표현형 형질에 공유하는 힘을 발휘할 때, 두 힘의 합류는 앞서 서술한 표현형 발현의 연쇄 중 어느 단계에서나 일어날 수 있다. 달팽이 유전자와 달팽이에 기생한 흡충 유전자는 자신의 힘을 세포 수준과 조직 수준에서까지 서로 따로따로 발휘한다. 두 유전자가 세포를 공유하는 것도 아니기에 그들은 각자의 세포에 있는 세포질 생화학 과정에 따로따로 영향을 준다. 또한 흡충 조직은, 가령 이끼류에 공생하는 해조류와 균류 조직이 가깝게 붙은 것처럼 달팽이 조직에 가깝게 스며들지 않기에 조직 형성에도 따로따로 영향을 준다. 달팽이 유전자와 흡충 유전자는 기관계 발생에 영향을 주며 사실상 유기체 전체의 발생에 따로따로 영향을 준다. 모든 흡충 유전자는 달팽이 세포 사이에 산재하지 않고 한 덩어리로 모여 있기 때문이다. 흡충 유전자가 달팽이 껍데기 두께에 영향을 준다면, 우선 다른 흡충 유전자와 협동해서 한 마리 흡충을 만들어 그렇게 한다.

숙주 체계에 더 가깝게 스며드는 기생자와 공생자도 있다. 그 극단에는 9장에서 보았던, 말 그대로 스스로를 숙주 염색체에 집어넣는 플라스미드와 그 밖의 DNA 단편이 있다. 이보다 더 가까운 기생자를 상상하기는 불가능하다. '이기적 DNA' 자체도 더 가깝지 않으며 사실 우리는 '쓰레기'든 '유용'하든 얼마나 많은 유전자가 삽입된 플라스미드에서 유래하는지 알 수 없다. 이 점은 우리 '자신의' 유전자와 기생자나 공생자가 집어넣은 삽입 배열insertion sequence 사이에 어떤 중요한 구별도 없다는 이 책이 견지하는 논지에서 따라 나오는 듯하다. 우리 유전자와 삽입 배열이 갈등하는지 협동하는지는 역사적 기원에 달린 문제가 아니라 그들이 현재 이득을 얻는 상황에 달려 있다.

바이러스는 자신의 단백질 옷을 입고 있으나 DNA를 숙주 세포에 삽입한다. 따라서 바이러스는 숙주 염색체에 있는 삽입 배열 수준으로 아주 가깝지는 않더라도, 가까운 수준에서 숙주의 세포 생화학 과정에 영향을 주는 위치에 있다. 세포질에 있는 세포 내 기생자도 숙주 표현형에 상당한 힘을 발휘하는 위치에 있다고 추정한다.

세포 수준에서가 아니라 조직 수준에서 숙주에 스며드는 기생자도 있다. 사쿨리나와 수많은 균류, 식물 기생자가 그 예다. 여기서 기생자 세포와 숙주 세포는 뚜렷이 구별되지만 기생자는 복잡하고도 미세하게 나뉜 근계root system를 통해 숙주 조직에 침입한다. 기생성 박테리아나 원생동물이 가진 독립된 세포도 마찬가지로 광범위하고도 가깝게 숙주 조직에 스며들 수 있다. 세포 기생자보다 정도가 덜하기는 하지만, 이런 '조직 기생자'는 기관 발생과 전체 표현형 형태와 행동에 영향을 주는 강력한 위치에 있다. 우리가 논의한 흡충 같은 내부 기생자는 자기 조직을 숙주 조직과 섞지 못하지만 자기 조직을 유지하면서 전체 유기체 수준에서만 힘을 발휘한다.

그러나 아직 근접도라는 연속체의 반대편 끝에는 가지 못했다. 모든 기생자가 물리적으로 숙주 내부에 사는 건 아니다. 기생자는 심지어 숙주와 거의 접촉하지 않을 수도 있다. 뻐꾸기는 흡충과 거의 같은 방식을 쓰는 기생자다. 둘 다 조직 기생자나 세포 기생자가 아니라 전체 유기체 기생자다. 흡충 유전자가 달팽이 몸에 표현형 발현을 한다고 말할 수 있다면, 뻐꾸기 유전자가 개개비 몸에 표현형 발현을 한다고 말하지 못할 이유는 없다. 차이는 실천적인 차이일 뿐이며 세포 기생자나 조직 기생자 사이의 차이보다 훨씬 더 작다. 실천적인 차이는 뻐꾸기가 개개비 몸속에 살지 않아서, 숙주가 지닌 내부 생화학 기제를 조종할 기회가 더 적다는 것이다. 뻐꾸기는 조종하고자 다른 매개체, 예컨대 음파나 광파에 의존한다. 4장에서 논의한 대로, 뻐꾸기는 눈을 통해 개개비의 신경계에 통제권을 집어넣으려고 초정상적으로 선명한 색을 띤 입을 딱 벌린다. 또한 뻐꾸기는 귀를 통해 개개비 신경계를 지배하려고 유난히 크게 재촉하는 울음을 질러댄다. 뻐꾸기 유전자는 자신의 발생적 힘을 숙주 표현형에 행사하는 데서 원격 작용에 의존할 필요가 있는 것이다.

유전적 원격 작용이라는 개념은 확장된 표현형이라는 발상을 논리적 정점에까지 밀고 나간다. 다음 장에서 가야 할 곳이 여기다.

13장

Action at a Distance

원격 작용

달팽이 껍데기는 오른쪽이나 왼쪽으로 소용돌이를 그린다. 보통 한 종의 개체는 모두 같은 방향으로 소용돌이를 그리지만, 다형성을 나타내는 종도 조금이나마 있다. 태평양 섬에 사는 육지 달팽이 파르툴라 수투랄리스 *Partula suturalis*에는 소용돌이가 오른쪽으로 도는 개체군과 왼쪽으로 도는 개체군, 도는 방향이 다양하게 혼합된 개체군이 있다. 따라서 껍데기가 도는 방향을 유전학적으로 연구할 수 있다(Murray & Clarke, 1966). 오른쪽으로 도는 개체군을 왼쪽으로 도는 개체군과 교배하면 모든 자식은 '어미'(달팽이는 자웅동체이나 난자를 제공한 개체가 어미다)와 같은 방향으로 돈다. 이를 모계 쪽 영향이 비유전적으로 나타난 거라고 해석할 수도 있다. 그러나 머레이와 클라크가 위의 잡종 제1세대 달팽이를 서로 교배하게 했더니 흥미로운 결과가 나왔다. 모든 자손은 부모가 어떤 방향으로 도느냐에 상관없이 왼쪽으로 돌았다. 클라크와 머레이는 껍데기가 도는 방향은 유전적으로 결정되었으며, 왼쪽으로 도는 모양이 오른쪽으로 도는 모양에 우성이지만, 한 개체가 지닌 표현형이 자기 유전자형이 아니라 어미 유전자형에 통제된다고 해석했다. 그러므로 잡종 제1세대 개체는 두 마리 순수 혈통이 짝짓기해서 만든 동일한 이형접합 유전자형을 갖는데도, 어머니 유전자형에 지배되는 표현형을 나타낸다. 마찬가지로 잡종 제1세대가 짝짓기해 낳은 잡종 제2세대 자손은 잡종 제1세대에 적합한 표현형, 왼쪽으로 도는 모양을 나타낸다. 왼쪽으로 도는 모양이 우성이며 잡종 제1세대 유전자형이 이형접합이기 때문이다. 잡종 제2세대에 있는 유전자형은 멘델 유전 방식으로 3:1로 나뉘어 있겠지만 표현형에 드러나지는 않는다. 이 분리 비율은 잡종 제2세대가 낳은 자손에서 드러날 것이다.

자식이 나타내는 표현형을 통제하는 요인이 어머니의 표현형이 아니라 유전자형이라는 점에 주의하라. 잡종 제1세대 개체는 같은 비율로 왼쪽으로 돌거나 오른쪽으로 돌지만, 모두 동일한 이형접합 유전형을 가지므로 왼쪽으로 도는 자식을 낳는다. 이미 우렁이 림나이아 페레 그라*Limnaea peregra*에서도 비슷한 효과를 관찰했다. 다만 이 경우는 오른쪽으로 도는 모양이 우성이다. 유전학자는 오래전부터 다른 종에서도 이런 '모계 효과'가 나타난다는 사실을 알았다. 포드(Ford, 1975)는 말한다. "우리는 여기서 끊임없이 한 세대 늦게 발현하는 단순 멘델 유전을 본다." 이런 현상은 접합자가 자신의 전령 RNA를 생산하기 전, 난자 세포질에서 나오는 모계 전령 RNA가 영향을 줄 만큼 표현형 형질을 결정하는 발생학적 사건이 발생에 너무 일찍 일어나서 생길 것이다. 달팽이 껍데기가 도는 방향은 배의 DNA가 작용하기 전에 발생하는 나선 난할spiral cleavage◆이 가는 최초 방향에 따라 결정된다(Cohen, 1977).

이런 종류의 효과는 4장에서 논했던, 어미가 자식을 조종하기 위한 특수한 기회를 제공한다. 더 일반적으로 말하면 이 효과는 유전적 '원격 작용'을 보여 주는 특수한 사례다. 특히나 효과는 유전자가 가하는 힘이 유전자가 탄 세포가 있는 몸 경계를 넘어 확장 가능함을 분명하고도 단순하게 예증한다(Haldane, 1932b). 모든 유전적 원격 작용이 달팽이 사례처럼 명쾌한 멘델 방식으로 나타나리라고 기대할 수는 없다. 학교에서 배우는 전통 유전학의 주요 멘델 유전자는 현실이라는 빙산의 일각이듯이, 원격 작용으로 가득하나 유전자가 내는 효과가 복잡하면서 상호 작용하기에 가려내기 까다로운, 다원 유전자의 '확장된 유전학'을 상상해 볼 수 있다. 또한 여기서도 전통 유전학처럼 변이에 미치는 유전적 영향이 존재한다는 사실을 추론하려고 유전 실험을 행할 필요는 없다. 일단 어떤 형질이 다원 적응이라는 사실을 인정한다면, 언젠가 형질 변이에 유전적 기초가 있었다는 사실을 인정하는 것이나 마찬가지다. 그렇지 않다면 선택은 개체군에 생긴 유리한 적응을 보존할 수 없다.

적응이면서 어떤 의미로 원격 작용을 수반하는 '브루스 효과Bruce

◆ **수정란이 세포 분열하는 난할에서 생기는 세포인 할구가 오른쪽 또는 왼쪽으로 치우쳐 소용돌이치듯이 배열된 모양**

effect'라는 현상이 있다. 한 수컷이 방금 수정시킨 암컷 쥐는 두 번째 수컷이 발하는 화학 물질에 노출되면 임신을 하지 못한다. 이 효과는 야생에 사는 다양한 쥐와 들쥐 종에서도 일어나는 듯 보인다. 슈바크마이어(Schwagmeyer, 1980)는 브루스 효과가 지닌 적응적 이점을 설명하는 세 가지 주요 가설을 제시하지만 논의 목적상 여기서는 슈바크마이어가 내게 공을 돌린, 즉 브루스 효과는 암컷 적응이라는 가설은 옹호하지 않겠다. 대신에 브루스 효과가 주는 이점을 수컷 관점에서 보아, 두 번째 수컷이 암컷의 임신을 막아 경쟁 수컷의 자식을 제거하는 동시에 짝짓기할 수 있게 암컷의 발정기를 앞당겨 이익을 얻는다고 가정한다.

나는 가설을 4장에서 사용한 언어, 즉 개체 조종이라는 언어로 표현했다. 그러나 이는 확장된 표현형과 유전적 원격 작용이라는 언어로도 똑같이 잘 표현할 수 있다. 수컷 쥐 유전자는 어미 달팽이 유전자가 자녀 몸에 표현형 발현을 한다는 의미와 똑같이 암컷 몸에 표현형 발현을 한다. 달팽이 사례에서는 원격 작용의 매개체로 모계 전령 RNA를 가정했다. 쥐 사례에서는 겉보기에 수컷이 발산하는 페로몬이 매개체인 것 같다. 내 논지는 두 사례에 나타나는 차이가 근본적이지 않다는 것이다.

'확장된 유전학자'는 브루스 효과의 유전적 진화를 어떻게 설명할까 생각해 보자. 수컷 쥐 몸에서 암컷이 자기와 접촉하면 표현형 발현을 하는 돌연변이 유전자가 생겼다고 하자. 유전자 작용이 최종 표현형에 이르는 경로가 길고 복잡하지만, 몸속에서 관습적으로 일어나는 유전자 작용의 경로보다 특별히 더 그런 건 아니다. 전통적 체내 유전학에서는, 유전자에서 관찰 가능한 표현형에 이르는 인과관계의 사슬에 많은 고리가 있다. 첫 번째 고리는 언제나 RNA이며 두 번째 고리는 단백질이다. 생화학자는 두 번째 고리 단계에서 자신이 관심 있어 하는 표현형을 발견한다. 생리학자나 해부학자는 좀 더 단계가 지나서야 비로소 관심 있어 하는 표현형을 집어낸다. 그들은 사슬의 이전 고리가 어떠한지 세부 사항에는 신경 쓰지 않으며 그저 당연하게 받아들인다. 총체적 유기체 관점의 생물학자는 교배 실험으로 눈 색깔이나 곱슬머리, 그 밖의 어떤 것이든 사슬의 최종 고리가 무엇인지만을 살피는 작업으로 충분하다고 생각한다. 행동유전학자는 훨씬 더 먼 고리, 춤추는 쥐, 광적으로 포복 행동을 하는 큰가시고기, 위생 행동을 하는 꿀벌 등을 고려한다. 행동유전학자는 임의로 어떤 행동 유형을 사슬의 최종 고리로 간주하나, 돌연변이 개체가 나타내는 이상 행동이, 가령 신경해부학이나 내분비생리학적 이상으로 생긴다는 사실을 안다. 행동유전학자는 돌연변이 개체를 탐지하고자 현미경으로 신경계를 관찰할 수 있다는 사실도 알지만, 그보다 행동 관찰 쪽을 선호한다(Brenner, 1974). 행동유전학자는 관찰한 행동을 인과관계 사슬의 최종 고리로 보는 임의적 결정을 내린다.

유전학자가 사슬 중 어떤 고리를 관심 있어 하는 '표현형'으로 보든, 그는 결정이 자의적이라는 사실을 안다. 그는 표현형으로 초기 단계를 선택할 수도, 나중 단계를 선택할 수도 있었다. 따라서 브루스 효과를 유전학적으로 연구하는 사람은 유전학 연구가 기반을 두는 변이를 탐지하려고 수컷 페로몬을 생화학적으로 분석할 수 있다. 또는 더 앞쪽 사슬, 궁극적으로 해당 유전자가 직접 생산하는 폴리펩티드 산물을 고려하거나 더 뒤쪽 사슬을 살펴볼 수도 있다.

수컷 페로몬 다음에 있는 뒤쪽 사슬은 무엇인가? 이는 수컷 몸 바깥에 있다. 이 인과관계의 사슬은 암컷 몸이라는 간극을 가로질러 확장된다. 이 사슬은 암컷 몸에서 수많은 단계를 거치지만 다시금 유전학자는 단계의 세부 사항을 알려고 애쓸 필요 없다. 유전학자는 편의상 유전자가 암컷에서 임신 중절을 일으키는 지점을 개념적 인과 사슬의 최종으로 선택했다. 그 지점이 바로 유전학자가 분석하기 가장 수월하다고 생각하는 유전자의 표현형 산물이며, 자연에 나타나는 적응을 연구하는 사람으로서 유전학자가 직접 흥미를 갖는 표현형이다. 이 가설에 따르면 암컷 쥐에서 발생하는 유산은 수컷 쥐 유전자가 내는 표현형 효과다.

그렇다면 '확장된 유전학자'는 어떻게 브루스 효과의 진화를 눈으로 보여 줄 수 있는가? 자연 선택은 수컷 몸에 있을 때 암컷 몸에다 유산을 일으키는 표현형 효과를 내는 돌연변이 유전자를 대립 유전자에 비해 선호한다. 그 돌연변이 유전자는 암컷이 앞서 임신한 새끼를 제거한 후, 새로 낳은 자식 몸에 전달되는 경향이 있기 때문이다. 그러나 4장에서 본 선례를 따르면 암컷은 아무런 저항 없이 조종에 쉽게 굴복하지 않으므로 이를 둘러싼 군비 경쟁이 일어날 것이다. 개체가 얻는 이점이라는 언어로 쓰자면, 선택은 수컷이 행사하는 페로몬 조종에 저항하는 돌연변이 암컷을 선호할 것이다. '확장된 유전학자'는 이런 저항을 어떻게 생각하는가? 변경 유전자 개념이 그 답이다.

다시금 하나의 원리를 일깨우고자 먼저 전통적 체내 유전학으로 돌아간 뒤, 그 원리를 확장된 유전학이라는 영역에 적용해 보자. 체내 유전학에서는 하나 이상의 유전자가 어떤 표현형 형질에 있는 변이에 작용한다는 생각에 아주 익숙하다. 때로는 한 좌위가 형질에 '주요한' 효과를 미치고, 나머지 좌위는 '변경하는' 효과를 미친다고 지정하는 게 편리하다. 다른 때는 어느 좌위도 다른 좌위에 비해 주요하다고 불릴 정도로 우위를 차지하지 못하며, 모든 유전자가 서로의 효과를 변경한다고 보는 게 편리하다. '무법자 유전자와 변경 유전자' 장에서 동일한 표현형 형질에 작용하는 두 좌위는 상충하는 선택압을 받을 수 있다는 점을 보았다. 그 최종 결과는 교착 상태에 빠지거나, 타협하거나, 어느 한쪽의 압승일 것이다. 요점은 전통적 체내 유전학은 동일한 표현형 형질에 작용하지만 그 방향이 반대인, 서로 다른 좌위에 있는 유전자를 선호하는 자연 선택이라는 사고에 이미 익숙하다는 사실이다.

이 교훈을 확장된 유전학 영역에도 적용해 보자. 관심 있는 표현형 형질은 암컷 쥐의 유산이다. 이런 형질에 작용하는 유전자에는 틀림없이 암컷 몸에 있는 일련의 유전자와 수컷 몸에 있는 일련의 유전자를 포괄한다. 수컷 유전자의 경우 인과 사슬에 있는 고리는 페로몬 원격 작용을 포함하므로, 이는 수컷 유전자가 주는 영향을 매우 간접적인 것처럼 만든다. 그러나 암컷 유전자에 있는 인과 고리는 유전자가 암컷 몸 안에 틀어박혀 있는데도, 간접적이나 다름없는 것 같다. 암컷 유전자는 암컷 혈류로 흐르는 다양한 화학적 분비물을 이용하겠지만, 수컷 유전자는 추가로 공기 중으로 흐르는 분비물을 이용한다. 요점은 두 유전자 집합은 길고 간접적인 인과 고리로 동일한 표현형 형질, 암컷 유산에 작용하며 어느 쪽 유전자 집합이든 다른 쪽 유전자 집합의 변경 유전자 집합이라고 볼 수 있다는 사실이다. 각 집합에 있는 어떤 유전자가 같은 집합 내 다른 유전자의 변경 유전자인 것처럼 말이다.

수컷 유전자는 암컷 표현형에 영향을 준다. 암컷 유전자는 암컷 표현형에 영향을 주며, 또한 수컷 유전자가 주는 영향을 변경한다. 우리가 아는 바, 암컷 유전자는 대항 조종으로 수컷 표현형에 영향을 준다. 이 경우 수컷 유전자 사이에서 변경 유전자 선택이 일어날 것이다.

이런 이야기 전체를 4장의 언어, 개체 조종이라는 언어로 표현할 수도 있다. 확장된 유전학이라는 언어가 명백히 더 옳은 것은 아니다. 확장된 유전학은 같은 대상을 말하는 다른 방식이다. 네커 정육면체는 뒤집혔다. 독자는 오래된 견해보다 새로운 견해가 더 마음에 드는지 결정해야만 한다. 나는 확장된 유전학자가 브루스 효과의 전모를 전통 유전학자보다 더 명쾌하고 검약적으로 설명한다고 생각한다. 두 유전학자는 유전자에서 표현형으로 가는 어마어마하게 길고 복잡한 인과 사슬에 골머리를 썩여야 할지 모른다. 두 유전학자는 더 앞선 고리는 발생학자가 맡겠으나, 사슬의 어떤 고리를 관심 있는 표현형 형질로 지정할까 선택하는 일은 자의적이라는 사실을 인정한다. 다만 전통 유전학자는 몸 밖에 구축한 외벽에 이르는 지점에서 모든 사슬을 자르는 더욱 자의적인 결정을 한다.

유전자는 단백질에 영향을 주고, 단백질은 X에 영향을 주고, X는 Y에, Y는 Z에, Z는…… 관심 있는 표현형 형질에 영향을 준다. 그런데 전통 유전학자는 X, Y, Z가 모두 개체의 체벽 속으로만 국한되어야 한다는 방식으로 '표현형 효과'를 정의한다. 확장된 유전학자는 이런 단절이 자의적이라는 사실을 인지하며, X, Y, Z가 한 개체의 몸과 다른 개체의 몸 사이에 놓인 간극을 뛰어넘는다는 점을 기꺼이 받아들인다. 전통 유전학자는 몸속 세포 사이에 놓인 간극에 다리를 얹어 장애물을 뛰어넘는다. 예를 들어 인간의 적혈구 세포는 핵이 없어 유전자가 내는 표현형을 다른 세포에 발현할 것이 틀림없다. 따라서 간극 뛰어넘기를 정당화하는 사례가 있다면, 왜 서로 다른 몸에 있는 세포 사이 간극에 다리를 얹는다고 생각하면 안 되는가? 언제 이것이 정당화되는가? 이렇게 보는 게 편리한 경우에는 언제나 정당하며, 전통적 언어로 말해 한 개체가 다른 개체를 조종하는 경우에도 언제나 정당하다. 사실 확장된 유전학자는 네커 정육면체의 새로운 면에 시선을 고정한 채 4장 전체를 기꺼이 새로 쓸 수 있다. 이런 고쳐 쓰기는 흥미로운 작업이겠으나 독자에게 맡기고 싶다. 유전적 원격 작용을 볼 수 있는 사례를 쌓는 일은 그만하고 원격 작용의 개념과 발생하는 문제를 좀 더 일반적으로 논의해 보자.

군비 경쟁과 조종을 다룬 장에서 유기체가 가진 팔다리는 다른 유기체의 유전자를 도우려 적응했을지 모르며, 이런 발상은 이 책의 후반부에서야 완전한 의미를 띤다고 말했다. 바로 유전적 원격 작용이라는 관점이 발상을 의미 있게 하는 요소다. 그렇다면 암컷의 근육이 수컷 유전자를 위해 일하고, 부모의 팔다리가 자식 유전자를 위해 일하고, 개개비의 날개가 뻐꾸기 유전자를 위해 일한다고 말하는 것은 어떤 의미일까? 이기적 유기체라는 '중심 정리'는 동물이 하는 행동은 자신의 (포괄) 적합도를 최대화한다고 말한다는 사실을 기억할 것이다. 우리는 개체가 포괄 적합도를 최대화하려고 행동하는 모양은 자신의 생존을 최대화하는 행동 유형을 '위한' 유전자나 혹은 유전자들과 같다는 점을 보았다. 또한 이제 우리는 어떤 행동 유형을 '위한' 유전자를 말하는 게 언제나 가능하다는 의미에서 한 개체에 있는, 다른 개체가 나타내는 행동 유형(또는 다른 표현형 형질)을 '위한' 유전자를 말하는 게 가능하다. 이 세 가지 설명을 통합하면 확장된 표현형만이 품은 '중심 정리'에 도달한다.

동물이 하는 행동은 그 행동을 '위한' 유전자가 행동을 수행하는 특정 동물 몸에 있든 없든, 해당 유전자가 달성하는 생존을 최대화하는 경향이 있다.

표현형은 얼마나 먼 곳까지 확장될 수 있을까? 급격한 단절이나 역제곱 법칙의 지배처럼 원격 작용에는 어떤 한계가 있을까? 내가 생각하기에 가장 먼 원격 작용은 몇 킬로미터이며, 생존을 위한 유전자에서 비버 호수가 도달하는 가장 먼 끝을 구별하는 거리는 하나의 적응이다. 비버 호수가 화석화되어 화석을 연대순으로 배열하면 호수의 크기가 점점 증가하는 경향을 볼 수 있을 것이다. 크기 증가는 의심할 여지없이 자연선택이 산출하는 적응이며, 이 경우 진화적 경향은 대립 유전자를 대체해서 일어났다고 추론해야 한다. 확장된 표현형 관점에서 큰 호수를 위한 대립 유전자는 작은 호수를 위한 대립 유전자를 대체했다. 같은 관점에서 비버는 유전자 자체에서 몇 킬로미터 떨어진 곳까지 표현형 발현을 확장하는 유전자를 자신 속에서 운반한다고 말할 수 있다.

왜 몇 백 킬로미터나 몇 천 킬로미터는 안 될까? 영국에 사는 체외기생자가 제비에게 약물을 주입해 아프리카로 날아가게 한다면, 아프리카로 날아간 결과는 영국에 사는 기생자 유전자가 발현한 표현형으로 볼 수 있지 않을까? 확장된 표현형의 논리는 이런 발상을 선호하는 듯 보이나, 표현형 발현을 **적응**으로서 논한다면 실제로 이런 일은 불가능하다고 생각한다. 여기에는 비버 댐과 실천적으로 중요한 차이가 있다. 비버에 있는 어떤 유전자는 대립 유전자와 비교했을 때 더 큰 호수를 조성하게 해 호수 덕분에 직접 이익을 얻는다. 더 작은 호수를 조성케 하는 대립 유전자는 더 작은 표현형이라는 직접 결과로 생존에 불리하다. 하지만 영국 체외 기생자 유전자는 영국에 있는 대립 유전자를 희생해 아프리카 표현형 발현이라는 직접 결과로 어떻게 이득을 얻을 수 있는지 이해하기 어렵다. 아프리카는 유전자 작용의 결과로 유전자와 영향을 주고받고, 유전자가 얻는 복지에 영향을 주기에는 너무나 먼 듯하다.

같은 이유에서, 비버 호수가 특정 크기를 넘어서면 더 이상 크기 증가를 적응으로 간주하기 어렵다. 특정 크기를 넘어서면 댐을 건설하지 않은 다른 비버들이 댐을 건설한 비버와 함께 크기가 증가할 때마다 이익을 얻을 것이기 때문이다. 커다란 호수는 그 지역에 사는 모든 비버에게 이롭다. 그들이 댐을 만들었든, 그저 발견해 이용한 것뿐이든 상관없이 말이다. 마찬가지로, 영국에 사는 동물 유전자가 아프리카에 표현형 효과를 가해 유전자 '자신이 탄' 동물이 생존하는 데 직접 이익을 얻는다 해도, 같은 종류에 속하는 다른 영국 동물도 그만큼 이익을 얻을 것이 거의 확실하다. 자연 선택은 언제나 **상대적** 성공도라는 점을 잊어서는 안 된다.

물론 유전자 생존이 표현형 발현에 영향받지 않을지라도 유전자는 특정 표현형을 발현한다고 주장할 수도 있다. 이런 뜻에 따르면, 영국에 사는 유전자는 자기가 가하는 결과로 영국 유전자 풀에 있는 자기 성공도에 영향을 주고받지 못하더라도, 사실상 멀리 떨어진 대륙에 표현형 발현을 하는 것이다. 그러나 확장된 표현형이라는 세계에서 이런 방식은 유효하지 않다는 점을 이미 논했다. 발자국 모양을 위한 유전자의 표현형 발현으로 진흙에 생긴 발자국 사례를 이용해, 확장된 표현형이라는 언어는 해당 형질이 긍정적으로든 부정적으로든 관련된 유전자나 유전자들이 달성하는 복제 성공도에 영향을 줄 때만 가능하다고 말이다.

그럴듯하지는 않지만 요점을 명확히 짚고자, 다른 대륙으로 확장된 표현형 발현을 하는 유전자를 말하는 게 실제로 유용하다는 사고실험을 해 보자. 제비는 매년 같은 둥지로 돌아오므로 영국에 있는 제비 둥지에서 휴면하며 기다리는 체외 기생자는 아프리카 여정 전후에 똑같은 제비를 만날 것이다. 기생자가 아프리카에서 수행하는 제비 행동에 몇 가지 변화를 꾸밀 수 있다면 제비가 영국으로 돌아와 변화가 내놓는 성과를 거둬들일 것이다. 예를 들어 기생자에게 영국에는 없는 희귀한 미량 영양소가 필요한데 아프리카에 사는 특정한 파리 지방 조직에 그 영양소가 있다고 하자. 제비는 보통 이 파리를 좋아하지 않지만 기생자는 제비가 아프리카로 떠나기 전에 어떤 약물을 주입해 해당 파리 종류를 먹게끔 먹이 선호도를 바꾸어 버린다. 제비가 영국으로 돌아오면 몸에는 원래 둥지에서 기다리는 기생자 개체(또는 그 자녀)에게 이익을 줄 만큼, 기생자 종 내에 경쟁자에게는 손해를 끼치면서 이익을 줄 만큼 충분한 미량 영양소가 들어 있을 것이다. 오직 이런 상황에서만 한 대륙에 사는 유전자가 다른 대륙에 표현형 발현을 한다고 말할 수 있다.

적응을 이렇게 전 지구적 규모로 논하는 방식은 독자의 마음속에 사전에 방지하는 게 현명한, 유행처럼 널리 퍼진 생태적 '그물망'이라는 인상을 남길 우려가 있다. 그중 가장 극단적 사례가 러브록(Lovelock, 1979)이 제안한 '가이아Gaia' 가설이다. 확장된 표현형이 발하는 서로 맞물린 영향이라는 그물망은 대중생태학 문헌(예를 들어 『에콜로지스트』)과 러브록이 출판한 책에서 중요하게 다루는 상호 의존과 공생이라는 그물망과 표면상 유사하다. 러브록의 가이아설은 마굴리스(Margulis, 1981) 같은 과학자까지도 열광적으로 지지했고, 멜런비(Mellanby, 1981)는 비범한 작업이라고 극찬했기에, 그저 무시할 수만은 없어 확장된 표현형과 가이아설이 범주상 어떤 연관도 없음을 보여 주고자 잠시 본론에서 벗어나야겠다.

러브록은 항상적 자기 조절을 마땅히 살아 있는 유기체가 하는 특징적 활동 중 하나로 보고 이로써 지구 전체가 하나의 살아 있는 유기체와 같다는 대담한 가설을 펼친다. 토머스(Thomas, 1974)가 세계를 살아 있는 세포에 비유한 것은 그냥 한 번 던져 본 시구詩句로 볼 수 있지만, 러브록은 책 전체를 바칠 정도로 분명 지구/유기체 유비를 진지하게 받아들인다. 러브록은 정말로 이를 믿는다. 대기가 지닌 성질을 설명하는 방식은 러브록이 품은 생각을 단적으로 드러낸다. 지구는 비교 가능한 대표적 행성보다 훨씬 많은 산소를 보유한다. 이렇게 높은 산소 함유량은 대개 녹색식물 덕이 아닐까라고 널리 생각돼 왔다. 대다수 사람은 산소 생산은 식물 활동의 부산물이며 산소로 호흡하는 우리에겐 다행한 일이라고 생각한다(또한 부분적으로는 산소가 풍부하기에 이를 이용해 호흡하도록 선택되었을 것이다). 러브록은 여기서 더 나아가 식물이 하는 산소 생산을 지구/유기체 또는 '가이아'(그리스 신화에 등장하는 대지의 여신에서 따온 이름)가 만든 적응으로 간주한다. 즉, 식물은 생명 전체에 이롭기 **때문에** 산소를 생산한다.

러브록은 소량 발생하는 다른 기체에도 동일한 논증을 사용한다.

> 그렇다면 메탄이 존재하는 목적은 무엇이고 산소와는 어떤 관련을 맺는가? 한 가지 분명한 기능은 메탄이 유래하는 무산소성 층위의 통합성을 유지하는 일이다. (p. 73)

> 또 하나 수수께끼 같은 대기 기체는 아산화질소다. (……) 효율적인 생물권은 아산화질소가 유용한 기능을 하지 않는 한 이런 이상한 기체를 만드는 데 필요한 에너지를 낭비하지 않을 것이다. 가능한 두 가지 용도가 생각난다……. (p. 74)

> 토양과 바다에서 대량으로 생산되어 공기 중에 흩어지는 또 하나의 질소 기체는 암모니아다. (……) 메탄처럼, 생물권은 암모니아를 생산하는 데 많은 에너지를 소모하며, 암모니아는 이제 완전히 생물학적으로 발생한다. 암모니아가 하는 기능이 환경의 산성도를 통제하는 것임은 거의 확실하다……. (p. 77)

러브록 가설이 품은 치명적 결함은 그가 말한 지구 적응을 생산하는 데 작용하는 자연 선택 과정의 수준이 무엇인지 물을 때 즉각 드러난다. 개체 몸에 생기는 항상성 적응은 더 나은 항상성 장치를 가진 개체가 그보다 못한 항상성 장치를 가진 개체보다 유전자를 더 잘 전달하기 때문에 진화한다. 유비를 엄밀하게 적용하면, 경쟁하는 일련의 가이아, 서로 다른 행성이 있어야 하며 자신의 행성 대기에서 항상성 조절을 효율적으로 하지 못하는 생물권은 절멸한다. 우주에는 항상성 조절계를 운용하는 데 실패해 죽은 행성으로 가득할 것이며 군데군데 조절에 성공한 한 줌의 행성 중 하나가 지구다. 이 말도 안 되는 이야기조차 러브록이 제안한 행성 적응의 진화를 도출하기에는 충분치 않다. 여기에 더해 성공한 행성은 자신의 생활 방식과 똑같은 사본으로 새로운 행성을 낳는다는 식의 번식을 가정해야 한다.

물론 러브록이 이런 일이 일어났다고 믿을 리 없다. 러브록은 분명히 나만큼이나 행성 간 선택이라는 발상이 터무니없다고 생각할 것이다. 단지 러브록은 내가 그의 가설이 함축한다고 생각하는 숨겨진 가정을 알지 못하는 게 확실하다. 러브록은 가설이 그런 가정을 함축한다는 사실에 반박하고, 가이아에는 하나의 행성 내에서 작용하는 통상의 다윈 선택 과정으로 총체적 적응이 진화한다고 주장할 것이다. 과연 이런 선택 과정을 가정한 모형이 작동할 수 있을지 의심스럽다. 즉, 그 모형은 '집단 선택'이 노정하는 악명 높은 난점을 모두 포함한다. 예를 들어 식물이 생물권에 이익을 주려고 산소를 생산한다면 산소 생산에 드는 비용을 절약하는 돌연변이 식물을 상상해 보라. 당연히 돌연변이 식물은 공공심이 투철한 동료보다 더 많이 번식하므로 공공심을 위한 유전자는 곧 사라질 것이다. 산소 생산에 비용이 들지 않는다고 항변해 봤자 소용없다. 산소 생산에 비용이 들지 않는다면 어쨌든 과학계가 인정하듯, 산소는 식물이 자신의 이기적 이익을 추구하는 데 따른 부산물이라는 게 산소 생산을 설명하는 가장 검약적인 방식이다. 개인적으로는 미심쩍게 보나, 어느 날 누군가가 가이아 진화를 입증하는 작업 모형을 만들 수도 있다는 사실을 부정하지는 않는다(어쩌면 아래에서 논할 '모형 2' 방식과 유사하게). 그러나 러브록은 그런 모형을 염두에 두고 있다 해도 전혀 언급하지 않으며 실상 해결하기 어려운 문제가 있다는 점도 내색하지 않는다.

옛정을 생각하면 상당히 기분 나쁘게 들리겠지만 나는 가이아설의 극단적 형태를 'BBC 정리'라고 부르겠다. BBC는 뛰어난 자연 촬영으로

칭송받으며 보통 이 경이로운 영상을 진지한 해설과 함께 엮는다. 그러나 이제 상황이 변질돼 몇 년 동안이나 해설에는 대중 '생태학'으로 인해 거의 종교적 지위에까지 올라간 내용이 다수를 차지한다. 그곳에는 '자연의 평형'이라 부르는, 전체의 이익을 위해 각자 맡은 역할을 수행하는 식물, 초식동물, 육식동물, 청소동물이라는 절묘하게 빚어진 기계가 등장한다. 정교한 생태 균형을 망치는 유일한 적은 인간 진보라는 고삐 풀린 망아지, 불도저 같은…… 등. 세계는 묵묵히 노고를 아끼지 않는 쇠똥구리와 청소 동물을 필요로 한다. 세계를 정화하는 환경 미화원으로서 사심 없이 일하는 그들이 없었다면…… 등. 초식동물은 포식자를 필요로 한다. 포식자가 없다면 개체군은 통제를 벗어나 급등해 절멸할 것이다. 마찬가지로 인간도 포식자가 없다면…… 등. 흔히 BBC 정리를 그물망이나 관계망이라는 시적 관점으로도 표현한다. 세계 전체는 촘촘한 상호 관계망, 수천 년에 걸쳐 축조해 온 연결망이므로 이를 잡아 찢는 인류에게는 재앙이 닥치리라…… 등.

물론 BBC 정리에서 주는 도덕적 권고에는 장점도 많다. 그러나 이런 말이 BBC 정리의 이론적 기반이 타당하다는 뜻은 아니다. 또한 BBC 정리가 노정하는 약점은 가이아설에서 이미 폭로한 바와 같다. 관계망이라는 게 있어도 이는 조그마한, 자기 이익을 도모하는 구성 요소로 이루어지기 마련이다. 전체 생태계의 안녕을 증진하려고 비용을 지불하는 존재자는 공공심이 투철한 동료를 착취하고 전체 복지에 기여하지 않는 경쟁자보다 더 번식에 성공하지 못할 것이다. 하딘(Hardin, 1968)은 이 문제를 "공유지의 비극"이라는 탁월한 문구로 요약했고 최근에는 "사람 좋으면 꼴찌"라는 경구로 표현했다(Hardin, 1978).

BBC 정리와 가이아설을 다룬 이유는 확장된 표현형과 원격 작용이라는 개념이 TV '생태학자'가 말하는 한층 무성하게 확장된 관계망이나 그물망이라는 발상과 비슷하게 들릴까 우려했기 때문이다. 그래서 차이점을 강조하고자 그물망과 관계망이라는 수사를 빌려, 하지만 아주 다른 방식으로 사용해 확장된 표현형과 유전적 원격 작용이라는 개념을 설명해 보겠다.

생식 계열 염색체에 있는 좌위에서는 점유권을 둘러싸고 열띤 경쟁이 벌어진다. 경쟁 참가자는 대립형질 복제자들이다. 이 세계의 복제자 대부분은 모든 대안적인 대립 복제자와 싸워 이겨 자기 자리를 차지했다. 승리한 복제자와 패배한 경쟁자가 사용하는 무기는 각각이 발하는 표현형 결과다. 관습적으로 표현형 결과는 복제자 주변을 둘러싼 작은 영역에 한정된다고 생각해, 그 경계를 복제자가 자리한 세포가 있는 개체의 체벽으로 정의한다. 그러나 유전자가 표현형에 내는 인과적 영향의 본성을 고려하면, 영향이 미치는 범위를 자의적 방식으로 한정하는 일은 옳지 않다. 영향 범위를 세포 내 생화학 과정으로 한정하는 일도 마찬가지로 옳지 않다. 우리는 각각의 복제자를 세계 전체에 미치는 영향 범위의 중심으로서 생각해야 한다. 복제자는 인과적 영향을 발산하는데, 그 힘은 단순 수학 법칙에 따라 거리와 더불어 쇠락하지 않는다. 인과적 영향은 가깝든 멀든 갈 수 있는 길을 따라 세포 내 생화학 과정, 세포 간 물리화학적 상호 작용, 신체 전체 형태와 생리라는 길 어디로든지 간다. 인과적 영향은 다양한 물리화학적 매개체를 통해 개체 몸을 넘어 외부 세계의 손댈 수 있는 대상, 생명 아닌 조작물과 살아 있는 유기체에까지 퍼져 나간다.

모든 유전자가 세계에 퍼져 나가는 영향 범위의 중심이듯이, 모든 표현형 형질은 개체 몸 안팎에서 수많은 유전자가 행사하는 영향이 모이는 중심이다. BBC 정리와 표면상 관련 있다고 보는 생물권 전체, 동물과 식물의 세계 전체는 유전적 영향 범위라는 정교한 관계망, 표현형 힘이라는 그물망과 십자 모양으로 교차한다. 다음과 같은 텔레비전 해설이 들리는 듯하다. "미토콘드리아 크기로 축소되어 인간 접합자에 있는 핵막 밖, 관찰하기 좋은 장소에 있다고 상상해 봅시다. 수백만의 전령 RNA 분자가 표현형 발현이라는 사명을 띠고 세포질로 흘러가는 장면이 보입니다. 이제 세포 크기가 되어 병아리 배아에서 자라는 다리싹limb-bud에 들어갑시다. 축기울기axial gradient를 완만한 경사로 내리면서 떠다니는 화학적 유도체를 느껴 보십시오! 이번에는 원래 크기로 돌아가 때는 봄, 동틀 녘에 숲 한가운데 있다고 합시다. 새의 노랫소리가 온몸을 휘감습니다. 수컷의 울대는 음을 쏟아 내 숲 전체 암컷의 난소를 부풀립니다. 여기서 음은 세포질에 있는 분자와 달리 탁 트인 공기 중에 압력파의 형태로 퍼져 나가지만 원리는 같습니다. 이렇게 걸리버 여행기처럼 소인국/거인국 사고실험으로 살펴본 세 가지 수준에서, 우리는 셀 수 없이 서로 맞물리는 복제자 힘이 미치는 범위 한가운데 서 있는 특권을 누리고 있습니다."

독자는 내가 비판하려던 요소는 BBC 정리가 전하는 **교훈**이지 그 수사법이 아니었다고 눈살을 찌푸릴 것이다! 그렇기는 하지만 한결 절제된 수사법이 흔히 더 효과적이다. 생물학 글쓰기에서 절제된 수사법의 대가는 에른스트 마이어다. 마이어가 쓴 「유전자형의 통일성」이라는 장(Mayr, 1963)은 복제자에 근거한 관점에 깊이 반대하는 예시로 자주 등장한다. 하지만 반대로 나는 그 장에 있는 거의 모든 문장을 열광적으로 지지하므로 어딘가에서 뭔가 오해가 생겼음에 틀림없다.

라이트(Wright, 1980)가 역시나 절제된 수사로 쓴 논문 「유전자 선택과 개체 선택」도 마찬가지다. 이 논문은 내가 지지하는 유전자 선택 관점을 거부하지만 나는 여기서 말하는 거의 모든 주장에 동의하며, 논문이 지닌 표면상 목적이 "자연 선택과 관련해…… 그 단위는 개체나 집단이 아니라 유전자다"라는 견해를 공격하는 데 있을지언정 귀중한 글이라고 생각한다. 라이트는 "한낱 유전자 선택보다는 개체 선택이라는 가능성이 다윈이 마주친 자연 선택론의 가장 심각한 반대 중 하나를 논박하는 데 크게 기여한다"라고 결론 내린다. 라이트는 '유전자 선택'이라는 관점이 윌리엄스와 메이너드 스미스, 나에게서 유래하고 R. A. 피셔에까지 거슬러 올라간다고 보았으며 이는 사실이다. 그렇기에 라이트는 다음과 같이 메다워(Medawar, 1981)가 한 찬사에 당혹스러울지도 모른다. "그러나 현대적 종합에서 일어난 가장 중요한 혁신은 동물 개체나 세포로 이루어진 개체군이 아니라 복제하는 근본 단위, 유전자로 이루어진 개체군을 진화하는 개체군으로 생각해야 가장 바람직하다는 새로운 개념이었다. 슈얼 라이트는…… 이 새로운 사고방식의 주요 도입자였다. 물론 중요하지만 라이트만큼은 아닌 R. A. 피셔에게 우선권이 있고 피셔는 라이트를 결코 용납하지 않았지만…….”

이 장 나머지에서는, ‘유전자 선택론’을 순진해 빠진 원자론이며 환원주의라고 공격하는 것이 허수아비 치기에 불과하다는 사실을 보이고자 한다. 그런 유전자 선택론은 내가 옹호하는 유전자 선택론이 아니다. 그리고 유전자가 유전자 풀에 있는 다른 유전자와 **협동하는 능력**에 따라 선택된다고 올바르게 이해한다면, 우리는 라이트와 마이어가 자신들의 견해와 완전히 양립한다고 보는 유전자 선택론에 도달한다. 나는 단지 양립할 뿐만 아니라 라이트와 마이어가 지닌 견해와 더 잘 맞고 더 명확한 표현이라 주장하고 싶다. 마이어가 쓴 장의 요약문(pp. 295~296) 중 핵심 문단을 인용해 어떻게 그들 견해가 확장된 표현형이라는 세계에 잘 동화하는지 보여 주겠다.

> 표현형은 모든 유전자가 조화롭게 상호 작용해 나온 결과물이다. 유전자형은 하나의 ‘생리적 팀’으로서, 그중 한 유전자는 발생 과정 중 필요한 때에 필요한 양으로 화학적 ‘유전자 산물’을 공들여 만들어 적합도에 최대한도로 기여할 수 있다. (Mayr, 1963)

어떤 **확장된** 표현형 형질은 유기체 안팎에서 작용하는 수많은 유전자가 상호 작용해서 나온 결과물이다. 상호 작용이 반드시 조화로운 건 아니다. 또한 8장에서 본 대로, 몸속 유전자 간 상호 작용도 늘 조화롭지는 않다. 자신이 내는 영향이 특정 표현형 형질로 모이는 유전자들은 특별하고 미묘한 의미에서만 ‘생리적 팀’이며, 이는 확장된 상호 작용과 함께 마이어가 말하는 전통적 몸속 상호 작용에도 해당한다.

나는 이전에 조정 팀이라는 은유(Dawkins, 1976a, pp. 91~92)와 근시와 정상 시각인 사람 간의 협동이라는 은유(Dawkins, 1980, pp. 22~24)로 이런 특별한 의미를 설명하려 했다. 이 원리에 잭 스프랫Jack Sprat◆ 원리라는 이름을 붙여도 좋다. 한 사람은 지방, 다른 사람은 살코기를 좋아하는 상호 보완적 식욕을 가진 두 개체, 또는 한 사람은 밀을 재배하고 다른 사람은 제분하는 상호 보완적 기술을 가진 두 개체는 자연히 조화로운 동업자 관계를 형성하며, 이 동업자 관계를 더 고차원 단위로 간주하는 일도 가능하다. 흥미로운 질문은 이런 조화로운 단위가 어떻게 생기느냐이다. 여기서 이론상 조화로운 협동과 상보성을 낳는 선택 과정을 예증하는 두 가지 모형 사이에 있는 일반적 차이를 논의해 보자.

첫 번째 모형은 고차원 단위 수준에서 일어나는 선택을 활용한다. 고차원 단위의 메타 개체군■에서는 불화하는 단위보다 조화로운 단위가 선호된다. 가이아설에서 은연중 말했던 것이 바로 첫 번째 모형의 한 가지 판본이다. 즉, 행성 간 선택 말이다. 지상으로 내려오면, 첫 번째 모형은 서로의 기술을 보완하는 구성원이 있는 동물 집단, 가령 농부와 방앗간 주인을 포함한 집단은 농부나 방앗간 주인이 홀로 있는 집단보다 더 잘 생존함을 시사한다. 두 번째 모형은 첫 번째 모형보다 더 설득력 있다. 두 번째 모형은 집단에 메타 개체군이 있다고 가정할 필요가 없다. 이 모형은 집단유전학자가 빈도 의존 선택이라고 부르는 과정과 관련 있다. 선택은 더 낮은 수준, 조화로운 복합체를 이루는 구성 요소 수준에서 일어난다. 선택은 개체군에 높은 빈도로 있는 구성 요소와 조화롭게 상호 작용하는 개체군 내 구성 요소를 선호한다. 방앗간 주인이 다수인 개체군에서는 농부 개체가 번영하고, 농부가 다수인 개체군에서는 방앗

◆ 살코기를 좋아하는 마른 남편과 비계를 좋아하는 뚱뚱한 부인이 등장하는 전승 동요의 주인공 남편

■ 메타 개체군은 개체군으로 이루어진 개체군으로 같은 종에 속한 여러 작은 개체군이 공간적으로 분리되어 구성된다. 작은 개체군들 사이는 개체 간의 이동을 통해 상호 작용하면서 절멸에 맞서 개체군을 유지한다.

간 주인이 덕을 본다.

두 종류의 모형은 마이어가 조화와 협동이라고 부른 결과를 낳는다. 그러나 생물학자는 조화를 생각하면서 너무나 자주 자기도 모르게 두 모형 중 첫 번째 모형으로 기울어지고, 두 번째 모형의 그럴듯함을 잊어버리고 만다. 두 번째 모형은 한 공동체 내 농부와 방앗간 주인만이 아니라 한 몸속 유전자에도 잘 맞는다. 유전자형은 '생리적 팀'일 수 있으나, 그 팀이 반드시 덜 조화로운 경쟁 단위와 비교해 조화로운 단위로서 선택된다고 여길 필요는 없다. 오히려 각각의 유전자는 자기가 사는 환경에서 번영했기 때문에 선택되며, 환경에는 필시 유전자 풀에서 함께 번영하는 다른 유전자가 포함된다. 상호 보완하는 '기술'을 가진 유전자가 서로의 존재 덕에 번영하는 것이다.

유전자에게 상보성이란 어떤 의미일까? 두 유전자는 대립 유전자와 비교해 각각의 생존이 개체군에서 둘 중 다른 하나의 유전자가 풍부할 때 증진한다면 상보적이라고 할 수 있다. 이런 상호 원조를 볼 수 있는 가장 명확한 근거는 공유하는 개체 몸에서 상호 보완하는 기능을 수행하는 두 유전자다. 생물학적으로 중요한 화학 물질을 합성하는 일은 흔히 단계적 사슬로 이루어진 생화학적 경로에 의존하며, 특정 효소가 각 단계를 매개한다. 이 효소 중 어느 하나의 유용성은 사슬에 있는 다른 효소의 존재에 따라 조건화되어 있다. 한 유전자 풀이 어떤 사슬에 필요한 모든 효소를 위한 유전자 중 하나만 제외하고 풍부하다면, 사슬의 잃어버린 고리를 위한 유전자를 선호하는 선택압이 생길 것이다. 동일한 생화학적 최종 결과물을 산출하는 대체 가능한 경로가 있다면, 선택은 두 경로 중에서 (둘 다는 아니다) 초기 조건에 의존하는 한쪽 경로를 선호하리라. 대체 가능한 경로를 그 사이에서 선택이 일어나는 단위로 보는 것(모형 1)보다는 다음과 같이 보는 게 더 낫다(모형 2). 즉, 선택은 생화화적 경로에서 둘 중 다른 하나의 효소를 만드는 유전자가 유전자 풀에 이미 풍부한 경우, 나머지 하나의 효소를 만드는 유전자를 선호할 것이다.

생화학적 수준에만 적용할 필요는 없다. 나무껍질에 파인 홈과 닮은 줄무늬를 띤 나방 종을 생각해 보자. 한 개체는 가로 줄무늬를 띠는 반면, 다른 지역의 다른 개체는 세로 줄무늬를 띠며, 이 차이는 단일 유전자좌에서 결정된다. 분명 나방은 나무껍질 위에 앉을 때 올바른 방향으로 향해 있어야 잘 위장할 수 있다(Sargent, 1969b). 어떤 나방은 수직으로, 다른 나방은 수평으로 앉으며, 이 행동 차이를 두 번째 좌위에서 통제한다고 하자. 관찰자는 운 좋게도 한 지역에 있는 모든 세로 줄무늬 나방이 수직으로 앉고, 다른 지역에 있는 모든 가로 줄무늬 나방이 수평으로 앉는 장면을 보았다. 그렇다면 두 지역에는 줄무늬 방향을 위한 유전자와 앉는 방향을 위한 유전자 사이에 '조화로운 협동'이 일어난다고 말할 수 있다. 이런 조화가 어떻게 생기는 걸까?

다시 두 모형을 떠올려 보자. 모형 1은 조화롭지 않은 유전자 조합, 가로 줄무늬와 수직으로 앉는 행동, 세로 줄무늬와 수평으로 앉는 행동은 소멸하고 조화로운 유전자 조합만 남는다고 설명한다. 모형 1은 유전자 **조합** 간의 선택을 활용한다. 반대로 모형 2는 더 낮은 유전자 수준에서 일어나는 선택을 활용한다. 이유가 무엇이든 어떤 지역 유전자 풀에 이미 가로 줄무늬를 위한 유전자가 다수를 차지한다면, 이는 자동적으로 행동과 관련된 좌위에 수평으로 앉기 위한 유전자를 선호하는 선택압을 만든다. 그 결과 줄무늬와 관련된 좌위에 가로 줄무늬 유전자가 점한 우세를 증대하는 선택압이 생기고, 이는 다시 수평으로 앉기를 선호하는 선택을 강화한다. 따라서 개체군은 급격하게 가로 줄무늬/수평 앉기라는 진화적으로 안정된 조합으로 모인다. 반대로, 앞서와 다른 일련의 시작 조건에서는 개체군이 세로 줄무늬/수직 앉기라는 진화적으로 안정된 상태로 모인다. 두 좌위에 있는 어떤 시작 빈도의 조합이라도 선택이 일어난 후에는 두 가지 안정 상태 중 어느 하나로 모일 것이다.

모형 1은 협동하는 유전자 쌍이나 무리가 특히나 몸속에 함께 있을 때, 예컨대 한 염색체에서 '초유전자'로 밀접하게 연관될 때만 적용 가능하다. 유전자들은 정말로 그렇게 연관되어 있을지도 모르지만(Ford, 1975), 모형 2가 특별히 흥미로운 이유는 그런 연관 없이도 조화로운 유전자 복합체가 진화하는 과정을 눈으로 보여 줄 수 있기 때문이다. 모형 2에서는 협동하는 유전자가 서로 다른 염색체에 있으면서도, 어느 한쪽의 진화적으로 안정된 상태로 가는 진화의 결과로서, 빈도 의존 선택은 여전히 개체군에 있는 다른 유전자와 조화롭게 상호 작용하는 유전자가 개체군에서 우위를 차지하도록 이끈다(Lawlor & Maynard Smith, 1976). 원리상 같은 논증을 세 가지 좌위(예를 들어 앞날개 줄무늬와 뒷날개 줄무늬를 다른 좌위에서 통제하는 경우), 네 가지 좌위, ……n가지 좌위 조합에도 적용 가능하다. 상호 작용하는 모습을 상세하게 모형화하려면 복잡한 수학적 정식화가 필요하겠지만, 내가 말하고 싶은 요점에는 중요하지 않다. 중요한 것은 조화로운 협동이 생기는 두 가지 일반적 방법이 있다는 사실이다. 하나는 선택이 조화로운 복합체를 불화하는 복합체에 비해 선호하는 것이고, 다른 하나는 선택이 복합체를 이루는 별개의 **부분**을 개체군에서 해당 부분과 조화로운 다른 부분의 존재 덕에 선호하는 것이다.

모형 2를 마이어가 염두에 둔 몸속 유전자 조화를 설명하는 데 사용했지만, 이제 모형 2를 몸 간으로 확장된 유전자 상호 작용에 일반화하겠다. 우리는 이 장 앞부분의 주제였던 표현형 원격 작용이 아니라 유전적 원격 **상호** 작용을 논할 것이다. 이를 논하기는 어렵지 않다. 피셔(Fisher, 1930a)의 성비 이론 이래, 빈도 의존 선택을 고전적으로 몸 간 상호 작용에 적용해 왔기 때문이다. 왜 개체군은 균형 잡힌 성비를 나타낼까? 모형 1은 불균형한 성비를 보인 개체군은 절멸했기 때문이라고 설명한다. 피셔가 제시한 가설은 물론 모형 2다. 개체군이 불균형한 성비를 보인다면 개체군 **내부**에서 일어나는 선택은 균형을 회복하게 하는 유전자를 선호한다. 여기에는 모형 1처럼 개체군으로 이루어진 메타 개체군이 있다고 가정할 필요가 없다.

유전학자들은 빈도 의존이 주는 이점을 예증하는 다른 사례에도 익숙하며(예를 들어 Clarke, 1979) 나는 이전에 그 사례들이 '조화로운 협동'을 둘러싼 논쟁과 맺는 관련성을 논하기도 했다(Dawkins, 1980, pp. 22~24). 여기서 강조하고자 하는 요점은 각각의 복제하는 존재자라는 관점에서 유전체 **내** 조화, 협동, 상보성이라는 관계는 원리상, 서로 다른 유전체에 있는 유전자 간 관계와 다르지 않다는 사실이다. 나무 몸통에 수직으로 앉기 위한 유전자는 세로 줄무늬를 위한 유전자가 풍부한 유전자 풀에서 선호되며 그 반대도 마찬가지다. 효소 사슬이라는 생화학적 사례처럼 여기서도 협동은 몸속에서 일어난다. 즉, 유전자 풀에 세로 줄무늬를 위한 유전자가 풍부하다는 사실이 품은 의미는, 앉는 행동을 결정하는 좌위에 있는 어떤 유전자는 통계적으로 세로 줄무늬를 띤 몸에 있을 가능성이 높다는 것이다. 우리는 무엇보다 먼저 유전자는 유전자 풀에서 높은 빈도를 보이는 다른 유전자라는 배경에서 선택된다고 생각해야 하며, 가장 중요한 유전자 사이의 상호 작용이 몸속에서 또는 몸과 몸 사이에서 벌어지는지 구별하는 일은 두 번째로 족하다.

빅클러(Wickler, 1968)는 동물 의태를 개관한 대단히 흥미로운 논문에서 때로 개체는 협동을 통해서 외형을 흉내 낸다는 사실을 지적한다. 빅클러는 쾨니히Koenig가 수족관 수조에 사는 말미잘 한 마리에서 관찰한 일을 들려준다. 다음 날 보니 말미잘은 두 마리로 불어나 있었고, 각각은 원래 말미잘의 절반 크기였다. 또 다음 날에는 외견상 맨 처음의 큰 말미잘로 돌아와 있었다. 쾨니히는 불가능해 보이는 이런 현상을 상세히 조사해 사실 '말미잘'은 가짜로, 수많은 환형동물 벌레가 협동해 생겨났음을 발견했다. 각각의 벌레는 촉수 하나씩을 맡아 모래 속에서 하나의 원을 그려 모여 있었던 것이다. 물고기는 쾨니히처럼 이런 사기에 속은 듯했는데, 진짜 말미잘을 피하듯이 가짜 말미잘에 접근하지 않았기 때문이다. 아마도 각 벌레 개체는 협동적 의태 고리를 만들어 물고기 포식자로부터 몸을 지켰을 것이다. 그렇지만 고리를 형성하는 벌레 **집단**이 그렇지 않은 집단에 비해 선택된다고 말하는 방식은 유용하지 않다. 반대로, 고리 만들기에 참여하는 개체는 고리 만들기 참여자로 이루어진 개체군에서 선호된다고 말하는 게 유용하다.

다양한 곤충 종에서 각 개체가 많은 꽃이 달린 꽃차례의 꽃 하나인 양 흉내를 내, 각자가 꽃차례 전체를 확실히 모방하려고 무리를 이루어 협동하는 사례가 있다. "동아시아에서는 아주 아름다운 꽃차례를 가진 특이한 식물을 볼 수 있다. (……) 각각의 꽃은 높이가 약 0.5센티미터 정도로 금작화를 닮았고, 루핀 화초처럼 수직 줄기 주변에 배열해 있다. 경험 많은 식물학자가 이 식물을 틴나이아속*Tinnaea*이나 세사몹테리스속*Sesamopteris*으로 보고 '꽃'을 잡아 뺐더니 돌연 벌거숭이 줄기만 남았다. 꽃은 떨어진 게 아니었다. 꽃은 날아가 버렸다! '꽃'은 이티라이아 그레고리이*Ityraea gregorii*나 오이아리나 니그리타르수스*Oyarina nigritarsus* 같은 매미들로 이루어져 있었던 것이다."(Wickler, 1968, p. 61)

논의를 전개하기에 앞서, 세부 가정을 확실히 해 두겠다. 특정 매미 종에 작용하는 선택압에 관한 세부 사항은 알려진 바가 없어서, 편의상 이티라이아속이나 오이아리나속처럼 집단 의태 속임수를 행하는 가설상의 매미가 있다고 하자. 이 가상 종에는 분홍색과 파란색 두 가지 서로 다른 색채형이 있으며, 두 가지 색채형은 분홍색과 파란색을 띠는 두 가지 루핀 변종을 흉내 낸다고 하자. 분홍색과 파란색 루핀은 매미 종이 분포하는 전 범위에 걸쳐 똑같이 풍부하게 존재하지만, 한 지역에서는 모든 매미가 분홍이거나 파랑이라고 하자. 개체는 줄기 끝에 무리를 이루어 루핀의 꽃차례를 닮는다는 점에서 '협동'이 일어난다. 또한 혼합색 무리는 생기지 않는다는 점에서 '조화'롭다. 특히 혼합색 무리는 포식자가 사기인 것을 간파하기 쉽다고 가정하자. 진짜 루핀에는 두 가지 색으로 된 꽃차례가 없기 때문이다.

여기서 어떻게 모형 2가 근거하는 빈도 의존 선택으로 조화가 일어나는가. 어느 지역에서나 역사적 우연이 한쪽 색채형에 유리하게 최초로 다수를 차지하는 일을 결정한다. 분홍 매미가 우세한 지역에서는 파랑 매미가 불리하다. 파랑 매미가 우세한 지역에서는 분홍 매미가 불리하다. 두 경우 모두 소수파로 전락하는 건 불리하다. 소수 색채형 구성원은 우연히 다수 색채형 구성원보다 혼합 무리에 참여할 가능성이 더 높기 때문이다. 유전자 수준에서 분홍 유전자는 분홍 유전자가 우세한 유전자 풀에서 선호되고, 파랑 유전자는 파랑 유전자가 우세한 유전자 풀에서 선호된다.

이제 또 다른 곤충, 꽃 하나 대신 루핀 꽃차례 전체를 흉내 낼 정도로 큰 애벌레를 가정해 보자. 애벌레의 각 체절은 루핀 꽃차례에 있는 별개의 꽃을 흉내 낸다. 각 부분이 띠는 색은 서로 다른 좌위에서 통제해 분홍색이나 파란색이 된다. 전부 파란색이거나 분홍색인 애벌레는 혼합색 애벌레보다 더 성공한다. 여기서도 포식자는 혼합색 루핀이 없다는 사실을 알기 때문이다. 두 가지 색으로 된 애벌레가 있으면 안 된다는 이론적 이유는 없지만, 선택의 결과 그런 애벌레가 생기지 않는다고 하자. 그러면 어느 지역에서나 애벌레는 분홍이거나 파랑이다. 이 또한 '조화로운 협동'이다.

이런 조화로운 협동은 어떻게 일어날까? 정의상 모형 1은 각각의 체절이 띠는 색을 만드는 유전자가 초유전자와 밀접하게 연관되어 있을 경우에만 적용 가능하다. 다색 초유전자는 순수 분홍과 순수 파랑 초유전자에 손해를 끼쳐 불리해진다. 그러나 이 가상 종에서는 관련된 유전자가 서로 다른 염색체에 넓게 퍼져 있으므로 모형 2를 적용해야 한다. 어느 지역에서든 일단 하나의 색이 대다수 좌위에서 우세해지기 시작하면, 선택은 모든 좌위에서 그 색의 빈도를 높이도록 작용한다. 어느 특정 지역에서 하나를 제외한 모든 좌위에서 분홍 유전자가 우세하다면, 파랑 유전자가 우세한 외딴 좌위는 머지않아 선택을 통해 분홍 유전자가 점할 것이다. 가상 매미 종 사례에서도 서로 다른 지역에서 발생한 역사적 우연은 자동적으로 두 가지 진화적으로 안정된 상태 중 한쪽에 유리한 선택압을 가한다.

이 사고실험이 뜻하는 요점은 모형 2는 개체 사이와 개체 내에 똑같이 적용 가능하다는 사실이다. 애벌레와 매미 사례에서 분홍 유전자는 이미 분홍 유전자가 우세한 유전자 풀에서, 파랑 유전자는 이미 파랑 유전자가 우세한 유전자 풀에서 선호된다. 애벌레에서 각 유전자는 같은 색을 만드는 다른 유전자와 **몸**을 공유하는 경우에 이익을 얻기 때문이다. 매미에서 각 유전자는 자신이 탄 몸이, 같은 색을 만드는 유전자가 탄 **또 다른** 몸과 만날 경우에 이익을 얻기 때문이다. 애벌레 사례에서 협동하는 유전자는 같은 개체에 있는 서로 다른 좌위를 차지한다. 매미 사례에서 협동하는 유전자는 서로 다른 개체에 있는 같은 좌위를 차지한다. 말하고자 하는 목적은 유전적 원격 상호 작용이 원리상 한 몸속에서 벌어지는 유전적 상호 작용과 다르지 않다는 사실을 보여, 이 두 유전자 상호 작용 사이에 놓인 개념적 간극을 메우는 것이다.

다시 마이어를 인용해 보자.

> 공적응 선택이 내놓는 결과는 조화롭게 통합된 유전자 복합체다. 유전자가 행하는 공동 작용은 많은 수준, 염색체, 세포핵, 세포, 조직, 기관, 유기체 전체에서 일어날 수 있다.

이제 독자는 아무런 어려움 없이 마이어가 제시한 목록이 어떻게 확장될 수 있는지 알아맞힐 것이다. 서로 다른 개체에서 일어나는 유전자 간 공동 작용은 같은 개체에서 일어나는 유전자 간 공동 작용과 근본적으로 다르지 않다. 각 유전자는 다른 유전자가 내는 표현형 결과라는 세계에서 활동한다. 이런 다른 유전자는 같은 유전체에 속하는 구성원일 수도, 다른 몸을 통해 작동하는 같은 유전자 풀에 속하는 구성원일 수도 있다. 아니면 서로 다른 유전자 풀, 종, 문에 속하는 구성원일 수도 있다.

생리적 상호 작용의 기능적 기제가 지닌 본성은 진화학자에게는 사

> 소한 관심사일 뿐이다. 진화학자가 주의 깊게 보는 문제는 궁극적 산물, 표현형의 성공 가능성이다.

마이어는 역시나 정곡을 찌르는 말을 했지만, 그가 염두에 둔 '표현형'은 궁극적이지 않다. 이는 개체 몸 밖으로 확장 가능하다.

> 많은 기구는 양적으로나 질적으로 유전자 풀을 현 상태로 유지하려는 경향이 있다. 유전적 다양성의 하한선은 이형접합성이 주는 잦은 이점으로 결정된다. (……) 유전적 다양성의 상한선은 조화롭게 '공적응'할 수 있는 유전자만이 통합 가능하다는 사실로 결정된다. 고정된 선택 가치를 갖는 유전자는 없다. 동일한 유전자가 어떤 유전적 배경에서는 높은 적합도를 부여하지만 다른 유전적 배경에서는 실상 치명적일 수 있다.

더할 나위 없는 말이지만, '유전적 배경'에는 같은 유기체 내부에 있는 유전자와 더불어 다른 유기체에 있는 유전자도 포함할 수 있다는 점을 기억하라.

> 어떤 유전자 풀에서 일어나는 모든 유전자의 밀접한 상호 의존이 낳는 결과는 단단한 응집이다. 그리하여 전체 유전자형에 작용하는, 따라서 간접적으로 다른 유전자의 선택 가치에 작용하는 효과 없이는 유전자 빈도는 변화하지 않으며, 유전자 풀에 어떤 유전자가 추가되는 일도 없다.

지금 마이어는 공적응한 개체의 유전체가 아니라 공적응한 유전자 **풀**을 논하는 것으로 슬며시 옮겨 갔다. 이는 올바른 방향으로 가는 위대한 발걸음이나, 우리는 여전히 한 걸음 더 나아가야 한다. 여기서 마이어는 유전자가 자리한 몸과 상관없이, 하나의 유전자 풀에 있는 모든 유전자 사이에서 일어나는 상호 작용을 말한다. 확장된 표현형이라는 신조는 궁극적으로 다른 유전자 풀, 문, 계에 속하는 유전자 사이에서도 같은 종류의 상호 작용이 일어난다는 점을 받아들이도록 요구한다.

다시금 같은 유전자 풀에 있는 한 쌍의 유전자가 상호 작용할 수 있는 방법, 더 구체적으로 말해 유전자 풀에 있는 각각이 나타나는 빈도가 다른 하나의 생존 전망에 작용할 수 있는 방법을 생각해 보자. 첫 번째 방법은 마이어가 주로 염두에 둔 방식이 아닐까 생각하는데, 같은 몸을 공유함으로써 작용하는 것이다. 유전자 *A*의 생존 전망은 개체군에 있는 유전자 *B*가 나타내는 빈도에 영향을 받는다. *B*가 나타내는 빈도는 *A*가 *B*와 몸을 공유할 확률을 높이기 때문이다. 나방의 줄무늬 방향과 앉는 방향을 결정하는 좌위 사이에서 일어나는 상호 작용이 그 예다. 루핀을 흉내 내는 가상의 애벌레도 마찬가지다. 유용한 물질을 합성하는 특정 경로에서 후속 단계에 필요한 효소를 암호화하는 한 쌍의 유전자도 마찬가지다. 이런 유형의 유전자 상호 작용을 '몸속' 상호 작용이라고 부르자.

한 개체군에 있는 유전자 *B*가 나타내는 빈도가 유전자 *A*의 생존 전망에 작용하는 두 번째 방법은 '몸 간' 상호 작용이다. 여기서는 *A*가 자리한 몸이 *B*가 자리한 또 다른 몸과 만날 확률에 미치는 영향이 중요하다. 가상 매미 종이 그 예다. 피셔의 성비 이론도 마찬가지다. 내가 강조한 대로, 이 장이 품은 목적 중 하나는 두 종류의 유전자 상호 작용, 몸속 상호 작용과 몸 간 상호 작용의 차이를 최소화하는 것이었다.

그러나 이제는 서로 다른 유전자 풀, 서로 다른 종에 있는 유전자 간 상호 작용을 생각해 보자. 우리는 종 간 유전자 상호 작용과 종 내 개체 간 유전자 상호 작용 사이에는 거의 차이가 없음을 볼 것이다. 어느 경우든 상호 작용하는 유전자는 몸을 공유하지 않는다. 두 경우에서 각각이 갖는 생존 전망은 자신의 유전자 풀에서 다른 하나의 유전자가 나타내는 빈도에 의존한다. 다시 루핀 사고실험을 이용해 요점을 살펴보자.

매미처럼 다형적인 딱정벌레 종이 있다고 하자. 어떤 지역에서는 매미와 딱정벌레 두 종 모두 분홍색 형태가 우세한 반면에, 다른 지역에서는 두 종 모두 파란색 형태가 우세하다. 두 종은 몸 크기에서 차이가 난다. 두 종은 꽃차례를 흉내 내려고 '협동'하는데, 몸 크기가 작은 매미는 작은 꽃이 피는 줄기 꼭대기에 가깝게 앉고 몸 크기가 큰 딱정벌레는 각 가짜 꽃차례 아랫부분에 가깝게 앉는 경향이 있다. 딱정벌레/매미가 공동으로 만든 '꽃차례'는 딱정벌레나 매미가 혼자 만들었을 때보다 더 효과적으로 새를 속인다.

모형 2가 활용하는 빈도 의존 선택은 지금은 두 종이 관계된다는 점만 제외하면 이전처럼 두 가지 진화적으로 안정된 상태 중 하나로 진화를 이끌 것이다. 어떤 지역에서 역사적 우연이 분홍색 형태(종에 상관없이)가 우세하도록 했다면, 두 종 내에서 일어나는 선택은 파란색 형태보다는 분홍색 형태를 선호할 것이며 그 반대도 마찬가지다. 딱정벌레 종이 비교적 최근에 이미 매미 종이 대량으로 서식하는 지역으로 들어왔다면, 딱정벌레 종 내에서 일어나는 선택 방향은 해당 지역에서 우세한 매미 종이 띠는 색채형에 좌우된다. 따라서 두 가지 서로 다른 유전자 풀, 서로 교배 불가능한 두 종의 유전자 풀에 있는 유전자 간의 빈도 의존적 상호 작용이 일어난다. 루핀 꽃차례를 흉내 내는 데서, 매미는 딱정벌레나 또 하나의 매미 종과 효과적으로 협동하는 것처럼 거미나 달팽이와 협동할 수도 있다. 모형 2는 개체 간이나 개체 내와 함께 종 간이나 문 간에도 작동한다.

계 간에도 마찬가지다. 가령 협동적 상호 작용이 아니라 적대적 상호 작용, 아마풀*Linum usitissimum*과 녹병균*Melampsora lini* 사이의 상호 작용을 생각해 보자. "녹병균에 있는 특정 대립 유전자에 저항성을 부여하는 아마에 있는 특정 대립 유전자 간에는 근본적으로 일대일 대응관계가 있다. 이 '유전자를 위한 유전자' 체계는 그 밖의 수많은 식물 종에서도 발견됐다. (……) 유전자를 위한 유전자 상호 작용 모형은 유전 체계가 지닌 특별한 성질 때문에 생태적 매개변수라는 관점에서 정식화할 수 없다. 이는 표현형을 언급하지 않고 종 간의 유전적 상호 작용을 이해할 수 있는 하나의 사례다. 유전자를 위한 유전자 모형은 반드시 종 간 빈도 의존성을 나타낼 것이다…….”(Slatkin & Maynard Smith, 1979, pp. 255~256)

다른 장에서처럼 이 장에서도 알기 쉽게 설명하려고 가상의 사고실험을 이용했다. 이런 방식이 너무 터무니없어 보인다면, 다시 빅클러로 돌아가 적어도 내가 고안한 사고실험 못지않게 터무니없어 보이는 진짜 매미 사례를 살펴보자. 이티라이아 니그로킨타*Ityraea nigrocincta*는 이티라이아 그레고리이처럼 루핀 같은 꽃차례를 협동해 흉내 내지만, 이티라이아 니그로킨타는 “암수 두 성이 녹색 형과 노란색 형이라는 두 가지 형태를 띤다는 점에서 더욱 특이하다. 두 색 형태는 함께 화초에 앉는데, 녹색 형은 줄기 꼭대기, 특히 아래에는 노란색 형이 자리 잡은 수직 줄기에 앉는다. 그 결과는 아주 감쪽같은 ‘꽃차례’다. 진짜 화초의 꽃차례는 대개 아래에서 위로 점진적으로 개화하기에, 아랫부분이 활짝 핀 꽃으로 덮여 있을 때 윗부분에는 아직 녹색 봉오리가 남아 있기 때문이다”(Wickler, 1968).

지금까지 세 장에서 유전자가 내는 표현형 발현이라는 개념을 서서히 확장해 왔다. 우리는 한 몸에서조차 표현형을 통제하는 유전자가 미치는 거리에 여러 범위가 있다는 사실에서 시작했다. 핵 유전자에게 자신이 자리한 세포의 모양을 통제하는 일은 다른 세포나 몸 전체의 모양을 통제하는 일보다 더 간단할 것이다. 하지만 관습적으로 세 가지를 함께 묶어 모두 표현형을 유전적으로 통제하는 일이라고 말한다. 당면한 몸 밖으로 약간의 개념적 진전을 이룬 내 논지는 비교적 사소한 것이다. 그럼에도 이는 낯선 생각이어서, 무생물적 조작물에서 숙주 행동을 통제하는 내부 기생자까지 논하며 개념을 단계적으로 전개했다. 그리하여 우리는 내부 기생자에서 뻐꾸기를 거쳐 원격 작용으로 옮겨 갔다. 이론상, 유전적 원격 작용은 같거나 다른 종에 속하는 개체 간에 일어나는 거의 모든 상호 작용을 포함한다. 생명 세계는 복제자 힘이 미치는 서로 맞물린 영역들의 관계망으로 볼 수 있다.

세부 사항을 이해하는 데 결국에는 필요한 수학적 정식화가 어떤 유형일지는 잘 모르겠다. 나는 진화라는 공간에서 표현형 형질이란 선택받는 복제자가 서로 다른 방향으로 끌어당기는 대상이 아닐까 어렴풋이 생각한다. 어떤 표현형 특질을 끌어당기는 복제자는 몸속뿐만 아니라 몸 밖에도 있다는 점이 내 이론이 품은 핵심이다. 분명 어떤 표현형은 다른 것보다 끌어당기기 더 힘들어, 힘이 작용하는 화살표는 방향만이 아니라 크기도 다양하다. 희소 경쟁자 효과나 목숨/저녁밥 원리 등의 군비 경쟁 이론은 이런 힘의 크기를 할당하는 데 중요한 역할을 담당할 것이다. 그저 물리적으로 가깝다는 사실도 어떤 역할을 할 수 있다. 즉, 다른 모든 조건이 동등하다면, 유전자는 먼 거리보다는 바로 옆에 있는 표현형 형질에 더 큰 힘을 가할 것이다. 이를 예증하는 특별히 중요한 사례로서, 세포는 다른 세포에 자리한 유전자보다는 자기 속에 있는 유전자에게 양적으로 더 심대한 영향을 받기 쉽다. 몸에서도 똑같은 일이 일어난다. 그러나 이는 군비 경쟁 이론에 근거한 다른 고려 사항과 저울질한 양적 효과일 것이다. 때로는, 가령 희소 경쟁자 효과 덕분에 다른 몸에 있는 유전자가 몸 '자신의' 유전자보다 표현형의 특정 측면에 더 강한 힘을 가할 수 있다. 나는 거의 모든 표현형 형질이 내부 복제자 힘과 외부 복제자 힘 사이에서 일어나는 타협의 산물이라고 생각한다.

어떤 표현형 형질에 작용하는 많은 선택압 사이에서 일어나는 충돌과 타협은 물론 일반 생물학에서도 익숙한 일이다. 예컨대 우리는 흔히 새의 꼬리 길이는 공기역학상의 필요성과 성적 매력상의 필요성 사이에 일어나는 타협의 산물이라고 말한다. 어떤 유형의 수학적 정식화가 이런 몸속 갈등과 타협을 설명하기에 적당한지 잘 모르겠지만, 그게 무엇이든 유전적 원격 작용과 확장된 표현형이라는 유사한 문제 또한 설명하도록 일반화되어야 할 것이다.

그러나 나는 수학적 영역을 논할 능력이 없다. 그래도 현장에서 동물을 연구하는 사람들에게 도움이 되도록 말로써 교훈을 전할 수 있다는 건 분명하다. 확장된 표현형이라는 신조는 실제로 동물을 보는 방식에 어떤 차이를 만들어 낼까? 이제는 대단히 중요한 현장생물학자들도 대개 해밀턴에서 연원한, 동물은 자기 속에 자리한 모든 유전자의 생존 기회를 최대화하는 것처럼 행동한다는 정리에 동의한다. 나는 이를 확장된 표현형이라는 새로운 중심 정리로 수정했다. 동물이 하는 행동은 그 행동을 '위한' 유전자의 생존을 최대화한다. 행동을 수행하는 특정 동물의 몸속에 그러한 유전자가 있든 없든 말이다. 이 두 정리는 동물이 나타내는 표현형이 언제나 순전히 자신의 유전자형만으로 통제되고 다른 개체에 있는 유전자에 영향받지 않을 때는 같은 말이다. 충돌하는 선택압 간의 양적 상호 작용을 다루는 수학 이론을 마련하기에 앞서 내릴 수 있는 가장 간단한 질적 결론은, 우리가 바라보는 행동은 부분적으로나마 다른 동물 또는 다른 식물에 있는 유전자를 보존하려는 적응이라는 점이다. 따라서 이는 행동을 수행하는 유기체에게는 실상 부적응일 것이다.

언젠가 다윈 선택이 지닌 힘을 굳게 믿으면서 이를 입증하려는 훌륭한 현장 연구자인 동료에게 확장된 표현형이 내놓는 결론을 납득시키려 한 적이 있는데, 그는 내가 반적응을 주장한다고 생각했다. 그는 사람들은 누누이 동물 행동이나 형태에서 이상하게 보이는 점을 기능 없음이나 부적응으로 치부했지만, 결과는 사람들이 동물을 충분히 이해하지 못했다는 사실만 드러냈다고 경고했다. 그가 옳았다. 그러나 내가 말하려는 요점은 전혀 다르다. 여기서 어떤 행동 유형이 부적응이라는 말은 오직 이를 수행하는 **동물 개체**에게만 부적응이라는 뜻이다. 행동을 수행하는 개체는 적응인 행동으로 이득을 얻는 존재자가 아니다. 적응은 개체를 만든 유전하는 복제자에게 이익을 주며, 이에 곁따라서만 동물 개체에게 이익을 줄 뿐이다.

이로써 이 책의 끝에 도달한 것이나 마찬가지다. 우리는 표현형을 갈 수 있는 데까지 확장했으며 이제까지 걸어온 세 장에서 절정을 이루었다. 여기서 마무리 짓는 데 만족할 수도 있겠으나, 나는 아직 불확실한 주제에 새로운 호기심을 일깨우며 가슴 뛰게 끝맺는 걸 좋아한다. 나는 책을 시작하면서 변호인이 되겠다고 고백했고, 변호인이라면 자기 사건을 옹호하는 손쉬운 방식으로 근거를 준비해 상대를 공격하기 마련이다. 따라서 생식 계열 복제자가 행사하는 확장된 표현형이라는 신조를 변호하기에 앞서, 개체를 적응적 이익을 얻는 단위로서 보는 통념을 무너뜨렸다. 이제 확장된 표현형을 논의했으니 유기체라는 존재와 유기체가 생명의 위계 수준에서 차지하는 중요성, 유기체를 확장된 표현형이라는 관점에서 더 잘 이해할 수 있느냐라는 문제를 다시 재개할 차례다. 생명이 별도의 유기체에 담겨 있을 **필요**가 없다면, 유기체가 언제나 완벽하게 독립적으로 존재하는 게 아니라면, 왜 능동적인 생식 계열 복제자는 유기체에 자리 잡는 그토록 눈에 띄는 방법을 택한 걸까?

14장

Rediscovering the Organism

유기체의 재발견

이 책의 대부분을 개체가 가진 중요성을 깎아내리는 데 할애하고, 대립하는 복제자를 희생해 자기 생존을 도모하고자 투쟁하는, 마치 속이 뻔히 들여다보이는 것처럼 개체의 몸이라는 벽을 막힘없이 드나드는, 유기체라는 경계와 상관없이 세계와, 그리고 서로와 상호 작용하는 이기적 복제자라는 요란한 대안적 상을 구축하는 데 힘썼지만, 이제 와 우리는 망설이는 중이다. 개체라는 대상에는 정말로 꽤 인상 깊은 무언가가 **있다**. 우리가 진짜로 몸을 투명하게 해 오직 DNA만 보이는 안경을 쓴다면 이 세계에서 보이는 DNA가 분포하는 모양은 극히 비임의적일 것이다. 세포핵만이 별처럼 반짝이고 나머지는 눈에 보이지 않는다고 하면 다세포 몸은 핵과 핵 사이가 휑뎅그렁한 빽빽한 은하처럼 나타날 것이다. 1000조兆 개에 달하는 빛나는 아주 작은 점은 서로 조화를 이루어 움직이면서도 은하에 속한 다른 구성원과는 모두 어긋난다.

유기체는 물리적으로 분리된 기계로 보통 다른 기계와 벽을 세워 구별된다. 유기체는 내부가 믿기 어려울 만큼 복잡하게 조직화되어 줄리언 헉슬리(Julian Huxley, 1912)가 '개체성'이라 부른, 그야말로 나눌 수 없는 속성을 지녀 반으로 잘리기라도 하면 제 기능을 못할 정도로 형태상 잡다한 요소로 구성된 성질을 나타낸다. 또한 대체로 개체는 범위를 분명히 한정할 수 있는 단위로 한 개체에 있는 세포는 서로 같은 유전자를, 다른 개체에 있는 세포와는 다른 유전자를 보유한다. 면역학자에게 개체는 자기 몸의 다른 부분을 이식하는 건 쉽게 받아들이지만, 다른 몸의 부분을 이식하는 건 거부한다는 점에서 특수한 종류의 '독자성'(Medawar, 1957)을 지닌 개체다. 이야말로 헉슬리가 말한 불가분성이라는 측면에 맞는데, 동물행동학자에게 유기체는 예컨대 두 유기체나 한 유기체의 팔다리보다 훨씬 더 강한 의미에서 행동하는 기능 단위다. 유기체는 하나의 조율된 중앙신경계를 보유하며 하나의 단위로서 '결정'(R. Dawkins & M. Dawkins, 1973)을 내린다. 신경계가 부리는 팔다리는 조화롭게 합심해 한 번에 하나씩 목적을 달성한다. 둘이나 그 이상의 유기체가 서로 조율하는, 가령 사자 무리가 협력해 먹이를 뒤쫓는 경우에 보이는 개체 간 조율이라는 뛰어난 솜씨도 각 개체 속에 있는 수백의 근육이 만드는 정교한 어울림과 고도의 시공간적 정밀성에 비한다면야 미미하다. 입 주변 신경 고리를 절제해도 어느 정도는 자율성을 누리는 관족tube-feet이 있고, 두 동물로 갈라질 수 있는 불가사리까지도 하나의 존재자로 보이며, 자연에서 마치 하나의 목적을 가진 것처럼 행동한다.

나는 J. P. 헤일먼 박사J. P. Hailman가 이 책을 위해 시험 삼아 쓴 짧은 논문(Dawkins, 1978a)을 읽은 동료의 비꼬는 반응을 숨김없이 전해 준 일에 감사드린다. 논평은 이랬다. "리처드 도킨스는 유기체를 재발견했다." 이런 역설은 나한테 해당하는 게 아니지만, 여기에는 얽히고설킨 상황이 있다. 우리는 생명의 위계 수준으로서 개체에게 무언가 특별한 점이 있다는 사실에 동의한다. 그러나 이는 아무런 의문도 없이 받아들일 만큼 분명한 게 아니다. 이 책이 네커 정육면체가 지닌 두 번째 면을 드러냈길 바라나, 네커 정육면체는 원래 방향으로 돌아오려는 습성이 있고, 그렇게 번갈아 나오길 계속한다. 생명의 단위로서 개체가 가진 특별한 점이 무엇이든 간에, 우리는 적어도 네커 정육면체의 두 번째 측면으로 사고하는 관점과 더불어 체벽을 통과해 복제자의 세계를 보는, 그리하여 확장된 표현형으로 넘어가는 훈련된 눈으로 유기체를 더 명료하게 살펴야 한다.

그렇다면 개체는 무엇이 특별할까? 생명이 생존에 요긴한 확장된 표현형이라는 도구를 가진 복제자로 이루어진다고 본다면, 왜 복제자는 실상 세포 속에 수십만씩이나 떼 지어 있는 걸 선택했을까? 왜 복제자는 유기체에서 이러한 세포가 수천조씩이나 세포 자신의 클론을 만들도록 영향을 주는 걸까?

한 가지 답은 복잡계complex system 논리에서 볼 수 있다. 사이먼(Simon, 1962)은 「복잡성의 구조」라는 흥미로운 논문에서 (템푸스와 호라라는 유명한 시계 제조공의 우화◆를 사용해) 생물적이든 인공적이든 복잡한 조직화가 왜 반복되는 소단위가 포함된 위계 구조로 조직되는 경향이 있는지 일반적인 기능상의 이유를 제시한다. 나는 사이먼의 논증을 동물행동학 맥락에서 전개해, 통계적으로 "불가능해 보이는 결합체"의 진화는 "중간에 안정된 소결합체들이 잇따른다면 더욱 급속히 진행된다. 이런 논증은 각각의 소결합체에도 적용할 수 있기에 세계에 존재하는 고도로 복잡한 체계는 위계 구조를 지닐 가능성이 높다"(Dawkins, 1976b)라고 결론 내렸다. 현재 논의에서 위계 구조는 세포 내 유전자와 유기체 내 세포로 이루어진다. 마굴리스(Margulis, 1981)는 위계 구조는 또 다른 중간 수준을 포함한다는 오래된 생각을 입증하는 설득력 있고 매혹적인 사례를 제시한다. 진핵 '세포' 자체는 어떤 의미로 다세포 덩어리로서 미토콘드리아와 플라스미드, 섬모 같은 존재자가 공생하는 연합체이며 원핵세포와도 상응하고 원핵세포에서 유래했다는 것이다. 이 문제는 여기서 더 다루지 않겠다. 사이먼이 말하는 요점은 너무 일반적이어서 왜 복제자는 표현형을 기능 단위로, 특히 세포와 다세포 유기체라는 두 가지 수준으로 조직했느냐라는 질문에 답하는 더 구체적인 설명이 필요하다.

왜 세계가 이러한가를 질문하려면, 세계가 어떻게 될 수 있었는가 상상해 볼 필요가 있다. 생명이 지금과 다르게 조직화된 가능 세계가 있다면 어떤 일이 생겼을지 물어보자. 우리에게 통찰력을 주는 가능한 대안적 삶의 방식에는 무엇이 있을까? 우선, 어째서 복제하는 분자가 세포 속

◆ 템푸스와 호라는 1000가지 부품으로 된 시계를 제조했다. 그런데 호라의 시계점은 점점 번성한 반면, 템푸스는 점점 가난해져 가게를 잃었다. 두 사람의 시계 조립 방법에 차이가 있었다. 템푸스는 1000가지 부품을 차례차례 조립했다. 중간에 방해를 받으면 조립을 멈추었는데, 이때 부분적으로 조립된 시계는 곧 분해되어 다시 조립해야 했다. 호라는 10가지 부품을 조립해 소결합체를 만들었다. 소결합체가 10개 모이면 다시 결합해 더 큰 소결합체를 만들었다. 마지막으로 더 큰 소결합체가 10개 모여 결합하면 완성된 시계가 되었다. 호라가 만든 각 소결합체는 조립을 중단해도 분해되지 않는다.

에 패거리를 이루는지 이해하고자 복제하는 분자가 바다에서 자유롭게 떠다니는 세계를 생각해 보자. 그곳에는 다양한 복제자 변종이 있어 자기 사본을 만드는 데 필요한 공간과 화학 자원을 두고 서로 경쟁한다. 그러나 그들은 염색체나 핵 속에 무리 지어 있지는 않다. 단독으로 생활하는 각각의 복제자는 자기 사본을 만들고자 표현형 힘을 가하며, 선택은 가장 효과적인 표현형 힘을 선호한다. 이런 생명 형태는 진화적으로 안정된 상태는 아니다. 여기에는 '패거리 짓는' 돌연변이 복제자가 침입할 가능성이 있다. 어떤 복제자는 다른 복제자가 내는 화학적 효과를 보완하는, 두 화학적 효과가 결합되면 쌍방의 복제를 촉진하는 화학적 효과를 발휘한다(이전 장에서 본 모형 2와 같다). 앞에서 이미 생화학적 연쇄 반응에서 잇따르는 단계를 촉매하는 효소를 암호화하는 유전자 사례를 보았다. 같은 원리를 상호 보완적으로 복제하는 분자라는 더 큰 집단에도 적용 가능하며, 사실상 이 세계의 생화학은 먹이가 풍부한 환경에 사는 완전 기생자를 제하면 복제하는 최소 단위가 대략 50여 개의 시스트론으로 이루어진다고 말한다(Margulis, 1981). 이런 논증에서 오래된 유전자가 복제되어 새로운 유전자가 생기면서 밀접하게 연결되느냐, 아니면 이전에 독립해 있던 유전자가 적극적으로 하나로 합쳐지느냐라는 문제는 아무래도 좋다. 우리는 여전히 '패거리 짓는' 일이 어떻게 진화적으로 안정된 상태에 이르는지 논의할 수 있다.

그렇다면 세포 속에 패거리 짓는 유전자는 쉽게 이해 가지만, 왜 세포는 다세포 클론에 패거리 짓는 것일까? 이 경우에는 사고실험이 필요 없을지 모른다. 우리 세계에는 단세포이거나 무세포인 유기체가 풍부하기 때문이다. 하지만 이들은 모두 너무 작아서 크고 복잡한 단세포나 단핵인 유기체가 존재하는 가상 세계를 상상하는 방법이 유용할 것이다. 중심핵 하나를 차지한 단일 유전자 무리가, 거대한 단일 '세포'나 하나 빼고는 모두 유전체에 자신만의 사본이 없는 세포로 이루어진 다세포 몸 중에서 택일해, 복잡한 기관을 가진 거시적 몸의 생화학 과정을 지시하는 생명 형태가 가능할까? 이런 생명 형태는 우리가 잘 아는 원리와 전혀 다른 원리를 따르는 발생학이 있을 때만 존재할 수 있다고 생각한다. 우리가 아는 발생학에서는 어떤 시간에 분화하기 시작한 어떤 조직 유형을 보더라도 소수의 유전자는 그저 작동 스위치를 '켜는' 데 지나지 않는다(Gurdon, 1974). 이런 논증만으로는 불충분한 게 사실이지만, 몸 전체에 단 하나의 유전자 무리밖에 없다면 어떻게 적절한 유전자 산물을 적합한 시간에 분화하는 몸 여기저기로 나를 수 있는지 이해하기 어렵다.

그러나 왜 발생하는 몸의 모든 세포에는 **완전한** 유전자 무리가 있어야 할까? 분화하는 동안 유전체 일부가 떨어져 나가, 간 조직이나 콩팥 조직 같이 특정 유형의 조직이 되는 필수 유전자만 보유한 생명 형태를 상상하는 건 쉽다. 그저 생식 계열 세포만이 유전체 전체를 소유하면 될 것이다. 그 이유는 단지 물리적으로 생식 계열 세포의 유전체 일부가 떨어져 나가는 게 쉽지 않아서이리라. 어쨌든, 발생하는 몸에서 특정 분화 구역에 필요한 유전자가 모두 한 염색체에 한정된 건 아닌 듯하다. 그렇다면 우리는 이제 왜 이렇게 되지 않고 **그렇게** 되었는지 물을 차례다. 사실이 **그러하다**면, 세포분열마다 유전체 전체가 나뉘는 건 단순히 이런 방식이 가장 쉽고 경제적이기 때문일 것이다. 그러나 장밋빛으로 세상을 보는 화성인에게 냉소적 관점이 필요하다는 우화(9장)를 떠올려 보면, 독자는 더욱 앞서간 추측을 하고 싶을지 모른다. 유사분열에서 유전체 일부가 아닌 전체를 복제하는 현상은 장차 무법자 유전자가 될지 모를 동료 유전자를 감시하고 방해하는 위치에 있고자 유전자가 만든 적응 아닐까? 개인적으로는 이런 발상이 근본적으로 터무니없어서가 아니라 어떻게 해서 간에 사는 유전자가 가령 콩팥이나 비장에 사는 유전자에게 손해를 끼치도록 간을 조종하는 무법자 유전자로서 이익을 얻을 수 있는지 이해하기 어려워 그다지 신뢰하지 않는다. 기생자를 다룬 장이 기초한 논리에 따르면, '간 유전자'와 '콩팥 유전자'의 이해관계는 현재 자리한 몸에서 빠져나가는 같은 생식 계열과 같은 배우자 경로를 공유하기에 중첩된다.

유기체를 엄밀하게 정의하는 방식은 아직 제시하지 않았다. 사실상 유기체는 만족스럽게 정의하기 까다로운 존재라 그냥 유용하지만 모호한 장치라는 개념으로 주장할 수도 있다. 면역학이나 유전학 관점에서는 일란성 쌍둥이를 하나의 유기체로 간주하나 분명히 생리학자나 동물행동학자, 헉슬리가 말한 불가분성 기준의 관점에서는 그렇게 보지 않는다. 군집성 동물 관해파리나 이끼벌레류에게 '유기체'란 무엇일까? 식물학자는 동물학자보다 더 '개체'라는 단어를 싫어할 만한 좋은 이유가 있다. "초파리, 쌀벌레, 토끼, 편형동물, 코끼리 개체는 세포 수준에서는 하나의 개체군이지만 더 높은 수준에서는 그렇지 않다. 굶주림은 한 동물의 다리나 심장, 간의 개수를 바꾸지 않지만 식물이 받는 스트레스가 가하는 효과는 새로운 잎의 형성률과 오래된 잎의 치사율을 바꾼다. 즉, 식물은 자기 구성 부분의 수를 변화시켜 스트레스에 반응한다."(Harper, 1977, pp. 20~21) 식물집단생물학자 하퍼에게 잎은 '식물'보다 더 중요한 '개체'일 것이다. 식물은 동물학자가 쉽게 '성장'이라고 보는 현상을 번식과 구별하기 힘들 정도로 제멋대로 퍼지는 모호한 존재자이기 때문이다. 하퍼는 식물학에서 서로 다른 '개체'를 지칭하는 새로운 용어를 만들어야겠다고 생각했다. "'라메트ramet'는 클론 성장의 단위로 모체 식물에서 잘라 내면 흔히 독립된 존재가 되는 구성단위다." 딸기에서는 라메트가 통상 '식물'이라 부르는 단위일 때도 있다. 토끼풀에서는 잎 하나가 라메트일 수도 있다. 다른 한편, '게네트genet'는 단세포 접합자에서 유래하는 단위로 동물학자가 말하는 유성생식하는 동물 '개체'와 같다.

얀젠(Janzen, 1977)도 같은 어려움에 직면해 민들레가 만든 클론은 '진화적 개체'(하퍼가 말한 게네트)로 볼 수 있으며, 이 진화적 개체는 몸통이 하늘로 자라지 않고 땅으로 뻗는다 해도, 물리적으로 분리된 '식물들'(하퍼가 말한 라메트)로 나뉜다 해도, 하나의 나무와 동일하다고 제안한다. 이 견해에 따르면, 고작 네 가지 민들레 개체가 북아메리카 전역을 놓고 서로 경쟁한다고 말할 수 있다. 얀젠은 진딧물 클론도 같은 방식으로 이해한다. 그는 어떤 참고 문헌도 인용하지 않았지만 이런 견해가 새로운 건 아니다. 적어도 1854년까지 거슬러 가면, T. H. 헉슬리는 "한 번식 사건에서 다음 번식 사건까지의 모든 산물을 하나의 단위로 보아 각각의 생활 주기를 개체로서 다루었다. 헉슬리는 심지어 진딧물의 무성 계통도 개체로서 다루었다"(Ghiselin, 1981). 이런 사고방식에는 이점이 있지만 무언가 중요한 게 빠졌다는 점을 보여 주겠다.

헉슬리/얀젠이 제시한 논증을 다시 표현하는 한 가지 방식은 다음과 같다. 인간 같은 전형적 개체에서 생식 계열은 각 감수분열 사이에 잇따르는 수십 번의 유사분열을 겪는다. '유전자가 겪은 과거 경험'을 바라보는 5장의 '회고적' 방식을 사용하면, 살아 있는 인간 속에 자리한 모든 유전자는 감수분열 유사분열 유사분열 (……) 유사분열 감수분열이라는 세포분열의 역사를 겪는다. 계승하는 모든 몸의 생식 계열에서 일어나는 유사분열과 병행하는, 그 밖의 유사분열은 생식 계열이 자리한 몸속에다 무리를 이룬 대량의 '조력자' 세포 클론을 생식 계열에 제공한다. 세대마다 생식 계열은 단세포 '병목(배우자에 뒤따르는 접합자)'을 통과하고, 다음엔 다세포 몸으로 퍼지고, 그런 다음 다시 새로운 병목을 통과하고 등으로 계속 이어진다(Bonner, 1974).

다세포 몸은 단세포 번식체를 생산하는 데 필요한 기계다. 코끼리처럼 커다란 몸은 번식체 생산을 증진하려고 투자한 중공업 공장과 기계이자, 일시적 자원 소모로 이해하는 것이 최선이다(Southwood, 1976). 생식 계열은 어느 정도 생활 주기에서 번식 부문이 순환하는 간격을 좁히고자 중장비 투자를 줄이고, 생활 주기에서 성장 부문에 일어나는 세포분열 횟수를 깎는 일을 '원할' 것이다. 그러나 순환 간격은 갖가지 생활 방식에 따라 최적 기간이 다양하다. 코끼리가 너무 어리고 조그마할 때 번식케 하는 유전자는 최적 순환 주기로 번식케 하는 대립 유전자보다 덜 효과적이다. 코끼리 유전자 풀에 있는 유전자를 위한 최적 순환 주기는 쥐 유전자 풀에 있는 유전자를 위한 최적 순환 주기보다 훨씬 길다. 코끼리 사례에서는 투자금을 회수하기 전에 더 많은 자본 투자가 필요하다. 원생동물은 생활 주기에서 성장 국면을 완전히 생략해 버려 세포분열은 모두 '번식하는' 세포분열이다.

유기체를 이런 방식으로 바라보면 최종 산물, 생활 주기의 성장 국면이 지닌 '목적'은 번식이라는 사실이 따라 나온다. 코끼리를 구축하는 유사분열은 생식 계열을 영속시키는 데 성공할 수 있는 배우자를 퍼뜨린다는 최종 목적으로 향해 간다. 이런 사실을 염두에 두고 이제 진딧물을 살펴보자. 여름 동안 무성생식하는 암컷은 무성생식을 몇 세대 동안 되풀이해 이 생활 주기를 다시 시작하는 유성 세대 하나를 낳는다. 코끼리 사례에 유비하면, 얀젠을 좇아 분명히 여름의 무성 세대는 가을의 유성생식이라는 최종 목적을 향해 간다고 쉽게 이해할 수 있다. 이런 견해에 따르면 무성생식은 실제로는 조금도 번식이 아니다. 무성생식은 한 마리 코끼리 몸이 성장하는 것처럼 그저 성장이다. 얀젠에게 진딧물 암컷의 클론 전부는 단일한 성적 결합으로 낳은 산물이기에 단일한 진화적 개체다. 이 개체는 물리적으로 분리된 수많은 단위로 쪼개질 수 있다는 점에서 특이하지만 그래서 뭐 어떻다는 건가? 이런 물리적 단위 각각은 자신의 생식 계열 단편을 포함하지만 이는 코끼리 암컷이 가진 좌우 난소도 마찬가지다. 진딧물에서 생식 계열 단편은 자취도 없이 분리되는 반면에 코끼리가 가진 두 난소는 내장을 통해 분리된다. 이 또한 그래서 뭐 어떻다는 건가?

이런 논증은 설득력이 있으나 앞에서 무언가 중요한 점을 놓친다고 말했다. 유사분열 대부분을 번식이라는 최종 목적을 '돕는' '성장'으로 보는 건 옳으며, 개체를 하나의 번식 사건이 낳은 산물로 보는 것도 옳다. 그러나 얀젠은 번식/성장 구별과 유성/무성 구별을 동일시하는 잘못을 범한다. 여기에는 확실히 중요한 차이가 숨어 있지만 이는 성과 무성 사이의 차이도, 감수분열과 유사분열 사이의 차이도 아니다.

내가 강조하고 싶은 차이는 생식 계열 세포분열(번식)과 체세포 또는 '막다른' 세포분열(성장)이다. 생식 계열 세포분열은 복제되는 유전자가 무한히 긴 후손 계열의 조상이 될 기회를 갖는 세포분열이며, 이런 유전자는 5장에서 말한 대로 진정한 생식 계열 복제자다. 생식 계열에서 일어나는 세포분열은 유사분열이거나 감수분열일 수도 있다. 단순히 현미경으로 세포분열을 관찰한다면 지금 보는 장면이 생식 계열 분열인지 아닌지 분간할 수 없을 것이다. 생식 계열과 체세포분열 모두 동일한 양상을 띠는 유사분열로 보이기 때문이다.

살아 있는 유기체에 있는 어떤 세포 속 유전자를 보고 그 유전자가 겪은 역사를 진화적 시간에서 회고적으로 따라가면 유전자가 가장 최근에 겪은 몇 번의 세포분열 '경험'은 체세포분열일 것이나, 과거로 거슬러 올라가 생식 계열 세포분열에 이르면 유전자가 겪은 역사에서 이전에 경험한 세포분열 모두 틀림없이 생식 계열 세포분열이다. 생식 계열 세포분열은 진화적 시간으로 전진하는 반면 체세포분열은 옆길로 나아간다고 생각할 수 있다. 체세포분열은 생식 계열 세포분열을 증진하려는 '목적'으로 죽기 마련인 조직과 기관, 기타 도구를 만드는 데 사용된다. 세계에는 체세포에서 이루어지는 정확한 복제라는 도움을 받아 생식 계열에서 살아남은 유전자들이 거주한다. 성장은 막다른 체세포가 증식해 일어나지만 번식은 생식 계열 세포가 증식하는 수단이다.

하퍼(Harper, 1977)가 구별한 식물에 나타나는 번식과 성장은, 생식 계열 세포분열과 체세포분열을 구별하는 내 방식과 같다고 보는 게 온당하다. "여기서 행한 '번식'과 '성장' 사이의 구별은 번식은 대개 접합자인(반드시 그런 건 아니지만. 예를 들어 무수정 생물) 단일 세포에서 새로운 개체가 형성된다는 점과 관련된다. 이 과정에서 새로운 개체는 세포 속에 암호화된 정보를 통해 '재생산'된다. 반대로 성장은 체계화된 분열조직meristems◆이 발생해 생긴다."(Harper,

◆ **식물에서 배 발생 시기 이후에도 미분화한 새로운 세포를 만드는 세포분열을 계속할 수 있는 조직. 따라서 식물의 성장과 함께 새로운 기관을 만드는 등의 역할을 한다. 줄기나 뿌리의 생장점이 대표적인 분열조직이다.**

1977, p. 27 각주) 여기서 문제 삼는 건 유사분열과 감수분열+성 사이를 구별하는 방식과 다른, 성장과 번식 사이를 구별하는 중요한 생물학적 차이가 정말 있느냐이다. 한편으로 '번식해' 진딧물 두 마리를 만드는 일과 다른 한편으로 '성장해' 크기가 두 배인 진딧물 한 마리를 만드는 일 사이에 놓인 중대한 차이가 있을까? 얀젠 같으면 없다고 답하겠지만 하퍼는 있다고 말할 것이다. 나는 하퍼에 동의하지만, J. T 보너(J. T. Bonner, 1974)가 쓴 『발생에 관해』를 읽고 나서야 내 입장을 정당화할 수 있었다. 사고실험을 이용해 그 정당성을 나무랄 데 없이 논증해 보겠다.

평평하고 이파리처럼 생긴 엽상체◆로 이루어져 바다 표면에 둥둥 떠 아랫면으로는 영양소를, 윗면으로는 태양빛을 흡수하는 원시 식물을 상상해 보자. 이 식물은 '번식하는' 대신(즉, 다른 곳에서 성장하고자 단세포로 된 번식체를 방출하는 대신), 단지 가장자리만 성장해 몇 킬로미터에 걸쳐 계속 자라는 어마어마하게 큰 수련 잎처럼 거대하고도 둥근 녹색 카펫 모양으로 퍼진다. 엽상체에서 오래된 부분은 결국 죽어, 그 결과 엽상체는 진짜 수련 잎처럼 빈틈없는 원이 아니라 가운데가 빈 채 확장하는 고리가 될 것이다. 또한 가끔은 엽상체가 덩어리로 찢어져 총빙에서 떨어져 나간 유빙처럼 나뉜 덩어리들이 바다 이곳저곳을 떠다닐 것이다. 나는 이런 식의 분열이 어떤 흥미로운 의미에서도 번식이 아니라는 점을 보이겠다.

이제 유사한 종류이면서 한 가지 중대한 측면에서만 다른 식물을 생각해 보자. 이 식물은 지름이 30여 센티미터에 달하면 성장을 멈추고 번식하기 시작해, 유성생식이나 무성생식으로 단세포 번식체를 만든 뒤 공기 중에 흩뿌려 바람을 통해 먼 거리로 날린다. 번식체 중 하나가 물 표면에 내리면 곧 새로운 엽상체로 분해 지름 30여 센티미터로 성장하고 다

◆ **줄기, 뿌리, 잎의 구별 없이 잎 모양으로 된 김, 미역 같은 식물**

시 번식을 시작한다. 이 두 종을 각각 G(성장), R(번식)이라고 부르자.

얀젠이 쓴 논문에 표명된 논리를 따르면, 두 번째 종 R이 하는 '번식'이 유성적일 경우에 한해 두 종 사이에는 중대한 차이가 생긴다. 두 번째 종이 무성적이라면, 공기 중에 뿌리는 번식체는 유사분열이 낳은 산물로 모체 엽상체와 유전적으로 동일해 얀젠이 보기에 두 종 사이에는 별 차이가 없다. G에서 서로 다른 부분에 있는 엽상체가 유전적으로 구별되지 않듯이, R에서 분리된 '개체' 또한 유전적으로 구별되지 않는 것이다. 어느 종에서나 돌연변이는 세포가 새로운 클론을 만들도록 촉발할 수 있으며 R에서 엽상체 성장기 동안보다 번식체 형성기 동안 돌연변이가 더 많이 일어난다고 볼 특별한 이유는 없다. R은 민들레 클론이 파편화된 나무인 것처럼 그저 G가 좀 더 파편화된 변형에 불과하다. 그러나 사고실험으로 전하려는 목적은 성장과 번식 간의 차이를 나타내는 두 가상 종에서 번식이 무성으로 이루어질 때조차 중요한 차이점이 있다는 사실을 밝히는 것이다.

G는 성장하기만 하는 반면에 R은 성장과 번식을 번갈아 한다. 왜 이런 차이가 중요할까? 어떤 단순한 의미에서도 유전적 차이는 답이 될 수 없다. 이미 본 대로 돌연변이는 번식기 유사분열 못지않게 성장기 유사분열 동안에도 유전적 변화를 일으킬 수 있기 때문이다. 나는 두 종 사이에 놓인 중요한 차이는 R에서는 G에서 불가능한 방식으로 복잡한 적응이 진화할 수 있다는 점이라고 생각한다. 근거는 다음과 같다.

다시금 유전자가 겪은 과거 역사, 이 경우 R이 가진 세포에 자리한 유전자가 겪은 역사를 생각해 보자. 이 유전자는 한 '운반자'에서 유사한 다른 운반자로 반복해서 이동한 역사를 겪었다. 유전자가 계승한 각각의 몸은 단세포 번식체로 시작했으며, 그 뒤 고정된 주기를 거쳐 성장해 유전자를 새로운 단세포 번식체에 전달하고, 따라서 새로운 다세포 몸에 전달한다. 이런 역사는 주기적 역사이며 요점은 여기에 있다. 긴 계열로 이루어진 계승하는 몸 각각은 단세포 시작점에서 새로 발생하므로 계승하는 몸을 이전의 몸과 약간 다르게 만드는 것이 가능하다. 여러 기관을 지닌 복잡한 몸 구조의 진화, 예컨대 파리지옥풀처럼 곤충을 잡는 데 쓰는 복잡한 장치는 주기적으로 반복되는 발생 과정이 있어야만 진화할 수 있다. 잠시 뒤에 이 요점으로 돌아오겠다.

다시 G와 비교해 보자. 성장 중인 거대한 엽상체 가장자리에 있는 어린 세포에 자리한 유전자는 주기적이지 않거나 세포 수준에서만 주기적인 역사를 겪는다. 현재 세포의 조상은 또 하나의 세포이며 두 세포가 겪은 이력은 매우 유사하다. 반대로 R 식물에 있는 세포는 성장 단계에서 일정한 장소를 점유한다. 이는 30여 센티미터짜리 엽상체 중심 가까이나 가장자리, 또는 그 사이 어딘가에 있다. 따라서 R 식물 세포는 식물 기관이 있는 정해진 장소에서 특별한 역할을 하도록 분화할 수 있다. G 식물 세포에는 이런 특정한 발생적 정체성이 없다. 모든 세포는 성장하는 가장자리에 처음으로 나타나고 후에는 더 어린 세포에 둘러싸인다. 여기에는 세포 수준에서만 주기성이 있으며, 이는 G가 겪는 진화적 변화는 오직 세포 수준에서만 일어난다는 뜻이다. 세포는, 예컨대 내부에 더 복잡한 세포소기관을 발생시켜 세포 계통에서 이전 세포보다 더 나아질 수 있다. 그러나 다세포 수준에서 일어나는 기관과 적응의 진화는 일어날 수 없다. 세포 집단 전체는 반복되는 주기적 발생을 겪지 않기 때문이다. 물론 G에서 세포와 그 조상이 다른 세포와 물리적으로 접촉하고 이런 의미에서 다세포 '구조'를 형성하는 건 사실이다. 그러나 복잡한 다세포 기관을 구축하는 일에 관한 한, G는 자유롭게 유영하는 원생동물이나 다름없다.

복잡한 다세포 기관을 구축하려면 복잡한 발생 단계가 필요하다. 복잡한 발생 단계는 초기에 덜 복잡한 발생 단계에서 진화한다. 발생 단계에는 진화적 진전이 있어야 하며, 이런 일이 연속하면서 각각은 이전보다 조금 더 개선된다. G에는 단일 세포 수준에서 높은 빈도로 일어나는 발생 주기 외에는 반복되는 발생 단계가 없다. 따라서 G에서는 다세포 분화와 기관 수준의 복잡성이 진화할 수 없다. G에 조금이라도 다세포 발생 과정이 진행한다고 말할 수 있다면, 그 발생은 지질학적 시간에 걸쳐 비주기적으로 지속된다. 그리하여 이런 종에서는 성장하는 시간 척도와 진화한다고 보는 시간 척도 사이를 구별하지 못한다. 이 종에게는 오로지 높은 빈도로 일어나는 발생 주기만이 가능한 세포 주기다. 반대로, R에는 진화적 시간에 비해 빠르게 일어나는 다세포 발생 주기가 있다. 따라서 세대가 이어짐에 따라 나중 발생 주기를 초기 발생 주기와 구별할 수 있고, 다세포 복잡성도 진화할 수 있다. 지금 우리는 유기체를 단세포 발생이라는 '병목'을 통해 **번식**이라는 새로운 행위로 생겨나는 단위로서 정의하는 쪽으로 향하는 중이다.

성장과 번식 사이에 있는 차이가 갖는 중요성은 각각의 번식 행위는 새로운 발생 주기를 수반한다는 점이다. 성장은 단순히 현존하는 몸을 부풀릴 뿐이다. 진딧물이 단위생식parthenogenetic reproduction◆으로 새로운 진딧물 한 마리를 낳는 경우, 새로운 진딧물이 돌연변이라면 진딧물은 전임 진딧물과 완전히 다를 것이다. 반대로, 진딧물이 원래 크기보다 두 배 더 자라면 진딧물의 모든 기관이나 복잡한 구조는 그저 더 커지는 데 불과하다. 거대하게 자란 진딧물에서 체세포 돌연변이가 일어날지도 모른다. 이는 사실이나, 예컨대 심장에 있는 체세포 계열에서 일어난 돌연변이가 심장의 구조를 근본적으로 재조직화할 수는 없다. 척추동물로 눈을 돌려 보자. 현재 척추동물 심장이 심방 하나가 심실 하나에 혈액을 보내는 두 방으로 이루어진다면, 성장하는 심장 가장자리에 있는 유사분열 세포에 일어난 새로운 돌연변이가 심장을 나머지 부분과 동떨어진 채 폐순환하는 방 네 개를 갖도록 기초부터 재구성하는 건 거의 불가능하다. 새로운 복잡성을 구축하려면 새로운 발생 과정에서 출발해야 한다. 새로운 배아는 아예 심장이란 게 없이 처음부터 시작하지 않으면 안 된다. 그런 뒤에야 돌연변이가 심장 구조를 근본적으로 새롭게 구축하도록 발생 초

◆ 정자 없이 미수정란으로 발생하는 것. 벌목의 수컷도 단위생식으로 발생한다.

기 민감한 주요 지점에 작용할 수 있다. 발생상의 재순환은 세대마다 '처음부터 다시 시작하기'(아래 논의 참조)를 가능케 한다.

이 장은 왜 복제자는 유기체라 부르는 크고 다세포로 된 클론에 패거리로 모였을까라는 의문으로 시작했다. 처음에는 불만족스러운 답변만을 얻었지만 이제 더 만족스러운 답변이 나타나는 중이다. 유기체는 단 한 번의 생활 주기와 관련된 물리적 단위다. 반대로 다세포 유기체에 패거리 지은 복제자는 진화적 시간에 걸쳐 나아가면서, 규칙적으로 재순환하는 생활사와 자신을 보존하도록 돕는 복잡한 적응을 성취한다.

하나 이상의 전혀 다른 몸을 거치는 생활 주기를 겪는 동물도 있다. 나비는 앞선 애벌레와 모습이 아주 다르다. 나비가 애벌레에서 서서히, 기관 내 변화로써 성장한다고 생각하기는 어렵다. 즉, 애벌레가 가진 기관이 이에 상응하는 나비가 가진 기관으로 성장한다고 생각하기는 어렵다. 그보다는 애벌레가 가진 복잡한 기관 구조는 대규모로 파괴되고 애벌레 조직은 몸 전체가 새로이 발생하는 연료로 사용된다고 보아야 한다. 새로운 나비의 몸이 단세포에서 완전히 재시작한다는 건 아니나 원리는 같다. 나비는 단순하고 비교적 미분화한 성충판imaginal disc◆에서 근본적으로 새로운 몸 구조가 발생한다. 이는 일부만 처음부터 다시 시작하기다.

성장/번식 구별로 돌아가 보자. 사실 얀젠은 틀리지 않았다. 구별이라는 건 목적에 따라 중요하기도 하고 중요하지 않기도 하다. 특정 유형의 생태학적, 경제학적 문제를 논의한다면 성장과 무성생식 사이에는 어떤 중요한 차이도 없다. 진딧물에 보이는 자매 관계는 실상 한 마리 곰과 유사하다. 그러나 다른 목적, 복잡한 조직화를 진화적으로 구축하는 문제를 논의한다면 그 차이는 중대하다. 특정 유형의 생태학자는 민들레로 가득한 들판을 나무 한 그루와 비교하는 데서 깊은 깨달음을 얻을 수도 있

◆ 완전 변태하는 곤충의 유충이 가진, 성충 몸 구조를 형성하는 기관

다. 그러나 다른 목적에서는 그 차이를 이해하고, 민들레 라메트 하나를 나무와 유사하다고 보는 게 중요하다.

하지만 얀젠의 입장은 어느 모로 보나 소수 의견이다. 더 전형적인 생물학자라면 진딧물의 무성생식을 성장으로 보는 얀젠이 삐딱하다고, 다세포 줄기가 뻗어 나가 이루어지는 영양營養, vegetative◆ 전파를 번식이 아니라 성장으로 보는 하퍼와 내가 삐딱하다고 생각할지도 모른다. 하퍼와 내가 그렇게 말한 이유는 뻗는 줄기는 단세포 번식체가 아니라 다세포 분열조직이라는 가정 때문이지만, 왜 이런 가정을 중요한 사항으로 여겨야 할까? 다시금 두 가지 가상 식물 종, 이 경우 M과 S라 부르는 딸기 비슷한 식물이 등장하는 사고실험으로 답하겠다(Dawkins, 게재 확정).

딸기와 유사한 두 가상 종은 덩굴을 이용해 영양 전파한다. 두 종에는 덩굴이라는 관계망과 연결되는, 뚜렷이 구분되고 인지 가능한 '식물'처럼 보이는 개체군이 있다. 두 종에서 각각의 '식물(즉, 라메트)'은 하나 이상의 딸 식물을 낳을 수 있어, 그 결과 '개체군(또는 관점에 따라 '몸'의 성장)'은 지수 성장할 가능성이 있다. 또한 성이 존재하지 않더라도, 때로 유사 세포분열에서 돌연변이가 생겨 진화가 일어날 수도 있다(Whitham & Slobodchikoff, 게재 확정). 그럼 이제 두 종 사이에 있는 중대한 차이를 살펴보자. M종(많은many, 다세포multicellular, 분열조직meristem을 뜻하는 M)의 덩굴은 전방위적 다세포 분열조직으로 이루어진다. 이는 어느 한 '식물'에 있는 두 세포는 모체 식물에 있는 서로 다른 두 세포의 유사분열 후손일지도 모른다는 뜻이다. 유사분열 계통이라는 관점에서 한 세포는 자기가 자리한 식물에 있는 여타 세포보다 다른 '식물'에 있는 세포와 더 가까운 친척이다. 돌연변이가 세포 개체군에 유전적 이질성을 불러온다면, 식물 개체는 일부 세포가 자신이 자리한 식물보다 다른 식물에 있는

◆ 무성생식의 하나로 씨나 포자 없이 모체에서 떼어 낸 잎, 줄기, 뿌리 등의 영양기관으로 번식하는 것

세포와 유전적으로 더 가까운 혈연인 유전적 모자이크가 될 수 있다. 이런 사실이 진화에 어떤 결과를 초래하는지는 잠시 뒤에 논의하겠다. 그동안 다른 가상 종으로 가 보자.

S종(단일single을 뜻하는 S)은 각각의 덩굴이 단 하나의 정단세포apical cell◆로 이루어졌다는 점만 제외하면 M과 동일하다. 이 세포는 새로운 딸 식물에 속한 모든 세포의 기반이 되는 유사분열 조상으로서 작용한다. 이는 한 식물에 있는 모든 세포가 다른 식물에 있는 어떤 세포보다도 더 가까운 친척이라는 뜻이다. 돌연변이가 세포 개체군에 유전적 이질성을 불러온대도, 상대적으로 유전적 모자이크가 되는 일은 거의 없다. 오히려 각각의 식물은 유전적으로 균일한 클론이 되는 경향이 있지만, 다른 식물과는 유전적으로 다른 동시에 또 다른 식물과는 유전적으로 동등하기도 할 것이다. 여기에는 진정한 **식물** 개체군이 있으며, 각각의 식물은 자신이 보유한 모든 세포에 특유한 유전자형을 보유할 것이다. 따라서 '운반자 선택'이라 부르는 식물 전체 수준에서 작용하는 선택을 생각할 수 있다. 어떤 식물 전체는 월등한 유전자형 덕분에 다른 식물 전체보다 더 유리하리라.

M종, 특히 덩굴이 굉장히 전방위적으로 자라나는 분열조직으로 이루어진 종이 있다면, 유전학자는 식물 개체군이 있다는 점을 조금도 알아차리지 못하고 대신 각각이 자신의 유전자형을 보유한 세포 개체군을 볼 것이다. 이때 일부 세포들은 유전적으로 동일하고, 다른 세포들은 서로 다른 유전자형을 보유한다. 어떤 형태의 자연 선택이 세포 간에는 작용해도, 식물 간에는 작용하기 어렵다. '그 식물'은 자신이 보유한 특이한 유전자형과 동일시가 가능한 단위가 아니기 때문이다. 오히려 제멋대로 펴져 있는 식물 덩어리 전체를, 서로 다른 '식물들'에 어수선하게 흩뿌려진 하나의 유전자형을 보유한 세포로 된 세포 개체군으로 보아야 할 것이다.

◆ 식물에서 생장점, 즉 뿌리나 줄기 끝에 있는 세포

이 경우 내가 '유전자 운반체'라 부르는 단위와 얀젠이 '진화적 개체'라 부르는 단위는 세포보다 더 작을 것이다. 유전적 경쟁자가 되는 요소는 **세포들**이다. 진화는 세포 구조와 생리에서 일어난 개선이라는 형식을 띨 수 있으나 어떻게 식물 개체와 그 기관에서도 개선이라는 형식을 띠는지는 알기 어렵다.

식물이 위치한 개별 영역에서 단 하나의 유사분열 조상으로부터 유래하는 세포의 특정 하위 개체군이 클론인 일이 규칙적으로 일어난다면, 기관 구조가 개선되는 방향으로 진화할 수도 있다. 예를 들어 새로운 '식물'을 낳는 덩굴이 전방위적 분열조직이라 해도, 각각의 잎은 그 식물이 기반을 둔 단일 세포에서 나오는 일이 가능하다. 따라서 잎 하나는 해당 식물의 다른 곳에 있는 세포보다 서로 더 가까운 혈연인 세포의 클론일 것이다. 식물에서 체세포 돌연변이가 흔히 일어난다면(Whitham & Slobodchikoff, 게재 확정), 식물 전체 수준은 아닐지언정 잎 수준에서 더 향상되고 복잡한 적응이 진화한다고 상상할 수 있지 않을까? 이제 유전학자는 각각의 잎이 유전적으로 동질적인 세포로 구성된, 유전적으로 이질적인 잎 개체군을 알아볼 수 있을 것이고, 따라서 자연 선택이 성공하는 잎과 실패하는 잎 사이에 작용할 수 있지 않을까? 이 질문에 그렇다라고 답할 수 있다면 깔끔할 것이다. 즉, 어떤 단위 내 세포가 같은 수준에 놓인 다른 단위에 속한 세포와 비교할 때 유전적으로 균일한 경향을 띠는 경우, 운반자 선택은 다세포 단위의 위계 수준 어디에나 작용한다고 주장할 수 있다면 말이다. 그러나 안타깝게도 이런 추론에는 무언가가 빠졌다.

복제자는 생식 계열 복제자와 막다른 복제자로 나눌 수 있다는 점을 기억할 것이다. 자연 선택은 어떤 복제자가 경쟁하는 복제자를 희생해 수가 더 증가하는 결과를 낳지만, 이런 일은 복제자가 생식 계열일 때만 진화적 변화를 이끌 수 있다. 다세포 단위가 진화적으로 흥미로운 의미에서 운반자가 될 자격을 갖추는 일은, 적어도 세포 일부가 생식 계열 복제자를 포함할 때만 가능하다. 대개 잎은 운반자가 아니다. 잎에 있는 핵에는 막다른 복제자밖에 없기 때문이다. 궁극적으로 잎세포는, 잎에 특이한 잎 표현형을 주는 잎 유전자의 생식 계열 사본을 보유한 다른 세포에 이익을 주는 화학 물질을 합성한다. 그러나 어떤 기관에 있는 세포들이 다른 기관에 있는 세포들보다 더 가까운 유사분열 친척이기만 하면 흔히 잎 간 운반자 선택과 기관 간 선택이 일어날 거라는 앞 절의 결론은 받아들일 수 없다. 잎 간 선택은 잎이 직접 딸 잎을 낳을 때만 진화적 결과를 낼 수 있다. 잎은 기관이지 유기체가 아니다. 기관 간 선택이 일어나려면 해당 기관은 자신만의 생식 계열을 갖고 스스로 번식해야 하는데, 보통 기관은 그런 일을 하지 못한다. 기관은 유기체의 일부분이며 번식은 유기체가 가진 특권이다.

이를 명료하게 보여 주는 조금 극단적인 사례를 들어 보겠다. 예로 든 딸기 비슷한 식물 종 사이에 일련의 중간형이 있다고 하자. M종의 덩굴은 전방위적 분열조직이었고, S종의 덩굴은 각기 새로운 식물의 기반이 되는 단세포 병목으로 좁혀졌다. 한데 각기 새로운 식물의 토대가 되는 두 세포 병목으로 이루어진 중간 종이 있다면 어떨까? 여기에는 두 가지 주요한 가능성이 있다. 먼저 딸 식물에 있는 세포가 두 줄기세포 중 어디에서 유래하는지 예측할 수 없는 발생 유형이 있다면, 발생상의 병목과 관련된 사항은 단순히 양적으로 약화될 것이다. 즉, 식물 개체군에서 유전적 모자이크가 발생하지만, 여전히 세포들이 다른 식물에 있는 세포들보다 같은 식물에 있는 동료와 유전적으로 더 가까운 통계적 경향이 있다. 따라서 여전히 식물 개체군에 있는 식물 사이에서 일어나는 운반자 선택을 논하는 게 유의미하나 식물 간 선택압은 식물 내 세포 간에 작용하는 선택을 능가할 정도로 강력해야 한다. 그런데 이는 '혈연집단 선택'(Hamilton, 1975a)이 작동하는 조건 중 하나와 유사하다. 유비해 말하자면, 우리는 식물을 그저 세포 '집단'으로만 볼 필요가 있는 것이다.

각 식물의 기반이 되는 두 세포 병목이라는 가정에서 나오는 두 번째 가능성은 종이 나타내는 발생 유형이 식물의 특정 기관이 항상 두 세포 중 지정된 한쪽에서 유래하는 유사분열 후손이 되는 방식인 경우다. 예를 들어 근계세포는 덩굴 아랫부분에 있는 세포에서 발생하는 반면, 식물의 나머지는 덩굴 윗부분에 있는 다른 세포에서 발생할 수 있다. 나아가 아랫부분 세포가 언제나 모체 식물에 있는 뿌리세포에서 유래하는 반면, 윗부분 세포는 모체 식물에 있는 땅 위 세포에서 온다면 흥미로운 상황이 일어날 수 있다. 뿌리세포는 '자신'이 자리한 식물에 있는 줄기와 잎 세포보다 대체로 개체군에 있는 다른 뿌리세포와 더 가까운 친척이 되는 일이 벌어진다. 돌연변이를 통해 진화적으로 변화할 가능성은 열려 있지만 이는 수준이 갈라지는 진화다. 별개의 '식물들'이 겉보기에 공동의 일원이라는 점에 상관없이, 지하에 자리한 유전자형은 지상에 자리한 유전자형과 다르게 진화할 수 있다. 이론상 유기체 내 '종 분화'까지도 볼 수 있는 것이다.

요약해 보자. 성장과 번식 사이의 차이점이 지닌 중요한 의미는 번식이 새로운 시작, 새로운 발생 주기, 전임자와 비교해 복잡한 구조의 근본적 조직화라는 면에서 개선이 일어난 새로운 유기체를 가능케 한다는 점이다. 물론 개선이 일어나지 **않을** 수도 있으며, 이 경우 그 유전적 기초는 자연 선택이 제거할 것이다. 그러나 번식 없는 성장은 개선이든 아니든, 기관 수준에서 근본적 변화가 생길 **가능성**조차 허용하지 않는다. 성장은 단지 표면상의 땜질일 뿐이다. 조립 중인 벤틀리를 완전한 롤스로이스로 바꾸려면 나중에 라디에이터를 부착하는 조립 과정을 손보면 그만이나, 포드를 롤스로이스로 바꾸고 싶다면 차가 조립 과정에서 조금이라도 '성장하기' 전에 설계부터 다시 시작해야 한다. 반복되는 번식 생활 주기로 말하려는 요점, 즉 그 함축상 유기체로 말하려는 요점은 유기체는 진화적 시간 동안 되풀이해서 돌아가는, 처음부터 다시 시작하기를 가능케 한다는 사실이다.

다만 여기서 '생물상biotic' 적응주의◆라는 이설을 조심해야 한다(Williams, 1966). 우리는 반복되는 번식 생활 주기, 즉 '유기체'를 통해 복잡한 기관이 진화한다는 점을 보았다. 이런 사실을 그저 모호하게 복잡한 기관이 좋은 방책이라는 이유에서, 유기체 생활 주기가 **존재하기** 위한 충분한 적응적 설명으로 보는 일은 너무나 안이하다. 비슷하게, 반복된 번식은 개체가 죽을 경우에만 가능하지만(Maynard Smith, 1969), 그렇다고 해서 개체가 죽는 게 진화를 유지하기 위한 적응이라고 말하고 싶지는 않을 것이다! 돌연변이도 마찬가지다. 즉, 돌연변이는 진화가 일어나는 데 필요한 전제 조건이지만, 그럼에도 자연 선택은 돌연변이가 전혀 발생하지 않는 쪽을 선호할 것이다. 다행히 절대로 생기지 않을 일이지만 말이다(Williams, 1966). 성장/번식/죽음이라는 생활 주기 유형, 다세포 클론 '유기체' 생활 주기 유형은 원대한 결과를 불러오며, 적응적 복잡성이 진화하는 데 필수적이다. 그러나 이는 해당 생활 주기 유형이 존재하기 위한 적응적 설명과는 다르다. 다윈주의자는 틀림없이 대립 유전자를 희생해 해당 유형의 생활 주기를 증진하는 유전자가 얻는 직접 이익을 찾는 일부터 시작할 것이다. 여기서 그는, 가령 계통이 겪는 절멸 차이와 같이 다른 수준에서 선택이 일어날 가능성을 인정하는 쪽으로 갈지 모른다. 그러나 그는 이처럼 어려운 이론 영역에서 유성생식이 있는 이유는 진화가 일어나는 속도를 높이기 위해서라는 유사한 발상을 제안한 피셔(Fisher, 1930a), 윌리엄스(Williams, 1975), 메이너드 스미스(Maynard Smith, 1978a)처럼 세심한 주의를 기울일 것이 분명하다.

유기체는 다음과 같은 자질을 지닌다. 유기체는 단세포이거나 다세포이고, 다세포라면 그 세포는 서로 유전적으로 가까운 혈연이다. 즉, 이 세포들은 하나의 줄기세포에서 유래했으며, 다른 유기체에 있는 세포보

◆ 어떤 생물상의 성공을 증진하도록 설계된 기제로, 절멸에 이르기까지 걸리는 시간으로 측정한다.

다 더 최근에 존재했던 공통 조상을 공유한다는 뜻이다. 유기체는 아무리 복잡한 생활 주기라 해도, 이전 생활 주기에 있는 본질적 특징을 반복하면서 이전 생활 주기를 통해 개선되는 어떤 생활 주기를 겪는 단위다. 유기체는 생식 계열 세포로 구성되었거나, 자기 세포의 일부분으로 생식 계열 세포를 포함하거나, 불임인 사회성 곤충 일벌레처럼 가까운 혈연인 유기체에 있는 생식 계열 세포의 복지를 증진하고자 일하는 위치에 있다.

마지막 장에서 왜 커다란 다세포 유기체가 존재하느냐라는 질문에 완전히 만족스러운 답을 하려는 포부는 없었다. 그저 이런 질문을 탐구하려는 새로운 호기심을 자극한다는 데 만족한다. 나는 유기체가 존재한다고 받아들이고 어떻게 적응이 그 적응을 가진 유기체에게 이익을 줄까 묻는 대신에, 유기체가 존재한다는 사실 자체를 설명이 필요한 현상으로 다루어야 한다는 점을 보이고자 했다. 복제자는 존재한다. 이는 근본적 사실이다. 확장된 표현형 발현을 포함해 복제자가 내는 표현형 발현은 복제자가 존재하게 돕는 도구로 기능한다. 유기체는 이러한 도구들이 모인 거대하고 복잡한 결합체이자, 원리상 함께 다닐 필요가 없으나 실제로는 **함께 다니며** 유기체의 생존과 번식이라는 공동 이익을 나눠 갖는 복제자 무리가 공유하는 결합체다. 유기체라는 현상은 관심을 요하면서 동시에 설명이 필요한 문제이기도 하다. 마지막 장에서 설명을 찾을 수 있는 대략적 방향이 어느 쪽인지 개요를 제시했다. 이는 예비적인 작업에 불과했지만, 어떻든 간에 여기에 요약해 보겠다.

존재하는 복제자는 자기 이익에 맞도록 세계를 조작하는 데 특출나게 변하는 경향이 있다. 이때 복제자는 환경이 제공하는 기회를 이용하는데, 복제자가 사는 환경에서 중요한 측면은 다른 복제자와 이들이 내는 표현형 발현이다. 다른 복제자가 흔하게 존재한다는 조건에서 이로운 표현형 효과를 내는 복제자는 성공한다. 물론 다른 복제자 또한 성공한다. 그렇지 않으면 이들은 흔하지 않을 것이기 때문이다. 따라서 세계는 상호양립하는 성공적인 복제자 무리, 함께 살아가는 복제자들이 차지한다. 원리상 이를 서로 다른 유전자 풀, 종, 강, 문, 계에 있는 복제자에도 적용한다. 그러나 표현형 발현을 중요하게 하는 유성생식이 존재하는 유전자 풀을 공유하면서 세포핵을 공유하는 복제자의 하위 무리 사이에서 특별히 친밀한 상호 양립성을 갖는 관계가 움터 왔다.

거북하게 동거하는 복제자가 모인 개체군으로서 세포핵은 그 자체로 놀랄 만한 현상이다. 전혀 다르지만 역시 놀랄 만한 현상은 다세포 클론화, 즉 다세포 유기체라는 현상이다. 다른 복제자가 내는 효과와 상호작용해 다세포 유기체를 만드는 복제자는 복잡한 기관과 행동 유형을 가진 운반자를 만든다. 복잡한 기관과 행동 유형은 군비 경쟁에서 선호된다. 복잡한 기관과 행동의 진화는 유기체가 각각의 주기가 단세포로 시작하는, 반복된 생활 주기를 겪는 존재자이기에 가능하다. 세대마다 각각의 주기가 단세포에서 다시 시작한다는 사실은 돌연변이가 발생상의 설계에서 '처음부터 다시 시작하기'를 통해 근본에서부터 진화적으로 변화하는 일을 성취하도록 한다. 또한 이런 사실은 복제자가 유기체에 있는 모든 세포의 활동을 공유하는 한정된 생식 계열이 얻는 복지에 집중시켜, 같은 생식 계열에 있는 다른 복제자를 희생해 사적 이득을 보는 무법자가 되고픈 '유혹'을 일부나마 제거한다. 통합된 다세포 유기체는 원래 독립해 있던 이기적 복제자에 자연 선택이 작용한 결과로 나타난 현상이다. 함께 모여 행동하는 방침은 복제자에게 이득이었다. 원리적으로는 복제자가 생존하도록 보장하는 표현형 힘은 확장되며 한계도 없다. 실제로는 일련의 복제자 힘을 공유하는, 부분적으로 한계가 있는 국소적 집중체로서 유기체가 발생했다.

대니얼 데닛이 쓴 후기

왜 이 책에 붙일 후기를 철학자가 쓰는 걸까? 『확장된 표현형』은 과학인가 철학인가? 둘 다이다. 이 책은 분명 과학이면서, 철학이 해야 하지만 그저 간헐적으로밖에 하지 못하는 일을 한다. 즉, 이전과 다른 관점에 눈뜨게 하는 세심하고 정연한 논증을 펼쳐 어렴풋이 잘못 이해한 개념을 말끔히 정리하고 우리가 이미 안다고 착각한 문제를 **생각하는 새로운 방식을 제공한다**. 리처드 도킨스가 처음에 말한 대로, "확장된 표현형은 그 자체로는 검증 가능한 가설이 아닐지 모르나 동식물을 보는 방식을 바꿈으로써 전에는 꿈꾸지도 못했던 검증 가능한 가설을 고안하게 도울 수 있다"(본문 p. 22 참조). 그렇다면 이 새로운 사고방식이란 무엇인가? 이는 단지 도킨스가 1976년에 발표한 책, 『이기적 유전자』에서 유명해진 '유전자의 눈 관점'만은 아니다. 그런 바탕에서 시작해, 도킨스는 먼저 유기체와 환경 사이에 놓인 경계선을 허물어 유기체를 보는 전통적 사고방식을 어떻게 더 풍부한 시각으로 대체해야 하는지 보여 주고 나서 한층 심원한 기초 위에서 (부분적으로) 재건축을 시도한다. "나는 유전학 용어가 지닌 통상의 논리가 유전자는 특정 운반자 수준에서 발현될 필요 없는, **확장된** 표현형 효과를 낸다는 결론으로 이끌기 마련이라는 점을 보일 것이다."(p. 332) 도킨스는 혁명을 선언하는 게 아니다. 그는 "유전학 용어가 지닌 통상의 논리"를 사용해 생물학이 앞서 소중히 붙잡았던 개념에 숨겨진 놀라운 의미, 새로운 중심 정리를 드러낸다. "동물이 하는 행동은 그 행동을 '위한' 유전자가 행동을 수행하는 특정 동물 몸에 있든 없든, 해당 유전자가 달성하는 생존을 최대화하는 경향이 있다."(p. 388) 이전에 도킨스가 생물학자는 유전자의 눈 관점을 채택해야 한다고 권고했던 충격도 혁명적인 건 아니었으며, 1976년에 이미 생물학계를 휩쓸기 시작했던 관심의 변화를 알기 쉽게 종합했을 뿐이다. 도킨스가 제시한 이전 개념을 엉뚱하게 이해하고 지레짐작한 비판이 너무나 흔해 수많은 비전문가와 일부 생물학자까지도 그런 변화가 얼마나 너그러웠는지 알지 못했다. 우리는 이제 인간 유전체 같은 유전체가 입을 딱 벌리게 하는 교활함과 기발함을 갖춘 기제로 이루어지고 이런 기제에 좌우된다는 사실을 안다. 여기에는 그저 분자적 필경사와 교정 보는 편집자만이 아니라 무법자와 무법자를 쫓는 자경단, 사교계에 따라가는 보호자, 사슬에서 탈출하는 곡예사, 보호를 명목으로 갈취하는 폭력배, 약물중독자, 그 외 의뭉스러운 나노 첩보원들이 모여 살며, 이들은 로봇이 벌이는 싸움을 넘어 눈에 보이는 경이로운 자연으로 스스로를 드러내려고 한다. 이런 새로운 시각이 내놓는 결실은 매일같이 신문 머리기사를 장식하는 DNA 조각이나 그 밖의 새롭고 흥미로운 발견을 훨씬 넘어선다. 우리는 왜 그리고 어떻게 늙는 걸까? 우리는 왜 병에 걸릴까? HIV는 어떻게 활동할까? 뇌는 배 발생 과정에서 어떻게 형성될까? 병충해를 물리치는 데 농약 대신 기생충을 이용할 수 있을까? 어떤 조건에서 협동이 단지 가능할 뿐만 아니라 실제 일어나고 유지될까? 이 모든 중대한 질문과 더 많은 의문은 사태를 복제자가 복제할 기회, 그에 따르는 비용과 이익이라는 과정에서 다시 생각하면 명확해질뿐더러 저절로 해결된다.

도킨스는 철학자처럼 이런 과정을 해명하고 결과를 예측하고자 고안한 설명 논리에 주로 관심을 둔다. 그러나 이는 과학적인 설명이라, 도킨스(다른 많은 사람처럼)는 설명이 함축하는 바가 단지 흥미롭고 옹호하기 쉬운 철학적 신념이기보다는 **과학적 결과**이기를 바란다. 여기에 많은 성패가 달려 있기에 이것이 좋은 과학인지 확인할 필요가 있고, 그리하여 자료를 수집한 곳, 세부 사항이 문제 되는 곳, 다루기 쉬운 현상을 이해하는 비교적 작은 규모의 가설을 실제로 시험할 수 있는 곳과 같은 최전방으로 내려가 논리를 점검할 필요가 있다. 『이기적 유전자』는 일반 독자를 감화하고자 썼기 때문에 적절한 과학적 평가를 상세히 고려해야 할 많은 복잡하고 전문적인 내용을 대충 넘어갔다. 『확장된 표현형』은 전문 생물학자를 위해 썼지만, 도킨스가 발휘한 글쓰기가 너무나 우아하고 명료해 자기 지성을 활발하게 약동시킬 준비가 된 외부자라면 논증을 따라가 문제가 지닌 미묘한 점을 음미할 수도 있다.

전문 철학자를 즐겁게 하는 요소도 빼놓을 수 없다. 내가 이제껏 본 글 중 가장 능수능란하고 엄밀한 논증이 한 치도 흐트러짐 없이 이어지며(5장과 11~14장 참조), 독창적이고 기발한 사고실험(그중에서도 pp. 246~247, pp. 399~400 참조)으로 가득하다. 더구나 도킨스는 꿈에도 생각지 않았겠으나 곁다리이면서도 상당히 실속 있게 철학적 논쟁에 기여하기까지 한다. 예를 들어 진흙 모으는 흰개미를 유전적으로 통제하는 것을 다룬 사고실험이 등장하는 341~342쪽은 지향성 이론에 유용한 통찰을 제공하고, 특히 내가 포더Fodor, 드레츠키Dretske, 그 외 논자들과 벌인, 어떤 조건에서 심성 내용을 기제가 고유한 기능을 수행한 결과로 볼 수 있느냐를 둘러싼 논쟁에 유용하다. 철학적 개념어로 말하면, 순수한 외재성이 유전학을 지배하며 이는 표현형 형질에 이름을 붙이는 일을 '임의적 편의에 따르는 문제'로 만들지만 그럼에도 이런 상황을 이해하는 가장 적확한 사실을 추구하는 우리의 흥미를 막지는 못한다.

과학자에게는 검증 가능한 예측으로 넘쳐난다. 가령 벌이 행하는 짝짓기 전략(pp. 143~144), 정자 크기의 진화(p. 246), 나방이 나타내는 포식자 방어 행동(pp. 252~253), 기생자가 딱정벌레와 민물새우에게 미치는 효과(pp. 359~362)와 같은 다양한 주제가 있다. 또한 성의 진화와 유전체 내 갈등이 일어나는 조건(또는 유전체 기생자), 그 외에도 처음 봤을 때 반직관적으로 보이는 여러 주제를 시원시원하고 명쾌하게 분석한다. 녹색 수염 효과와 이와 연관된 주제를 탐구하는 데서 피해야 할 위험을 경고하는 사려 깊은 논의는 이렇게 혼란스러운 분야에 뛰어들려는 사람에게는 반드시 필요한 **안내서**이다.

이 책은 1982년에 처음 출판된 이래 신다윈주의 진화론을 진지하게 공부하는 모든 사람에게 필독서가 되었다. 오늘날 이 책을 다시 읽어 얻는 재밌는 결과는 이 책이 아주 천천히 기어가는 비판을 빠르게 돌려 보여 주는 저속도 사진을 제공한다는 점이다. 미국의 스티븐 제이 굴드와 리처드 르원틴, 영국의 스티븐 로즈는 오래전부터 도킨스가 제창한 유전자 관점 생물학에서 위협적으로 발원할지 모를 '유전적 결정론'을 세상에 경고해 왔다. 그러나 2장에서 그들이 최근에 제기한 **모든** 비판을 이미 손쉽게 반박했다. 거의 20년 동안 도킨스의 반대자들이 새로운 각도에서 치명적인 쐐기를 박을 만한 한두 개의 균열을 찾아내지 않았겠나 생각할 수도 있지만, 도킨스가 다른 맥락에서 말한 대로 어떤 진화도 일어나지 않았다. 그들의 사고방식에는 "겉보기에 더 나은 변화를 위한 이용 가능한 변이가 없다". 자신을 가장 맹렬히 공격하는 비판자에게 답해야 할 책무에 직면했을 때, 그저 간단히 수년 전에 해당 주제에 관해 말한 것을 재판할 수 있다면 이보다 더 만족스러울까!

그 무서운 '유전적 결정론'이란 무엇인가? 도킨스(p. 37)는 굴드가 1978년에 쓴 정의를 인용한다. "우리가 누구인지 이미 프로그램되어 있다면 그런 형질들에서 벗어나기는 불가능하다. 우리는 기껏해야 해당 형질을 다른 방향으로 이끌 수 있을 뿐이지 의지나 교육, 문화를 이용해서 바꿀 수는 없다." 그러나 이것이 유전적 결정론이라면 도킨스는 유전적 결정론자가 아니다(E. O. 윌슨도 아니며, 내가 아는 한 저명한 사회생물학자나 진화생물학자 누구도 그런 사람은 없다). 그리고 나는 비판가들이 더 정교하게 개정한 정의를 내놓은 것도 보지 못했다. 도킨스가 흠잡을 데 없는 철학적 분석에서 보여 준 대로, '유전적'(또는 다른 어떤 것이든) 결정론이 불러올 '위험'이라는 발상 전체는 해당 용어가 스캔들이 아니라면 나쁜 농담일 거라고 멋대로 떠들고 다닌 사람들 때문에 제대로 따져 보질 못했다. 도킨스는 2장에서 비난에 반박만 하는 게 아니라 비난을 부추기는 혼란의 진원지가 어딘지 진단하며 다음과 같이 쓴다. "거기에는 일부러 오해하려는 간절한 바람이 있다." 슬프지만 도킨스가 옳다.

신다윈주의 사고를 겨냥한 모든 비판이 그렇게 형편없는 건 아니다. 비판가들은 적응주의 사고가 유혹적이라고 말한다. 근거 없는 그저 그럴싸한 이야기를 너무 쉽게 진지한 진화적 주장이라고 오인하기 때문이다. 이는 사실이라, 이 책에서 도킨스는 누누이 현실과 이런저런 방식으로 충돌하는 유혹적인 주장을 솜씨 좋게 들추어내 비판한다(몇 가지 두드러진 사례로 pp. 133~135, pp. 139~141, pp. 263~264, pp. 434~435 참조). 78~79쪽에서 도킨스는 환경에 일어난 변화는 표현형 효과가 거두는 성공률을 변화시키는 데 그치지 않는다는 아주 중요한 지적을 한다. 환경 변화는 표현형 효과를 송두리째 바꾸기도 한다! 유전자의 눈 관점이 선택 환경에서 일어나는 변화(상당히 우발적인 변화를 포함해)가 기여하는 부분을 무시하거나 과소평가하는 게 **틀림없다**는 관례적 비난은 진저리나고 옳지도 않다. 그러나 적응주의가 종종 이러한(다른 것도) 복잡성을 외면한다는 사실이 사라지지 않아 이 책은 손쉬운 적응주의 사고를 경고하는 언명으로 가득하다.

유전자의 눈 관점에 적용되는 또 다른 관례적 별칭인 '환원주의'라는 비난은 도킨스에게는 적절하지 않다. 확장된 표현형이라는 개념은 더 높은 수준의 설명이라는 경이에서 우리를 가로막기는커녕, 치명적 오류를 제거함으로써 자신의 힘을 더 확장한다. 도킨스가 말했듯이, 확장된 표현형은 유기체를 **재발견**하게 돕는다. 표현형 효과가 유기체와 '외부' 세계 사이를 가르는 경계선을 무너뜨린다면, (다세포) 유기체라는 게 왜 있는 걸까? 이는 아주 좋은 질문이면서 동시에 도킨스가 제공한 관점이 없었다면 물을 수 없는, 아니면 제대로 물을 수 없는 질문이었을 것이다. 우리는 모두 핵(그리고 미토콘드리아) DNA와 더불어 매일 수천 가지 계통(우리 몸의 기생자와 장내미생물상까지도)의 DNA를 지니고 다니며, 이 모든 유전체는 대부분의 상황에서 꽤 잘 지낸다. 결국 이들은 모두 같은 배를 탄 것이다. 영양 떼, 흰개미 군집, 한 쌍의 부부 새와 그들이 깐 한 배의 알, 인간 사회와 같은 집단적 실체는 따지고 보면 집단적 여행을 시작했던 어머니-세포와 아버지-세포의 결합에서 각각 유래한 후손인 1조 개 이상의 세포를 가진 한 인간 개체와 별다를 게 없다. "어떤 수준에서든, 운반자가 파괴되면 그 속에 탄 모든 복제자도 파괴된다. 따라서 자연 선택은 어느 정도로나마 파괴에 저항하는 운반자를 만드는 복제자를 선호할 것이다. 원리상 이런 주장은 단일 유기체만이 아니라 유기체가 모인 집단에도 적용할 수 있다. 집단이 파괴되면 그곳에 사는 모든 복제자도 파괴되기 때문이다."(p. 201) 그렇다면 가장 중요한 건 유전자인가? 전혀 그렇지 않다. "유전적 의미에서 다윈 적합도라는 개념에는 아무런 마법도 없다. 최대화되는 근본 양으로서 다윈 적합도에 우선권을 주어야 할 법칙은 없는 것이다. (……) 밈에는 자기만의 복제를 증진할 기회와 표현형 효과가 있으며, 밈이 이루는 성공이 유전적 성공과 어떤 식으로든 연결되어야 할 어떤 이유는 없다."(pp. 194~195)

다윈 사고가 지닌 논리는 단지 유전자에 관한 것만이 아니다. 진화경제학자, 진화윤리학자, 사회과학과 심지어 물리과학, 예술에 종사하는 그 밖의 사람들까지 점점 더 많은 사상가가 이런 사실이 품은 진가를 이해해 가는 중이다. 나는 이를 **철학적** 발견으로 받아들이며, 지극히 심원한 통찰을 품고 있음을 의심하지 않는다. 독자가 손에 쥔 이 책은 이 새로운 세계를 이해하는 데 필요한 최고의 안내서이다.

용어 사전

이 책은 주로 용어 사전이 필요 없는 생물학자를 대상으로 썼지만, 이 책이 좀 더 널리 읽히도록 몇 가지 전문 용어를 설명하는 게 좋겠다는 제안에 수긍했다. 대부분의 용어는 다른 곳에서 잘 정의했다(예를 들어 Wilson, 1975; Bodmer & Cavalli-Sforza, 1976). 물론 내가 한 정의가 이미 있는 설명을 더 보완한 건 아니나, 논쟁이 많은 단어나 이 책이 견지하는 논지와 특별히 관련 있는 문제에는 개인적 소견을 덧붙였다. 나는 용어 사전에 전후 참조를 지나치게 욱여넣지 않으려고 했지만, 정의에 사용한 많은 단어는 용어 사전의 다른 곳에서 해당 정의를 찾을 수 있다.

- ***K*-선택***K*-selection 서식지가 수용 가능한 최댓값에 가까운 개체군 크기에서, 경쟁하기 좋은 조건을 갖춘 개체 사이에서 한정된 자원을 놓고 격렬한 다툼이 벌어질 가능성이 높은, 안정되고 예측 가능한 환경에서 성공하는 데 필요한 자질을 위한 선택. *K*-선택은 큰 몸, 긴 수명, 집중해 양육할 수 있는 작은 규모의 자식을 포함하는 다양한 자질을 선호한다. *r*-선택('*r*-선택' 참조)과 대비된다. '*K*'와 '*r*'는 집단생물학자가 전통적으로 사용하는 수식 기호다.
- ***r*-선택***r*-selection 빠르면서도 기회가 생길 때마다 번식하는 능력이 유리한, 경쟁에서 이기는 데 도움을 주는 적응이 별 가치가 없는, 불안정하고 예측 불가능한 환경에서 성공하는 데 필요한 자질을 선호하는 선택. *r*-선택은 높은 번식력, 작은 몸 크기, 멀리 퍼지는 데 긴요한 적응을 포함하는 다양한 자질을 선호할 거라고 생각한다. 잡초나 이와 비슷한 동물이 그 예다. *K*-선택과 대조된다('*K*-선택' 참조). *r*-선택과 *K*-선택은 연속체의 양극단에 있고 실제의 경우 대부분은 그 사이 어딘가에 있다고 강조하는 게 관례다. 생태학자는 흔히 *r*/*K* 개념을 인정하지 않으면서도 없으면 안 된다고 생각하는 기묘한 애증 관계를 즐긴다.
- **감수분열**meiosis 세포(보통 이배체)가 원래 염색체의 반만 보유한 딸세포를 낳는 세포분열. 감수분열은 정상 유성생식에서 일어나는 핵심 과정이다. 이는 나중에 융합해 원래 염색체 숫자를 회복하는 배우자를 낳는다.
- **감수분열 부등**meiotic drive 대립 유전자가 감수분열에 작용해 성공하는 배우자에 자신이 들어갈 기회를 50퍼센트 이상 보장하려는 현상. 이런 유전자는 유기체에 가하는 해로운 효과에도 불구하고 개체군에 퍼지는 경향이 있어 '부등한다'라고 말한다. '분리 왜곡 인자' **참조**.
- **개체 발생**ontogeny 개체가 발생하는 과정. 실제로는 발생을 대개 성체 생산으로 끝나는 과정으로 보지만, 엄밀하게는 노화 같은 후기 과정도 포함한다. 확장된 표

현형이라는 신조는 비버 댐 같은 조작물처럼 몸 밖에서 일어난 적응의 '발생'도 '개체 발생'에 포함하도록 종용한다.

- **게임 이론**game theory　원래 인간이 하는 게임에서 발전했고 경제학과 군사 전략에서 일반화되어 진화적으로 안정된 전략('진화적으로 안정된 전략' 참조)으로 진화한 수학 이론. 게임 이론은 최적 전략이 고정되지 않지만, 통계적으로 적수가 택할 가능성이 높은 전략에 좌우되는 곳 어디에서나 유용하게 쓰인다.
- **경고색**aposematism　말벌처럼 맛없고 위험한 유기체가 밝은 색깔이나 그에 맞먹는 강한 자극으로 포식자에게 '경고'하는 현상. 이 현상은 포식자가 그들을 피하는 일을 쉽게 학습하도록 작용한다고 추정한다. 그러나 (해결 가능하지만) 애초에 이런 현상이 어떻게 진화했느냐라는 문제에는 이론적 난점이 있다.
- **계통 발생**phylogeny　진화적 시간 척도에서 본 조상의 역사.
- **공생**symbiosis　서로 다른 종에 속하는 구성원이 (상호 의존해) 친밀하게 함께 사는 것. 일부 최신 교과서에서는 상호 의존이라는 조건을 생략하고 공생에 기생을 포함해 정의한다(기생에서는 한쪽, 즉 기생자만 다른 쪽에 의존하며 숙주는 혼자서 더 잘 산다). 이런 교과서에서는 공생 대신에 **상리공생(mutualism)**이라는 용어를 사용한다.
- **교차**crossing-over　감수분열 동안 염색체가 유전 물질 일부를 교환하는 복잡한 과정. 그 결과 배우자는 무한히 다양하게 조합된다.
- **뉴클레오티드**nucleotide　DNA와 RNA를 이루는 기본 구성 요소로서 중요한 생화학 분자의 한 종류. DNA와 RNA는 뉴클레오티드 사슬이 길게 구성되는 폴리뉴클레오티드다. 뉴클레오티드는 세 개의 단위로 '읽으며', 세 개로 된 각 단위는 코돈이라고 부른다.
- **다계통**polyphyletic　'단계통' 참조.
- **다면발현**pleiotropy　한 유전자 좌위에서 일어나는 변화가 겉보기에 아무 연관 없는 다양한 표현형 변화를 내놓는 현상. 예를 들어 어떤 특정 돌연변이는 한 좌위에서 발생해 동시에 눈 색깔, 발가락 길이, 젖 생산에 영향을 준다. 다면발현은 예외라기보다는 규칙으로 보이며 발생이 일어나는 복잡한 방식을 아는 모든 경우에서 볼 수 있다.
- **다시 톰슨의 형태변화** D'Arcy Thompson's transformation　수학적으로 명시할 수 있는 왜곡을 통해 동물이 띠는 형태가 연관된 다른 동물로 변형 가능함을 그래프로 보여 주는 방법. 다시 톰슨은 일반 모눈종이 위에 두 형태 중 하나를 그린 다음, 좌표계가 특정 방식으로 왜곡되면 해당 형태가 거의 정확하게 다른 형태로 변형된다는 점을 보여 주었다.
- **다원 유전자**polygene　각각이 양적 형질에다 작고 누적되는 효과를 가하는 일련의

유전자 중 하나.

· **다원주의**pluralism　현대 다윈주의 용어에서 진화가 자연 선택만이 아니라 수많은 동인을 통해 추동된다는 신념. 광신자들은 때로 진화(다원적으로 일어나는 유전자의 빈도 변화)와 적응(우리가 아는 한 오직 자연 선택만으로 생기는) 사이의 차이를 간과한다.

· **다형성**polymorphism　한 종에서 두 개 혹은 그 이상의 불연속하는 형태가 단지 반복되는 돌연변이만으로는 그중 가장 드문 형태를 유지하지 못하는 비율로 한 장소에서 동시에 발생하는 현상. 다형성은 반드시 어떤 진화적 변화가 일어나는 일시적 과정 동안 생긴다. 다형성은 또한 여러 특별한 종류의 자연 선택으로 안정된 균형을 유지할 수도 있다.

· **단계통**monophyletic　한 유기체 집단이 또한 그 집단의 구성원으로 분류 가능한 공통 조상에서 모두 유래했을 때 단계통이라고 한다. 예를 들어 모든 새에게 해당하는 가장 최근의 공통 조상이 또한 새로서 분류될 수 있기에 새는 단계통 집단일 것이다. 그러나 파충류는 모든 파충류에 해당하는 가장 최근의 공통 조상이 또한 파충류로서 분류될 수 없기에 **다계통(polyphyletic)**일 것이다. 다계통 집단이라는 것은 적합한 이름이 아니며 파충강을 인정해서는 안 된다고 주장하는 사람도 있다.

· **대립 유전자**allele　**[대립형질 유전자(allelomorph)의 약어]** 각각의 유전자는 좌위라 부르는 염색체의 특정 영역만을 차지할 수 있는데, 개체군의 어떤 주어진 좌위에는 유전자의 대안 형태가 존재한다. 이 대안 형태를 서로의 대립 유전자라 칭한다. 이 책은 대립 유전자가 서로 경쟁한다는 점을 강조한다. 진화적 시간 동안 성공하는 대립 유전자는 개체군에 있는 모든 염색체의 동일한 좌위에서 다른 대립 유전자에 비해 수에서 우위를 점하기 때문이다.

· **대진화**macroevolution　매우 거대한 시간 척도 동안 일어나는 진화적 변화를 연구하는 분야. 개체군 내에서 일어나는 진화적 변화를 연구하는 **소진화(microevolution)**와 대비된다. 대진화적 변화는 대개 일련의 화석에서 관찰되는 총체적 형태 변화로 인지한다. 대진화적 변화는 근본상 단지 소진화적 변화로 생기는 결과인지 아니면 두 변화는 '분리되어' 서로 다른 종류의 과정으로 추동되는지를 둘러싼 논쟁이 있다. 대진화론자라는 사람들은 때로 오해를 살 정도로 이 논쟁에서 한쪽 편만 지지하는 아집을 보이는 경우가 있다. 거대한 시간 척도에서 진화를 연구하는 모든 사람은 어느 한쪽에 치우치지 않을 필요가 있다.

· **돌연변이**mutation　유전 물질에서 일어나는 내재적 변화. 다윈 이론에서 돌연변이는 무작위로 생긴다고 말한다. 이는 돌연변이가 법칙적으로 일어나지 않는다는 뜻이 아니라, 돌연변이에는 개선된 적응으로 가는 특정한 경향이 없다는 뜻이다.

개선된 적응은 오직 선택을 통해서 생기지만, 선택 가능한 변이체를 낳는 궁극적 원인으로서 돌연변이를 필요로 한다.

· **동류교배**assortative mating 개체가 자신과 닮거나[긍정 동류교배 또는 동질혼(homogamy)] 특별히 닮지 않은(부정 동류교배) 짝을 선택하는 경향. 이 단어를 긍정적인 의미로만 사용하는 사람도 있다.

· **동형접합**homozygous 한 염색체 좌위에 동일한 대립 유전자가 있는 상태. 보통 개체에 쓰이며, 이 경우 그 좌위에 있는 동일한 두 대립 유전자를 지칭한다. 좀 더 느슨하게 말하면, 개체나 개체군에 있는 모든 좌위를 평균해 통계적으로 본 전체 좌위 내 대립 유전자의 동형접합성을 지칭한다.

· **라마르크주의**Lamarckism 라마르크가 실제로 무엇을 말했느냐와 상관없이, 오늘날 라마르크주의는 획득 형질이 유전한다는 가정에 의존하는 진화론을 칭한다. 이 책의 관점에서 라마르크 이론이 지닌 중요한 특징은 새로운 유전적 변이는 다윈 이론이 보는 것처럼 '무작위'(즉, 방향성 없는)라기보다는 적응적으로 향할 수 있다는 발상이다. 오늘날의 정통적 견해에서 라마르크 이론은 완전히 틀린 이론이다.

· **레콘**recon 재조합이 일어나는 최소 단위. 유전자를 정의하는 여러 용어 가운데 하나지만, 아직은 뮤톤처럼 정의를 덧붙이지 않고 사용 가능할 만큼 통용되지는 않는다.

· **멘델 유전**Mendelian inheritance 쌍을 이룬 분리된 유전 인자(오늘날의 유전자)로써 유전하는 비혼합 유전. 각 쌍의 구성원 하나는 부모 각각으로부터 온다. 주요한 대안 이론은 '혼합 유전'이다. 멘델 유전에서 유전자는 몸에 미치는 효과에서 서로 섞일 수 있지만, 자기들끼리는 섞이지 않으며 온전하게 다음 세대로 내려간다.

· **목적학**teleonomy 적응의 과학. 실상 목적학은 다윈이 훌륭하게 정초한 목적론이나, 이후 생물학 세대들은 '목적론(teleology)'이 마치 틀린 구조의 라틴어 문법인 양 멀리하도록 교육받아 이를 에둘러 표현하는 것을 훨씬 더 좋아한다. 목적학이라는 과학이 무엇으로 구성되었는지 그렇게 많은 논의가 있진 않지만, 선택받는 단위 및 완전화에 드는 비용이나 그 밖의 제약을 탐구하는 것이 주요한 작업 중 일부다.

· **무법자 유전자**outlaw gene 자신이 자리한 유기체에 있는 다른 유전자에 해로운 효과를 가하는데도 자기 좌위에서 선택을 통해 선호되는 유전자. 감수분열 부등('감수분열 부등' 참조)이 좋은 예다.

· **뮤톤**muton 돌연변이적 변화가 일어나는 최소 단위. 유전자를 정의하는 여러 방식 가운데 하나(시스트론, 레콘과 함께).

· **미토콘드리아**mitochondria 진핵세포 속에 있는 작고 복잡한 세포소기관으로 막

으로 이루어지며, 주로 세포에서 에너지를 방출하는 생화학적 과정이 일어나는 장소. 미토콘드리아는 자신만의 DNA를 가지며 세포 속에서 독자적으로 번식한다. 그리고 어떤 이론에 따르면 미토콘드리아는 공생하는 원핵생물('원핵생물' 참조)에서 유래했다고 한다.

- **밈**meme 문화 유전의 단위. 입자로 된 유전자와 유사하며 문화적 환경에서 자신의 생존과 복제에 영향을 주는 '표현형' 결과로 자연 선택된다고 가정한다.
- **바이스만주의**Weismannism 불멸하는 생식 계열과 생식 계열이 사는 필멸하는 몸의 계승을 엄격히 구분하는 신조. 특히 생식 계열은 몸 형태에 영향을 줄 수 있지만, 그 반대는 불가능하다는 신조. '중심 원리' **참조**.
- **반수이배체**haplodiploid 수컷은 수정되지 않은 난자에서 태어나고 반수체인 반면, 암컷은 수정된 난자에서 태어나고 이배체인 유전 체계. 따라서 수컷은 아버지도 아들도 없이 모든 유전자를 딸에게 전달하나, 암컷은 아버지로부터 유전자 반을 받는다. 반수이배체는 거의 모든 사회성, 비사회성 벌목(개미, 벌, 말벌 등)과 또한 일부 벌레, 딱정벌레, 좀진드기, 참진드기, 담륜충에서 나타난다. 반수이배성이 유전적 혈연의 가까움 정도에 미치는 영향은 벌목에서 나타나는 진사회성('진사회성' 참조)의 진화를 설명하는 이론에 기발하게 사용된다.
- **반수체**haploid 단일 염색체 집합을 가진 세포. 배우자는 반수체이며, 수정이 이루어지면 이배체 세포('이배체' 참조)가 된다. 모든 세포가 반수체인(균류와 수컷벌) 유기체도 있는데 이를 반수성 유기체라고 한다.
- **배우자**gamete 유성생식에서 융합하는 성 세포. 정자와 난자가 배우자다.
- **번식 가치**reproductive value 인구통계학적 전문 용어. 개체가 미래에 낳을 수 있는 기대 자녀(암컷) 수로 잰다.
- **번식체**propagule 어떤 종류의 번식하는 입자. 이 단어는 특히 유성생식이나 무성생식, 배우자나 포자 등 어느 하나에 구애받지 않고 논의하고 싶을 때 사용한다.
- **변경 유전자**modifier gene 다른 유전자가 내는 효과를 변경하는 효과를 내는 유전자. 유전학자는 더 이상 두 가지 유형의 유전자, '주요 유전자'와 '변경 유전자'를 구별하지 않고, 많은(아마 대부분) 유전자가 다른 많은(아마 대부분) 유전자가 내는 효과를 변경한다고 인식한다.
- **복제자**replicator 이 세계에서 사본을 만드는 존재자. 5장에서 복제자를 확장된 의미로 논하며, 능동/수동, 생식 계열/막다른 복제자로 분류한다.
- **볼드윈/워딩턴 효과**Baldwin/Waddington Effect 스폴딩(Spalding)이 1873년에 처음 제안했다. 대개는 가설에 불과한 진화 과정[**유전적 동화(genetic assimilation)**라고 부르기도 한다]으로, 이를 통해 자연 선택이 획득 형질의 유전을 창출한다는 환상

을 일으킨다. 환경 자극에 반응하는 형질을 획득하는 유전적 경향을 선호하는 선택은, 동일한 환경 자극에 반응하는 민감성이 증가하도록 진화를 이끌어 마침내 환경 자극이 필요 없게 된다. 88쪽에서 나는 연속하는 세대에 걸쳐 수컷에게 암컷 호르몬을 주입하고 암컷 호르몬에 점점 더 민감하게 반응하는 수컷을 선택함으로써 자연스럽게 젖을 생산하는 포유류 수컷을 교배할 수 있다고 말했다. 호르몬이나 다른 환경 자극이 잠재되어 있던 유전적 변이를 드러내는 역할을 하는 것이다.

- **분리 왜곡 인자**segregation distorter　성공하는 배우자에 자기가 들어갈 기회를 50퍼센트 이상 늘리려고 감수분열에 작용하는 표현형 효과를 내는 유전자. '감수분열 부등' **참조**.
- **사배체**tetraploid　염색체가 보통 흔한 둘(이배체)이나 하나(반수체)가 아니라, 각네 개의 염색체 형을 가진 것. 때로 식물의 새로운 종은 염색체가 사배체성으로 배가 되나, 이후 해당 종은 서로 밀접하게 연결된 종보다 두 배 많은 염색체를 가진 보통의 이배체처럼 행동하므로 여러 목적상 이배체로 간주하는 게 편리하다. 11장에서 흰개미 개체가 이배체라 해도, 흰개미집 전체는 사배체 유전자형이 산출한 확장된 표현형으로 볼 수 있다고 주장한다.
- **상대성장**allometry　개체 간 또는 각각 다른 생의 단계에 있는 동일 개체를 비교했을 때, 몸 전체 크기와 몸 일부 크기 사이에 나타나는 불균형 관계. 예를 들어 큰 개미(그러나 인간보다는 작은)는 상대적으로 매우 큰 머리를 가지는 경향이 있다. 머리는 몸 전체에서 다른 비율로 성장한다. 수학적으로 보아, 몸 부분의 크기는 대개 몸 전체의 크기를 제곱한 것과 관련되며, 분수식으로 표현될 것이다.
- **상염색체**autosome　성염색체가 아닌 염색체.
- **상위**epistasis　표현형 효과에서 한 쌍의 유전자 사이에 일어나는 상호 작용의 한 종류. 엄밀히 말해, 상위 상호 작용은 비가산적으로 이루어지는데, 이는 대략 두 유전자가 결합한 효과는 각 유전자가 따로따로 내는 효과를 합한 것과 다르다는 뜻이다. 예를 들어 한 유전자는 다른 유전자가 내는 효과를 가릴 수도 있다. 이 단어는 대개 서로 다른 좌위에 있는 유전자에 사용하나, 같은 좌위에 있는 유전자 사이에서 일어나는 상호 작용 또한 포괄해 사용하는 사람도 있다. 이 경우 우성/열성은 특별한 사례가 된다. '우성' **참조**.
- **생식 계열**germ-line　번식하는 사본의 형태로 잠재적으로 불멸하는 몸의 일부분. 즉, 배우자와 배우자를 만드는 세포가 보유한 유전적 내용을 이른다. 필멸하며 생식 계열에 있는 유전자를 보존하려고 일하는 **체세포(soma)**와 대비된다.
- **생존 가치**survival value　자연 선택이 선호하는 형질이 갖춘 자질.
- **성염색체**sex chromosome　성을 결정하는 특별한 염색체. 포유류에는 X와 Y라는 두 가지 성염색체가 있다. 수컷은 유전자형 XY, 암컷은 XX를 보유한다. 따라서 모

든 난자는 X 염색체를 가지나, 정자는 X 하나(이 경우 딸을 낳는다)나 Y 하나를 가진다(이 경우 아들을 낳는다). 그러므로 수컷은 이형배우자 성이고 암컷은 동형배우자 성이다. 새도 이와 유사하지만, 수컷은 동형배우자 성(XX와 같은)이고 암컷은 이형배우자 성이다(XY와 같은). 성염색체에 있는 유전자를 '성 연관' 유전자라고 부른다. 이를 흔히 한 성이나 다른 성에서 발현하는(반드시 성염색체에 있을 필요가 없는) '성 한정' 유전자와 혼동한다(예를 들어 본문 p. 36 참조).

- **소진화**microevolution '대진화' **참조**.
- **시스트론**cistron 유전자를 정의하는 한 가지 방법. 분자유전학에서 시스트론은 특정 실험적 검사 관점에 따르는 엄밀한 의미를 지닌다. 좀 더 느슨한 의미로는 단백질을 구성하는 아미노산 사슬 하나를 암호화하는 일정 길이의 염색체를 지칭하는 데 사용한다.
- **신다윈주의**neo-Darwinism 20세기 중반에 만든 용어(실제로는 재정의한 용어다. 이 단어는 1880년에 매우 독특한 진화론자를 지칭하는 데 쓰였기 때문이다). 이 단어는 다윈 진화론으로부터 1920년대와 1930년대에 이룩한, 다윈주의와 멘델 유전학의 현대적 종합이 지닌 특별함을 강조할 목적으로 사용한다. 나는 '신'이라는 수식이 점점 그 의미가 바래진다고 보고, 이제는 '자연의 경제'를 탐구하는 다윈의 접근법이 더 현대적이라고 생각한다.
- **씨족**gens(**복수형** gentes) 한 숙주 종에 기생하는 모든 암컷 뻐꾸기 '혈통'. 씨족 사이에는 분명 유전적 차이가 있고 이는 Y 염색체에서 비롯한다고 추정한다. 수컷은 Y 염색체가 없어 씨족에 속하지 않는다. 이 단어는 라틴어에서 수컷 계열을 통해 내려오는 일족을 지칭하기 때문에 그리 적절한 용어는 아니다.
- **연관**linkage 동일한 염색체에 한 쌍의(또는 일련의) 좌위가 있는 것. 연관은 보통 함께 유전하는 연관된 좌위에 있는 대립 유전자의 통계적 경향성을 통해 인지한다. 예를 들어 머리 색깔과 눈 색깔이 연관되었다면, 눈 색깔을 물려받은 아이는 머리 색깔 또한 물려받을 가능성이 있다. 반대로 눈 색깔을 물려받지 못한 아이는 머리 색깔도 물려받지 못할 가능성이 있다. 이런 일이 교차('교차' 참조)로 인해 발생한다 해도, 아이가 하나는 물려받고 다른 하나는 물려받지 못하는 일이 일어날 가능성은 비교적 낮으며, 그 확률은 염색체에 있는 좌위들이 떨어진 거리와 관련 있다. 이는 염색체를 지도화하는 방법의 기초가 된다.
- **연관 불평형**linkage disequilibrium 한 개체군에 속하는 몸이나 배우자에서 대립 유전자가 다른 좌위에 있는 특정 대립 유전자와 함께 나타나는 통계적 경향성. 예를 들어 금발머리를 가진 개체가 파란 눈을 띠는 경향성이 있다면, 이는 연관 불평형이 드러난 사례다. 개체군에 있는 대립 유전자가 나타내는 전반적 빈도를 통해 예상 빈도에서 벗어나는 서로 다른 좌위에 있는 대립 유전자의 조합 빈도로써 인식한다.

- **열성**recessiveness 우성('우성' 참조)의 반대.
- **염색체**chromosome 세포에 있는 유전자가 얽힌 사슬 중 하나. DNA와 함께 보통 복잡한 구조를 지닌 보조 단백질로 이루어진다. 염색체는 세포 주기의 특정 시기에 광학현미경으로 관찰 가능하나, 그 수와 선형성은 유전과 관련된 사실을 통해서 통계적으로 추측할 수밖에 없다('연관' 참조). 염색체는 대개 어떤 세포에서 그 중 소수만 활성이라 해도, 몸에 있는 모든 세포에 존재한다. 모든 이배체 세포에는 통상 두 개의 성염색체와 함께 얼마간의 상염색체가 있다(인간의 경우 44개).
- **옵티몬**optimon 적응이 주는 이익을 얻는 단위라는 뜻에서 자연 선택받는 단위. 이 책이 지닌 논지는 옵티몬은 개체도 개체가 모인 집단도 아니며 유전자 또는 유전하는 복제자라는 것이다. 그러나 이를 둘러싼 논쟁은 부분적으로 의미론적이라 어떤 의미가 문제 해결에 유망한지는 5장과 6장에서 일부 논한다.
- **우성**dominance 어떤 유전자는 두 유전자가 함께 있을 때 (열성인) 대립 유전자가 내는 표현형 효과를 억제하는데 이 경우 우성이라고 말한다. 예를 들어 갈색 눈이 파란색 눈에 우성이라면, 파란색 눈 유전자 두 개(동형접합 열성)를 가진 개체만이 실제로 파란색 눈을 띤다. 파란색 눈 유전자 하나와 갈색 눈 유전자를 가진 개체는 갈색 눈 유전자 두 개(동형접합 우성)을 가진 개체와 구별되지 않는다. 우성은 불완전해 이형접합체가 중간 표현형을 나타내는 경우도 있다. 우성의 반대는 열성이다. 우성/열성은 표현형 효과가 품은 속성이지, 유전자가 품은 속성이 아니다. 따라서 어떤 유전자는 자기가 내는 표현형 효과 중 하나에서 우성이기도 하고 다른 효과에서는 열성이기도 하다('다면발현' 참조).
- **운반자**vehicle 이 책에서 개체같이 비교적 분리된 존재자를 지칭하는 데 사용하는 단어. 운반자는 복제자('복제자' 참조)가 사는 곳이며, 복제자를 보존하고 증식하려고 프로그램된 기계라 할 수 있다.
- **원핵생물**prokaryotes 박테리아와 남조류를 포함하는 지구 상에 존재하는 두 가지 주요한 유기체 집단 중 하나(진핵생물과 대조되는). 원핵생물은 핵과 미토콘드리아처럼 막으로 둘러싸인 세포소기관이 없다. 실상 진핵세포에 있는 미토콘드리아와 여타 세포소기관은 공생하는 원핵세포에서 기원했다고 주장하는 이론도 있다.
- **유사분열**mitosis 세포가 자기 염색체의 완전한 집합을 가진 딸세포를 낳는 세포분열. 유사분열은 보통 몸을 성장케 하는 세포분열이다. 감수분열과 대조된다.
- **유사 공생물질**symphylic substance 사회성 곤충 군집 기생자(예를 들어 딱정벌레)가 숙주 행동에 영향을 주려고 분비하는 화학 물질.
- **유전자**gene 유전하는 단위. 각기 다른 목적에 따라 다양한 방식으로 정의 가능하다(pp. 155~156 참조). 분자생물학자는 보통 시스트론('시스트론' 참조)의 의미로 사용한다. 집단생물학자는 더 추상적 의미로 사용한다. 나는 윌리엄스(Williams,

1966, p. 24)를 따라 유전자를 "상당히 높은 빈도로 분리되고 재조합"하며 "자신에게 유리하게 혹은 불리하게 작용하는 선택 편차가 내생적 변화율보다 몇 배 또는 훨씬 더 높은 유전 정보"라는 뜻으로 사용한다.

- **유전자 풀**gene-pool 번식 개체군에 있는 전체 유전자 집합. 이 용어가 기반을 둔 은유는 이 책에 잘 어울리는데, 이는 유전자가 실제로 분리된 몸을 돌아다닌다는 명백한 사실은 덜 강조하고 액체 같은 세계에 둥둥 떠다닌다는 생각은 강조하기 때문이다.
- **유전자형**genotype 한 유기체의 특정 좌위나 일련의 좌위에 있는 유전적 구성. 좀 더 느슨하게는 표현형('표현형' 참조)에 대응하는 전체 유전적 등가물.
- **유전적 부동**genetic drift 선택보다는 우연으로 인해 세대에 걸쳐 일어나는 유전자 빈도 변화.
- **유전체**genome 유기체 하나가 보유한 전체 유전자 집합.
- **유형성숙**neoteny 성적 성숙에 비해 몸의 발달은 진화적으로 느린 현상. 그 결과로 조상의 유년 시절 형태를 닮은 개체가 번식하는 일이 생긴다. 진화의 주요한 단계들, 예를 들어 척추동물의 기원은 유형성숙을 통해 일어났다고 추정한다.
- **이기적**selfish '이타주의' **참조**.
- **이배체**diploid 어떤 세포는 유성인 경우 각 부모에게서 하나씩 내려온, 쌍을 이룬 염색체를 가질 때 이배체라 한다. 어떤 유기체는 몸 세포가 이배체일 때 이배체라 한다. 유성생식하는 유기체 대부분은 이배체다.
- **이소적 종 분화론**allopatric theory of speciation 지리적으로 분리된 장소에서 개체군이 별개의 종(더 이상 상호 교배가 불가능한)으로 분기하는 진화가 일어난다는 널리 지지받는 견해. 대안 형태인 **동소적 종 분화론**은 막 시작된 종이 계속해서 서로 교배하고 서로의 유전자 풀('유전자 풀' 참조)이 섞이는 상황일 때 어떻게 분기할 수 있느냐를 이해하는 어려운 문제를 낳는다.
- **이타주의**altruism 생물학자는 이 단어를 한정된(오해할 소지가 있게 말하는 사람도 있겠지만) 의미, 통상적 용법과는 표면적으로만 관련 있는 의미로 사용한다. 개코원숭이나 유전자 같은 존재자는 자기 자신의 복지를 희생해 다른 존재자의 복지를 증진하는 결과(의도하지 않고서)를 낼 때 이타적이라고 말한다. '이타주의'가 지닌 여러 가지 미묘한 의미 차이는 '복지'를 어떻게 해석하느냐에 달렸다(본문 pp. 109~110 참조). 이기적이란 단어는 정확히 반대 의미로 사용한다.
- **이형배우자접합**anisogamy 큰 배우자(암컷)와 작은 배우자(수컷) 간의 수정으로 융합하는 성 체계. 그 반대인 **동형배우자접합(isogamy)**은 성적 융합은 하지만 수컷/암컷 구분은 없다. 모든 배우자는 대체로 같은 크기다.

- **이형접합**heterozygous 염색체 좌위에 서로 다른 대립 유전자가 있는 상태. 보통 개체에 쓰이며, 이 경우 어떤 좌위에 있는 두 대립 유전자를 지칭한다. 좀 더 느슨하게 말하면, 개체나 개체군에 있는 모든 좌위를 평균해 통계적으로 본 전체 좌위 내 대립 유전자의 이형접합성을 지칭한다.
- **적응**adaptation '변경'과 유사하게 쓰이는 통상적 용법에서 다소 벗어나 진화한 전문 용어. "귀뚜라미 날개는 소리를 내기 위해 적응(원래 기능인 날기에서 변경된)했다"(소리를 내기 알맞게 설계되었다는 의미를 함축한다)와 같은 문장에서 '적응'은 대체로 무언가에게 '이익'이 되는 유기체가 가진 자질을 뜻한다. "어떤 의미에서 이익인가? 무엇을, 누구를 위해 이익인가?"라는 질문은 이 책에서 상세히 논의하는 까다로운 문제다.
- **적합도**fitness 너무나 많은 혼란스러운 의미를 지닌 전문 용어로 이를 논의하려고 한 장 전체를 바쳤다(10장).
- **전략**strategy '이타주의'처럼, 동물행동학자가 특별한 의미로 사용하는 용어로 오해를 살 만큼이나 통상적 용법과는 거리가 멀다. 진화적으로 안정된 전략론('진화적으로 안정된 전략' 참조)을 전개하고자 게임 이론에서 생물학으로 도입되었으며, 본질상 컴퓨터에서 사용하는 '프로그램'과 같은 의미로 동물이 따르는 미리 프로그램된 규칙을 뜻한다. 이런 의미는 엄밀한 것이나, 불행히도 전략은 너무나 남용된 유행어가 되어 지금은 '행동 유형'과 동의어로 많이 쓰인다. 개체군에 있는 모든 개체는 "나보다 크면 도망가고 작으면 공격하라"와 같은 전략을 따를 수 있다. 그렇다면 관찰자는 두 가지 행동 유형인 도망과 공격을 관찰하지만, 이를 두 가지 전략이라고 부르면 틀린다. 두 행동 유형은 같은 조건부 전략이 표현된 것이다.
- **전성설**preformationism 후성설('후성설' 참조)의 반대 개념으로 성체 형태가 어느 정도 접합자 속에 이미 계획되어 있다는 신조다. 초기의 한 열성 지지자는 현미경으로 정자 머리에 웅크리고 앉은 난쟁이를 관찰할 수 있다고 생각했다. 9장에서 전성설은 유전 암호는 조리법보다 청사진과 더 유사하다는 생각을 옹호하는 데 사용된다고 주장했다. 이는 원리상 배 발생 과정이, 가령 집으로부터 청사진을 재구성할 수 있는 것과 같은 의미로 거꾸로 갈 수 있음을 함축한다.
- **점진주의**gradualism 진화적 변화는 점진적이며 도약하지 않는다는 신조. 현대 고생물학에서 화석 기록에 나타나는 단절이 인위적 결과인지 실제인지를 두고 흥미로운 논쟁을 벌이는 주제이기도 하다(6장 참조). 언론은 이를 다윈주의, 즉 그들이 점진주의자의 이론이라 부르는 것의 타당성을 재고하는 사이비 논쟁으로 부풀렸다. 건전한 다윈주의자는 모두 매우 복잡해서 통계적으로 있을 법하지 않은 눈과 같은 새로운 적응이 **처음부터 새로** 창출된다고 믿지 않는다는 극단적 의미에서 점진주의자다. 분명 이는 다윈이 "자연은 도약하지 않는다"라는 금언으로 뜻한 바다. 그러나 이런 의미를 지닌 점진주의 내에서도 진화적 변화가 매끄럽게 일어나

느냐 아니면 오랫동안 **정체기**에 있다가 짧은 시간 도약하느냐를 둘러싼 불일치가 있다. 이는 현대 진화론 내에서 벌어지는 논쟁이지, 다윈주의의 타당성과는 어떤 식으로든 관련 없다.

- **접합자**zygote 두 배우자가 성적으로 융합해 직접 생산한 세포.
- **정체**stasis 진화론에서 어떤 진화적 변화도 일어나지 않는 기간을 지칭. '점진주의' **참조**.
- **정향선택**orthoselection 오랜 기간에 걸쳐 정해진 방향으로 일관되게 가는 진화를 일으키도록 한 계통에 속한 구성원에 지속적으로 가해지는 선택. 진화적 경향에서 '가속도' 또는 '관성'처럼 보이는 힘을 창출한다.
- **제뮬**gemmule 다윈이 획득 형질의 유전을 설명하려고 자신이 제안한 '범생설'에서 옹호한 불명예스러운 개념. 아마도 다윈이 저지른 유일하게 심각한 과학적 오류일 것이며 그가 찬미한 '다윈주의'를 보여 주는 사례다. 제뮬은 몸의 모든 부분에서 생식세포로 정보를 운반하는 유전하는 작은 단위로서 가정한다.
- **종 선택**species selection 종이나 계통 수준에서 일어나는 자연 선택을 통해 진화적 변화가 일어난다는 이론. 특정한 자질을 갖춘 종이 다른 종보다 절멸할 가능성이 더 낮다면, 선호된 자질로 향하는 거대한 규모의 진화적 경향이 나타날 수 있다. 종 수준에 있는 선호된 자질은 이론상 종 내에서 선택을 통해 선호되는 자질과는 아무런 관계도 없다. 6장은 종 선택이 그저 진화의 주요 경향은 설명할 수 있더라도, 복잡한 적응의 진화는 설명하지 못한다고 주장한다('페일리의 시계'와 '대진화' 참조). 이런 의미에서 종 선택론은 이타적 형질의 집단 선택론과 다른 역사적 전통에서 발원하며, 6장에서 이 둘을 구별한다.
- **종 분화**speciation 하나의 조상 종에서 두 종이 산출되는 진화적 분기의 과정.
- **좌위**locus 유전자(또는 일련의 대안적 대립 유전자)가 차지하는 염색체 자리. 예를 들어 눈 색깔 좌위가 있다면, 그곳에는 녹색과 갈색, 빨간색을 암호화하는 대안적 대립 유전자가 있다. 보통 시스트론('시스트론' 참조) 수준에 적용하며 좌위라는 개념은 더 작거나 더 긴 염색체 길이로 일반화할 수 있다.
- **중립 돌연변이**neutral mutation 대립 유전자와 비교해 어떤 선택 이익도 불이익도 없는 돌연변이. 이론적으로 중립 돌연변이는 많은 세대가 지난 후 '고정'될 수 있으며(즉, 그 좌위가 있는 개체군 내에서 수적으로 우세해진다), 이는 하나의 진화적 변화다. 진화에서 이런 무작위 고정이 얼마나 중요하느냐는 적법한 논쟁 대상이지만, 직접 적응을 산출하는 데 중요하느냐 여부는 논쟁의 여지가 없다. 그것은 0이다.
- **중심 원리**central dogma 분자생물학에서 핵산은 단백질을 합성하는 주형으로 작용하지만, 그 반대로는 결코 작용하지 않는다는 원리. 더 일반적으로 말해, 유전자

는 몸 형태를 구축하는 데 영향을 주나 몸 형태는 결코 유전 암호로 다시 번역되지 않는다. 즉, 획득 형질은 유전하지 않는다.

- **진사회성**eusociality 곤충학자가 인지하는 가장 상위 등급의 사회성. 복잡한 특징을 보유하나 영속하는 어머니 여왕벌레의 번식을 돕는 불임 '일벌레' 계급의 존재가 가장 중요한 특징이다. 대개 말벌, 꿀벌, 개미, 흰개미에서 제한적으로 나타난다고 보지만 다양한 종류의 동물도 흥미로운 방식으로 진사회성에 가까운 모습을 드러낸다.
- **진핵생물**eukaryotes 모든 동물, 식물, 원생동물, 균류를 포함하는 지구 상에 존재하는 두 가지 주요한 유기체 집단 중 하나. 세포핵과 미토콘드리아같이 막으로 둘러싸인 세포소기관(세포 내 '기관'과 유사한)을 소유한 것이 특징이다. 원핵생물('원핵생물' 참조)과 대비된다. 진핵생물/원핵생물 구별은 동물/식물 구별보다 훨씬 더 근본적이다(상대적으로 무시할 만한 인간/'동물' 구별은 말할 나위도 없다!).
- **진화적으로 안정된 전략**evolutionarily stable strategy, ESS ['진화의(evolutionary)'가 아니라 '진화적으로(evolutionarily)'라는 점에 주의하라. 전자는 이 맥락에서 흔한 문법상의 오류다.] 우수한 성과를 거두어 개체군에서 지배적으로 나타나는 전략. 이런 정의는 이 개념의 직관적 본질을 포착하지만(7장 참조), 다소 부정확하기도 하다. 수학적 정의는 Maynard Smith(1974) **참조**.
- **집단 선택**group selection 유기체가 모인 집단 사이에서 일어나는 자연 선택의 가설적 과정. 대개 이타주의('이타주의' 참조)의 진화를 설명하려고 도입한다. 혈연 선택('혈연 선택' 참조)과 혼동하는 경우도 있다. 6장에서 나는 이타적 형질의 집단 선택과 대진화적 경향을 낳는 종 선택('종 선택' 참조) 사이의 차이를 보이려고 복제자/운반자 구별을 사용한다.
- **체**體, somatic 글자 그대로 몸과 관계된 것. 생물학에서 생식 계열과 달리 필멸하는 몸 부분을 가리킨다.
- **코돈**codon 단백질 사슬을 구성하는 하나의 단위(아미노산)를 지정하는, 세 개의 단위(뉴클레오티드)로 된 유전 암호.
- **코프의 규칙**Cope's Rule 진화적 경향은 흔히 크기가 더 큰 몸으로 향한다는 경험적 일반화.
- **클론**clone 세포생물학에서 같은 조상 세포에서 유래하는 유전적으로 동일한 일련의 세포. 인간 몸은 10^{15}개 세포의 거대한 클론이다. 이 단어는 또한 보유한 모든 세포가 같은 클론에 속한 구성원인 일련의 유기체에도 사용한다. 따라서 한 쌍의 일란성 쌍둥이는 같은 클론에 속한 구성원이다.
- **페로몬**pheromone 개체가 분비하는 화학 물질로 다른 개체의 신경계에 영향을 주는 적응. 흔히 페로몬을 화학 '신호'나 '전갈'로 간주하며 몸속 호르몬과 유사하다.

이 책에서 페로몬은 조종하고자 쓰는 약물과 비슷한 의미로 더 자주 쓴다.

- **페일리의 시계**Paley's watch　신 존재를 증명하는 윌리엄 페일리(William Paley, 1743~1805)의 유명한 논증을 가리킨다. 시계는 우연히 발생하기에는 너무 복잡하며 기능적이다. 따라서 시계라는 존재 자체는 목적을 가지고 설계한 존재가 있다는 증거다. 이 논증을 비슷하지만 한층 더 강력하게 시계보다 훨씬 더 복잡한, 살아 있는 몸에도 적용한다. 젊은 시절에 다윈은 이 논증에 깊이 매료되었다. 나중에 다윈은 자연 선택은 살아 있는 몸을 만드는 시계공 역할을 할 수 있다는 점을 보임으로써 논증에서 신 관련 부분을 논파했지만, 복잡한 설계는 아주 특별한 종류의 설명을 필요로 한다는 근본적 사실, 여전히 과소평가되는 사실을 논파하지는 않았다. 신을 제외하면, 그런 일을 할 수 있는 유일한 동인은 내재하는 작은 변이를 자연 선택하는 과정밖에 없다.
- **표현형**phenotype　개체 발생 동안 유전자와 환경이 만드는 공동 산물로서 유기체가 지닌 밖으로 드러난 자질. 어떤 유전자는, 가령 눈 색깔에 표현형 효과를 낸다. 이 책에서 표현형 개념은 유전자가 자리한 몸 밖으로, 유전자 차이가 내는 기능적으로 중요한 결과를 포함하는 데까지 **확장된다**.
- **플라스미드**plasmid　조그맣고, 자기 복제하는 유전 물질 단편과 다소 유사한 의미로 쓰는 일련의 단어 중 하나. 세포에서 볼 수 있지만 염색체 외부에 있다.
- **항원**antigen　보통 단백질 분자로 된 외부 물질로 항체 형성을 촉진한다.
- **항체**antibody　외부 침입 물질(항원)을 무효화하는, 동물이 나타내는 면역 반응에서 생산되는 단백질 분자.
- **혈연 선택**kin selection　혈연과는 개체가 가까운 혈연을 돕게 하는 유전자를 공유할 확률이 높으므로 그러한 유전자를 선호하는 선택. 엄밀히 말해, '혈연'에는 직계 자식이 포함되지만, 불행히도 많은 생물학자는 '혈연 선택'을 특히나 자식 외의 혈연을 말할 때 사용한다. 또한 혈연 선택을 집단 선택('집단 선택' 참조)과 혼동하는 경우도 있다. 종이 분리된 혈연집단에서 발생하는 경우에 혈연과 집단이 우연히 같은 범주에 있는 일, 즉 '혈연집단 선택'이 가능하다 해도, 둘은 논리적으로 다르다.
- **호메오 돌연변이**homeotic mutation　몸의 한 부분에 다른 부분에 어울리는 기관이 발생하는 돌연변이. 예를 들어 초파리에서 나타나는 호메오 돌연변이 '안테나페디아(antennapedia)'는 더듬이가 자라야 할 곳에 다리가 자라도록 한다. 이는 정교하고 복잡한 효과를 내는 단일 돌연변이의 힘을 보여 주어 흥미롭지만, 바뀔 부분에 이미 정교한 복잡성이 있을 때만 가능하다.
- **확장된 표현형**extended phenotype　세계에 미치는 유전자의 모든 효과. 늘 그렇듯, 유전자가 내는 '효과'는 대립 유전자와 비교한 의미로 이해한다. 전통적 표현형은

해당 유전자가 자리한 개체의 몸에 한정된 효과를 내는 확장된 표현형의 특수한 경우다. 실제로 '확장된 표현형'을 긍정적으로든 부정적으로든 그 효과가 해당 유전자의 생존 기회에 영향을 주는 경우로 한정해 생각하는 게 편리하다.

- **후기**後期, anaphase　세포분열에서 쌍을 이룬 염색체가 서로 떨어지는 시기. 감수분열('감수분열' 참조)에서는 연속하는 두 번의 분열과 그에 상응하는 두 번의 후기가 있다.
- **후성설**epigenesis　발생학에서 길고 긴 논쟁의 역사를 겪은 단어. 전성설의 반대로서('전성설' 참조) 복잡한 몸은 난자 속에 이미 완전하게 갖추어진 게 아니라 상대적으로 단순한 접합자로부터 유전자/환경의 상호 작용이라는 발생 과정으로 나타난다는 신조다. 이 책에서 후성설은 내가 지지하는, 유전 암호는 청사진이라기보다 조리법에 더 가깝다는 생각을 옹호하려고 사용했다. 때로 전성/후성 구분은 이제 현대 분자생물학을 통해 서로 무관하게 되었다고 말하기도 한다. 이에 동의하지 않기에 9장에서는 그 차이를 중요하게 다루었다. 9장에서 나는 전성설이 아니라 후성설이, 발생 과정은 근본상 그리고 원리상 거꾸로 갈 수 없음을 함축한다고 주장한다('중심 원리' **참조**).

참고 문헌

- Alcock, J. (1979). *Animal Behavior: an Evolutionary Approach*. Sunderland, Mass.: Sinauer.
- Alexander, R. D. (1974). The evolution of social behavior. *Annual Review of Ecology and Systematics* 5, 325~383.
- Alexander, R. D. (1980). *Darwinism and Human Affairs*. London: Pitman.
- Alexander, R. D. & Borgia, G. (1978). Group selection, altruism, and the levels of organization of life. *Annual Review of Ecology and Systematics* 9, 449~474.
- Alexander, R. D. & Borgia, G. (1979). On the origin and basis of the male-female phenomenon. In *exSual Selection and Reproductive Competition in Insects*(eds M. S. Blum & N. A. Blum), pp. 417~440. New York: Academic Press.
- Alexander, R. D. & Sherman, P. W. (1977). Local mate competition and parental investment in social insects. *Science* 96, 494~500.
- Allee, W. C., Emerson, A. E., Park, O., Park, T. & Schmidt, K. P. (1949). *Principles of Animal Ecology*. Philadelphia: W. B. Saunders.
- Axelrod, R. & Hamilton, W. D. (1981). The evolution of cooperation. *Science* 211, 1390~1396.

- Bacon, P. J. & Macdonald, D. W. (1980). To control rabies: vaccinate foxes. *New Scientist* 87, 640~645.
- Baerends, G. P. (1941). Fortpflanzungsverhalten und Orientierung der Grabwespe *Ammophila campestris* Jur. *Tijdschrift voor Entomologie* 84, 68~275.
- Barash, D. P. (1977). *Sociobiology and Behavior*. New York: Elsevier.
- Barash, D. P. (1978). *The Whisperings Within*. New York: Harper & Row.
- Barash, D. P. (1980). Predictive sociobiology: mate selection in damselfishes and brood defense in white-crowned sparrows. In *Sociobiology: Beyond Nature/Nurture?* (eds G. W. Barlow & J. Silverberg). pp. 209~226. Boulder: Westview Press.
- Barlow, H. B. (1961). The coding of sensory messages. In *Current Problems in Animal Behaviour*(eds W. H. Thorpe & O. L. Zangwill), pp. 331~360. Cambridge: Cambridge University Press.
- Bartz, S. H. (1979). Evolution of eusociality in termites. *Proceedings of the National*

Academy of Sciences, U.S.A. 76, 5764~5768.

- Bateson, P. P. G. (1978). Book review: *The Selfish Gene. Animal Behaviour* 26, 316~318.
- Bateson, P. P. G. (1982). Behavioural development and evolutionary processes. In *Current Problems in Sociobiology*(ed. King's College Sociobiology Group), pp. 133~151. Cambridge: Cambridge University Press.
- Bateson, P. P. G. (1983) Optimal Outbreeding. In *Mate Choice*(ed. P. Bateson), pp. 257~277. Cambridge: Cambridge University Press.
- Baudoin, M. (1975). Host castration as a parasitic strategy. *Evolution* 29, 335~352.
- Beatty, R. A. & Gluecksohn-Waelsch, S. (1972). *The Genetics of the Spermatozoon*. Edinburgh: Department of Genetics of the University.
- Bennet-Clark, H. C. (1971). Acoustics of the insect song. *Nature* 234, 255~259.
- Benzer, S. (1957). The elementary units of heredity. In *The Chemical Basis of Heredity*(eds W. D. McElroy & B. Glass), pp. 70~93. Baltimore: Johns Hopkins Press.
- Bertram, B. C. R. (1978). *Pride of Lions*. London: Dent.
- Bethel, W. M. & Holmes, J. C. (1973). Altered evasive behavior and responses to light in amphipods harboring acanthocephalan cystacanths. *Journal of Parasitology* 59, 945~956.
- Bethel, W. M. & Holmes, J. C. (1977). Increased vulnerability of amphipods to predation owing to altered behavior induced by larval acanthocephalans. *Canadian Journal of Zoology* 55, 110~115.
- Bethell, T. (1978). Burning Darwin to save Marx. *Harpers* 257(Dec.), 31~38 & 91~92.
- Bishop, D. T. & Cannings, C. (1978), A generalized war of attrition. *Journal of Theoretical Biology* 70, 85~124.
- Blick, J. (1977). Selection for traits which lower individual reproduction. *Journal of Theoretical Biology* 67, 597~601.
- Boden, M. (1977). *Artificial Intelligence and Natural Man*. Brighton: Harvester Press.
- Bodmer, W. F. & Cavalli-Sforza, L. L. (1976). *Genetics, Evolution, and Man*. San Francisco: W. H. Freeman.
- Bonner, J. T. (1958). *The Evolution of Development*. Cambridge: Cambridge University Press.
- Bonner, J. T. (1974). *On Development*. Cambridge, Mass.: Harvard University Press.
- Bonner, J. T. (1980). *The Evolution of Culture in Animals*. Princeton, N. J.: Princeton University Press.
- Boorman, S. A. & Levitt, P. R. (1980). *The Genetics of Altruism*. New York: Academic Press.

- Brenner, S. (1974). The genetics of *Caenorhabditis elegans*. Genetics 77, 71~94.
- Brent, L., Rayfield, L. S., Chandler, P., Fierz, W., Medawar, P. B. & Simpson, E. (1981). Supposed lamarckian inheritance of immunological tolerance. *Nature* 290, 508~512.
- Brockmann, H. J. (1980). Diversity in the nesting behavior of mud-daubers (Trypoxylon politum Say; Sphecidae). *Florida Entomologist* 63, 53~64.
- Brockmann, H. J. & Dawkins, R. (1979). Joint nesting in a digger wasp as an evolutionarily stable preadaptation to social life. *Behaviour* 71, 203~245.
- Brockmann, H. J., Grafen, A. & Dawkins, R. (1979). Evolutionarily stable nesting strategy in a digger wasp. *Journal of Theoretical Biology* 77, 473~496.
- Broda, P. (1979). *Plasmids*. Oxford: W. H. Freeman.
- Brown, J. L. (1975). *The Evolution of Behavior*. New York: W. W. Norton.
- Brown, J. L. & Brown, E. R. (1981). Extended family system in a communal bird. *Science* 121, 959~960.
- Bruinsma, O. & Leuthold, R. H. (1977). Pheromones involved in the building behaviour *Macrotermes subhyalinus*(Rambur). *Proceedings of the 8th International Congress of the International Union for the Study of Social Insects*, Wageningen, 257~258.
- Burnet, F. M. (1969). *Cellular Immunology*. Melbourne: Melbourne University Press.
- Bygott, J. D., Bertram, B. C. R. & Hanby, J. P. (1979). Male lions in large coalitions gain reproductive advantages. *Nature* 282, 839~841.

- Cain, A. J. (1964). The perfection of animals. In *Viewpoints in Biology*, 3(eds J. D. Carthy & C. L. Duddington). pp. 36~63. London: Butterworths.
- Cain, A. J. (1979). Introduction to general discussion. In *The Evolution of Adaptation by Natural Selection*(eds J. Maynard Smith & R. Holliday). Proceedings of the Royal Society of London, B 205, 599~604.
- Cairns, J. (1975). Mutation selection and the natural selection of cancer. *Nature* 255, 197~200.
- Cannon, H. G. (1959). *Lamarck and Modern Genetics*. Manchester: Manchester University Press.
- Caryl, P. G. (1982). Animal signals: a reply to Hinde. *Animal Behaviour* 30, 240~244.
- Cassidy, J. (1978). Philosophical aspects of the group selection controversy. *Philosophy of Science* 45, 575~594.
- Cavalier-Smith, T. (1978). Nuclear volume control by nucleoskeletal DNA, selection for

cell volume and cell growth rate, and the solution of the DNA C-value paradox. *Journal of Cell Science* 34, 247~278.

- Cavalier-Smith, T. (1980). How selfish is DNA? *Nature* 285, 617~618.
- Cavalli-Sforza, L. & Feldman, M. (1973). Cultural versus biological inheritance: phenotypic transmission from parents to children. *Human Genetics* 25, 618~637.
- Cavalli-Sforza, L. & Feldman, M.(1981). *Cultural Transmission and Evolution*. Princeton, N. J.: Princeton University Press.
- Charlesworth, B. (1979). Evidence against Fisher's theory of dominance. *Nature* 278, 848~849.
- Charnov, E. L. (1977). An elementary treatment of the genetical theory of kin-selection. *Journal of Theoretical Biology* 66, 541~550.
- Charnov, E. L. (1978). Evolution of eusocial behavior: offspring choice or parental parasitism? *Journal of Theoretical Biology* 75, 451~465.
- Cheng, T. C. (1973). *General Parasitology*. New York: Academic Press.
- Clarke, B. C. (1979). The evolution of genetic diversity. *Proceedings of the Royal Society of London*, B 205, 453~474.
- Clegg, M. T. (1978). Dynamics of correlated genetic systems. II. Simulation studies of chromosomal segments under selection. *Theoretical Population Biology* 3, 1~23.
- Cloak, F. T. (1975). Is a cultural ethology possible? *Human Ecology* 3, 161~182.
- Clutton-Brock, T. H. & Harvey, P. H. (1979). Comparison and adaptation. *Proceedings of the Royal Society of London*. B 205, 547~565.
- Clutton-Brock, T. H., Guinness, F. E. & Albon, S. D. (1982). *Red Deer: The Ecology of Two Sexes*. Chicago: Chicago University Press.
- Cohen, J. (1977). *Reproduction*. London: Butterworths.
- Cohen, S. N. (1976). Transposable genetic elements and plasmid evolution. *Nature* 263, 731~738.
- Cosmides, L. M. & Tooby, J. (1981). Cytoplasmic inheritance and intragenomic conflict. *Journal of Theoretical Biology* 89, 83~129.
- Craig, R. (1980). Sex investment rations in social Hymenoptera. *American Naturalist* 116, 311~323.
- Crick, F. H. C. (1979). Split genes and RNA splicing. *Science* 204, 264~271.
- Croll, N. A. (1966). *Ecology of Parasites*. Cambridge, Mass.: Harvard University Press.
- Crow, J. F. (1979). Genes that violate Mendel's rules. *Scientific American* 240 (2), 104~113.

- Crowden, A. E. & Broom, D. M. (1980). Effects of the eyefluke, Diplostomum spathacaeum, on the behaviour of dace(Leuciscus leuciscus). *Animal Behaviour* 28, 287~294.
- Crozier, R. H. (1970). Coefficients of relationship and the identity by descent of genes in Hymenoptera. *American Naturalist* 104, 216~217.
- Curio, E. (1973). Towards a methodology of teleonomy. *Experientia* 29, 1045~1058.

- Daly, M. (1979). Why don't male mammals lactate? *Journal of Theoretical Biology* 78, 325~345.
- Daly, M. (1980). Contentious genes. *Journal of Social and Biological Structures* 3, 77~81.
- Darwin, C. R. (1859). *The Origin of Species*. 1st edn, reprinted 1968. Harmondsworth, Middx: Penguin.
- Darwin, C. R. (1866). Letter to A. R. Wallace, dated 5. July. In James Marchant (1916), *Alfred Russel Wallace Letters and Reminiscences*, Vol. 1, pp. 174~176. London: Cassell.
- Davies, N. B. (1982). Alternative strategies and competition for scarce resources. In *Current problems in sociobiology*(ed. King's College Sociobiology Group), pp. 363~380. Cambridge: Cambridge University Press.
- Dawkins, R. (1968). The ontogeny of a pecking preference in domestic chicks. *Zeitschrift für Tierpsychologie* 25, 170~186.
- Dawkins, R. (1969). Bees are easily distracted. *Science* 165, 751.
- Dawkins, R. (1971). Selective neurone death as a possible memory mechanism. *Nature* 299, 118~119.
- Dawkins, R. (1976a). *The Selfish Gene*. Oxford: Oxford University Press.
- Dawkins, R. (1976b). Hierarchical organisation: a candidate principle for ethology. In *Growing Points in Ethology*(eds P. P. G. Bateson & R. A. Hinde), pp. 7~54. Cambridge: Cambridge University Press.
- Dawkins, R. (1978a). Replicator selection and the extended phenotype. *Zeitschrift für Tierpsychologie* 47, 61~76.
- Dawkins, R. (1978b). What is the optimon? University of Washington, Seattle, Jessie & John Danz Lecture, unpublished.
- Dawkins, R. (1979a). Twelve misunderstandings of kin selection. *Zeitschrift für Tierpsychologie* 51, 184~200.
- Dawkins, R. (1979b). Defining sociobiology. *Nature* 280, 427~428.

- Dawkins, R. (1980). Good strategy or evolutionarily stable strategy? In *Sociobiology: Beyond Nature/Nurture?*(eds G. W. Barlow & J. Silverberg), pp. 331~367. Boulder: Westview Press.
- Dawkins, R. (1981). In defence of selfish genes. *Philosophy*, October.
- Dawkins, R. (1982). Replicators and vehicles. In *Current Problems in Sociobiology*(ed. King's College Sociobiology Group), pp. 45~64. Cambridge: Cambridge University Press.
- Dawkins, R. & Brockmann, H. J. (1980). Do digger wasps commit the Concorde fallacy? *Animal Behaviour* 28, 892~896.
- Dawkins, R. & Carisle, T. R. (1976). Parental investment, mate desertion and a fallacy, *Nature* 262, 131~133.
- Dawkins, R. & Dawkins, M. (1973). Decisions and the uncertainty of behaviour. *Behaviour* 45, 83~103.
- Dawkins, R. & Krebs, J. R. (1978). Animal signals: information or manipulation? In *Behavioural Ecology*(eds J. R. Krebs & N. B. Davies), pp. 282~309. Oxford: Blackwell Scientific Publications.
- Dawkins, R. & Krebs, J. R. (1979). Arms races between and within species. *Proceedings of the Royal Society of London*, B 205, 489~511.
- Dilger, W. C. (1962). The behavior of lovebirds. *Scientific American* 206 (1), 89~98.
- Doolittle, W. F. & Sapienza, C. (1980). Selfish genes, the phenotype paradigm and genome evolution. *Nature* 284, 601~603.
- Dover, G. (1980). Ignorant DNA? *Nature* 285, 618~619.

- Eaton, R. L. (1978). Why some felids copulate so much: a model for the evolution of copulation frequency. *Carnivore* 1, 42~51.
- Eberhard, W. G. (1980). Evolutionary consequences of intracellular organelle competition. *Quarterly Review of Biology* 55, 231~249.
- Eldredge, N. & Cracraft, J. (1980). *Phylogenetic Patterns and the Evolutionary Process*. New York: Columbia University Press.
- Eldredge, N. & Gould, S. J. (1972). Punctuated equilibria: an alternative to phyletic gradualism. In *Models in Paleobiology*(ed. T. J. M. Schopf), pp. 82~115. San Francisco: Freeman Cooper.
- Emerson, A. E. (1960). The evolution of adaptation in population systems. In *Evolution*

after Darwin(ed. S. Tax), pp. 307~348. Chicago: Chicago University Press.
- Evans, C. (1979). *The Mighty Micro*. London: Gollancz.
- Ewald, P. W. (1980). Evolutionary biology and the treatment of signs and symptoms of infectious disease. *Journal of Theoretical Biology* 86, 169~171.

- Falconer, D. S. (1960). *Introduction to Quantitative Genetics*. London: Longman.
- Fisher, R. A. (1930a). *The Genetical Theory of Natural Selection*. Oxford: Clarendon Press.
- Fisher, R. A. (1930b). The distribution of gene ratios for rare mutations. *Proceedings of the Royal Society of Edinburgh* 50, 204~219.
- Fisher, R. A. & Ford, E. B. (1950). The Sewall Wright effect. *Heredity* 4, 47~49.
- Ford, E. B. (1975). *Ecological Genetics*. London: Chapman and Hall.
- Fraenkel, G. S. & Gunn, D. L. (1940). *The Orientation of Animals*. Oxford: Oxford University Press.
- Frisch, K. von (1967). *A Biologist Remembers*. Oxford: Pergamon Press.
- Frisch, K. von (1975). *Animal Architecture*. London: Butterworths.
- Futuyma, D. J., Lewontin, R. C., Mayer, G. C., Seger, J. & Stubblefield, J. W. (1981). Macroevolution conference. *Science* 211, 770.

- Ghiselin, M. T. (1974a). *The Economy of Nature and the Evolution of Sex*. Berkeley: University of California Press.
- Ghiselin, M. T. (1974b). A radical solution to the species problem. *Systematic Zoology* 23, 536~544.
- Ghiselin, M. T. (1981). Categories, life and thinking. *Behavioral and Brain Sciences* 4, 269~313.
- Gilliard, E. T. (1963). The evolution of bowerbirds. *Scientific American* 209 (2), 38~46.
- Gilpin, M. E. (1975). *Group Selection in Predator-Prey Communities*. Princeton, N. J.: Princeton University Press.
- Gingerich, P. D. (1976). Paleontology and Phylogeny: patterns of evolution at the species level in early Tertiary mammals. *American Journal of Science* 276, 1~28.
- Glover, J. (ed) (1976). *The Philosophy of Mind*. Oxford: Oxford University Press.
- Goodwin, B. C. (1979). Spoken remark in *Theoria to Theory* 13, 87~107.
- Gorczynski, R. M. & Steele, E. J. (1980). Inheritance of acquired immunological tolerance to foreign histocompatibility antigens in mice. *Proceedings of the National Academy of*

Sciences, U.S.A. 77, 2871~2875.

- Gorczynski, R. M. & Steele, E. J. (1981). Simultaneous yet independent inheritance of somatically acquired tolerance to two distinct H-2 antigenic haplotype determinants in mice. *Nature* 289, 678~681.
- Gould, J. L. (1976). The dance language controversy. *Quarterly Review of Biology* 51, 211~244.
- Gould, S. J. (1977a). *Ontogeny and Phylogeny*. Cambridge, Mass.: Harvard University Press.
- Gould, S. J. (1977b). Caring groups and selfish genes. *Natural History* 86(12), 20~24.
- Gould, S. J. (1977c). Eternal metaphors of palaeontology. In *Patterns of Evolution*(ed. A. Hallam), pp. 1~26. Amsterdam: Elsevier.
- Gould, S. J. (1978). *Ever Since Darwin*. London: Burnett.
- Gould, S. J. (1979). Shades of Lamarck. *Natural History* 88(8), 22~28.
- Gould, S. J. (1980a). The promise of paleobiology as a nomothetic, evolutionary discipline. *Paleobiology* 6, 96~118.
- Gould, S. J. (1980b). Is a new and general theory of evolution emerging? *Paleobiology* 6, 119~130.
- Gould, S. J. & Calloway, C. B. (1980). Clams and brachiopods-ships that pass in the night. *Paleobiology* 6, 383~396.
- Gould, S. J. & Eldredge, N. (1977). Punctuated equilibria: the tempo and mode of evolution reconsidered. *Paleobiology* 3, 115~151.
- Gould, S. J. & Lewontin, R. C. (1979). The spandrels of San Marco and the Panglossian paradigm: a critique of the adaptationist programme. *Proceedings of the Royal Society of London*, B 205, 581~598.
- Grafen, A. (1979). The hawk-dove game played between relatives. *Animal Behaviour* 27, 905~907.
- Grafen, A. (1980). Models of r and d. *Nature* 284, 494~495.
- Grant, V. (1978). Kin selection: a critique. *Biologisches Zentralblatt* 97, 385~392.
- Grasse, P. P.(1959). La reconstruction du nid et les coordinations interindividulles chez *Bellicositermes natalensis* et *Cubitermes* sp. La theorie de la stigmergie: essai d'interpretation du comportement des termites constructeurs. *Insectes Sociaux* 6, 41~80.
- Greenberg, L. (1979). Genetic component of bee odor in kin recognition. *Science* 206, 1095~1097.

- Greene, P. J. (1978). From genes to memes? *Contemporary Sociology* 7, 706~709.
- Gregory, R. L. (1961). The brain as an engineering problem. In *Current Problems in Animal Behaviour*(eds W. H. Thorpe & O. L. Zangwill), pp. 307~330. Cambridge: Cambridge University Press.
- Grey Walter, W. (1953). *The Living Brain*. London: Duckworth.
- Grun, P. (1976). *Cytoplasmic Genetics and Evolution*. New York: Columbia University Press.
- Gurdon, J. B. (1974). *The Control of Gene Expression in Animal Development*. Oxford: Oxford University Press.

- Hailman, J. P. (1977). *Optical Signals*. Bloomington: Indiana University Press.
- Haldane, J. B. S. (1932a). *The Causes of Evolution*. London: Longman's Green.
- Haldane, J. B. S. (1932b). The time of action of genes, and its bearing on some evolutionary problems. *American Naturalist* 66, 5~24.
- Haldane, J. B. S. (1955). Population genetics. *New Biology* 18, 34~51.
- Hallam, A. (1975). Evolutionary size increase and longevity in Jurassic bivalves and ammonites. *Nature* 258, 493~496.
- Hallam, A. (1978). How rare is phyletic gradualism and what is its evolutionary significance? *Paleobiology* 4, 16~25.
- Hamilton, W. D. (1963). The evolution of altruistic behavior. *American Naturalist* 97, 31~33.
- Hamilton, W. D. (1964a). The genetical evolution of social behaviour. I. *Journal of Theoretical Biology* 7, 1~16.
- Hamilton, W. D, (1964b). The genetical evolution of social behaviour. II. *Journal of Theoretical Biology* 7, 17~32.
- Hamilton, W. D. (1967). Extraordinary sex ratios. *Science* 156, 477~488.
- Hamilton, W. D. (1970). Selfish and spiteful behaviour in an evolutionary model. *Nature* 228, 1218~1220.
- Hamilton, W. D. (1971a). Selection of selfish and altruistic behavior in some extreme models. In *Man and Beast: Comparative Social Behavior*(eds J. F. Eisenberg & W. S. Dillon), pp. 59~91. Washington, D. C.: Smithsonian Institution.
- Hamilton, W. D. (1971b). Addendum. In *Group selection*(ed. G. C. Williams), pp. 87~89. Chicago: Aldine, Atherton.

- Hamilton, W. D. (1972). Altruism and related phenomena, mainly in social insects. *Annual Review of Ecology and Systematics* 3, 193~232.
- Hamilton, W. D. (1975a). Innate social aptitudes of man: an approach from evolutionary genetics. In *Biosocial Anthropology*(ed. R. Fox), pp. 133~155. London: Malaby Press.
- Hamilton, W. D. (1975b). Gamblers since life began: barnacles, aphids, elms. *Quarterly Review of Biology* 50, 175~180.
- Hamilton, W. D. (1977). The play by nature. *Science* 196, 757~759.
- Hamilton, W. D. & May R. M. (1977). Dispersal in stable habitats. *Nature* 269, 578~581.
- Hamilton, W. J. & Orians, G. H. (1965). Evolution of brood parasitism in altricial birds. *Condor* 67, 361~382.
- Hansell M. H. (1984). Animal architecture and building behaviour. London: Longman.
- Hardin, G. (1968). The tragedy of the commons. *Science* 162, 1243~1248.
- Hardin, G. (1978). Nice guys finish last. In *Sociobiology and Human Nature* (eds M. S. Gregory et al.). pp. 183~194. San Francisco: Jossey-Bass.
- Hardy, A. C. (1954). Escape from specialization. In *Evolution as a Process*(eds J. S. Huxley, A. C. Hardy & E. B. Ford), pp. 122~140. London: Allen & Unwin.
- Harley, C. B. (1981). Learning the evolutionarily stable strategy. *Journal of Theoretical Biology*, 89, 611~633.
- Harpending, H. C. (1979). The population genetics of interaction. *American Naturalist* 113, 622~630.
- Harper, J. L. (1977). *Population Biology of Plants*. London: Academic Press.
- Hartung, J. (in press). Transfer RNA, genome parliaments, and sex with the red queen. In *Natural Selection and Social Behavior: Recent Research and New Theory*(eds R. D. Alexander & D. W. Tinkle). New York: Chiron.
- Harvey, P. H. & Mace. G. M. (1982) Comparisons between taxa and adaptive trends: problems of methodology. *In Current Problems in Sociobiology* (ed. King's College Sociobiology Group), pp. 343~361. Cambridge: Cambridge University Press.
- Heinrich, B. (1979). *Bumblebee Economics*. Cambridge, Mass.: Harvard University Press.
- Hickey, W. A. & Craig, G. B. (1966). Genetic distortion of sex ratio in a mosquito, *Aedes aegypti*. *Genetics* 53, 1177~1196.
- Hinde, R. A. (1975). The concept of function. In *Function and Evolution of Behaviour*(eds G. Baerends, C. Beer & A. Manning), pp. 3~15. Oxford: Oxford University Press.
- Hinde, R. A. (1981). Animal signals: ethological and game theory approaches are not incompatible. *Animal Behaviour* 29, 535~542.

- Hinde, R. A. & Steel, E. (1978). The influence of daylength and male vocalizations on the estrogen-dependent behavior of female canaries and budgerigars, with discussion of data from other species. In *Advances in the Study of Behavior*, Vol. 8(eds J. S. Rosenblatt et al.), pp. 39~73. New York: Academic Press.
- Hines, W. G. S. & Maynard Smith. J. (1979). Games between relatives. *Journal of Theoretical Biology* 79, 19~30.
- Hofstadter, D. R. (1979). *Gödel, Escher, Bach: An Eternal Golden Braid*. Brington: Harvester Press.
- Hölldobler, B. & Michener, C. D. (1980). Methods of identification and discrimination in social Hymenoptera. In *Evolution of Social Behavior: Hypotheses and Empirical Tests*(ed. H. Markl), pp. 35~57. Weinheim: Verlag Chemie.
- Holmes, J. C. & Bethel, W. M. (1972). Modification of intermediate host behaviour by parasites. In *Behavioural Aspects of Parasite Transmission* (eds E. U. Canning & C. A. Wright). pp. 123~149. London: Academic Press.
- Howard, J. C. (1981). A tropical volute shell and the Icarus syndrome. *Nature* 290, 441~442.
- Hoyle, F. (1964). *Man in the Universe*. New York: Columbia University Press.
- Hull, D. L. (1976). Are species really individuals? *Systematic Zoology* 25, 174~191.
- Hull, D. L. (1980a). The units of evolution: a metaphysical essay. In *Studies in the Concept of Evolution*(eds U. J. Jensen & R. Harre). Brighton: Harvester Press.
- Hull, D. L. (1980b). Individuality and selection. *Annual Review of Ecology and Systematics* 11, 311~332.
- Huxley, J. S. (1912). *The Individual in the Animal Kingdom*. Cambridge: Cambridge University Pres.
- Huxley, J. S. (1932). *Problems of Relative Growth*. London: McVeagh.

- Jacob, F. (1977). Evolution and tinkering. *Science* 196, 1161~1166.
- Janzen, D. H. (1977). What are dandelions and aphids? *American Naturalist* 111, 586~589.
- Jensen, D. (1961). Operationism and the question 'Is this behavior learned or innate?' *Behaviour* 17, 1~8.
- Jeon, K. W. & Danielli, J. F. (1971). Micrurgical studies with large free-living amebas. *International Reviews of Cytology* 30, 49~89.
- Judson, H. F. (1979). *The Eighth Day of Creation*. London: Cape.

- Kalmus, H. (1955). The discrimination by the nose of the dog of individual human odours. *British Journal of Animal Behaviour* 3, 25~31.
- Keeton, W. T. (1980). *Biological Science*, 3rd edn. New York: W. W. Norton.
- Kempthorne, O. (1978). Logical, epistemological and statistical aspects of nature-nurture data interpretation. *Biometrics* 34, 1~23.
- Kerr, A. (1978). The Ti plasmid of Agrobacterium. *Proceedings of the 4th International Conference, Plant Pathology and Bacteriology*, Angers, 101~108.
- Kettlewell, H. B. D. (1955). Recognition of appropriate backgrounds by the pale and dark phases of Lepidoptera. *Nature* 175, 943~944.
- Kettlewell, H. B. D. (1973). *The Evolution of Melanism*. Oxford: Oxford University Press.
- Kirk, D. L. (1980). *Biology Today*. New York: Random House.
- Kirkwood, T. B. L. & Holliday, R. (1979). The evolution of ageing and longevity. *Proceedings of the Royal Society of London* B 205, 531~546.
- Knowlton, N. & Parker, G. A. (1979). An evolutionarily stable strategy approach to indiscriminate spite. *Nature* 279, 419~421.
- Koestler, A. (1967). *The Ghost in the Machine*. London: Hutchinson.
- Krebs, J. R. (1977). Simplifying sociobiology. *Nature* 267, 869.
- Krebs, J. R. (1978). Optimal foraging: decision rules for predators. In *Behavioural Ecology*(eds J. R. Krebs & N. B. Davies), pp. 23~63. Oxford: Blackwell Scientific.
- Krebs, J. R. & Davies, N. B. (1978). *Behavioural Ecology*. Oxford: Blackwell Scientific.
- Khun, T. S. (1970). *The Structure of Scientific Revolutions*, 2nd edn. Chicago: University of Chicago Press.
- Kurland, J. A. (1979). Can sociality have a favorite sex chromosome? *American Naturalist* 114, 810~817.
- Kurland, J. A. (1980). Kin selection theory: a review and selective bibliography. *Ethology & Sociobiology* 1, 255~274.

- Lack, D. (1966). *Population Studies of Birds*. Oxford: Oxford University Press.
- Lack, D. (1968). *Ecological Adaptations for Breeding in Birds*. London: Methuen.
- Lacy, R. C. (1980). The evolution of eusociality in termites: a haplodiploid analogy? *American Naturalist* 116, 449~451.
- Lande, R. (1976). Natural selection and random genetic drift. *Evolution* 30, 314~334.
- Lawlor, L. R. & Maynard Smith, J. (1976). The coevolution and stability of competing species. *American Naturalist* 110, 79~99.

- Lehrman, D. S. (1970). Semantic and conceptual issues in the nature-nurture problem. In *Development and Evolution of Behavior*(eds L. R. Aronson et al.), pp. 17~52. San Francisco: W. H. Freeman.
- Leigh, E. (1971). *Adaptation and Diversity*. San Francisco: Freeman Cooper.
- Leigh, E. (1977). How does selection reconcile individual advantage with the good of the group? *Proceedings of the National Academy of Sciences*, U.S.A. 74, 4542~4546.
- Levinton, J. S. & Simon, C. M. (1980). A critique of the punctuated equilibria model and implications for the detection of speciation in the fossil record. *Systematic Zoology* 29, 130~142.
- Levy, D. (1978). Computers are now chess masters. *New Scientist* 79, 256~258.
- Lewontin, R. C. (1967). Spoken remark in *Mathematical Challenges to the Neo-Darwinian Interpretation of Evolutio*(eds P. S. Moorhead & M. Kaplan). *Wistar Institute Symposium Monograph* 5, 79.
- Lewontin, R. C. (1970a). *The units of selection. Annual Review of Ecology and Systematics* 1, 1~18.
- Lewontin, R. C. (1970b). On the irrelevance of genes. In *Towards a Theoretical Biology, 3: Drafts*(ed. C. H. Waddington), pp. 63~72. Edinburgh: Edinburgh University Press.
- Lewontin, R. C. (1974). *The Genetic Basis of Evolutionary Change*. New York and London: Columbia University Press.
- Lewontin, R. C. (1977). Caricature of Darwinism. *Nature* 266, 283~284.
- Lewontin, R. C. (1978). Adaptation. *Scientific American* 239(3), 156~169.
- Lewontin, R. C. (1979a). Fitness, survival and optimality. In *Analysis of Ecological Systems*(eds D. J. Horn, G. R. Stairs & R. D. Mitchell), pp. 3~21. Columbus: Ohio State University Press.
- Lewontin, R. C. (1979b). Sociobiology as an adaptationist program. *Behavioral Science* 24, 5~14.
- Lindauer, M. (1961). *Communication among Social Bees*. Cambridge, Mass.: Harvard University Press.
- Lindauer, M. (1971). The functional significance of the honeybee waggle dance. *American Naturalist* 105, 89~96.
- Linsenmair, K. E. (1972). Die Bedeutung familienspezifischer "Abzeichen" für den Familienzusammenhalt bei der sozialen Wustenassel Hemilepistus reamuri Audouin u. Savigny (Crustacea, Isopoda, Oniscoidea). *Zeitschrift für Tierpsychologie* 31, 131~162.

• Lloyd, J. E. (1975). Aggressive mimicry in Photuris: signal repertoires by femmes fatales. *Science* 187, 452~453.
• Lloyd, J. E. (1979). Mating behavior and natural selection. *Florida Entomologist* 62(1), 17~23.
• Lloyd, J. E. (1981). Firefly mate-rivals mimic predators and vice versa. *Nature* 290, 498~500.
• Lloyd, M. & Dybas, H. S. (1966). The periodical cicada problem. II. Evolution. *Evolution* 20, 466~505.
• Lorenz, K. (1937). Über die Bildung des Instinktbegriffes. *Die Naturwissenschaften* 25, 289~300.
• Lorenz, K. (1966). *Evolution and Modification of Behavior*. London: Methuen.
• Love, M. (1980). The alien strategy. *Natural History* 89(5), 30~32.
• Lovelock, J. E. (1979). *Gaia*. Oxford: Oxford University Press.
• Lumsden, C. J. & Wilson, E. O. (1980). Translation of epigenetic rules of individual behavior into ethnographic patterns. *Proceedings of the National Academy of Sciences*, U.S.A. 77, 4382~4386.
• Lyttle, T. W. (1977). Experimental population genetics of meiotic drive systems. I. Pseudo-Y chromosomal drive as a means of eliminating cage populations of *Drosophila melanogaster*. *Genetics* 86, 413~445.

• McCleery, R. H. (1978). Optimal behaviour sequences and decision making. In *Behavioural Ecology*(eds J. R. Krebs & N. B. Davies), pp. 377~410. Oxford: Blackwell Scientific.
• McFarland, D. J. & Houston, A. I. (1981). *Quantitative Ethology*. London: Pitman.
• McLaren, A., Chandler, P., Buehur, M., Fierz, W. & Simpson, E. (1981). Immune reactivity of progeny of tetraparental male mice. *Nature* 290, 513~514.
• Mannning, A. (1971). Evolution of behavior. In *Psychobiology*(ed. J. L. McGaugh), pp. 1~52. New York: Academic Press.
• Margulis, L. (1970). *Origin of Eukaryotic Cells*. New Haven: Yale University Press.
• Margulis, L. (1976). Genetic and evolutionary consequences of symbiosis. *Experimental Parasitology* 39, 277~349.
• Margulis, L. (1981). *Symbiosis in Cell Evolution*. San Francisco: W. H. Freeman.
• Maynard Smith, J. (1969). The status of neo-Darwinism. In *Towards a Theoretical Biology*,

2:Sketches(ed. C. H. Waddington), pp. 82~89. Edinburgh: Edinburgh University Press.
- Maynard Smith, J. (1972). *On Evolution*. Edinburgh: Edinburgh University Press.
- Maynard Smith, J. (1974). The theory of games and the evolution of animal conflicts. *Journal of Theoretical Biology* 47, 209~221.
- Maynard Smith, J. (1976a). Group Selection. *Quarterly Review of Biology* 51, 277~288.
- Maynard Smith, J. (1976b). What determines the rate of evolution? *American Naturalist* 110, 331~338.
- Maynard Smith, J. (1977). Parental investment: a prospective analysis. *Animal Behaviour* 25, 1~9.
- Maynard Smith, J. (1978a). *The Evolution of Sex*. Cambridge: Cambridge University Press
- Maynard Smith, J. (1978b). Optimization theory in evolution. *Annual Review of Ecology and Systematics* 9, 31~56.
- Maynard Smith, J. (1979). Game theory and the evolution of behaviour. *Proceedings of the Royal Society of London*, B 205, 475~488.
- Maynard Smith, J. (1980). Regenerating Lamarck. *Times Literary Supplement* No. 4047, 1195.
- Maynard Smith, J. (1981). Macroevolution. *Nature* 289, 13~14.
- Maynard Smith, J. (1982). The evolution of social behaviour — a classification of models. In *Current Problems in Sociobiology*(ed. King's College Sociobiology Group), pp. 29~44. Cambridge: Cambridge University Press.
- Maynard Smith, J. & Parker, G. A. (1976). The logic of asymmetric contests. *Animal Behaviour* 24, 159~175.
- Maynard Smith, J. & Price, G. R. (1973). The logic of animal conflict. *Nature* 246, 15~18.
- Maynard Smith, J. & Ridpath M. G. (1972). Wife sharing in the Tasmanian native hen, *Tribonyx mortierii*: a case of kin selection? *American Naturalist* 106, 447~452.
- Mayr, E. (1963). *Animal Species and Evolution*. Cambridge, Mass.: Harvard University Press.
- Medawar, P. B. (1952). *An Unsolved Problem in Biology*. London: H. K. Lewis.
- Medawar, P. B. (1957). *The Uniqueness of the Individual*. London: Methuen.
- Medawar, P. B. (1960). *The Future of Man*. London: Methuen.
- Medawar, P. B. (1967). *The Art of the Soluble*. London: Methuen.
- Medawar. P. B. (1981). Back to evolution. *New York Review of Books* 28(2), 34~36.
- Mellanby, K. (1979). Living with the Earth Mother. *New Scientist* 84, 41.

- Midgley, M. (1979). Gene-juggling. *Philosophy* 54, 439~458.
- Murray, J. & Clarke, B. (1966). The inheritance of polymorphic shell characters in Partula(Gastropoda). *Genetics* 54, 1261~1277.

- 'Nabi, I.' (1981). Ethics of genes. *Nature* 290, 183.

- Old, R. W. & Primrose, S. B. (1980). *Principles of Gene Manipulation*. Oxford: Blackwell Scientific.
- Orgel, L. E. (1979). Selection *in vitro*. *Proceedings of the Royal Society of London*, B 205, 435~442.
- Orgel, L. E. & Crick, F. H. C. (1980). Selfish DNA: the ultimate parasite. *Nature* 284, 604~607.
- Orlove, M. J. (1975). A model of kin selection not invoking corefficients of relationship. *Journal of Theoretical Biology* 49, 289~310.
- Orlove, M. J. (1979). Putting the diluting effect into inclusive fitness. *Journal of Theoretical Biology* 78, 449~450.
- Oster, G. F. & Wilson, E. O. (1978). *Caste and Ecology in the Social Insects*. Princeton: Princeton University Press.

- Packard, V. (1957). *The Hidden Persuaders*. London: Penguin.
- Parker, G. A. (1978a). Searching for mates. In *Behavioural Ecology*(eds J. R. Krebs & N. B. Davies), pp. 214~244. Oxford: Blackwell Scientific.
- Parker, G. A. (1978b). Selection on non-random fusion of gametes during the evolution of anisogamy. *Journal of Theoretical Biology* 73, 1~28.
- Parker, G. A. (1979). Sexual selection and sexual conflict. In *Sexual Selection and Reproductive Competition in Insects*(eds M. S. Blum & N. A. Blum), pp. 123~166. New York: Academic Press.
- Parker, G. A. & Macnair, M. R. (1978). Models of parent-offspring conflict. I. Monogamy. *Animal Behaviour* 26, 97~110.
- Partridge, L. & Nunney, L. (1977). Three-generation family conflict. *Animal Behaviour* 25, 785~786.
- Peleg, B. & Norris, D. M. (1972). Symbiotic interrelationships between microbes and Ambrosia beetles. VII. *Journal of Invertebrate Pathology* 20, 59~65.

- Pittendrigh, C. S. (1958). Adaptation, natural selection, and behavior. In *Behavior and Evolution*(eds A. Roe & G. G. Simpson), pp. 390~416. New Haven: Yale University Press.
- Pribram, K. H. (1974). How is it that sensing so much we can do so little? In *The Neurosciences, Third Study Program*(eds F. O. Schmitt & F. G. Worden), pp. 249~261. Cambridge, Mass.: MIT Press.
- Pringle, J. W. S. (1951). On the parallel between learning and evolution. *Behaviour* 3, 90~110.
- Pugh, G. E. (in press). Behavioral science and the teaching of human values. *UNESCO Review of Education*.
- Pulliam, H. R. & Dunford, C. (1980). *Programmed to Learn*. New York: Columbia University Press.
- Pyke, G. H. Pulliam, H. R. & Charnov, E. L. (1977). Optimal foraging: a selective review of theory and tests. *Quarterly Review of Biology* 52, 137~154.

- Raup, D. M., Gould, S. J., Schopf, T. J. M. & Simberloff, D. S. (1973). Stochastic models of phylogeny and the evolution of diversity. *Journal of Geology* 81, 525~542.
- Reinhard, E. G. (1956). Parasitic castration of crustacea. *Experimental Parasitology* 5, 79~107.
- Richmond, M. H. (1979). 'Cells' and 'organisms' as a habitat for DNA. *Proceedings of the Royal Society of London*, B 204, 235~250.
- Richmond, M. H. & Smith, D. C. (1979). *The Cell as a Habitat*. London: Royal Society.
- Ridley, M. (1980a). Konrad Lorenz and Humpty Dumpty: some ethology for Donald Symons. *Behavioral and Brain Sciences* 3, 196.
- Ridley, M. (1982). Coadaptation and the inadequacy of natural selection. *British Journal for the History of Science* 15, 45~68.
- Ridley, M. & Dawkins, R. (1981). The natural selection of altruism. In *Altruism and Helping Behavior*(eds J. P. Rushton & R. M. Sorentino), pp. 19~39. Hillsdale, N. J.: Erlbaum.
- Ridley, M. & Grafen, A. (1981). Are green beard genes outlaws? *Animal Behaviour* 29, 954~955.
- Ridley, M. & Grafen, A. (in press). Are green beard genes outlaws? *Animal Behaviour*.
- Rose, S. (1978). Pre-Copernican sociobiology? *New Scientist* 80, 45~46.
- Rothenbuhler, W. C. (1964). Behavior genetics of nest cleaning in honey bees. IV.

Responses of F1 and backcross generations to disease-killed brood. *American Zoologist* 4, 111~123.

- Rothstein, S. I. (1980). The preening invitation or head-down display of parasitic cowbirds. II. Experimental analysis and evidence for behavioural mimicry. *Behaviour* 75, 148~184.
- Rothstein, S. I. (1981). Reciprocal altruism and kin selection are not clearly separable phenomena. *Journal of Theoretical Biology* 87, 255~261.
- Sahlins, M. (1977). *The Use and Abuse of Biology*. London: Tavistock.
- Sargent, T. D. (1968). Cryptic moths: effects on background selection of painting the circumocular scales. *Science* 159, 100~101.
- Sargent, T. D. (1969a). Background selections of the pale and melanic forms of the cryptic moth *Phigalia titea*(Cramer). *Nature* 222, 585~586.
- Sargent, T. D. (1969b). Behavioural adaptations of cryptic moths. III. Resting attitudes of two bark-like species, *Melanolophia canadaria and Catocala ultronia*. *Animal Behaviour*, 17, 670~672.
- Schaller, G. B. (1972). *The Serengeti Lion*. Chicago: Chicago University Press.
- Schell, J. + 13 others (1979). Interactions and DNA transfer between *Agrobacterium tumefaciens*, the Ti-plasmid and the plant host. *Proceedings of the Royal Society of London*, B 204, 251~266.
- Schleidt, W. M. (1973). Tonic communication: continual effects of discrete signs in animal communication systems. *Journal of Theoretical Biology* 42, 359~386.
- Schmidt, R. S. (1955). Termite (Apicotermes) nests-important ethological material. *Behaviour* 8, 344~356.
- Schuster, P. & Sigmund, K. (1981). Coyness, Philandering and stable stategies. *Animal Behaviour* 29, 186~192.
- Schwagmeyer, P. L. (1980). The Bruce effect: an evaluation of male/female advantages. *American Naturalist* 114, 932~938.
- Seger, J. A. (1980). Models for the evolution of phenotypic responses to genotypic correlations that arise in finite populations. PhD thesis, Harvard University, Cambridge, Mass.
- Shaw, G. B. (1921). *Back to Methuselah*. Reprinted 1977. Harmondsworth. Middx: Penguin.
- Sherman, P. W. (1978). Why are people? *Human Biology* 50, 87~95.

- Sherman, P. W. (1979). Insect chromosome numbers and eusociality. *American Naturalist* 113, 925~935.
- Simon, C. (1979). Debut of the seventeen year cicada. *Natural History* 88(5), 38~45.
- Simon, H. A. (1962). The architecture of complexity. *Proceedings of the American Philosophical Society* 106, 467~482.
- Simpson, G. G. (1953). *The Major Features of Evolution*. New York: Columbia University Press.
- Sivinski, J. (1980). Sexual selection and insect sperm. *Florida Entomologist* 63, 99~111.
- Slatkin, M. (1972). On treating the chromosome as the unit of selection. *Genetics* 72, 157~168.
- Slatkin, M. & Maynard Smith, J. (1979). Models of coevolution. *Quarterly Review of Biology* 54, 233~263.
- Smith, D. C. (1979). From extracellular to intracellular: the establishment of a symbiosis. *Proceedings of the Royal Society of London*, B 204, 115~130.
- Southwood, T. R. E. (1976). Bionomic strategies and population parameters. In *Theoretical Ecology*(ed. R. M. May), pp. 26~48. Oxford: Blackwell Scientific.
- Spencer, H. (1864). *The Principles of Biology*, Vol. 1, London and Edinburgh: Williams and Norgate.
- Staddon, J. E. R. (1981). On a possible relation between cultural transmission and genetical evolution. In *Perspectives in Ethology*, Vol. 4(eds P. P. G. Bateson & P. H. Klopfer), pp. 135~145. New York: Plenum Press.
- Stamps, J. & Metcalf, R. A. (1980). Parent-offspring conflict. In *Sociobiology: Beyond Nature/Nurture?*(eds G. W. Barlow & J. Silverberg), pp. 589~618. Boulder: Westview Press.
- Stanley, S. M. (1975). A theory of evolution above the species level. *Proceedings of the National Academy of Sciences*, U.S.A. 72, 646~650.
- Stanley, S. M. (1979). *Macroevolution, Pattern and Process*. San Francisco: W. H. Freeman.
- Stebbins, G. L. (1977). In defense of evolution: tautology or theory? *American Naturalist* 111, 386~390.
- Steele, E. J. (1979). *Somatic Selection and Adaptive Evolution*. Toronto: Williams and Wallace.
- Stent, G. (1977). You can take the ethics out of altruism but you can't take the altruism out of ethics. *Hastings Center Report* 7 (6), 33~36.

- Symons, D. (1979). *The Evolution of Human Sexuality*. New York: Oxford University Press.
- Syren, R. M. & Luyckx, P. (1977). Permanent segmental interchange complex in the termite *Incisitermes schwarzi*. *Nature* 266, 167~168.

- Taylor, A. J. P. (1963). *The First World War*. London: Hamish Hamilton.
- Temin, H. M. (1974). On the origin of RNA tumor viruses. *Annual Review of Ecology and Systematics* 8, 155~177.
- Templeton, A. R., Sing, C. F. & Brokaw, B. (1976). The unit of selection in *Drosophila mercatorium*. I. The interaction of selection and meiosis in parthenogenetic strains. *Genetics* 82, 349~376.
- Thoday, J. M. (1953). Components of fitness. *Society for Experimental Biology Symposium* 7, 96~113.
- Thomas, L. (1974). *The Lives of a Cell*. London: Futura.
- Thompson, D'A. W. (1917). *On Growth and Form*. Cambridge: Cambridge University Press.
- Tinbergen, N. (1954). The origin and evolution of courtship and threat display. In *Evolution as a Process*(eds J. S. Huxley, A. C. Hardy & E. B. Ford), pp. 233~250. London: Allen & Unwin.
- Tinbergen, N. (1963). On aims and methods of ethology. *Zeitschrift fur Tierpsychologie* 20, 410~433.
- Tinbergen, N. (1964). The evolution of signaling devices. In *Social Behavior and Organization among Vertebrates*(ed. W. Etkin), pp. 206~230. Chicago: Chicago University Press.
- Tinbergen, N. (1965). Behaviour and natural selection. In *Ideas in Modern Biology*(ed. J. A. Moore), pp. 519~542. New York: Natural History Press.
- Tinbergen, N., Broekhuysen, G. J., Feekes, F., Houghton, J. C. W., Kruuk, H. & Szulc, E. (1962). Egg shell removal by the black-headed gull, *Larus ridibundus*, L.; a behaviour component of comouflage. *Behaviour* 19, 74~117.
- Trevor-Roper, H. R. (1972). *The Last Days of Hitler*. London: Pan.
- Trivers, R. L. (1971). The evolution of reciprocal altruism. *Quarterly Review of Biology* 46, 35~57.
- Trivers, R. L. (1972). Parental investment and sexual selection. In *Sexual Selection and the Descent of Man*(ed. B. Campbell), pp. 136~179. Chicago: Aldine.

- Trivers, R. L. (1974). Parent-offspring conflict. *American Zoologist* 14, 249~264.
- Trivers, R. L. & Hare, H. (1976). Haplodiploidy and the evolution of the social insects. *Science* 191, 249~263.
- Turing, A. (1950). Computing machinery and intelligence. *Mind* 59, 433~460.
- Turnbull, C. (1961). *The Forest People*. London: Cape.
- Turner, J. R. G. (1977). Butterfly mimicry: the genetical evolution of an adaptation. In *Evolutionary Biology*, Vol. 10(eds M. K. Hecht et al.), pp. 163~206. New York: Plenum Press.

- Vermeij, G. J. (1973). Adaptation, versatility and evolution. *Systematic Zoology* 22, 466~477.
- Vidal, G. (1955). *Messiah*, London: Heinemann.

- Waddington, C. H. (1957). *The Strategy of the Genes*. London: Allen & Unwin.
- Wade, M. J. (1978). A critical review of the models of group selection. *Quarterly Review of Biology* 53, 101~114.
- Waldman, B. & Adler, K. (1979). Toad tadpoles associate preferentially with siblings. *Nature* 282, 611~613.
- Wallace, A. R. (1866). Letter to Charles Darwin dated 2 July, In J. Marchant (1916) *Alfred Russel Wallace Letters and Reminiscences*, Vol. 1, pp. 170~174. London: Cassell.
- Watson, J. D. (1976). *Molecular Biology of the Gene*. Menlo Park: Benjamin.
- Weinrich, J. D. (1976). Human reproductive strategy: the importance of income unpredictability, and the evolution of non-reproduction. PhD dissertation, Harvard University, Cambridge, Mass.
- Weizenbaum, J. (1976). *Computer Power and Human Reason*. San Francisco: W. H. Freeman.
- Wenner, A. M. (1971). *The Bee Language Controversy: An Experience in Science*. Boulder: Educational Programs Improvement Corporation.
- Werren, J. H., Skinner, S. K. & Charnov, E. L. (1981). Paternal inheritance of a daughterless sex ratio factor. *Nature* 293, 467~468.
- West-Eberhard, M. J. (1975). The evolution of social behavior by kin selection. *Quarterly Review of Biology* 50, 1~33.
- West-Eberhard, M. J. (1979). Sexual selection, social competition, and evolution. *Proceedings of the American Philosophical Society* 123, 222~234.

- White, M. J. D. (1978). *Modes of Speciation*. San Francisco: W. H. Freeman.
- Whitham, T. G. & Slobodchikoff, C. N. (in press). Evolution of individuals, plant-herbivore interactions, and mosaics of genetic variability: the adaptive significance of somatic mutations in plants. *Oecologia*.
- Whitney, G. (1976). Genetic substrates for the initial evolution of human sociality. I. Sex chromosome mechanisms. *American Naturalist* 110, 867~875.
- Wickler, W. (1968). *Mimicry*. London: Weidenfeld & Nicolson.
- Wickler, W. (1976). Evolution-oriented ethology, kin selection, and altruistic parasites. *Zeitschrift für Tierpsychologie* 42, 206~214.
- Wickler, W. (1977). Sex-linked altruisn. *Zeitschrift für Tierpsychologie* 43, 106~107.
- Williams, G. C. (1957). Pleiotropy, natural selection, and the evolution of senescence. *Evolution* 11, 398~411.
- Williams, G. C. (1966). *Adaplation and Natural Selection*. Princeton, N. J.: Princeton University Press.
- Williams, G. C. (1975). *Sex and Evolution. Princeton*, N. J.: Princeton University Press.
- Williams, G. C. (1979). The question of adaptive sex ratio in outcrossed vertebrates. *Proceedings of the Royal Society of London*, B 205, 567~580.
- Williams, G. C. (1980). Kin selection and the paradox of sexuality. In *Sociobiology: Beyond Nature/Nurture?*(eds G. W. Barlow & J. Silverberg), pp. 371~384. Boulder: Westview Press.
- Wilson, D. S. (1980). *The Natural Selection of Populations and Communities*. Menlo Park: Benjamin/Cummings.
- Wilson, E. O. (1971). *The Insect Societies*. Cambridge, Mass.: Harvard University Press.
- Wilson, E. O. (1975). *Sociobiology: the New Synthesis*. Cambridge, Mass.: Harvard University Press.
- Wilson, E. O. (1978). *On Human Nature*. Cambridge, Mass.: Harvard University Press.
- Winograd, T. (1972). *Understanding Natural Language*. Edinburgh: Edinburgh University Press.
- Witt, P. N., Reed, C. F. & Peakall, D. B. (1968). *A Spider's Web*. New York: Springer Verlag.
- Wolpert, L. (1970). Positional information and pattern formation. In *Towards a Theoretical Biology, 3: Drafts*(ed. C. H. Waddington), pp. 198~230. Edinburgh: Edinburgh University Press.

- Wright, S. (1932). The roles of mutation, inbreeding, crossbreeding and selection in evolution. *Proceedings of the 6th International Congress of Genetics* 1, 356~368.
- Wright, S. (1951). Fisher and Ford on the Sewall Wright effect. *American Science Monthly* 39, 452~458.
- Wright, S. (1980). Genic and organismic selection. *Evolution* 34, 825~843.
- Wu, H. M. H., Holmes, W. G., Medina, S. R. & Sackett, G. P. (1980). Kin preference in infant *Macaca nemestrina*. *Nature* 285, 225~227.
- Wynne-Edwards, V. C. (1962). *Animal Dispersion in Relation to Social Behaviour*. Edinburgh: Oliver & Boyd.

- Young, J. Z. (1957). *The Life of Mammals*. Oxford: Oxford University Press.
- Young, R. M. (1971). Darwin's Metaphor: does nature select? *The Monist* 55, 442~503.

- Zahavi, A. (1979). Parasitism and nest predation in parasitic cuckoos. *American Naturalist* 113, 157~159.

찾아보기

ㄱ

ㄴ

ㅎ

기타